U0342626

中国气象灾害年鉴

(2017)

2017

中国气象局

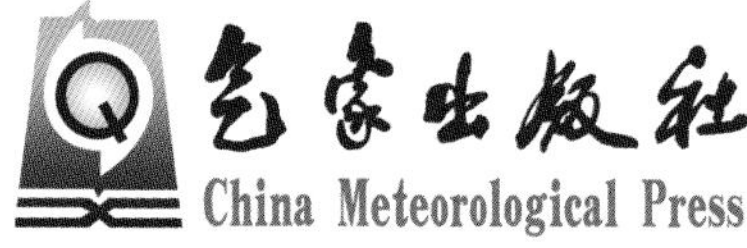

内容简介

本年鉴是中国气象局主要业务产品之一。全书共分为六章，第一章重点描述和分析2016年重大气象灾害和异常气候事件；第二章按灾种分析年内对我国国民经济产生较大影响的干旱、暴雨洪涝、热带气旋、局地强对流、沙尘暴、低温冷冻害和雪灾、雾和霾、雷电、高温热浪、酸雨、农业气象灾害、森林草原火灾、病虫害等发生的特点、重大事例，并对其影响进行评估；第三章、第四章分别从月和省(区、市)的角度概述气象灾害的发生情况；第五章分析2016年全球气候特征、重大气象灾害；第六章介绍2016年中国气象局防灾减灾重大事例。本年鉴附录给出气象灾害灾情统计资料和月、季、年气候特征分布图以及港澳台地区的部分气象灾情。本书比较全面地总结分析了2016年我国气象灾害特点及其影响，可供从事气象、农业、水文、地质、地理、生态、环境、保险、人文、经济、社会其他行业以及灾害风险评估管理等方面的业务、科研、教学和管理决策人员参考。

图书在版编目(CIP)数据

中国气象灾害年鉴. 2017 / 中国气象局编著. —北京：气象出版社，2018.10

ISBN 978-7-5029-6860-1

Ⅰ.①中… Ⅱ.①中… Ⅲ.①气象灾害-中国-2017-年鉴 Ⅳ.①P429-54

中国版本图书馆CIP数据核字(2018)第253720号

出版发行：气象出版社

地　　址：北京市海淀区中关村南大街46号　　**邮政编码**：100081

电　　话：010-68407112(总编室)　010-68408042(发行部)

网　　址：http://www.qxcbs.com　　**E-mail**：qxcbs@cma.gov.cn

责任编辑：张　斌　　**终　　审**：吴晓鹏

责任校对：王丽梅　　**责任技编**：赵相宁

封面设计：王　伟

印　　刷：北京中科印刷有限公司

开　　本：889 mm×1194 mm　1/16　　**印　　张**：15

字　　数：440千字

版　　次：2018年10月第1版　　**印　　次**：2018年10月第1次印刷

定　　价：150.00元

本书如存在文字不清、漏印以及缺页、倒页、脱页等，请与本社发行部联系调换

中国气象灾害年鉴(2017)

编审委员会

主　任:余　勇

副主任:宋连春

委　员(以姓氏拼音字母为序):

毕宝贵　巢清尘　陈海山　端义宏　李茂松　李明媚

李维京　刘传正　吕　娟　潘家华　王建捷　杨　军

张　强　张祖强

科学顾问:丁一汇

编辑部

主　编:宋连春

副主编:黄大鹏　王有民

编写人员(以姓氏拼音字母为序):

蔡雯悦　程肖侠　戴　升　丁小俊　段均泽　冯爱青　高　歌　格　桑

郭安红　郭艳君　韩丽娟　贺芳芳　侯　威　胡菊芳　黄大鹏　黄　鹤

贾小芳　蒋元华　李　倩　李　霄　李艳春　李荣庆　李　莹　连治华

廖要明　刘　新　刘绿柳　刘婷婷　刘玉汐　柳　苗　毛留喜　梅　梅

孟　青　闵凡花　邵佳丽　宋艳玲　孙　劭　汤　洁　王春丽　王春学

王纯枝　王　飞　王记芳　王启祎　王秀荣　王有民　吴春燕　伍红雨

肖风劲　谢　敏　徐良炎　叶殿秀　易灵伟　尹宜舟　于　群　俞亚勋

岳岩裕　翟建青　张素云　张亚琳　郑　伟　钟海玲　周德丽　周小兴

朱晓金　卓　嘎　邹　燕

序言

气象灾害是指由气象原因直接或间接引起的，给人类和社会经济造成损失的灾害现象。20 世纪 90 年代以来，在全球气候变暖背景下，气象灾害呈明显上升趋势，对经济社会发展的影响日益加剧，给国家安全、经济社会、生态环境以及人类健康带来了严重威胁。随着我国社会经济发展进程的加快，气象灾害的风险越来越大，影响范围也越来越广。因此，必须把加强防灾减灾作为重要的战略任务，不断提高气象服务水平和服务手段，加强气象灾害的监测、分析、预警能力和水平，为我国经济社会可持续发展提供科技支撑。

气象灾害信息是气象服务的重要组成部分，也是气象灾害预测与评估的基础资料。中国气象局立足于经济社会发展，为适应提高防灾抗灾能力、保护人民生命财产安全和构建和谐社会的需求，发挥气象部门优势，从 2005 年开始组织国家气候中心、国家气象中心、中国气象科学研究院、国家卫星气象中心以及各省（市、区）气象局共同编撰出版《中国气象灾害年鉴》。《中国气象灾害年鉴》为研究自然灾害的演变规律、时空分布特征和致灾机理等提供了宝贵的基础信息，为开展灾害风险综合评估、科学预测和预防气象灾害提供了有价值的参考。

2016 年入汛早，暴雨多，南北洪涝并发，为暴雨洪涝灾害偏重年份；登陆台风多，平均强度强，损失偏重；没有出现大范围、持续时间长的严重干旱，属干旱灾害偏轻年份；强对流天气多，损失偏重，全国有 2000 多县（市）次出现冰雹或龙卷天气；低温冷冻害和雪灾影响偏轻；春季北方沙尘天气少，影响偏轻；秋冬季京津冀及周边地区霾天气频繁，影响大。2016 年全国因气象灾害及其次生、衍生灾害导致受灾人口近 1.9 亿人次，因灾

死亡失踪1649人，农作物受灾面积2622万公顷，绝收面积290万公顷，直接经济损失4961亿元。总体来看，2016年气象灾害直接经济损失超过1990—2015年的平均水平，因灾死亡失踪人口和受灾面积明显低于1990—2015年平均值。综合来看，2016年气象灾害为偏重年份。

《中国气象灾害年鉴(2017)》系统地收集、整理和分析了2016年我国所发生的干旱、暴雨洪涝、台风、冰雹和龙卷、沙尘暴、低温冷冻害和雪灾等主要气象灾害及其对国民经济和社会发展的影响，还收录了港澳台地区的部分气象灾情及全球重大气象灾害；给出全年主要气象灾害灾情图表、主要气象要素和天气现象特征分布图。希望通过本年鉴对2016年气象灾害的总结分析，能为有关部门加强防灾减灾工作和减少气象灾害损失提供帮助。

中国气象局副局长

余　勇

编写说明

一、资料来源

本年鉴气象资料来自我国各级气象部门的气象观测整编资料、天气气候情报分析、气候影响评估报告，灾情数据主要来源于民政部等部门会商核定的数据以及地方各级民政部门上报的数据。

二、气象灾害收录标准

1. 干旱

指因一段时间内少雨或无雨，降水量较常年同期明显偏少而致灾的一种气象灾害。干旱影响到自然环境和人类社会经济活动的各个方面。干旱导致土壤缺水，影响农作物正常生长发育并造成减产；干旱造成水资源不足，人畜饮水困难，城市供水紧张，制约工农业生产发展；长期干旱还会导致生态环境恶化，甚者还会导致社会不稳定进而引发国家安全等方面的问题。

本年鉴收录整理的干旱标准为一个省（自治区、直辖市）或约 5 万平方千米以上的某一区域，发生持续时间 20 天以上，并造成农业受灾面积 10 万公顷以上，或造成 10 万以上人口生活、生产用水困难的干旱事件。

2. 暴雨洪涝

指长时间降水过多或区域性持续的大雨（日降水量 25.0～49.9 毫米）、暴雨以上强度降水（日降水量大于等于 50.0 毫米）以及局地短时强降水引起江河洪水泛滥，冲毁堤坝、房屋、道路、桥梁，淹没农田、城镇等，引发地质灾害，造成农业或其他财产损失和人员伤亡的一种灾害。

华西秋雨是我国华西地区秋季（9—11 月）连阴雨的特殊天气现象。秋季频繁南下的冷空气与暖湿空气在该地区相遇，使锋面活动加剧而产生较长时间的阴雨天气。华西秋雨的降水量虽然少于夏季，但持续降水也易引发秋汛。华西秋雨主要涉及的行政区域包括湖北、湖南、重庆、四川、贵州、陕西、宁夏、甘肃等 6 省 1 市 1 区。

本年鉴收录整理的暴雨洪涝标准为某一地区发生局地或区域暴雨过程，并造成洪水或引发泥石流、滑坡等地质灾害，使农业受灾面积达 5 万公顷以上，或造成死亡人数 10 人以上，或造成直接经济损失 1 亿元以上。

3. 台风

热带气旋是生成于热带或副热带洋面上，具有有组织的对流和确定的气旋性环流的非锋面性涡旋的统称，分为热带低压、热带风暴、强热带风暴、台风、强台风和超强台风六个等级。其中热带气旋底层中心附近最大平均风速达到 10.8～17.1 米/秒（风力 6～7 级）为热带低压，达到 17.2～24.4 米/秒（风力 8～9 级）为热带风暴，达到 24.5～32.6 米/秒（风力 10～11 级）为强热带风暴，达到 32.7～41.4 米/秒（风力 12～13 级）为台风，达到 41.5～50.9 米/秒（风力

14～15 级)为强台风,达到或大于 51.0 米/秒(风力 16 级或以上)为超强台风。热带气旋尤其是达到台风强度的热带气旋具有很强的破坏力,狂风会掀翻船只、摧毁房屋和其它设施,巨浪能冲破海堤,暴雨能引发山洪。在我国,通常将热带风暴及以上强度的热带气旋统称为"台风"。

本年鉴收录整理的台风标准为中心附近最大风力大于等于 8 级的热带气旋,且对我国造成 10 人以上死亡或直接经济损失 1 亿元以上。

4. 冰雹和龙卷风

冰雹是指从发展强盛的积雨云中降落到地面的冰球或冰块,其下降时巨大的动量常给农作物和人身安全带来严重危害。冰雹出现的范围虽较小,时间短,但来势猛,强度大,常伴有狂风骤雨,因此往往给局部地区的农牧业、工矿企业、电信、交通运输以及人民生命财产造成较大损失。龙卷风是一种范围小、生消迅速,一般伴随降雨、雷电或冰雹的猛烈涡旋,是一种破坏力极强的小尺度风暴。

本年鉴收录整理的冰雹和龙卷风标准为在某一地区出现的风雹过程,使农业受灾面积 1000 公顷以上,或造成 3 人以上死亡的灾害过程。

5. 沙尘暴

指由于强风将地面大量尘沙吹起,使空气浑浊,水平能见度小于 1000 米的天气现象。水平能见度小于 500 米为强沙尘暴,水平能见度小于 50 米为特强沙尘暴。沙尘暴是干旱地区特有的一种灾害性天气。强风摧毁建筑物、树木等,甚至造成人畜伤亡;流沙埋没农田、渠道、村舍、草场等,使北方脆弱的生态环境进一步恶化;沙尘中的有害物及沙尘颗粒造成环境污染,危害人们的身体健康;恶劣的能见度影响交通运输,并间接引发交通事故。

本年鉴收录整理的标准是沙尘暴以上等级,并且造成 3 人及以上死亡的灾害过程。

6. 低温冷(冻)害及雪(白)灾

低温冷(冻)害包括低温冷害、霜冻害和冻害。低温冷害是指农作物生长发育期间,因气温低于作物生理下限温度,影响作物正常生长发育,引起农作物生育期延迟,或使生殖器官的生理活动受阻,最终导致减产的一种农业气象灾害。霜冻害指在农作物、果树等生长季节内,地面最低温度降至 0℃以下,使作物受到伤害甚至死亡的农业气象灾害。冻害一般指冬作物和果树、林木等在越冬期间遇到 0℃以下(甚至－20℃以下)或剧烈变温天气引起植株体冰冻或丧失一切生理活力,造成植株死亡或部分死亡的现象。雪灾指由于降雪量过多,使蔬菜大棚、房屋被压垮,植株、果树被压断,或对交通运输及人们出行造成影响,造成人员伤亡或经济损失的现象。白灾是草原牧区冬春季由于降雪量过多或积雪过厚,加上持续低温,雪层维持时间长,积雪掩埋牧场,影响牲畜放牧采食或不能采食,造成牲畜饿冻或因而染病、甚至发生大量死亡的一种灾害。

本年鉴收录整理的低温冷(冻)害及雪(白)灾标准为影响范围 1 万平方千米以上并造成农业受灾面积 1000 公顷以上,或造成 2 人以上死亡,或造成死亡牲畜 1 万头(只)以上,或造成经济损失 100 万元以上。

7. 雾和霾

雾是指近地层空气中悬浮的大量水滴或冰晶微粒的乳白色的集合体,使水平能见度降到 1 千米以下的天气现象。雾使能见度降低会造成水、陆、空交通灾难,也会对输电、人们日常生活等造成影响。

霾是一种对视程造成障碍的天气现象,大量极细微的干尘粒等均匀地浮游在空中,使水平能见度小于10千米，造成空气普遍浑浊。由于霾发生时，气团稳定，污染物不易扩散，严重威胁人体健康。

本年鉴收录整理的雾霾标准为影响范围1万平方千米以上，持续时间2小时以上；并因雾霾造成2人以上死亡，或造成经济损失100万元以上。

8. 雷电

雷电是在雷暴天气条件下发生于大气中的一种长距离放电现象，具有大电流、高电压、强电磁辐射等特征。雷电多伴随强对流天气产生，常见的积雨云内能够形成正负的荷电中心，当聚集的电量足够大时，形成足够强的空间电场，异性荷电中心之间或云中电荷区与大地之间就会发生击穿放电，这就是雷电。雷电导致人员伤亡，建筑物、供配电系统、通信设备、民用电器的损坏，引起森林火灾，造成计算机信息系统中断，致使仓储、炼油厂、油田等燃烧甚至爆炸，危害人民财产和人身安全，同时也严重威胁航空航天等运载工具的安全。

本年鉴所收集整理的雷电灾害事件标准为雷击死亡3人及以上的灾害过程。

9. 高温热浪

本年鉴将日最高气温大于或等于35℃定义为高温日；连续5天以上的高温过程称为持续高温或“热浪”天气。高温热浪对人们日常生活和健康影响极大，使与热有关的疾病发病率和死亡率增加；加剧土壤水分蒸发和作物蒸腾作用，加速旱情发展；导致水电需求量猛增，造成能源供应紧张。

本年鉴收录整理的标准为对人体健康、社会经济等产生较大影响的高温热浪过程。

10. 酸雨

pH值小于5.6的降雨、冻雨、雪、雹、露等大气降水称为酸雨。酸雨的形成是大气中发生的错综复杂的物理和化学过程，但其最主要因素是二氧化硫和氮氧化物在大气或水滴中转化为硫酸和硝酸所致。酸雨的危害包括森林退化，湖泊酸化，导致鱼类死亡，水生生物种群减少，农田土壤酸化、贫瘠，有毒重金属污染增强，粮食、蔬菜、瓜果大面积减产，使建筑物和桥梁损坏，文物遭受侵蚀等。

本年鉴按照大气降水pH值≥5.6为非酸性降水、4.5≤pH值<5.59为弱酸性降水、pH值<4.5为强酸性降水的标准对酸雨基本情况进行分析和整理。

11. 农业气象灾害

农业气象灾害是指不利的气象条件给农业生产造成的危害。农业气象灾害按气象要素可分为单因子和综合因子两类。由温度要素引起的农业气象灾害，包括低温造成的霜冻害、冬作物越冬冻害、冷害、热带和亚热带作物寒害以及高温造成的热害；由水分因子引起的有旱害、涝害、雪害和雹害等；由风力异常造成的农业气象灾害，如大风害、台风害、风蚀等；由综合气象要素引起的农业气象灾害，如干热风、冷雨害、冻涝害等。此外，广义的农业气象灾害还包括畜牧气象灾害（如白灾、黑灾、暴风雪等）和渔业气象灾害等。

本年鉴所收集整理的农业气象灾害标准为对农作物生长发育、产量形成造成不利影响，导致作物减产、品质降低、农田或农业设施损毁等影响较大的灾害过程或事件。

12. 森林草原火灾

指失去人为控制，并在森林内或草原上自由蔓延和扩展，对森林草原生态系统和人类带来一定危害和损失的火灾过程。

本年鉴收录整理的森林草原火灾标准为造成森林草原受灾面积100公顷以上，或造成人员伤亡，或造成经济损失100万元以上。

13. 病虫害

病虫害是农业生产中的重大灾害之一，指虫害和病害的总称，它直接影响作物产量和品质。虫害指作物生长发育过程中，遭到有害昆虫的侵害，使作物生长和发育受到阻碍，甚至造成枯萎死亡；病害指植物在生长过程中，遇到不利的环境条件，或者某种寄生物侵害，而不能正常生长发育，或是器官组织遭到破坏，表现为植物器官上出现斑点、植株畸形或颜色不正常，甚至整个器官或全株死亡与腐烂等。

本年鉴收录整理的病虫害标准为与气象条件相关的病虫害，造成受灾面积100万公顷以上。

三、港澳台地区灾情

全国气象灾情统计数据未包含香港、澳门特别行政区和台湾省，港澳台地区的部分灾情摘录于新闻媒体。

四、主要灾情指标解释

受灾人口

本行政区域内因自然灾害遭受损失的人员数量（含非常住人口）。

因灾死亡人口

以自然灾害为直接原因导致死亡的人员数量（含非常住人口）。

因灾失踪人口

以自然灾害为直接原因导致下落不明，暂时无法确认死亡的人员数量（含非常住人口）。

紧急转移安置人口

指因自然灾害造成不能在现有住房中居住，需由政府进行安置并给予临时生活救助的人员数量（包括非常住人口）。包括受自然灾害袭击导致房屋倒塌、严重损坏（含应急期间未经安全鉴定的其他损房）造成无房可住的人员；或受自然灾害风险影响，由危险区域转移至安全区域，不能返回家中居住的人员。安置类型包含集中安置和分散安置。对于台风灾害，其紧急转移安置人口不含受台风灾害影响从海上回港但无需安置的避险人员。

因旱饮水困难需救助人口

指因旱灾造成饮用水获取困难，需政府给予救助的人员数量（含非常住人口），具体包括以下情形：①日常饮水水源中断，且无其他替代水源，需通过政府集中送水或出资新增水源的；②日常饮水水源中断，有替代水源，但因取水距离远、取水成本增加，现有能力无法承担需政府救助的；③日常饮水水源未中断，但因旱造成供水受限，人均用水量连续15天低于35升，需政府予以救助的。因气候或其他原因导致的常年饮水困难的人口不统计在内。

农作物受灾面积

因灾减产1成以上的农作物播种面积，如果同一地块的当季农作物多次受灾，只计算一次。农作物包括粮食作物、经济作物和其他作物，其中粮食作物是稻谷、小麦、薯类、玉米、高粱、谷子、其他杂粮和大豆等粮食作物的总称，经济作物是棉花、油料、麻类、糖料、烟叶、蚕茧、茶叶、水果等经济作物的总称,其他作物是蔬菜、青饲料、绿肥等作物的总称。

农作物成灾面积

农作物受灾面积中,因灾减产3成以上的农作物播种面积。

农作物绝收面积

农作物受灾面积中,因灾减产8成以上的农作物播种面积。

倒塌房屋

指因灾导致房屋整体结构塌落,或承重构件多数倾倒或严重损坏,必须进行重建的房屋数量。以具有完整、独立承重结构的一户房屋整体为基本判定单元(一般含多间房屋),以自然间为计算单位;因灾遭受严重损坏,无法修复的牧区帐篷,每顶按3间计算。

损坏房屋

包括严重损坏和一般损坏房屋两类。其中,严重损坏房屋指因灾导致房屋多数承重构件严重破坏或部分倒塌,需采取排险措施、大修或局部拆除的房屋数量。一般损坏房屋指因灾导致房屋多数承重构件轻微裂缝,部分明显裂缝;个别非承重构件严重破坏;需一般修理,采取安全措施后可继续使用的房屋间数。以自然间为计算单位,不统计独立的厨房、牲畜棚等辅助用房、活动房、工棚、简易房和临时房屋;因灾遭受严重损坏,需进行较大规模修复的牧区帐篷,每顶按3间计算。

直接经济损失

受灾体遭受自然灾害后,自身价值降低或丧失所造成的损失。直接经济损失的基本计算方法是:受灾体损毁前的实际价值与损毁率的乘积。

目　录

概　述

2016年，中国年平均气温10.4℃，较常年(9.6℃)偏高0.8℃，为1961年以来第三高值，仅次于2015年和2007年(均为10.5℃)(图1)；四季平均气温均较常年同期偏高。中国平均年降水量730.0毫米，比常年(629.9毫米)偏多15.9%，较2015年(648.8毫米)偏多12.5%(图2)；四季降水均较常年同期偏多，冬季明显偏多。

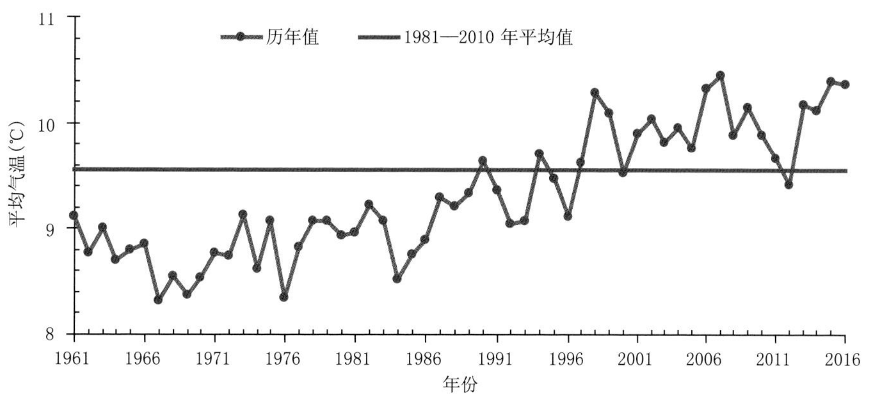

图1　1961—2016年全国年平均气温历年变化

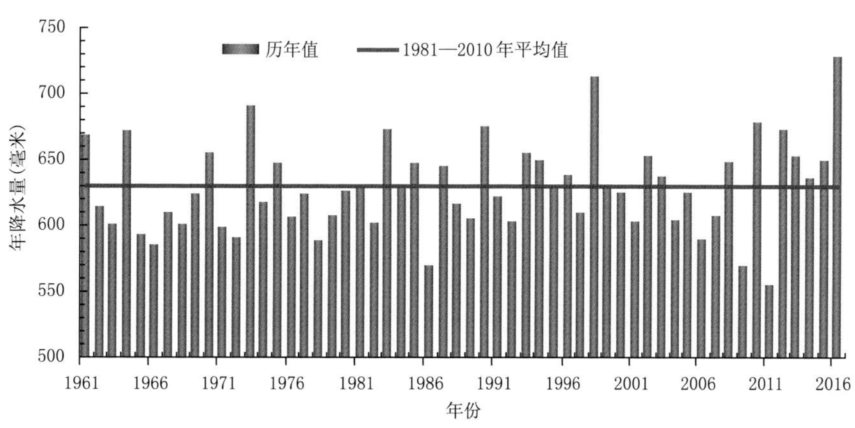

图2　1961—2016年全国平均年降水量历年变化

2016年，入汛早，暴雨多，南北洪涝并发，为暴雨洪涝灾害偏重年份；登陆台风多，平均强度强，损失偏重；没有出现大范围、持续时间长的严重干旱，属干旱灾害偏轻年份；强对流天气频繁，损失偏重；低温冷冻害和雪灾影响偏轻；春季北方沙尘天气少，影响偏轻；秋冬季京津冀及周边地区霾天气频繁，影响大。

据统计，2016年全国因气象灾害及其次生、衍生灾害导致受灾人口约1.9亿人次，死亡(含失踪)1649 人,死亡 1396 人;农作物受灾面积 2622.1 万公顷,绝收面积 290.2 万公顷;直接经济损失 4961.4 亿元(图 3)。总体来看,2016 年气象灾害直接经济损失比 1990—2015 年平均值明显偏多,为 1990 年以来第二多值,死亡(含失踪)人数和受灾面积均明显少于 1990—2015 年平均值。综合来看,2016 年气象灾害为偏重年份。

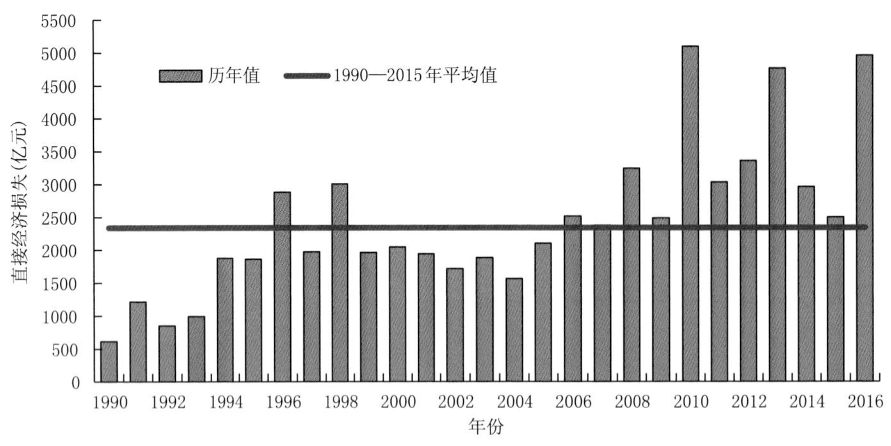

图 3　1990—2016 年全国气象灾害直接经济损失直方图(亿元)

图 4 给出 2016 年全国主要气象灾害在各项损失指标中所占比例。直接经济损失中,暴雨洪涝灾害所占比例(63.2%)最高,其次为热带气旋,然后为局地强对流。受灾人口、死亡人口和倒塌房屋方面,暴雨洪涝灾害所占比例均为最高,分别为 52.8%、69.3%、84.8%;受灾面积方面,干旱所占比例(37.7%)最高,其次为暴雨洪涝灾害;绝收面积方面,暴雨洪涝灾害所占比例(44.7%)最高,其次为干旱灾害。

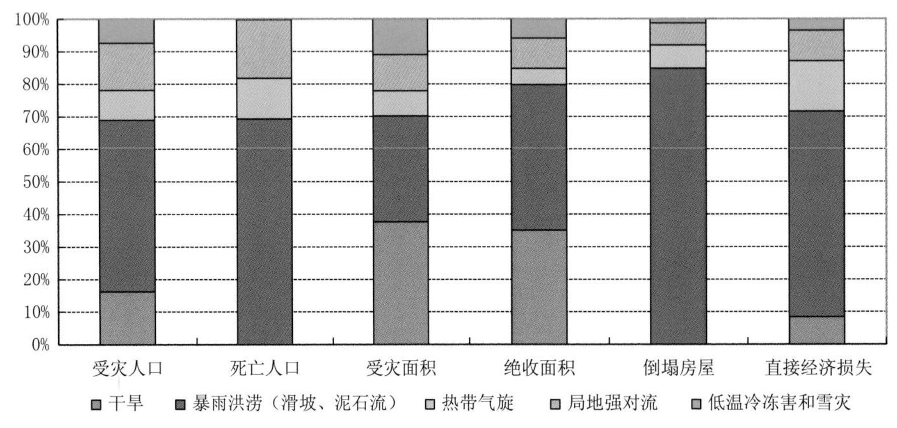

图 4　2016 年全国主要气象灾害各项损失指标比例图

与 2015 年相比,2016 年全国气象灾害造成的受灾人口、死亡人口、农作物受灾面积和绝收面积、倒塌房屋、直接经济损失均偏多。分灾种比较,除干旱外,暴雨洪涝(含滑坡、泥石流)、热带气旋、局地强对流、低温冷冻害和雪灾直接经济损失均较 2015 年偏重(图 5 左);暴雨洪涝、热带气旋造成的死亡人数比 2015 年偏多,局地强对流、低温冷冻害和雪灾造成的死亡人数较 2015 年偏少(图 5 右)。

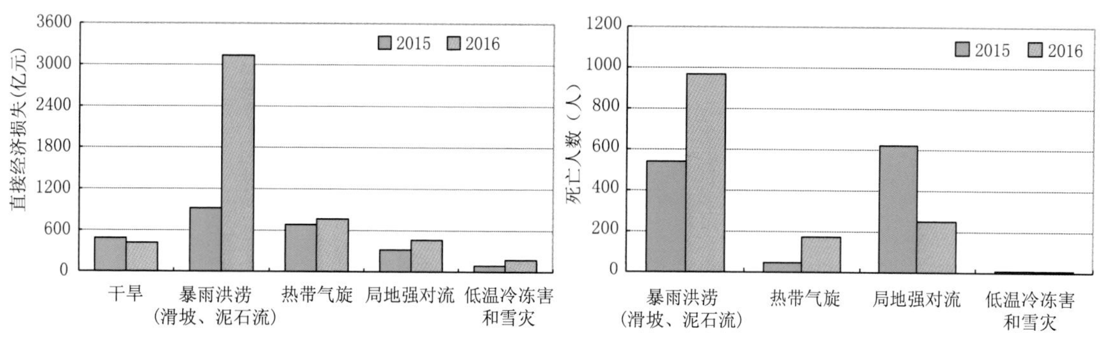

图 5　2016 年全国主要气象灾害直接经济损失(左)和死亡人数(右)与 2015 年比较

2016 年主要气象灾害概述如下：

干旱　2016 年，中国干旱受灾面积 987.3 万公顷，较 1990—2015 年平均值明显偏小，为 1990 年以来第二少值(图 6)。2016 年属干旱灾害偏轻年份，但区域性和阶段性干旱明显，东北地区及内蒙古东部出现夏旱，黄淮、江淮及陕西等地遭受夏秋连旱，湖北、湖南、贵州、广西等省(区)部分地区出现秋旱。

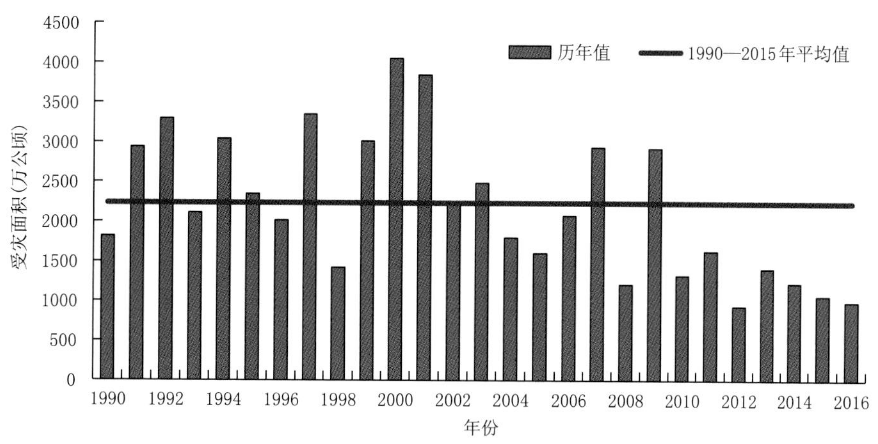

图 6　1990—2016 年全国干旱受灾面积直方图

暴雨洪涝(及其引发的滑坡和泥石流)　2016 年入汛早，暴雨多，南北洪涝并发，全国共出现 46 次区域性暴雨过程，为 1961 年以来历史第四多值。华南入汛早，部分地区暴雨洪涝灾害重；6 月下旬至 7 月中旬，长江中下游出现严重汛情；7 月中旬后期，华北、黄淮部分地区暴雨洪涝重；淮河—太湖流域出现明显秋汛。全国暴雨洪涝受灾面积 853 万公顷，死亡 942 人，直接经济损失 3134.4 亿元，与 1991—2015 年平均值相比，受灾面积(图 7)、死亡或失踪人数均偏少，但直接经济损失明显偏多。总体来看，2016 年属暴雨洪涝灾害偏重年份。

热带气旋(台风)　2016 年，在西北太平洋和南海共有 26 个台风(中心附近最大风力≥8 级)生成，生成个数接近常年 (25.5 个)平均值。8 个登陆中国，登陆个数较常年 (7.2 个)偏多 0.8 个。初、末台登陆时间均较常年略偏晚；上半年无台风生成；登陆强度偏强、登陆位置总体偏南。2016 年，影响中国的台风共造成 198 人死亡(含失踪)，直接经济损失 766.4 亿元；与 1990—2015 年平均值相比，2016 年台风造成的直接经济损失偏多，死亡人数明显偏少。总体而言，2016 年热带气旋灾情偏重(图 8)。

局地强对流(大风、冰雹、龙卷及雷电等)　2016 年，风雹灾害共造成我国农作物受灾面积 290.8

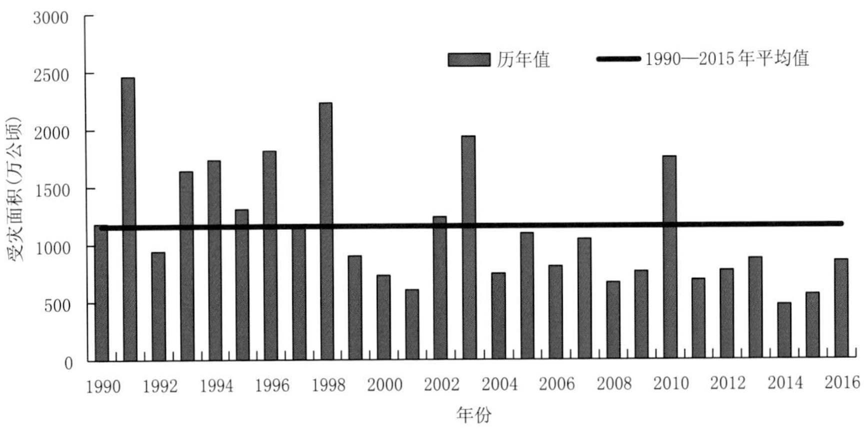

图 7　1990—2016 年全国暴雨洪涝受灾面积直方图(万公顷)

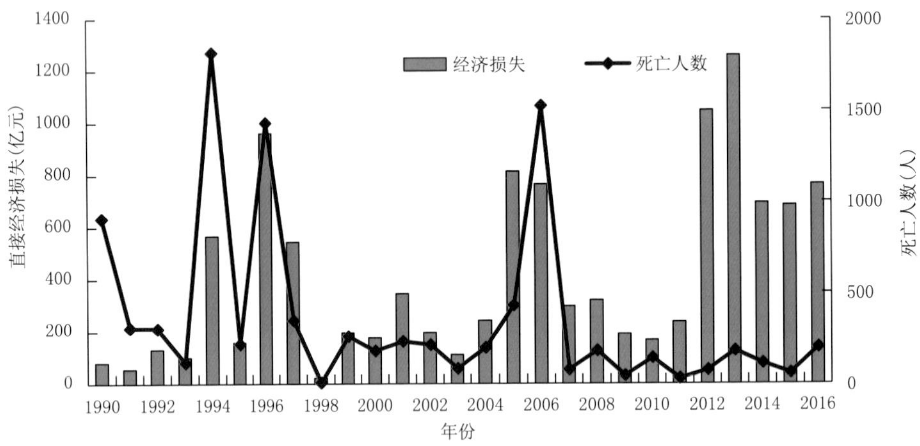

图 8　1990—2016 年全国热带气旋直接经济损失和死亡人数直方图

万公顷,277 人死亡,直接经济损失 463.9 亿元。与近 10 年相比,2016 年风雹天气造成的农作物受灾面积和死亡人数偏少,直接经济损失偏重。

低温冷冻害及雪灾　2016 年,中国因低温冷冻灾害和雪灾共造成农作物受灾面积 288.5 万公顷,直接经济损失 178.6 亿元,为低温冷冻灾害及雪灾偏轻年份。

沙尘暴　2016 年,我国沙尘日数较常年同期明显偏少,为 1961 年以来同期第三少值。全国春季共出现 8 次沙尘天气过程,沙尘暴和强沙尘暴过程共有 3 次,分别较 2000—2015 年同期平均次数偏少 3.6 次、偏少 3.7 次。全年沙尘天气影响总体偏轻。

第1章 重大气象灾害

1.1 1月下旬，我国部分地区遭受强寒潮袭击

1月20—25日，全国大部地区遭受寒潮天气袭击，西北地区东部、华北、黄淮、江淮东部、江南东部、华南南部及云南东部等地过程最大降温幅度一般有10～18℃。过程最大降温幅度超过6℃的面积达到786万平方千米（占国土面积81.9%），降温幅度超过12℃的面积为176.4万平方千米（占国土面积18.4%）。华北中南部、黄淮最低气温达−20～−10℃，江淮、江南、华南北部及四川盆地、云南东部达−12～−1℃，最低气温0℃线越过南岭，南压至华南中部一带，0℃线位置偏南历史少见。华北、黄淮、江南、华南及四川等地共有179个县市最低气温跌破1月份当地建站以来历史极值；山东、江苏、浙江、福建、四川等19个省（区、市）82个县市跌破最低气温历史极值。受寒潮影响，南方地区出现雨雪冰冻天气，湖北南部、安徽南部、江苏南部、浙江、江西中北部、福建西北部、湖南中北部、贵州北部等地出现大到暴雪，雪线越过南岭南压至广州及珠三角一带，为1951年有气象记录以来最南，广州城区出现新中国成立以来首场降雪；贵州中南部、湖南中部等地及福建中部出现冻雨。此次低温雨雪冰冻天气给南方地区农业、交通运输、电力供应等带来较大影响。

1.2 华南入汛早，部分地区暴雨洪涝灾害重

3月21日，华南进入前汛期，较常年（4月6日）偏早16天，较2015年（5月5日）偏早45天，为近7年最早。前汛期（3月21日至6月19日），江南、华南出现20次区域性暴雨过程。频繁强降水引发山体滑坡、泥石流和城乡积涝等灾害，福建、湖南、广东、广西等省（区）受灾较重。5月6—10日江南、华南暴雨过程强度大、影响范围广，累计降水量超过100毫米的国土面积达22万平方千米。福建泰宁（235.9毫米）、将乐（225.7毫米）及广西阳朔（197.5毫米）日降水量突破历史极值。此次过程共造成59人死亡，直接经济损失39.7亿元，福建泰宁暴雨引发的山体滑坡导致38人死亡。

1.3 6月下旬至7月中旬，长江中下游梅雨期降水多、汛情严重

长江中下游6月19日入梅，7月20日出梅。期间，长江中下游先后经历7次强降水过程，平均降水量达586毫米，较常年偏多1倍以上，为1961年以来第二多值。6月30日至7月6日，江淮、江汉、江南北部、华南中西部等地遭遇2016年持续时间最长、强度最强、影响范围最广的暴雨过程，过程累计降水量100毫米以上的面积约65万平方千米，300毫米以上面积约14万平方千米。长江中下游和太湖流域全线超警，长江流域发生1998年以来最大洪水，太湖发生流域性特大洪水。湖北、安徽、江苏、湖南等省多地出现洪涝或城市内涝，局部出现泥石流、滑坡等灾害。

1.4 "7·20"超强暴雨重创华北多地

7月18—20日，华北、黄淮等地出现2016年北方最强暴雨过程。北京、河北及河南局地降水量达310～680毫米，河北邯郸市局地690～881毫米，北京大兴(242毫米)等22个县(市)日雨量突破历史极值。河南林州市东马鞍日降水量(703毫米)超过常年全年总降水量(649毫米)。19日16—17时河北赞皇县嶂石岩雨量达140毫米，是2016年最大小时雨强。强降水致使北京、天津、石家庄、邯郸、邢台、太原、郑州、安阳等地出现城市内涝，海河部分支流发生洪水，部分地区遭受暴雨洪涝灾害，其中河北受灾严重。

1.5 台风登陆强度强、影响大

2016年，有8个台风登陆中国，3个登陆强度达到强台风级或以上，平均登陆强度为34.5米/秒，比常年(30.7米/秒)明显偏强。2016年台风共造成174人死亡，24人失踪，直接经济损失766.4亿元。第1号台风"尼伯特"于7月8日、9日先后在台湾台东和福建泉州石狮沿海登陆，登陆强度分别为55米/秒和25米/秒，为1949年以来登陆我国的最强初台，此次台风造成105人死亡失踪，直接经济损失124.6亿元。9月15日"莫兰蒂"以强台风强度登陆福建厦门，成为2016年登陆中国大陆最强的台风，共造成38人死亡，6人失踪，直接经济损失达316.4亿元。

1.6 夏季高温日数多，影响范围广，强度强

夏季，全国平均气温(21.8℃)为1961年以来同期最高值，平均高温日数(9.9天)为1961年以来同期第二多值，仅次于2013年。华南夏季高温日数(24.6天)比常年同期偏多10.4天，为1961年以来最多值。7月20日至8月26日，全国共有30省(区、市)1653县(市)出现日最高气温超过35℃的高温天气，新疆吐鲁番(46.8℃)和托克逊(46.6℃)、内蒙古新巴尔虎右旗(44.1℃)、陕西旬阳(43.6℃)、重庆开县(43.4℃)等103县(市)日最高气温超过40℃；64县(市)突破当地历史极值；南方11省(区、市)平均高温日数19天，为1961年以来最多值；重庆开县40℃以上连续高温日数达14天，与历史最长纪录持平。持续高温对部分地区电力供应、人体健康、农作物生长发育等产生不利影响。

1.7 "6·23"江苏盐城罕见龙卷造成重大人员伤亡

6月23日下午，江苏盐城发生了历史罕见龙卷冰雹灾害天气。14—15时阜宁县西南部出现大范围8级以上短时大风，最大风速为阜宁新沟镇34.6米/秒，突破历史极值，阜宁县城北出现直径达20～50毫米的冰雹天气。此次过程共造成99人死亡失踪，846人受伤，死亡人数为近25年来全国龙卷灾害之最。

1.8 12月中旬，中东部出现严重霾天气过程

12月16—21日，华北、黄淮以及陕西关中、苏皖北部、辽宁中西部等地出现霾天气。受霾影响面积达268万平方千米，重度霾影响面积达71万平方千米，有108个城市达到重度及以上污染程度。北京和石家庄局地$PM_{2.5}$峰值浓度分别超过600微克/米^{3}和1100微克/米^3。北京、天津、石家

庄等 27 个城市启动空气重污染红色预警，中小学和幼儿园停课，北京、天津、石家庄、郑州、济南、青岛等多个机场出现航班大量延误和取消，多条高速公路关闭；呼吸道疾病患者增多。此次过程为 2016 年持续时间最长、影响范围最广、污染程度最重的霾天气过程。

第2章　气象灾害分述

2.1　干旱

2.1.1　基本概况

2016 年，全国平均降水量 730.0 毫米，较常年（629.9 毫米）偏多 15.9%，比 2015 年（648.8 毫米）偏多 12.5%，为 1951 年以来最多值。2 月和 8 月降水偏少，3 月接近常年同期，其余各月均偏多，1 月偏多 94%、10 月偏多 55%，均为历史同期最多。

2016 年，全国有 29 个省（区、市）降水量偏多（图 2.1.1），江苏、福建、新疆分别偏多 50%、47% 和 43%，均为 1961 年以来最多值；陕西、甘肃分别偏少 9% 和 7%。

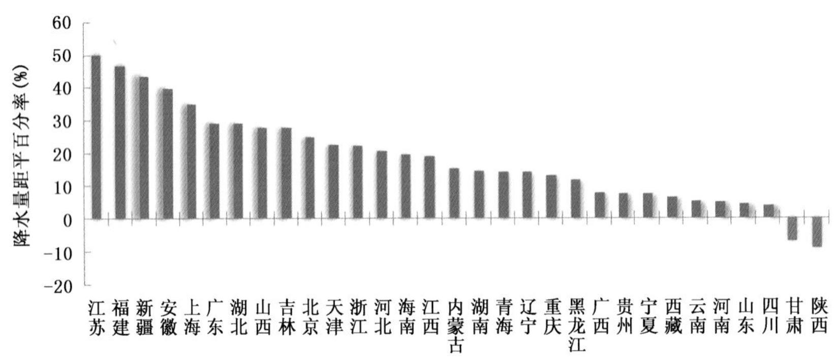

图 2.1.1　2016 年各省（区、市）平均年降水量距平百分率

Fig. 2.1.1　Percentage of annual precipitation anomalies in different provinces of China in 2016 (unit: %)

2016 年，我国没有出现大范围、持续时间长的严重干旱，属于旱灾害偏轻年份。年内，东北地区及内蒙古东部出现夏旱，黄淮、江淮及陕西等地发生夏秋连旱，湖北、湖南、贵州、广西等省（区）出现秋旱，受旱面积较大或旱情较重的省（区）有内蒙古、黑龙江、甘肃、吉林、湖北、陕西等。

年内，除东北地区及内蒙古东部夏旱影响较重外，黄淮、江淮及陕西等地夏秋连旱，湖北、湖南、贵州、广西等省（区）部分地区秋旱等未产生严重影响。2016 年，全国农作物受旱面积 987.3 万公顷，绝收面积 101.8 万公顷；受旱面积较常年偏小 1455.2 万公顷（图 2.1.2）。内蒙古和黑龙江 2 省（区）因旱绝收面积占全国因旱绝收面积的 65.0%。2016 年全国因旱造成 3057.2 万人次受灾，饮水困难人口 234.6 万人次；直接经济损失 418.1 亿元。

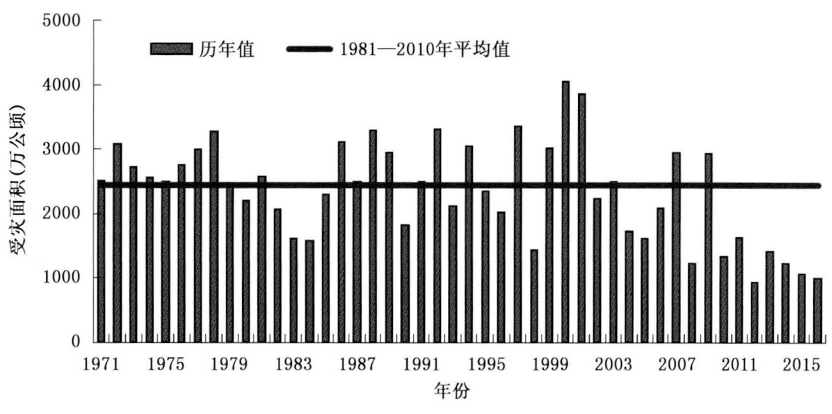

图 2.1.2　1971—2016 年全国干旱受灾面积变化

Fig. 2.1.2　Drought areas in China during 1971—2016(unit: 10^4 hm^2)

2016 年不同季节主要旱区分布如图 2.1.3 所示，冬季气象干旱主要出现在四川、青海、云南 3 省，其他省(区、市)冬季没有发生气象干旱；2016 年春季气象干旱主要出现在内蒙古、河北、山东、山西、河南、陕西、甘肃、西藏等省(区)；夏季，内蒙古、黑龙江、吉林、河北、山东、河南、江苏、安徽、湖北、陕西、甘肃、宁夏、青海、四川、湖南、广西、云南、西藏等省(区)发生不同程度的气象干旱；秋季，山东、江苏、安徽、浙江、河南、湖北、湖南、陕西、甘肃、四川、重庆、贵州、云南、广西等省(区、市)出现气象干旱。

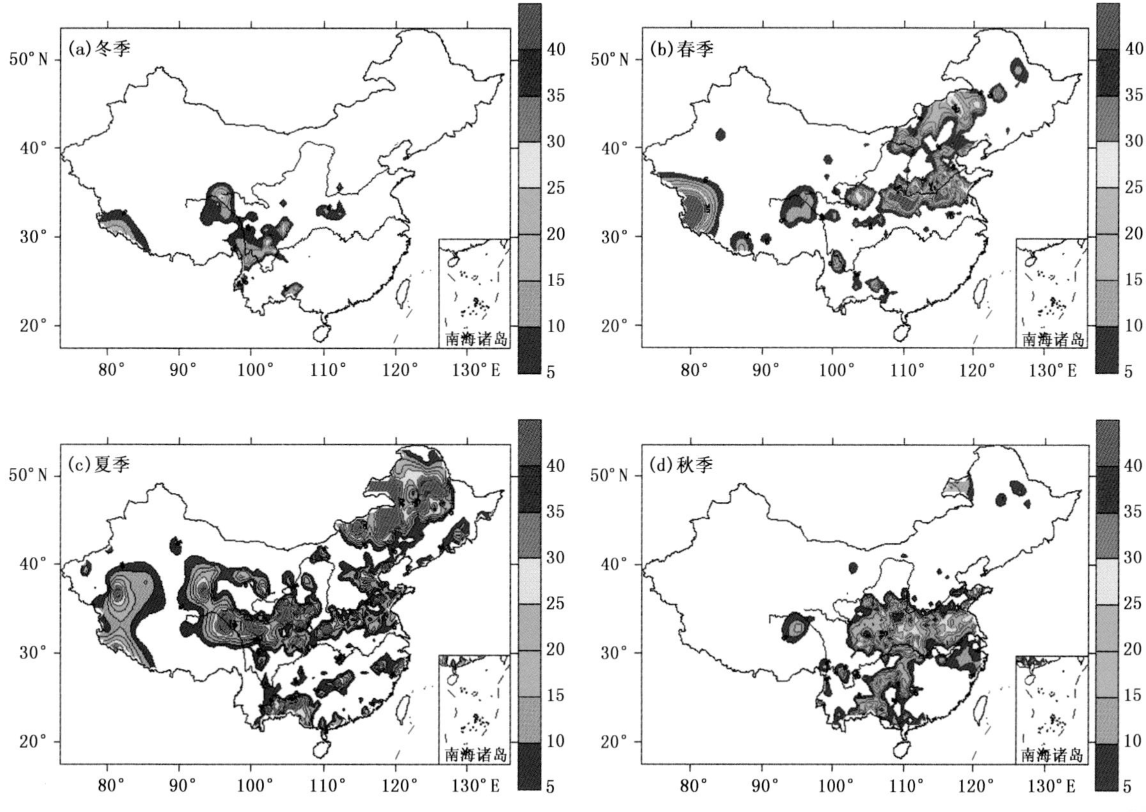

图 2.1.3　2016 年不同季节主要干旱区示意图

Fig. 2.1.3　Sketch of major droughts over China in 2016

2016 年干旱主要出现在东北北部和西部、内蒙古东部、华北东部和南部、黄淮、江淮北部、西北地区东部、西南地区北部和东南部及广西、湖南、湖北、浙江等地。干旱日数达 50 天以上的地区有黑龙江西部、内蒙古东部、山东西南部、河南东部和西部、湖北北部、陕西中南部、甘肃南部、四川东部、青海南部、广西西部和西藏西部(图 2.1.4 和表 2.1.1)。

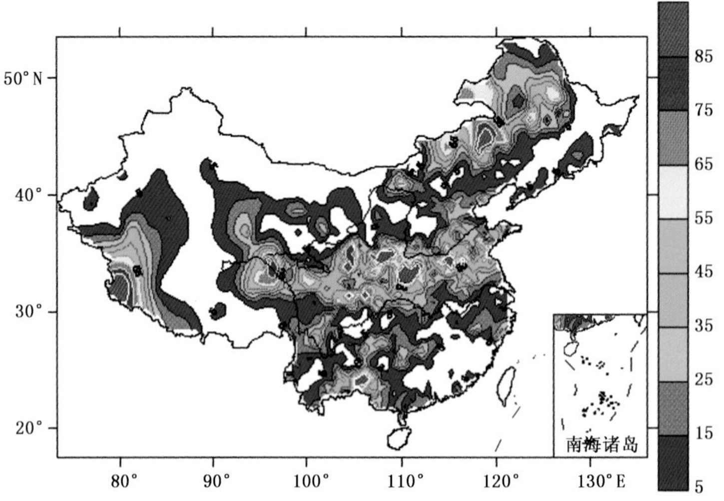

图 2.1.4　2016 年全国中旱以上干旱日数分布

Fig. 2.1.4　Distribution of median drought and more severe drought days over China in 2016 (unit: d)

表 2.1.1　2016 年我国主要干旱事件

Table 2.1.1　List of major drought events over China in 2016

时间	地区	程度	旱情概况
7 月上旬至 8 月下旬	东北地区及内蒙古东部	东北西部及内蒙古东部降水量不足 50 毫米,比常年同期偏少 3～8 成,局地偏少 8 成以上;气温普遍比常年同期偏高 1～2℃	干旱造成内蒙古呼伦贝尔市西部大部分草原过早黄枯,蝗虫迅速发展、蔓延,对玉米、牧草和牲畜影响较大,部分地区人畜饮水困难;黑龙江西部土地失墒严重,对即将进入灌浆期的作物生长不利
7 月下旬至 9 月中旬	黄淮、江淮及陕西等地	西北东南部、黄淮南部、长江中下游等地降水较常年同期偏少 5～8 成;长江中下游地区高温日数有 15～23 天,西北东南部也出现阶段性高温天气	干旱造成河流湖泊及水库蓄水不足,给人民生活、农业和畜牧业生产造成不利影响。同时,干旱给浙江粮食、果蔬、茶叶等作物供应也带来不利影响
9 月中旬至 10 月中旬	湖北、湖南、贵州、广西等省(区)部分地区	湖北中南部、湖南中部和西部、贵州东部、广西大部降水量普遍不足 25 毫米,较常年同期偏少 5～8 成,局部地区偏少 8 成以上;同时,上述地区气温较常年同期偏高 1～2℃,部分地区偏高 2℃以上	干旱造成旱区土壤墒情偏差,对油菜、蔬菜播种出苗和生长以及晚稻灌浆产生不利影响。同时,干燥少雨的天气也导致广西部分地区森林火险气象等级持续偏高

2.1.2 主要旱灾事件

1. 东北地区及内蒙古东部夏旱

2016年7月上旬至8月下旬，东北西部及内蒙古东部降水量不足50毫米，比常年同期偏少3～8成，局地偏少8成以上；气温普遍比常年同期偏高1～2℃；内蒙古东部和吉林西部出现持续高温天气，尤其是8月份，内蒙古东部、黑龙江西南部出现阶段性持续高温天气，内蒙古呼伦贝尔市西部、兴安盟东部等地日最高气温超过40℃，新巴尔虎右旗日最高气温高达44.1℃。高温少雨致使上述地区气象干旱露头并发展，内蒙古东北部、黑龙江西部出现重度以上气象干旱，局部特旱（图2.1.5）。

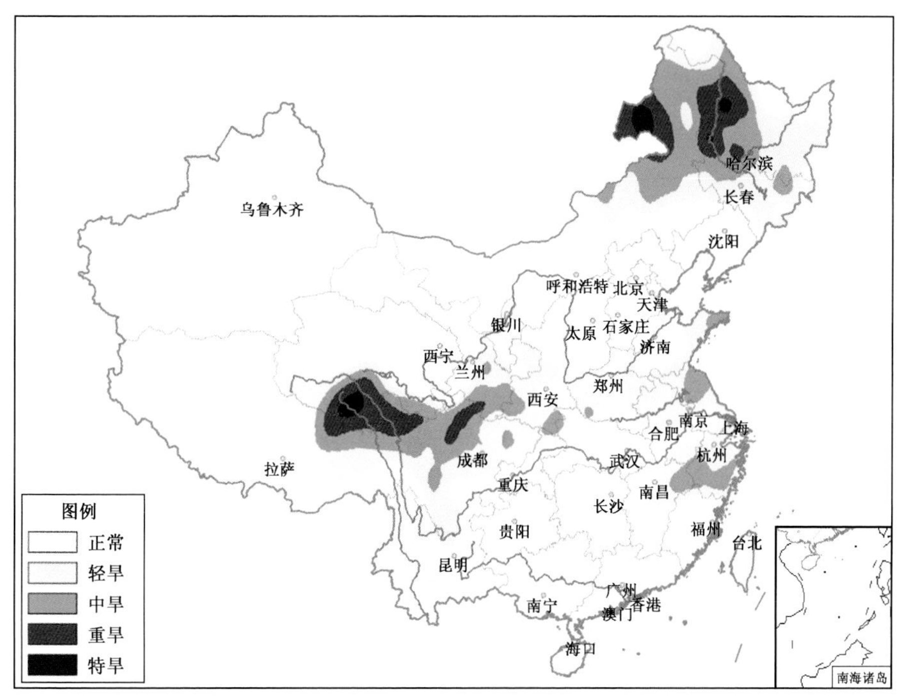

图 2.1.5　2016年8月29日全国气象干旱综合监测图
Fig. 2.1.5 Drought Monitoring in China on August 29, 2016

受高温干旱影响，内蒙古呼伦贝尔市西部大部分草原过早黄枯，蝗虫迅速发展、蔓延，对玉米、牧草和牲畜影响较大，部分地区人畜饮水困难；黑龙江西部土地失墒严重，对即将进入灌浆期的作物生长不利。

干旱造成内蒙古自治区包头、赤峰、通辽等9市（盟）55个县（市、区、旗）共385.7万人受灾，132.9万人因旱需生活救助；农作物受灾面积252.1万公顷，绝收面积58.8万公顷；饮水困难大牲畜188.3万头（只）；直接经济损失102.1亿元。吉林省长春、四平、通化等5市15个县（市、区）共142.7万人受灾，6.5万人因旱需生活救助；农作物受灾面积88.5万公顷，绝收面积9.0万公顷；直接经济损失35.1亿元。黑龙江省哈尔滨、齐齐哈尔、大庆等5市32个县（市、区）共357.2万人受灾，91.5万人因旱需生活救助；农作物受灾面积257.3万公顷，绝收面积14.9万公顷；直接经济损失88亿元。

2. 黄淮、江淮及陕西等地夏秋连旱

2016年7月下旬至9月中旬，西北东南部、黄淮南部、长江中下游等地降水较常年同期偏少5～8成；长江中下游地区高温日数有15～23天，西北东南部也出现阶段性高温天气。长时间高温少雨加上作物需水旺盛，土壤墒情迅速下降，黄淮南部、江淮、江汉及陕西南部、甘肃东南部等地出现中至重度气象干旱(图 2.1.6)。干旱造成河流湖泊及水库蓄水不足,给人民生活、农业和畜牧业生产造成不利影响。

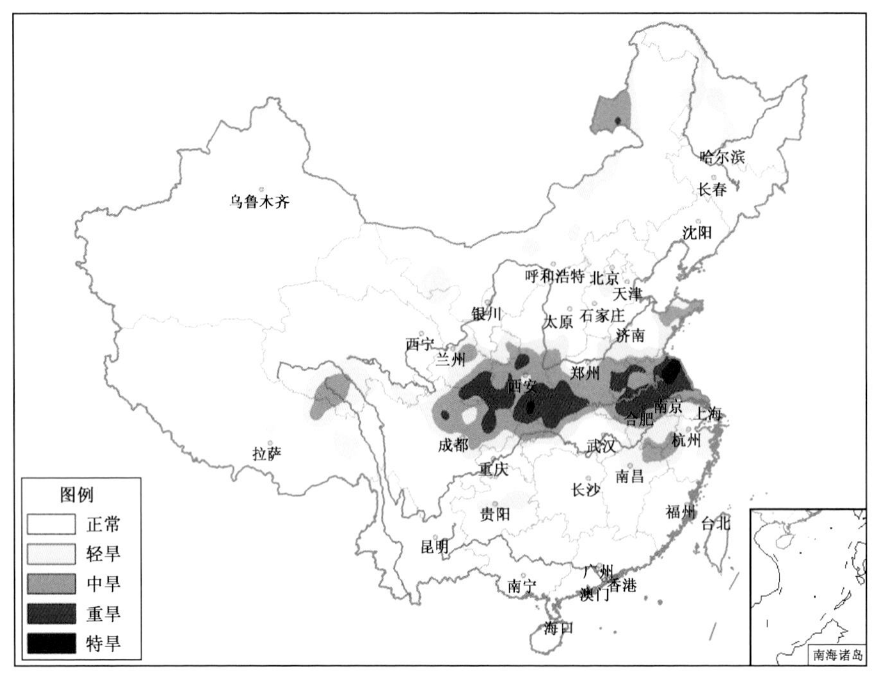

图 2.1.6　2016 年 9 月 14 日全国气象干旱综合监测图
Fig. 2.1.6　Drought Monitoring in China on September 14, 2016

持续雨少温高导致江苏用水量不断增加,加上沂沭泗地区已连续三年干旱,且 8 月份以来沂沭泗上游基本无来水补给,致使淮北“三湖一库”水位下降较快,蓄水较常年明显偏少。9 月 1 日 8 时,微山湖水位 31.69 米,仅略高于死水位;洪泽湖水位 12.23 米,骆马湖水位 21.98 米,石梁河水库水位 23.17 米,比常年同期蓄水位低 0.7~0.8 米。同时,干旱给浙江粮食、果蔬、茶叶等作物供应也带来不利影响。

甘肃省兰州、白银、天水等 10 市(自治州)54 个县(区)628.8 万人受灾;农作物受灾面积 99 万公顷,绝收面积 9.7 万公顷;直接经济损失 40.3 亿元。

江西省景德镇、九江、鹰潭等 5 市 17 个县(市、区)共 47.5 万人受灾,5.2 万人因旱需生活救助;农作物受灾面积 3.3 万公顷,绝收面积 0.6 万公顷;直接经济损失 2.7 亿元。

重庆市万州、涪陵、合川等 6 个县(区)共 34.4 万人受灾,6.5 万人因旱需生活救助;农作物受灾面积 1.9 万公顷,绝收面积 0.3 万公顷。

四川省攀枝花、德阳、绵阳等 8 市(自治州)18 个县(区)共 146.2 万人受灾,29.1 万人因旱需生活救助;农作物受灾面积 7.6 万公顷,绝收面积 1.2 万公顷;饮水困难大牲畜 10.5 万头(只);直接经济损失 3.5 亿元。

3. 湖北、湖南、贵州、广西等省(区)部分地区出现秋旱

2016 年 9 月中旬至 10 月中旬,湖北中南部、湖南中部和西部、贵州东部、广西大部降水量普遍不足 25 毫米,较常年同期偏少 5~8 成,局部地区偏少 8 成以上;同时,上述地区气温较常年同期偏高 1~2℃,部分地区偏高 2℃以上。

雨少温高导致湖北南部、湖南中西部、贵州中部和东部、广西南部和西部等地气象干旱发展(图 2.1.7),土壤墒情偏差,对油菜、蔬菜播种出苗和生长以及晚稻灌浆产生不利影响。同时,干燥少雨的天气也导致广西部分地区森林火险气象等级持续偏高。

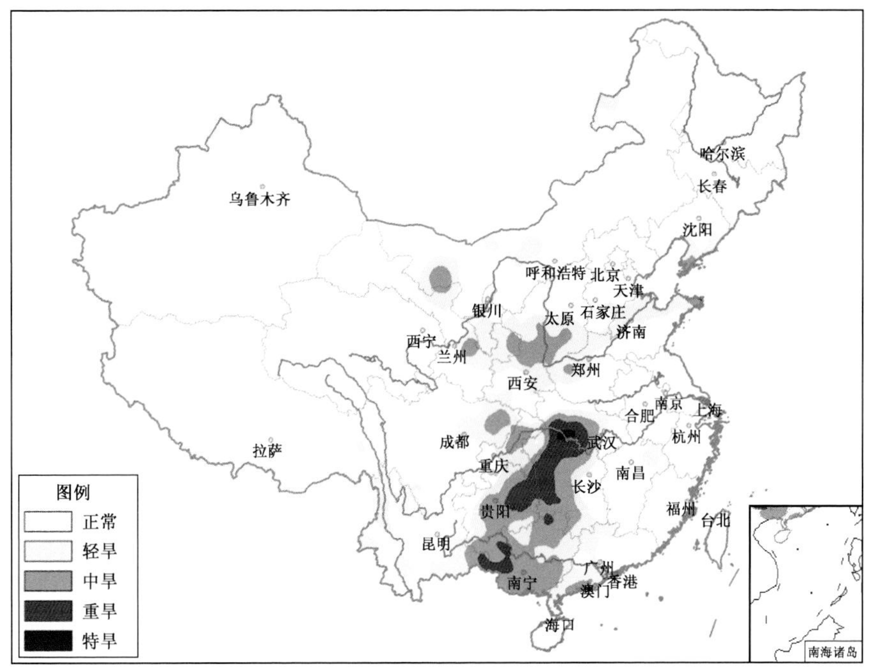

图 2.1.7 2016 年 10 月 18 日全国气象干旱综合监测图
Fig. 2.1.7 Drought Monitoring in China on October 18, 2016

湖北省宜昌市伍家岗、宜都、当阳等 5 个县(市、区)共 24.2 万人受灾,4.3 万人因旱需生活救助;农作物受灾面积 4.6 万公顷,绝收面积 0.2 万公顷;饮水困难大牲畜 1.6 万头(只);直接经济损失 4 亿元。

贵州省铜仁市共 9.4 万人受灾,6.7 万人因旱需生活救助;农作物受灾面积 0.2 万公顷,绝收面积 100 余公顷;饮水困难大牲畜 2300 余头(只);直接经济损失 400 余万元。

广西南宁市共 7.7 万人受灾,2200 余人因旱需生活救助;农作物受灾面积 2.7 万公顷,绝收面积 0.1 万公顷;饮水困难大牲畜近 900 头(只);直接经济损失 1000 余万元。

2.2 暴雨洪涝

2.2.1 基本概况

2016 年,全国平均年降水量及四季降水量均较常年偏多。2016 年,我国共出现 46 次区域性暴雨过程,为 1961 年以来历史第四多值。强降水导致 26 个省(区、市)出现城市内涝。华南入汛早,部分地区暴雨洪涝灾害重;6 下旬至 7 月中旬,长江中下游出现严重汛情;7 月中旬后期,华北、黄淮部分地区暴雨洪涝重;淮河—太湖流域出现明显秋汛(图 2.2.1)。据统计,2016 年全国因暴雨洪涝及其引发的滑坡、泥石流灾害共造成 9955 万人次受灾,死亡(含失踪)1182 人;农作物受灾面积 853 万公顷,绝收面积 129.7 万公顷;倒塌房屋 44.1 万间;直接经济损失 3134.4 亿元。

总体上看,2016 年全国暴雨洪涝造成的受灾面积、死亡或失踪人数较 1991—2015 年平均值均偏少,直接经济损失明显偏多。与 2015 年相比,死亡失踪人数、农作物受灾面积和直接经济损失均偏多。2016 年,入汛早,暴雨多,南北洪涝并发,为暴雨洪涝灾害偏重年份。2016 年受灾较重的省份有湖北、河北、安徽、湖南、贵州、河南、江西等。

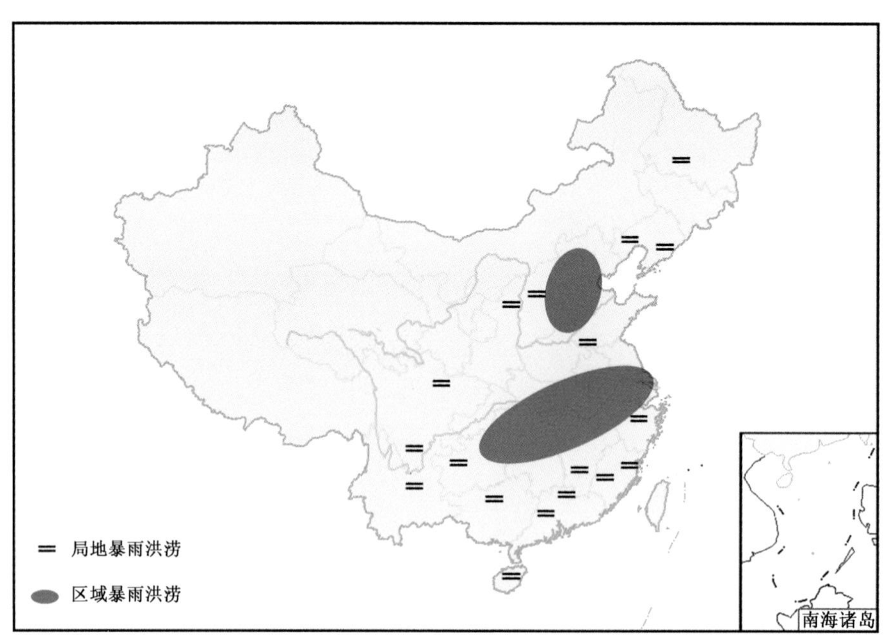

图 2.2.1　2016 年全国主要暴雨洪涝示意图
Fig. 2.2.1　Sketch map of major rainstorm induced floods over China in 2016

2.2.2　主要暴雨洪涝灾害事例

1. 华南入汛早，部分地区暴雨洪涝灾害重

3 月 21 日，华南进入前汛期，较常年（4 月 6 日）偏早 16 天，较 2015 年（5 月 5 日）偏早 45 天，为近 7 年最早。前汛期（3 月 21 日至 6 月 19 日），江南、华南出现 20 次区域性暴雨过程。频繁强降水引发山体滑坡、泥石流和城乡积涝等灾害，福建、湖南、广东、广西等省（区）受灾较重。

3 月 20—23 日江南中南部、华南中东部过程降水量普遍超过 50 毫米，福建南部、广东中东部、湖南南部、江西南部有 100～250 毫米。过程大暴雨站数有 24 个，与 1961 年以来历年 3 月大暴雨总站数相比，位列第三多值。有 20 个站的日降水量突破 3 月历史极值，湖南宜章、汝城日降水量突破春季历史极值。过程雨量超过 100 毫米的范围为 25 万平方千米。此次过程导致广东北江、韩江、梅江，江西赣江，湖南湘江等多条河流发生超警戒水位，部分地区遭受洪水、局部出现滑坡以及风雹等灾害，造成 12 人死亡，直接经济损失 10.1 亿元。

广东　3 月 20—23 日，广东中北部普降大到暴雨，北部地区出现大暴雨。广东韶关、肇庆、梅州等 6 市 25 个县（市、区）19.7 万人受灾，8 人死亡，9000 余人紧急转移安置；700 余间房屋倒塌，2400 余间不同程度损坏；农作物受灾面积 9100 公顷，绝收面积 600 余公顷；直接经济损失 3.3 亿元。

5 月 6—10 日，江南、华南暴雨过程强度大、影响范围广（图 2.2.2），累计降水量超过 100 毫米的国土面积达 22 万平方千米。福建泰宁（235.9 毫米）、将乐（225.7 毫米）及广西阳朔（197.5 毫米）日降水量突破历史极值。受强降水及滑坡、泥石流灾害影响较重的福建、湖南、广东、广西 4 省（区）共造成 59 人死亡，直接经济损失 39.7 亿元。

福建　5 月 6—10 日，福建大部出现降水，北部地区出现大到暴雨，局地特大暴雨。福州、三明、南平等 4 市 19 个县（市、区）29.4 万人受灾，40 人死亡，3 人失踪，3.8 万人紧急转移安置；300 余间房屋倒塌，1.1 万间不同程度损坏；农作物受灾面积 2.4 万公顷，绝收面积 2200 公顷；直接经济损失 17.1 亿元。福建三明市泰宁县累计降水量达 403.4 毫米，暴雨引发的大型泥石流灾害造成 35 人死

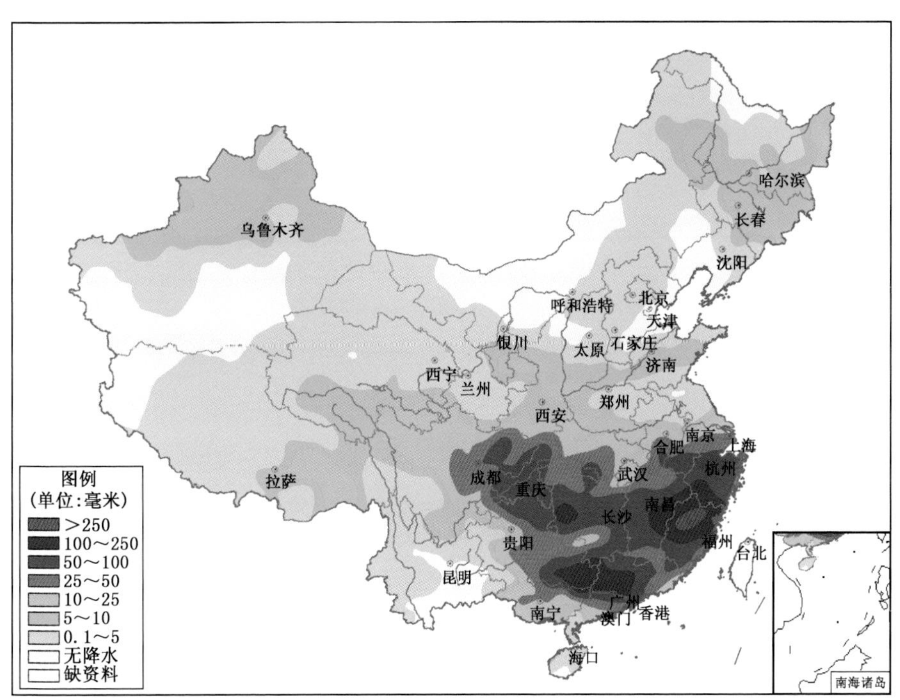

图 2.2.2 2016 年 5 月 6—10 日全国降水量分布

Fig. 2.2.2 Distribution of precipitation over China during May 6－10, 2016 (unit:mm)

亡,1 人失踪。

2.6下旬至7月中旬,长江中下游出现严重汛情

长江中下游 6 月 19 日入梅,7 月 20 日出梅。期间,长江中下游出现 7 次区域性暴雨过程,平均降水量达 586 毫米,较常年偏多 1 倍以上,为历史第三多值。

6 月 30 日至 7 月 6 日,江淮、江汉、江南北部、华南中西部等地出现年内我国持续时间最长、强度最强、影响面积最广的暴雨过程。江淮、江汉、江南北部及贵州东部、广西东南部、广东西南部等地降水 100～300 毫米,湖北东部、安徽中南部、江苏中南部、江西北部等地超过 300 毫米,局部超过 800 毫米。降水量 100 毫米以上的面积约 65 万平方千米,300 毫米以上面积约 14 万平方千米。长江中下游和太湖流域全线超警,长江流域发生 1998 年以来最大洪水,太湖发生流域性特大洪水。湖北、安徽、江苏、湖南等省多地出现洪涝或城市内涝,局部出现泥石流、滑坡等灾害。湖北武汉市降雨量超过 500 毫米,长江、汉江水位快速上升,城区内涝严重。安徽、湖北、湖南、贵州等 11 省(区、市)3200 多万人受灾,197 人死亡失踪;直接经济损失 980 亿元。

安徽 7 月 1—7 日,安徽中南部出现大到暴雨,南部地区过程降水量普遍超过 250 毫米,天柱山累计降水量达 641.5 毫米。太湖流域出现超警水位,安徽西津河港口湾水库超历史最高水位,另有 6 座大型、40 座中型、194 座小(一)型水库超汛限水位。合肥、淮南、马鞍山等 10 市 55 个县(市、区)809.8 万人受灾,21 人死亡,2 人失踪,69.9 万人紧急转移安置;6.5 万间房屋倒塌或严重损坏,8.8 万间一般损坏;农作物受灾面积 66.7 万公顷,绝收面积 21.3 万公顷;直接经济损失 219 亿元。

湖北 7 月 1—7 日,湖北东部和南部出现暴雨天气,东部地区过程降水量超过 100 毫米,东南部地区过程降水量超过 250 毫米,江夏累计降水量达 731 毫米。湖北部分水文站出现超警戒或超保证洪峰水位,超汛限较多的是黄冈、武汉、孝感、荆门,超汛限水库均采取了调泄洪措施。武汉、黄石、十堰等 13 市(自治州)85 个县(市、区)和神农架林区 1260.3 万人受灾,50 人死亡,6 人失踪,59.7 万人紧急转移安置;5.5 万间房屋倒塌或严重损坏,3.1 万间一般损坏;农作物受灾面积 120.1

万公顷，绝收面积 32.4 万公顷；直接经济损失 231.8 亿元。

湖南 7 月 1—5 日，湖南中北部出现大到暴雨天气，大部地区过程降水量超过 100 毫米，东北部地区超过 250 毫米，湘阴累计降水量最大，为 389.6 毫米。长沙、株洲、邵阳等 10 市（自治州）62 个县（市、区）496.4 万人受灾，11 人死亡，1 人失踪，33 万人紧急转移安置；2.1 万间房屋倒塌或严重损坏，7.8 万间一般损坏；农作物受灾面积 29.9 万公顷，绝收面积 5.5 万公顷；直接经济损失 79.7 亿元。

贵州 7 月 1—6 日，贵州东南部大部地区降水量有 50～100 毫米，万山累计降水量 300.1 毫米。贵阳、六盘水、遵义等 9 市（自治州）53 个县（市、区）112 万人受灾，50 人死亡，14 人失踪，12.4 万人紧急转移安置；1.7 万间房屋倒塌，2.1 万间不同程度损坏；农作物受灾面积 4.4 万公顷，绝收面积 8100 公顷；直接经济损失 67 亿元。

3.7 月中旬后期，华北、黄淮部分地区暴雨洪涝严重

7 月 18—20 日，华北、黄淮地区出现年内北方地区最强暴雨过程，北京、河北及河南局地降水量达 310～680 毫米，河北邯郸市局地 690～881 毫米（图 2.2.3）。50 站日降水量超过 7 月历史极值，北京大兴（242 毫米）、河北井陉（379.7 毫米）和武安（374.3 毫米）等 20 多站日雨量超过历史极值，河南辉县（439.9 毫米）、新乡（414.0 毫米）的日降水量超过常年夏季总降水量。19 日 16—17 时，河北赞皇县嶂石岩雨量达 140 毫米，是 2016 年最大小时雨强。受强降水影响，北京、天津、石家庄、邯郸、邢台、太原、郑州、安阳等多个城市出现城市内涝；海河部分支流发生洪水；多处遭受山洪及泥石流、滑坡等地质灾害。受强降水影响，河北、河南、山西、北京、天津及湖北、湖南等 15 个省（区、市）2200 多万人受灾，383 人死亡失踪，直接经济损失 930 多亿元，其中河北受灾严重。

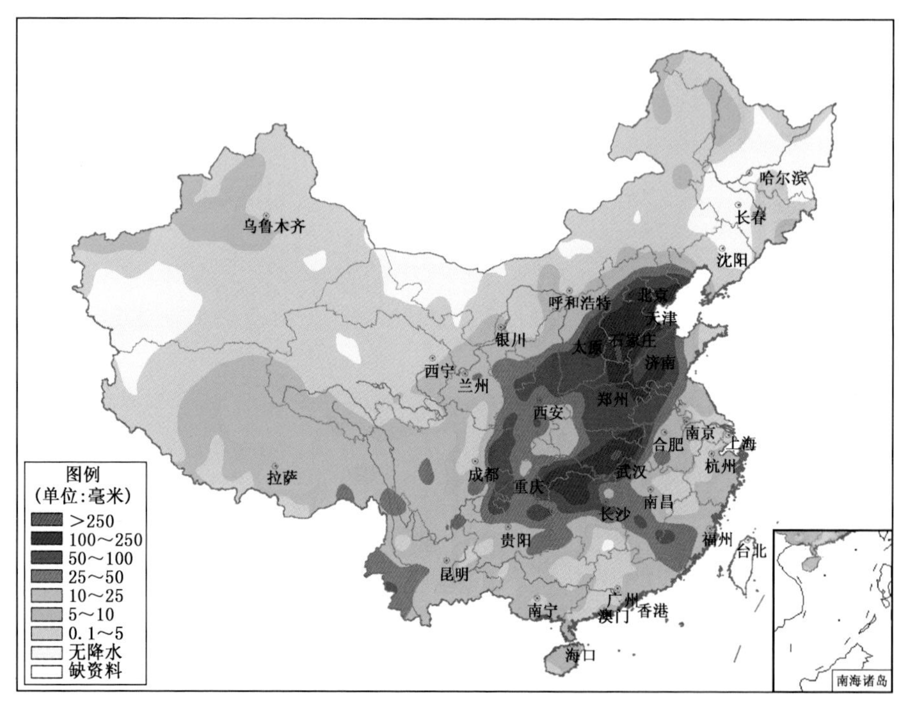

图 2.2.3 2016 年 7 月 18—20 日全国降水量分布

Fig. 2.2.3 Distribution of precipitation over China during July 18—20, 2016 (unit:mm)

河北 7 月 18—21 日，河北大部出现暴雨至大暴雨天气，强降水主要集中在南部太行山沿线以及保定东北部、廊坊中部、秦皇岛北部等地区，井陉、武安、邯郸、沙河、内丘、邢台、石家庄 7 个县（市）过程降水量超过 300 毫米，井陉、武安超过 400 毫米，井陉最大达 449.7 毫米。石家庄、邯郸、邢台等

11 市 151 个县(市、区)920.6 万人受灾,130 人死亡,110 人失踪,30.6 万人紧急转移安置;6.7 万间房屋倒塌,16.6 万间房屋不同程度损坏;农作物受灾面积 73.4 万公顷,绝收面积 3.2 万公顷;直接经济损失 212.2 亿元。

河南 7 月 18—20 日,河南出现 2016 年范围最大的强降水过程,安阳市、鹤壁市、新乡市、平顶山市、南阳市局地出现特大暴雨,安阳市出现罕见特大暴雨,安阳全市平均降水量为 198.5 毫米。安阳、新乡、鹤壁等 14 市 76 个县(市、区)227.3 万人受灾,21 人死亡,11 人失踪,10.6 万人紧急转移安置;3.9 万间房屋倒塌,8 万间房屋不同程度损坏;农作物受灾面积 14.9 万公顷,绝收面积 2.2 万公顷;直接经济损失 48.1 亿元。

山西 7 月 18—20 日,山西东部和南部出现暴雨至大暴雨天气,7 月 19 日暴雨站数多达 61 站。受强降雨影响,阳泉市 21 座中小型水库、13 座塘坝全部超汛限水位泄洪放水。太原、大同、阳泉等 11 市 68 个县(市、区)143.7 万人受灾,10 人死亡,4 人失踪,2.8 万人紧急转移安置;1.8 万间房屋倒塌,7.1 万间房屋不同程度损坏;农作物受灾面积 13.9 万公顷,绝收面积 1.3 万公顷;直接经济损失 32.9 亿元。

湖北 7 月 18—20 日,湖北中部和南部出现暴雨至大暴雨,降水中心位于江汉平原北部等地。本次过程雨量大、雨带稳定、降水强度大,有 16 个自动站 1 小时雨强超过 80 毫米。长江中游干流监利到九江除黄石超设防外全线超警戒水位;汉江汉川站水位超警戒。荆门、孝感、黄冈、武汉等地 19 座大型水库超汛限。武汉、十堰、宜昌等 11 市(自治州)60 个县(市、区)412.8 万人受灾,20 人死亡,2 人失踪,83 万人紧急转移安置;1 万余间房屋倒塌,9.1 万间不同程度损坏;农作物受灾面积 38.7 万公顷,绝收面积 10.6 万公顷;直接经济损失 158.2 亿元。

4.淮河—太湖流域出现明显秋汛

9—10 月,黄淮南部、江淮、江南东部降水量比常年同期偏多 5 成以上,淮河、太湖流域降水量分别为 258 毫米和 536 毫米,较常年同期分别偏多 1 倍和 2.2 倍,均为历史同期最多值;上述地区降水日数有 20～30 天,比常年同期偏多 6～15 天。雨日多,降水量大,导致淮河、太湖流域主要河湖水位上涨迅猛,王家坝站达到洪峰水位,太湖、洪泽湖蒋坝站出现超过警戒水位;江苏、安徽、湖北等地水稻、玉米、小麦、油菜等农作物的秋收秋种以及作物生长受到一定影响。

江苏 10 月 21—30 日,江苏省多地出现连续降雨天气,导致连云港、淮安、宿迁地区 35 万人受灾;农作物受灾面积 6.9 万公顷,绝收面积 4800 公顷;直接经济损失 3.2 亿元。

2.3 台风

2.3.1 基本概况

2016 年,西北太平洋和南海共有 26 个台风(中心附近最大风力≥8 级)生成,生成个数接近常年(25.5 个)平均值。其中 1601 号"尼伯特"(Nepartak)、1603 号"银河"(Mirinae)、1604 号"妮妲"(Nida),1608 号"电母"(Dianmu)、1614 号"莫兰蒂"(Meranti)、1617 号"鲇鱼"(Megi)、1621 号"莎莉嘉"(Sarika)和 1622 号"海马"(Haima)共 8 个台风先后在我国沿海登陆(图 2.3.1)。2016 年台风生成个数与常年持平;起编、停编时间均较常年偏晚;登陆个数较常年(7.2 个)偏多 0.8 个,登陆比例比常年(28.7%)偏高 2.1%;初、末台登陆时间均较常年偏晚近半个月;上半年无台风生成;登陆强度偏强、登陆位置总体偏南。

2016 年,影响我国的台风带来了大量降水,对缓解南方部分地区的夏伏旱和高温天气以及增加水库蓄水等十分有利,但由于登陆或影响时间集中,部分地区因降水强度大、风力强,造成了一定的

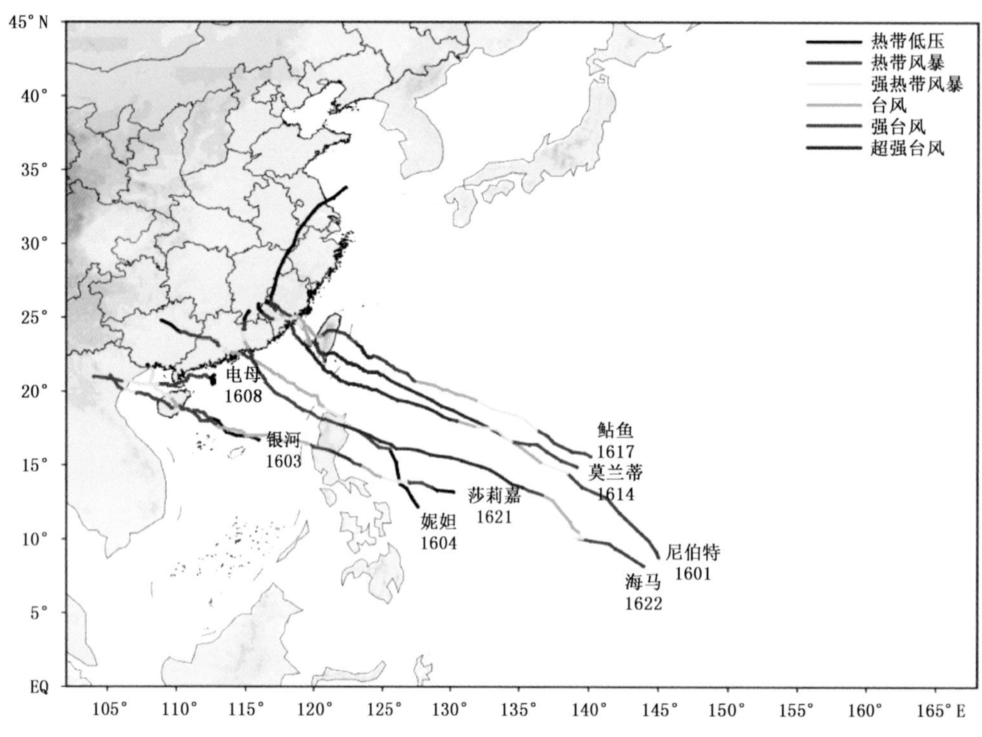

图 2.3.1　2016 年登陆中国台风路径图(中央气象台提供)

Fig. 2.3.1　Trajectories of tropical cyclones landing China in 2016 (By Central Meteorological Office of CMA)

人员伤亡和经济损失。据统计,全国共有 1721.2 万人次受灾,174 人死亡,24 人失踪,紧急转移安置 260.6 万人;202.4 万公顷农作物受灾;倒塌房屋 3.7 万间;直接经济损失 766.4 亿元(表 2.3.1)。2016 年,台风造成的死亡人数少于 1990—2015 年平均值,但直接经济损失超过 1990—2015 年平均值。其中,影响较大的是 1601 号“尼伯特”(Nepartak)和 1614 号“莫兰蒂”(Meranti)。

表 2.3.1　2016 年影响我国台风主要灾情表

Table 2.3.1　List of tropical cyclones and associated disasters over China in 2016

国内编号及中英文名称	登陆时间(月.日)	登陆地点	最大风力(级)(风速,米/秒)	受灾地区	受灾人口(万人)	死亡人口(人)	失踪人口(人)	转移安置(万人)	倒塌房屋(万间)	受灾面积(万公顷)	直接经济损失(亿元)
南海低压	5.27	广东阳江	7(15)	广东	14.5			2.3	0.02	0.4	0.6
1601“尼伯特”(Nepartak)	7.8 7.9	台湾台东 福建石狮	16(55) 8(20)	福建	84.8	89	16	27	1.7	0.1	124.4
				江西	2.6			0.2	0.01	2.7	0.2
1603“银河”(Mirinae)	7.26	海南万宁	10(28)	海南	18.9			6.9	0.01	0.3	3
				云南	5.9					0.4	0.8
				广西	0.2						0.01
1604“妮妲”(Nida)	8.2	广东深圳	11(30)	广东	49.6			6.3	0.04	4.1	5.9
				广西	20.9	1		0.5	0.07	0.8	1.4
				云南	8.5		1	0.2		0.9	3.2
				贵州	7.1			1.1		0.3	0.6
				湖南	5.1			0.1	0.01	0.3	0.3

续表

国内编号及中英文名称	登陆时间（月.日）	登陆地点	最大风力（级）（风速，米/秒）	受灾地区	受灾人口（万人）	死亡人口（人）	失踪人口（人）	转移安置（万人）	倒塌房屋（万间）	受灾面积（万公顷）	直接经济损失（亿元）
1608“电母”（Dianmu）	8.18	广东湛江	8(20)	海南	138.3	5		9.6	0.1	7.6	28.1
				广东	5.7			1.2	0.01	0.8	1.9
				广西	1.7				0.01	0.3	0.1
				云南	7.4	1		0.1		0.6	1.7
1610“狮子山”（Lionrock）	8.30 8.31	日本本州北部岩手县 俄罗斯海参崴	11(30) 9(23)	吉林	31.2			5	0.1	7.3	46.7
				黑龙江	72.8					67.3	23.1
				辽宁	40.9					4.6	2.4
1614“莫兰蒂”（Meranti）	9.15	福建翔安	16(52)	福建	263.9	31	4	46.4	1	7.3	261.9
				浙江	110.1	7	2	16.4	0.2	4.6	54.3
				江西	1			0.3			0.02
				上海	0.5					0.3	0.2
				江苏							0.01
1617“鲇鱼”（Megi）	9.27 9.28	台湾花莲 福建泉州	14(45) 12(33)	浙江	140.3	33	1	27.1	0.1	6.8	58.7
				福建	115.1	6		43.6	0.2	4.9	44.3
				江西	9.3					0.7	0.6
1621“莎莉嘉”（Sarika）	10.18 10.19	海南万宁 广西防城港	13(38) 8(20)	海南	299.3			47.4	0.1	38.1	45.6
				广西	35.7	1		2.5	0.02	2.4	2.3
				广东	23.4			3.8	0.01	11.1	5
1622“海马”（Haima）	10.21	广东汕尾	13(38)	广东	202.2			10.6	0.1	24.4	46
				福建	4.3			2	0.01	3.0	3.1
合　计					1721.2	174	24	260.6	3.7	202.4	766.4

2.3.2 主要台风灾害事例

1. 1601号“尼伯特”(Nepartak)

1601号“尼伯特”于7月3日8时在美国关岛以南的西北太平洋洋面上生成，8日5时50分在我国台湾省台东县沿海登陆，登陆时中心附近最大风力16级(55米/秒)，中心最低气压930百帕；9日13时45分在福建省泉州石狮市登陆，登陆时中心附近最大风力8级(20米/秒)，中心最低气压为992百帕；10日3时在福建省宁化县境内减弱为热带低压，10日14时停止编号。受“尼伯特”影响，9—11日，福建中东部、浙江东南部、江西中部等地累计降雨量有100～200毫米，福建莆田、福州和泉州局地达220～350毫米；福建中东部、浙江南部和东部沿海、广东中部等地的部分地区瞬时最大风力有7～9级、局地10～11级。据统计，“尼伯特”造成福建、江西等地87.4万人受灾，89人死亡，16人失踪，27.2万人紧急转移安置；1.7万间房屋倒塌；农作物受灾面积2.8万公顷；直接经济损失124.6亿元。

福建　受“尼伯特”影响，9—11日，福建全省普降大到暴雨，福建中东部超过100毫米，莆田、福州等局地达250～419毫米；有40个县市(区)最大日降水量超过50毫米，10个超过100毫米，以莆田222.5毫米最大，闽清217.0毫米破当地有观测记录以来日降水量历史极值；仙游、莆田、永泰的局部乡镇9日白天小时雨强超过100毫米，3小时超过200毫米，永泰、仙游、闽清、古田4个县出现超百年一遇短历时强降水。受“尼伯特”外围影响，8—10 日，福建中东部等地的部分地区出现 7～9 级以上瞬时大风，福建中部沿海风力达 10～11 级，以长乐石屏山 32.5 米/秒(11 级)为最大。

受“尼伯特”带来的风雨影响，福建闽江流域的梅溪、大樟溪、沙溪，以及木兰溪、九龙江北溪、晋江西溪等 10 条河流发生超警戒水位以上洪水，梅溪闽清站洪峰水位超保证水位 5.18 米，为历史最大洪水，莆田濑溪站洪峰水位超保证水位 0.66 米。闽清梅溪和金沙溪、永泰清凉溪和富泉溪、闽侯木源溪等山洪沟暴发山洪，梅溪中游的全国最大古民居单体建筑宏琳厝被冲毁。莆田市城区、秀屿区、仙游县、闽清县、永泰县、古田县等 6 个县(区)出现大面积内涝；福州市永泰县、闽清县部分城镇电力、通讯中断。福建国省干线中断 41 处，公路客运停运 4973 班次，停运旅客列车 341 列，机场关闭 5 个，取消航班约 390 架次。

“尼伯特”共造成福建省 84.8 万人受灾，89 人死亡，16 人失踪，27 万人紧急转移安置；1.7 万间房屋倒塌；农作物受灾面积 0.1 万公顷；直接经济损失 124.4 亿元。

江西 受“尼伯特”影响，江西全省出现明显的风雨天气，降雨主要集中在赣中赣南，局部出现大暴雨。7 月 9 日 8 时至 10 日 14 时，全省平均雨量 20.6 毫米，共 40 个县(市、区)921 站降雨超过 50 毫米；17 个县(市、区)149 站降雨超过 100 毫米，最大降雨出现在万安县社田站，为 205 毫米。期间，全省大部分地区出现了 5～6 级阵风。

台风“尼伯特”致使江西省部分地区农田受淹、城镇进水、房屋倒塌、交通受阻。据统计，共造成江西省 2.6 万人受灾，0.2 万人紧急转移安置；100 间房屋倒塌；农作物受灾面积 2.7 万公顷；直接经济损失 0.2 亿元。

2. 1603 号“银河”(Mirinae)

1603 号“银河”(Mirinae)于 7 月 26 日 11 时在南海北部海面上生成，26 日 22 时 20 分在海南省万宁市东澳镇登陆，登陆时中心附近最大风力 10 级(28 米/秒)，中心最低气压 985 百帕；28 日凌晨 00 时 20 分在越南南定省二次登陆，登陆时中心附近最大风力 10 级(28 米/秒)，中心最低气压 985 百帕，中午在越南北部减弱为热带低压，之后强度进一步减弱，中央气象台于 14 时对其停止编号。

受“银河”影响，7 月 26—30 日，海南南部降水量达 100～250 毫米、局地 300～450 毫米，广西东部和南部、云南中南部 50～100 毫米、局地 150～230 毫米。同时，海南大部、广东西南部沿海、广西南部沿海最大瞬时风力有 7～9 级，海南东部和西部沿海局地达 10～11 级。据统计，“银河”共造成海南、云南、广西等地 25 万人受灾，近 7 万人紧急转移安置；100 余间房屋倒塌；农作物受灾面积 0.7 万公顷；直接经济损失 3.8 亿元。

海南 受“银河”影响，7 月 25—28 日，全省出现明显风雨天气。海南南部普降暴雨到大暴雨、局地特大暴雨，北部普降中到大雨、局地暴雨。全省共有 52 个乡镇过程累计雨量超过 100 毫米，有 7 个乡镇过程累计雨量超过 200 毫米，最大过程累计降雨量为陵水本号镇 365.9 毫米。另外，海南岛东部近海岛屿测得最大阵风 13 级(万宁白鞍岛 37.2 米/秒)；登陆点万宁沿海陆地测得最大阵风 11 级(万城镇 31.5 米/秒)，平均风 10 级(万城镇 27.4 米/秒)。强风暴雨造成部分地区农作物受灾、房屋损坏、海陆空交通受阻。据统计，“银河”造成海南省 18.9 万人受灾，6.9 万人紧急转移安置；100 间房屋倒塌；农作物受灾面积 0.3 万公顷；直接经济损失 3 亿元。

云南 受台风“银河”外围云系影响，7 月 27 日 18—20 时红河哈尼族彝族自治州河口县自东向西出现一次短时强对流天气过程，大部分乡镇出现短时强降雨和大风天气。南溪镇、老范寨乡、瑶山乡、莲花滩乡、坝洒农场等大部分乡镇和农场不同程度遭遇风灾，受灾作物主要是香蕉，粮食作物玉米受灾，橡胶也出现一定的灾情。文山壮族苗族自治州麻栗坡县 7 月 28 日 08 时至 30 日 08 时陆续出现较强降水天气，普遍为大到暴雨量级，特别是 28 日 20 时至 29 日 14 时南部乡镇出现了暴雨或大暴雨，北部乡镇为中到大雨。暴雨伴短时大风造成麻栗坡县 11 个乡镇农作物、基础设施和民房不同程度受灾。据统计,"银河"造成云南省5.9万人受灾,农作物受灾面积0.4万公顷,直接经济损失0.8亿元。

广西 受"银河"影响,7月26—28日北部湾海面出现9～11级大风,沿海地区出现7～9级、局地10级大风,防城区最大,为26.4米/秒(10级)。防城港、钦州、崇左、南宁部分地区出现了大雨到暴雨,局部大暴雨天气。26日20时至29日08时,累计降雨量超过200毫米有1个乡镇,为防城港防城区垌中镇208.7毫米;防城港、钦州、崇左、南宁、百色、梧州、来宾7市有16个乡镇为100～200毫米;50～100毫米有140个乡镇;25～50毫米有295个乡镇,强降水主要出现在沿海和桂西南。台风"银河"对广西的影响较轻,共造成0.2万人受灾。

3. 1604号"妮妲"(Nida)

1604号台风"妮妲"7月30日下午在菲律宾以东的西北太平洋洋面上生成,8月2日凌晨3时35分在广东省深圳市大鹏半岛登陆,登陆时中心附近最大风力11级(30米/秒),中心最低气压980百帕;当晚11时在广西来宾市金秀县境内减弱为热带低压,之后强度持续减弱,中央气象台于3日上午8时对其停止编号。

受台风"妮妲"影响,8月1—5日,福建东南部、广东中西部和东部沿海、广西中东部、贵州中南部、云南南部和西部等地的部分地区累计降雨量有100～230毫米,广东局地达250～300毫米。期间,广东中东部、福建东部沿海、广西南部沿海等地出现8～10级的瞬时大风,广东东部沿海局地有11～13级,广东省陆丰甲东镇最大,阵风达17级(61.2米/秒)。台风"妮妲"带来的风雨给广东、广西等地的电网、交通、农业等带来了一定程度的不利影响,部分城市出现城市内涝,沿海部分地区出现风暴潮,据统计,"妮妲"共造成广东、广西、云南、贵州、湖南5省(区)27市(州)74个县(市、区)91.2万人受灾,1人死亡,1人失踪,8.2万人紧急转移安置;1200余间房屋倒塌;农作物受灾面积6.4万公顷;直接经济损失11.4亿元。

广东 8月1日14时至5日08时,广东中西部和东部沿海等地的部分地区累计降雨量有100～230毫米,广东珠三角地区和上川岛局地达250～319毫米。期间,广东中东部等地出现8～10级的瞬时大风,广东东部沿海局地有11～13级,汕尾雷达站达15级(49.8米/秒),陆丰甲东镇出现17级(61.2米/秒)阵风。台风"妮妲"造成珠江三角洲部分潮位站出现百年一遇的高潮位,珠江堤岸部分地段出现水浸。据统计,"妮妲"造成广东省49.6万人受灾,6.3万人紧急转移安置;400间房屋倒塌;农作物受灾面积4.1万公顷;直接经济损失5.9亿元。

广西 "妮妲"台风深入广西腹地持续时间较长、风雨影响范围广、强度强。8月2日08时至4日14时,全区降雨量超过200毫米有8个市的18个县(区)的23个乡镇,100～200毫米有14个市的71个县(区)的357个乡镇,50～100毫米有14个市的107个县(区)的607个乡镇;桂林、来宾、玉林、贵港、河池、南宁、崇左、钦州等市过程总雨量超过200毫米。8月1日20时至4日20时,广西共出现大雨59站日,暴雨29站日,大暴雨8站日;其中3日大雨31站,暴雨25站,大暴雨6站,崇左的日降雨量(133.3毫米)打破当地建站以来8月最大日降水量纪录。全区有12个地(市)局地出现8～10级大风,南丹、环江的极大风速分别为26米/秒和27米/秒,突破当地自记风观测记录历史极值。

"妮妲"对广西的影响有利有弊。一方面,"妮妲"的到来使前期大部地区的高温天气得到缓解;大部地区尤其是桂西的气象干旱得到明显缓和;水库、山塘蓄水量增加,利于水力发电和生产用水。另一方面,"妮妲"带来的大风和强降雨给部分地区的农业、交通运输、电力、旅游等行业造成严重灾害或不利影响,并导致部分中小河流出现超警戒水位,局地发生洪涝或地质灾害。据统计,"妮妲"造成广西20.9万人受灾,1人死亡,0.5万人紧急转移安置;700间房屋倒塌;农作物受灾面积0.8万公顷;直接经济损失1.4亿元。

云南 受台风“妮妲”及残留低压影响，红河、文山、德宏3自治州8个县(市)8.5万人受灾，1人失踪；0.2万人紧急转移安置；农作物受灾面积0.9万公顷；直接经济损失3.2亿元。

贵州 受台风“妮妲”及外围云系影响，遵义、毕节、黔西南3市(州)5个县7.1万人受灾，1.1万人紧急转移安置；农作物受灾面积0.3万公顷；直接经济损失0.6亿元。

湖南 受台风“妮妲”及残留低压影响，长沙、衡阳、常德3市5个县(区)5.1万人受灾，0.1万人紧急转移安置；100间房屋倒塌；农作物受灾面积0.3万公顷；直接经济损失0.3亿元。

4. 1608号“电母”(Dianmu)

1608号台风“电母”于8月18日早晨5时在南海西北部海面上生成，18日下午3时40分前后在广东湛江雷州市东里镇登陆，登陆时中心附近最大风力8级(20米/秒)，中心最低气压982百帕；19日下午1时50分在越南北部沿海登陆，登陆后继续向偏西方向移动，强度不断减弱，中央气象台于20日凌晨2时对其停止偏号。

“电母”带来的大风和强降雨给海南、广东、广西、云南等地农业、交通运输、旅游等行业造成不利影响，并导致部分中小河流出现超警戒水位，局地发生洪涝和地质灾害。据统计，“电母”共造成广东、广西、海南、云南4省(区)10市(州)27个县(市、区)153.1万人受灾，6人死亡，10.9万人紧急转移安置；1200余间房屋倒塌；农作物受灾面积9.2万公顷；直接经济损失31.8亿元。

海南 受“电母”台风影响，8月14—19日，海南西部和北部地区出现强降水。全省共有102个乡镇累积雨量超过300毫米，78个乡镇累积雨量超过400毫米，11个乡镇累积雨量在500～600毫米，15个乡镇累积雨量有600～800毫米，33个乡镇累积雨量超过800毫米，儋州、白沙、昌江和临高共有15个乡镇累积雨量达1000毫米以上，最大为昌江七叉镇1412.3毫米。另外，海南西部近海测得最大阵风12级(儋州原油码头36.3米/秒)，最大平均风10级(儋州原油码头27.6米/秒)。沿海陆地普遍出现最大阵风7～10级，临高博厚镇达10级(26.5米/秒)；平均风力普遍为6～8级，最大为东方八所镇8级(18.1米/秒)。据统计，“电母”造成海南138.3万人受灾，5人死亡，9.6万人紧急转移安置；1000余间房屋倒塌；农作物受灾面积7.6万公顷；直接经济损失28.1亿元。

广东 受“电母”影响，8月16—19日，广东南部沿海县(市)出现了暴雨到大暴雨，雷州半岛部分地方出现了特大暴雨，徐闻迈陈镇出现全省最大累计雨量344.8毫米；广东西部沿海和海面出现了7～9级、阵风10级大风，徐闻角尾乡平均风速22.1米/秒(9级)、阵风32.5米/秒(11级)。受台风“电母”影响，广东省共有5.7万人受灾，1.2万人紧急转移安置；100余间房屋倒塌；农作物受灾面积0.8万公顷；直接经济损失1.9亿元。

广西 受台风“电母”影响，北部湾海面和桂南部分地区出现了大风和强降雨天气。8月17—20日，过程降雨量为200～300毫米有4个乡镇，最大出现在防城港市防城区十万大山天马岭，为287毫米；100～200毫米有21个乡镇；50～100毫米有165个乡镇。8月16—20日，广西沿海地区出现7～9级、局地11～12级大风，防城港白须公礁风速最大，为32.9米/秒(12级)，北部湾海面出现了旋转风8～10级，阵风11～12级。“电母”带来的大风和强降雨给桂南部分地区的农业、交通运输、旅游等行业造成不利影响，并导致部分中小河流出现超警戒水位，局地发生洪涝和地质灾害。据统计，台风“电母”造成广西1.7万人受灾，100余间房屋倒塌，农作物受灾面积0.3万公顷，直接经济损失0.1亿元。

云南 受“电母”台风影响，8月19日下午西双版纳傣族自治州景洪市出现大范围大风、短时强降雨、雷电等强对流天气过程；21日受台风“电母”变性低压西移影响，文山壮族苗族自治州砚山县全县出现中到大雨天气，局部地区遭受风雹灾害局部有大雨。据统计，台风“电母”造成云南省7.4万人受灾，1人死亡，0.1万人紧急转移安置；农作物受灾面积0.6万公顷；直接经济损失1.7亿元。

5. 1610 号"狮子山"(Lionrock)

1610 号台风"狮子山"于 8 月 20 日凌晨 2 时在西北太平洋洋面上生成,30 日下午 4 时 50 分前后在日本本州北部岩手县登陆,登陆时中心附近最大风力 11 级(30 米/秒),中心最低气压 970 百帕;31 日凌晨 4 时 30 分在俄罗斯海参崴沿海再次登陆,登陆时中心附近最大风力 9 级(23 米/秒),中心最低气压 975 百帕;早上 7 时 50 分进入我国吉林省延吉市,中心附近最大风力 8 级(18 米/秒),中心最低气压 975 百帕;31 日下午在吉林省磐石市境内减弱变性为温带气旋,中央气象台于下午 17 时对其停止编号。

受"狮子山"的影响,8 月 29 日至 9 月 2 日东北地区大部降中到大雨,部分地区暴雨,吉林延边东部出现大暴雨。据统计,台风"狮子山"造成辽宁、吉林、黑龙江 3 省 19 市(自治州)67 个县(市、区)144.9 万人受灾,5 万人紧急转移安置;1000 余间房屋倒塌;农作物受灾面积 79.2 万公顷;直接经济损失 72.2 亿元。

吉林 受"狮子山"和温带气旋共同影响,8 月 30—31 日吉林省出现明显降水过程,平均降水量为 73.9 毫米,有 25 县(市)日降水量超过 50 毫米,图们、延吉、珲春、龙井、和龙和梅河口 6 县(市)达到 100 毫米以上,日最大降水量出现在图们,为 174.6 毫米。受强降雨影响,吉林东部地区出现城镇道路积水,农田内涝,强降水冲毁道路、桥梁和河坝,房屋进水,线路毁坏等。据统计,"狮子山"造成吉林省 31.2 万人受灾,5 万人紧急转移安置;1000 间房屋倒塌;农作物受灾面积 7.3 万公顷;直接经济损失 46.7 亿元。

黑龙江 受"狮子山"影响,8 月 29—31 日,黑龙江省自东向西出现一次大范围降水过程,降水缓解了大部分农区旱情,雨量较大的东部旱区旱情解除。期间,黑龙江省东部地区出现大风天气,造成部分水稻、玉米出现倒伏。据统计,"狮子山"造成黑龙江省 72.8 万人受灾,农作物受灾面积 67.3 万公顷,直接经济损失 23.1 亿元。

辽宁 受"狮子山"影响,辽宁大连、鞍山、丹东等 5 市 7 个县(市)40.9 万人受灾,农作物受灾面积 4.6 万公顷,直接经济损失 2.4 亿元。

6. 1614 号"莫兰蒂"(Meranti)

1614 号台风"莫兰蒂"于 9 月 10 日 14 时在西北太平洋洋面上生成,12 日凌晨发展为台风级,11 时加强为超强台风,13 日 14 时中心附近最大风速达最强(70 米/秒),15 日凌晨 3 时 05 分前后在福建省厦门市翔安区沿海登陆,登陆时中心附近最大风力 16 级(52 米/秒),中心气压 940 百帕,17 时减弱为热带低压,17 日凌晨在黄海南部海域变性为温带气旋,中央气象台对其停止编号。

"莫兰蒂"是新中国成立以来登陆闽南的最强台风,也是 2016 年登陆我国大陆的最强台风。受"莫兰蒂"影响,9 月 14—17 日,福建、浙江、江西、江苏、上海、安徽等地出现强降雨,福建中部至东部、浙江、江苏南部、上海、江西东北部、安徽东南部降雨量普遍在 50 毫米以上,福建东部沿海、浙江大部、江苏南部、上海等地达 100～200 毫米,部分地区超过 200 毫米,福建柘荣(393.8 毫米),浙江奉化(357.2 毫米)、宁海(337.5 毫米)、文成(331.4 毫米)、北仑(321 毫米)等地在 300 毫米以上,浙江台州局地达 500 毫米以上;14 日 8 时至 15 日 6 时,福建厦门、泉州、莆田、福州等地 12 级以上阵风持续时间有 6～10 小时,泉州惠安持续时间达 14 小时,厦门局地阵风达 16～17 级。

由于强度强、风力大、雨势猛,又恰逢天文大潮,致使福建、浙江、江西、上海、江苏等省(市)遭受不同程度影响,其中福建受灾严重,厦门全城电力供应基本瘫痪、全面停水、基础设施损坏严重。据统计,台风"莫兰蒂"造成上海、江苏、浙江、福建、江西 5 省(市)16 市 107 个县(市、区)375.5 万人受灾,38 人死亡,6 人失踪,63 万人紧急转移安置;1.1 万余间房屋倒塌;农作物受灾面积 12.2 万公顷;直接经济损失 316.5 亿元。是 2016 年造成经济损失最重的台风。

福建 9 月 14 日夜间至 15 日白天,受"莫兰蒂"台风逼近和登陆影响,在厦门附近出现超过 17

级的阵风，最大值出现在厦门湖里区滨海街道(66.1 米/秒)，厦门本站最大阵风达到 16 级(54.9 米/秒)，仅次于 5903 号台风(厦门阵风 17 级，60 米/秒)。沿海各地市普遍出现 8 级以上大风，76 个站风力达到 12 级以上。受"莫兰蒂"影响，福建省出现大范围暴雨至大暴雨，局部特大暴雨。9 月 13 日 20 时至 16 日 20 时，大部分县(市)降水量超过 50 毫米，65 个县(市)437 乡镇超过 100 毫米，24 个县(市)66 乡镇超过 250 毫米，区域站以南安向阳乡 500.2 毫米为最大，单站以柘荣 368.4 毫米为最大。南安(201.9 毫米)、仙游(185.2 毫米)、德化(158.8 毫米)日降水量突破当地 9 月最大日降水量极值。

"莫兰蒂"台风登陆厦门，造成的危害主要在福建省人口最集中的闽南地区，导致城市受淹、房屋倒塌、基础设施损坏、水电路讯中断，特别是厦门全城电力供应基本瘫痪、全面停水，泉州、漳州大面积停电，经济损失极为严重。据统计，"莫兰蒂"造成福州、厦门、莆田等 9 市 76 个县(市、区)263.9 万人受灾，31 人死亡，4 人失踪，46.4 万人紧急转移安置；1 万间房屋倒塌；农作物受灾面积 7.3 万公顷；直接经济损失 261.9 亿元。

浙江 受"莫兰蒂"影响，浙江省出现全省性的暴雨天气，部分大暴雨。14 日 08 时至 17 日 08 时浙江省面雨量 149 毫米，宁波市 213 毫米、温州市 203 毫米、台州市 198 毫米；县(市、区)面雨量较大的有黄岩区 341 毫米、泰顺 300 毫米、奉化 288 毫米、文成 280 毫米、永嘉 270 毫米；有 934 个乡镇累计雨量超过 100 毫米，275 个超过 200 毫米，92 个超过 300 毫米，17 个超过 400 毫米，单站较大的有黄岩区屿头乡后呑村 534 毫米、文成珊溪镇三垟村 482 毫米、青田小舟山乡 476 毫米。另外，14—16 日浙江省沿海出现 8～10 级大风，局部 11 级，最大为宁海茶院乡鸡垄山(32.1 米/秒)、平阳昆阳镇(29.4 米/秒)、苍南矾山镇(29.2 米/秒)。

受"莫兰蒂"的影响，温州泰顺境内河水暴涨，魁薛宅桥、筱村文重桥与文兴桥先后被洪水冲毁；永嘉县桥头镇因强降水发生了山体滑坡次生灾害。9 月 15 日上午 10 时 50 分左右，永嘉县 S333 省道桥头镇闹水坑村段发生山体滑坡，滑坡点附近一栋在建的 3 间 4 层楼房倒塌，省道交通中断。受强降雨的影响，永嘉楠溪江水位上涨迅猛，部分道路被淹。温州市区，鹿城仰义街道陈村发生山体泥石流滑坡，山边民房被冲塌；瓯海泽雅出现山体滑坡，群众被困。强降雨也给宁波市带来紧急汛情。奉化市、宁海县、江北区、鄞州区、镇海区部分乡镇村庄发生内涝积水，宁波市区部分低洼地段积水，四明山、宁海部分山区发生局部性地质灾害。据统计，"莫兰蒂"造成宁波、温州、金华、台州、丽水市 5 个市 32 个县(区)共计 110.1 万人受灾，7 人死亡，2 人失踪，16.4 万人紧急转移安置；0.2 万余间房屋倒塌；农作物受灾面积 4.6 万公顷；直接经济损失 54.3 亿元。

江西 受"莫兰蒂"影响，江西省东部出现明显的风雨天气。14 日下午开始，普遍出现 5 级以上阵风，东部有 11 个县(市)出现 7～8 级阵风，以庐山 20.5 米/秒为最大，金溪 18.8 米/秒次之。14 日 14 时至 16 日 08 时，江西省平均雨量 15.2 毫米，共 33 县(市、区)477 站降雨超过 50 毫米；10 县(市、区)28 站降雨超过 100 毫米。点最大降雨为玉山县三清宫站 215.3 毫米，其次为铅山县新滩乡罗石村站 179.1 毫米。据统计，共造成上饶市玉山县、铅山县 1 万人受灾，0.3 万余人紧急转移安置。

上海 受台风"莫兰蒂"外围东风气流和北方弱冷空气共同影响，全区降雨量普遍在 100 毫米左右，最大雨量点浦江二小为 116.5 毫米。据统计，共造成 0.5 万人受灾，农作物受灾面积 0.3 万公顷，直接经济损失近 0.2 亿元。

江苏 9 月 15—16 日，"莫兰蒂"减弱后的低压倒槽和冷空气结合，在盐城形成了强风、暴雨天气，最大过程雨量出现在东台城东新区，为 272.5 毫米；强降水造成南部多条河流超警戒水位，多个路段积水严重，给交通出行和中秋活动带来较大影响。

7. 1617 号"鲇鱼"(Megi)

1617 号台风"鲇鱼"于 9 月 23 日 08 时在西北太平洋洋面上生成，27 日 14 时 10 分前后在台湾花莲沿海登陆，登陆时中心附近最大风力 14 级(45 米/秒)，中心最低气压 950 百帕；28 日凌晨 4 时 40 分在福建省泉州市惠安县沿海再次登陆，登陆时中心附近最大风力 12 级(33 米/秒)，中心最低气压为 975 百帕；28 日晚上在福建龙岩境内减弱为热带低压，29 日凌晨 2 时前后进入江西境内，08 时中央气象台对其停止编号。

受台风"鲇鱼"影响，9 月 27—29 日，福建、浙江、江西、安徽、江苏、上海等地出现强降雨，福建大部、浙江大部、江西北部和中东部、安徽东南部等地降雨量普遍在 50 毫米以上，浙江南部沿海至福建中部沿海一带以及浙江西北部等地达 100～250 毫米，部分地区超过 250 毫米；福建、浙江南部、江西等部分地区出现 8～10 级阵风，浙江南部和福建中北部沿海地区有 12～14 级，福建连江目屿岛风速达 46.1 米/秒(14 级)。

台风"鲇鱼"带来的强降雨导致浙江、福建、江西多地内涝、泥石流、滑坡等灾害持续发展。据统计，"鲇鱼"造成浙江、福建、江西 3 省 16 个市 107 个县(市、区)264.7 万人受灾，39 人死亡，1 人失踪，71 万人紧急转移安置；3000 余间房屋倒塌；农作物受灾面积 12.4 万公顷；直接经济损失 103.6 亿元。

浙江 9 月 27—29 日，温州和丽水地区出现的大暴雨和特大暴雨具有以下四个特点。一是累计雨量特别大，温州、丽水部分县市雨量破纪录。27 日 8 时至 29 日 13 时，浙江省面雨量 107 毫米，温州市达 241 毫米、丽水市 188 毫米；浙江省共有 24 个县(市、区)面雨量超过 100 毫米，9 个超过 200 毫米，较大的有文成 537 毫米、泰顺 418 毫米、平阳 347 毫米、景宁 299 毫米；全省有 68 个乡镇累计雨量超过 300 毫米，41 个超过 400 毫米，26 个超过 500 毫米，最大为文成周山乡 814 毫米。文成县气象站过程雨量达 551 毫米，破当地历史最大纪录，在 1949 年以来的所有县级气象站记录的台风暴雨过程雨量中，排第二位，第一位是余姚的 567 毫米("菲特"台风所致)。另外，泰顺(361 毫米)、云和(280 毫米)、景宁(277 毫米)三站的过程雨量也破当地历史最大纪录。二是降雨时空分布集中，暴雨强度特别强。"鲇鱼"带来的强降雨主要集中在温州和丽水地区，与"莫兰蒂"相比，暴雨范围要小一些，但降雨强度更强，单站最大过程雨量 814 毫米(文成周山乡)、24 小时最大雨量 670 毫米(文成周山乡)，均比"莫兰蒂"带来的极值多 50%。文成县气象站 28 日降雨量 389 毫米，破当地历史最大日雨量纪录(292 毫米)，最大 3 小时降水量 144 毫米，超百年一遇；另外，28 日泰顺日雨量 268 毫米、景宁 220 毫米、云和 206 毫米、临安 190 毫米、遂昌 111 毫米，均破当地台风最大日雨量纪录。三是大风范围较广。"鲇鱼"虽在福建中南部登陆，但由于云系范围广，后期加上冷空气影响，27—29 日，沿海、浙南地区、浙北部分地区先后出现较大范围的 8 级以上大风，东南沿海和浙南地区风力 9～11 级，10 级以上大风持续时间近 20 个小时，最大苍南流岐岙村 35.8 米/秒(12 级)，高海拔测站的苍南金乡镇石坪测得 41.7 米/秒(14 级，海拔 316 米)。28 日中午余姚城区还出现局地龙卷。四是强降雨落区地理环境恶劣，极易引发山洪、泥石流、滑坡等灾害。温州和丽水南部群山盘结，地势起伏不平、落差大，地质地形条件复杂，遇强降雨极易引发山体滑坡、泥石流等地质灾害，加上"莫兰蒂"台风刚给上述地区带来强降水，土壤处于饱和状态，增加了发生次生灾害的风险。

据统计，杭州、宁波、温州等 7 市 27 个县(市、区)140.3 万人受灾，33 人死亡，1 人失踪，27.1 万人紧急转移安置；1000 余间房屋倒塌；农作物受灾面积 6.8 万公顷；直接经济损失 58.7 亿元。

福建 2016 年登陆福建台风中，"鲇鱼"降水最强。单日雨强、过程总降水量均最大。38 个县(市)233 个乡镇过程雨量超过 250 毫米；寿宁、屏南日降水量，福州 3 日累积降水量破历史纪录；柘荣日降水量 434.4 毫米，为 1961 年以来全省第二大值。受"鲇鱼"影响，福建中北部沿海风力大，最大阵风达 47.9 米/秒(长乐松下镇，15 级)。据统计，福州、厦门、莆田等 9 市 80 个县(市、区)88 万人受灾，6 人死亡，43.6 万人紧急转移安置；2000 余间房屋倒塌；农作物受灾面积 4.9 万公顷；直接经济损失 44.3 亿元。

江西 9月27日11时至30日11时，受台风影响，江西全省共有10个县(市、区)的19个测站(3%)超过250毫米，75个县(市、区)的1137个测站(25%)介于100～250毫米之间，104个县(市、区)的2679个测站(45%)介于50～100毫米之间，以抚州市东乡县圩上桥为最大(648.2毫米)，赣州市信丰县桥头村次之(454.4毫米)。江西省平均雨量65.6毫米，平均雨量新余市最大(99.9毫米)，抚州市次之(85.3毫米)，九江市第三(84.6毫米)。据统计，南昌、抚州2市3个县(区)9.3万人受灾，农作物受灾面积0.7万公顷，直接经济损失0.6亿元。

8. 1621号"莎莉嘉"(Sarika)

1621号台风"莎莉嘉"于10月13日14时在西北太平洋洋面上生成，18日9时50分在海南省万宁市和乐镇沿海登陆，登陆时中心附近最大风力13级(38米/秒)，中心最低气压965百帕；19日14时10分在广西壮族自治区防城港东兴市沿海再次登陆，登陆时中心附近最大风力8级(20米/秒)，中心最低气压995百帕；17时在广西防城港市境内减弱为热带低压，20时中央气象台对其停止编号。

受台风"莎莉嘉"影响，10月17日08时至20日08时，海南、广东大部、广西大部、贵州东南部和湖南部分地区降雨量普遍在50毫米以上，海南、雷州半岛、广西东南部等地达100～250毫米，部分地区超过250毫米，海南文昌、琼海、琼中、万宁、昌江等局地超过300毫米；海南岛沿海陆地普遍出现11～12级阵风，最大阵风为万宁市大花角14级(46.1米/秒)，广西钦州、防城港、北海、玉林、南宁、崇左、贵港等市部分地区出现6～8级大风，沿海地区10级，北部湾海面出现12级大风，最大阵风为斜阳岛36.5米/秒。据统计，"莎莉嘉"造成广东、广西、海南3省(自治区)11市50个县(市、区)358.4万人受灾，1人死亡，54万人紧急转移安置；1300余间房屋倒塌；农作物受灾面积51.5万公顷；直接经济损失52.9亿元。

海南 受"莎莉嘉"影响，10月17—19日，海南大部地区出现强降雨，有93个乡镇雨量超过200毫米，10个乡镇雨量超过300毫米，最大为文昌重兴镇377.0毫米；沿海陆地普遍出现11～12级阵风，万宁、东方和文昌3个市县共有4个乡镇阵风达13级以上，最大为万宁万城镇14级(46.1米/秒)。据统计，"莎莉嘉"造成海口、三亚、儋州3市8区和15个县(市)299.3万人受灾，47.4万人紧急转移安置；1000余间房屋倒塌；农作物受灾面积38.1万公顷；直接经济损失45.6亿元。

广西 受"莎莉嘉"影响，10月18日08时至20日20时，广西共有9市37县(市、区)出现暴雨到大暴雨天气，89个县(市、区)的818个乡镇过程降水量在50毫米以上，16个县(市、区)的46个乡镇超过200毫米，5个县(市、区)的7个乡镇过程雨量超过300毫米，最大雨量出现在防城港市上思县十万大山森林公园(422毫米)。此外，钦州、防城港、北海、玉林、南宁、崇左、贵港等市部分地区出现6～8级、沿海地区10级大风；北部湾海面出现12级大风，最大风速为斜阳岛36.5米/秒。

"莎莉嘉"带来的风雨影响对广西有利有弊。一方面，"莎莉嘉"的到来使广西86个干旱县(市、区)的气象干旱得以解除，桂东北和百色西北部地区的气象干旱得到有效缓解；水库、山塘蓄水量增加，利于水力发电和生产用水。另一方面，给部分市县带来局地暴雨洪涝和风灾，造成了部分作物倒伏、受淹，养殖塘水质变化等一些不利影响。据统计，"莎莉嘉"造成南宁、北海、防城港等6市21个县(市、区)35.7万人受灾，1人死亡，2.5万人紧急转移安置；200余间房屋倒塌；农作物受灾面积2.4万公顷；直接经济损失2.3亿元。

广东 受"莎莉嘉"外围环流影响，10月17—20日，广东沿海市县普遍出现了7～10级大风，雷州半岛出现了大暴雨和9～12级大风，粤西市县、珠江三角洲和清远、韶关、汕尾市出现了暴雨、局地大暴雨，其余市县出现了中到大雨、局部暴雨，广东省共有30个市县出现暴雨以上量级降水。据统计，"莎莉嘉"造成湛江、云浮2市8个县(市、区)23.4万人受灾，3.8万人紧急转移安置；100余间房屋倒塌；农作物受灾面积11.1万公顷；直接经济损失5亿元。

9. 1622 号“海马”(Haima)

1622 号台风“海马”于 10 月 15 日 08 时在西北太平洋洋面上生成，21 日 12 时 40 分前后在广东省汕尾市海丰县鲘门镇登陆，登陆时中心附近最大风力 13 级(38 米/秒)，中心最低气压 970 百帕；21 日 23 时在江西省赣州市龙南县境内减弱为热带低压，中央气象台于 22 日 05 时对其停止编号。

受台风“海马”和冷空气共同影响，10 月 20 日 08 时至 23 日 08 时，广东东部、福建南部、安徽东南部、浙江北部、上海、江苏南部降水量普遍在 50 毫米以上，广东东部部分地区、上海、江苏东南部等地达 100～250 毫米；广东中东部、福建东南部的部分地区出现 8～10 级阵风，广东东部沿海地区和岛屿局地 11～14 级，广东汕尾浮标站阵风达 16 级(52.9 米/秒)。据统计，“海马”共造成福建、广东 2 省 10 市 47 个县(市、区)206.5 万人受灾，13 万人紧急转移安置；1100 余间房屋倒塌；农作物受灾面积 27.4 万公顷；直接经济损失 49.1 亿元。

广东 受“海马”影响，10 月 21—22 日，广东省共有 24 县(市)出现暴雨以上量级降水，粤东市县，深圳、惠州等沿海市县出现了 10～13 级大风，内陆的梅州、河源、广州、东莞、清远和韶关等市也出现了 7～9 级大风。据统计，“海马”造成汕头、惠州、梅州等 7 市 38 个县(市、区)202.2 万人受灾，10.6 万人紧急转移安置；1000 间房屋倒塌；农作物受灾面积 24.4 万公顷；直接经济损失 46 亿元。

福建 台风“海马”给福建省龙岩、三明和漳州带来较强的风雨影响。10 月 20 日漳州沿海、龙岩和三明部分地区出现 9～11 级阵风，局部超过 12 级，云霄站最大阵风达 34.1 米/秒(12 级)，区域站最大阵风 41.6 米/秒(14 级，龙岩新罗区曹溪镇)。10 月 20—23 日，福建省共 20 个县(市)过程降水量超过 50 毫米，集中在宁德、漳州、龙岩和三明 4 市，以华安的 128.1 毫米为最大；316 个乡镇超过 50 毫米，23 个县(市)的 79 个乡镇超过 100 毫米，最大出现在武平城厢镇，为 203.0 毫米。连城县 22 日雨量达 118.8 毫米，突破当地 1961 年以来 10 月日雨量纪录。“海马”造成漳州、龙岩、三明市 13 个县(市、区)4.3 万人受灾，紧急转移安置 2 万人；倒塌房屋 100 间；农作物受灾面积 3 万余公顷；直接经济损失 3.1 亿元。

2.4 冰雹与龙卷

2.4.1 基本概况

全国共有 31 个省(区、市)2050 个县(市)次出现冰雹或龙卷，降雹次数比 2001—2015 年平均值(1571 个县次)偏多。受冰雹、龙卷等强对流天气影响，全国累计 2728.1 万人次受灾，251 人死亡，6 人失踪；3.5 万间房屋倒塌，67.8 万间房屋不同程度损坏；农作物受灾面积 290.8 万公顷，绝收面积 26.9 万公顷；直接经济损失 463.9 亿元。与 2001—2015 年平均值相比，2016 年全国因强对流天气造成的受灾面积和经济损失均偏多，但死亡人数明显偏少。江苏、山西、新疆灾情最为突出。

2.4.2 冰雹

1. 主要特点

(1)降雹次数偏多

2016 年，全国 31 个省(市、区)遭受冰雹袭击。据统计，共有 2050 个县(市)次出现冰雹，降雹次数比 2001—2015 年平均值(1571 个县次)偏多。

(2)初雹、终雹时间均偏早

2016 年，全国最早一次冰雹天气出现在 1 月 28 日(云南省临沧市耿马傣族佤族自治县)，初雹时间较常年(平均出现在 2 月上旬)偏早；最晚一次冰雹天气出现在 10 月 2 日(陕西省延安市吴起县)，终雹时间较常年(平均出现在 11 月中旬)也偏早。

(3)降雹主要集中在夏季和春季

从降雹的季节分布来看，2016 年夏季出现冰雹最多，共有 1579 个县(市)次，占全年降雹总次数的 77.0%；春季降雹次多，共有 779 个县(市)次，占全年的 38.0%；秋季共有 157 个县(市)次降雹，占全年的 7.7%；冬季只有 10 个县(市)次降雹，仅占全年的 0.5%。

从各月降雹情况来看，2016 年 6 月最多，共 932 个县(市)次降雹，占全年的 45.5%；7 月次多，386 个县(市)次降雹，占全年的 18.8%；5 月、4 月、8 月分居第三、第四、第五位，分别有 379 个县(市)次、354 个县(市)次、261 个县(市)次降雹，各占全年的 18.5%、17.3%、12.7%。

(4)华北、西北、西南地区东部及东北北部等地降雹较多

2016 年，我国降雹较多的是华北、西北、西南地区东部及东北北部等地。从各省分布来看，河北最多，降雹 208 县(市)次；山西次多，降雹 179 县次；河南居第三位，降雹 160 县次；内蒙古(154 县次)、甘肃(139 县次)、黑龙江(133 县次)、广西(122 县次)、四川(114 县次)、新疆(97 县次)、山东(91 县次)、云南(90 县次)等省(区)降雹均超过 80 县次(见图 2.4.1)，局部受灾较重。

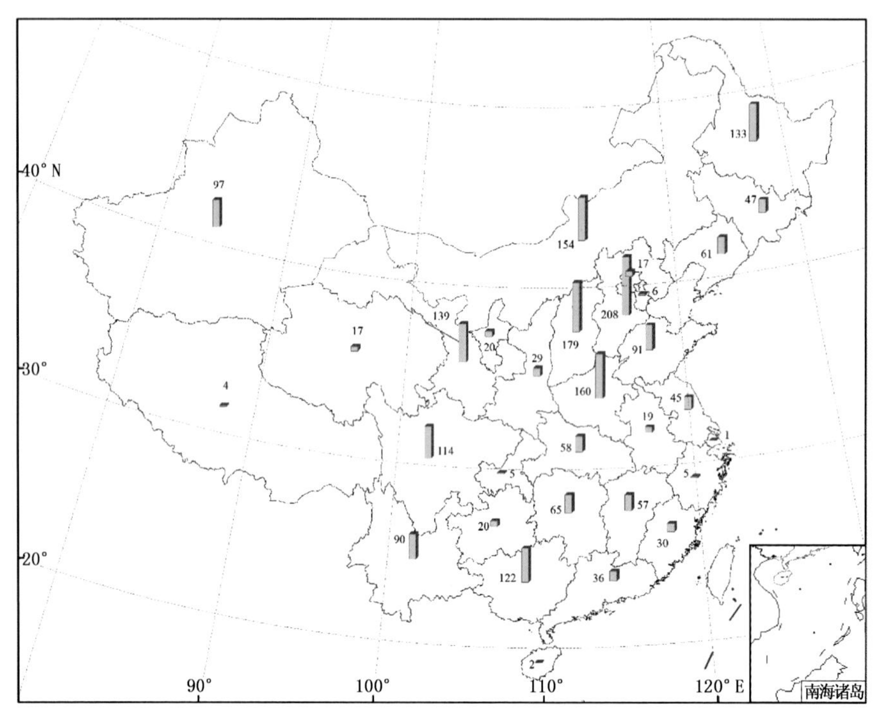

图 2.4.1　2016 年全国降雹县(市)次分布

Fig. 2.4.1　Distribution of hail events over China in 2016

2. 部分风雹灾害事例

(1)1 月 28 日，云南省临沧市耿马傣族佤族自治县遭受风雹灾害。1 万余人受灾，农作物受灾面积 500 余公顷，直接经济损失 1000 余万元。

(2)3 月 8—9 日，贵州省贵阳、遵义、黔南 3 市(州)12 个县(市、区)遭受风雹灾害，遵义县最大冰雹直径达 30 毫米，持续时间 5 分钟左右。造成 12.9 万人受灾；3400 余间房屋不同程度损坏；农作物受灾面积 6200 公顷，绝收面积 1900 公顷；直接经济损失 8300 余万元。

(3)3 月 18—20 日，广东省韶关、清远、佛山等市 16 个县(市、区)出现强降水和雷雨大风、冰雹天气。冰雹直径一般 10～30 毫米；3 月 19 日 20 时至 21 日 08 时最大降水量达 204.8 毫米(韶关市仁化县周田镇站)。共计 4400 人受灾，损坏房屋 2700 多间，农作物受灾面积 360 多公顷，直接经济

损失 1830 多万元。

(4)3 月 20—23 日，贵州省贵阳、六盘水、遵义等 8 市(自治州)17 个县(市、区)遭受风雹灾害。安顺市平坝县冰雹最大直径 30 毫米；普定县冰雹直径 2～12 毫米。黔南布依族苗族自治州三都水族自治县最大冰雹直径 38 毫米；龙里县洗马镇、草原村、羊场村等地降雹时间持续近半小时。全省 18.4 万人受灾；5.7 万间房屋不同程度损坏；农作物受灾面积 6800 公顷，绝收面积 800 余公顷；直接经济损失 8000 余万元。

(5)4 月 2—4 日，贵州省贵阳、遵义、毕节等 7 市(自治州)13 个县(区)遭受风雹灾害。黔西南布依族苗族自治州安龙县最大冰雹直径约 30 毫米，兴仁县风雹持续约 25 分钟。共计 14 万人受灾；1.8 万间房屋不同程度损坏；农作物受灾面积 5500 公顷，绝收面积 1500 公顷；直接经济损失 7200 余万元。

(6)4 月 4—5 日，福建省三明、南平、福州 3 市 6 个县的部分乡镇遭受冰雹袭击，最大风力 8～11 级。共计 7800 余人受灾；2700 余间房屋不同程度损坏；农作物受灾面积 600 余公顷，绝收面积 100 余公顷；直接经济损失近 3200 万元。

(7)4 月 10—13 日，广西百色、河池、柳州、桂林、来宾、崇左、防城港等 7 市的 23 个县(市、区)遭受风雹灾害。崇左市大新县冰雹最大直径达 50 毫米，河池市最大冰雹直径约 40 毫米；10 日桂林市恭城县最大风速达 24.3 米/秒，创当地最大风速记录，12 日晚河池市区瞬时极大风速达 32.4 米/秒，为建站以来最大值。此次强对流天气冰雹直径之大和大风风力之强是 2000 年以来少见的。广西共计 14.2 万人受灾；1.6 万间房屋不同程度损坏；农作物受灾面积 6800 公顷，绝收面积 800 余公顷；直接经济损失 8200 余万元。

(8)4 月 10—13 日，贵州省六盘水、遵义、安顺、黔西南、黔东南、黔南等 7 市(自治州)18 个县(区)遭受风雹灾害。黔南布依族苗族自治州长顺县冰雹直径 3～5 毫米，安顺市普定县冰雹直径 5～7 毫米，黔西南布依族苗族自治州安龙县最大冰雹直径 30 毫米。共计 37.2 万人受灾，近 300 人紧急转移安置，1000 余人需紧急生活救助；1.3 万间房屋不同程度损坏；农作物受灾面积 1.42 万公顷，绝收面积 1900 公顷；直接经济损失 9800 余万元。

(9)4 月 14—17 日，湖南省郴州、衡阳、娄底、永州、怀化、湘西、岳阳、郴州等 11 个市(自治州)45 个县(市、区)遭受雷雨、大风和冰雹袭击。湘西土家族苗族自治州泸溪县最大冰雹直径 30 毫米，怀化市靖州苗族侗族自治县部分乡镇冰雹持续时间约 30 分钟。湖南省受灾人口 90.9 万人，死亡 6 人；倒房 1700 余间，损坏房屋 3000 余间；农作物受灾面积 4.55 万公顷，绝收面积 1.2 万公顷；直接经济损失 6.9 亿元。

(10)4 月 15—17 日，贵州省贵阳、遵义、毕节等 7 市(自治州)19 个县(市、区)遭受风雹灾害，铜仁地区印江土家族苗族自治县最大冰雹直径 24 毫米。共计 38.4 万人受灾；1.6 万间房屋不同程度损坏；农作物受灾面积 1.54 万公顷，绝收面积 2100 公顷；直接经济损失 1.4 亿元。

(11)4 月 16—17 日，江西省鹰潭、赣州、吉安等 4 市 12 个县(区)遭受风雹、暴雨灾害。赣州市和于都县分别出现直径 20 毫米和 8 毫米的冰雹，兴国、信丰等地出现 8 级雷雨大风，龙南县临塘最大降雨为 139.0 毫米。共计 4.1 万人受灾，1 人死亡；近 200 间房屋倒塌，2300 余间房屋不同程度损坏；农作物受灾面积 3200 公顷，绝收面积 600 余公顷；直接经济损失 7200 余万元。

(12)4 月 17—18 日，广东省韶关、肇庆、梅州、清远等 6 市 18 个县(市、区)遭受风雹灾害，清远市连南县 24 小时降雨量 95 毫米，最大阵风 11 级(28.8 米/秒)。共计 2.7 万人受灾；300 余间房屋倒塌，600 余间房屋不同程度损坏；农作物受灾面积 2500 公顷，绝收面积 200 余公顷；直接经济损失 5500 余万元。

(13)4 月 17—18 日，广西桂林、柳州、百色、来宾、河池、南宁、崇左、贺州等市的 35 个县(市、区)

出现雷雨大风、冰雹和暴雨天气过程。贺州市昭平县极大风速达25.0米/秒，为当地2009年有自计风观测记录以来的最大值；河池市南丹县最大冰雹直径40毫米；桂林市全州县24小时最大降雨量77.9毫米。据统计，广西共有11.67万人受灾，因灾死亡3人，失踪3人；农作物受灾面积5190公顷，绝收面积200公顷；倒塌房屋70多间，损坏房屋1.7万间；直接经济损失9250多万元。

(14)4月17—19日，云南省曲靖、玉溪、保山、普洱、大理等11市(自治州)24个县(市、区)遭受风雹灾害，普洱市澜沧拉祜族自治县气象站最大冰雹直径23毫米，瞬间最大风速22.2米/秒。共计12.6万人受灾，6人死亡；近1.9万间房屋不同程度损坏；农作物受灾面积5400公顷，绝收面积400余公顷；直接经济损失近9200万元。

(15)4月20—21日，江西省景德镇、九江、上饶3市7个县(区)遭受风雹灾害。共计2.9万人受灾，近200间房屋不同程度损坏，农作物受灾面积1400公顷，直接经济损失2600余万元。

(16)4月21—24日，云南省丽江、西双版纳、文山、红河、临沧、德宏、普洱7市(自治州)16个县(市)出现大风、雷暴、冰雹、短时强降水等强对流天气。文山壮族苗族自治州广南县最大冰雹直径35毫米，西畴县最大瞬时风速20.1米/秒；临沧市沧源佤族自治县最大冰雹直径达40毫米，是近50年来该县冰雹直径最大、灾情严重的一次雹灾。云南省共计9.97万人受灾，因灾死亡1人，伤29人；农作物受灾面积1.09万公顷，绝收面积3200多公顷；民房倒塌50多间，受损1.62万间；直接经济损失2.05亿元。

(17)4月26日，福建省三明市建宁县、泰宁县和南平市松溪县、浦城县部分乡镇遭受风雹袭击，最大冰雹直径达40毫米，极大风速达54.9米/秒(浦城水北)。共计1.1万人受灾；1200余间房屋不同程度损坏；农作物受灾面积1100公顷，绝收面积100余公顷；直接经济损失3400余万元。

(18)4月27日，山西省运城、临汾、吕梁3市10个县(市、区)遭遇雷雨大风、冰雹等强对流天气袭击，运城市新绛县最大冰雹直径20毫米，芮城县最大冰雹直径10毫米左右，持续约10分钟。冰雹致使小麦麦穗打折、颗粒掉落，玉米叶子成条絮状，苹果、桃、山楂被打伤、打落。此次过程共造成17.37万人受灾，农作物受灾面积1.78万公顷，直接经济损失1.84亿元。

(19)4月27日，河南省洛阳、三门峡、南阳3市6个县(市)遭受风雹灾害，三门峡市卢氏县冰雹直径10毫米左右。共计3.1万人受灾，小麦、蔬菜、果园等受灾面积2400公顷，直接经济损失1100余万元。

(20)4月27日，陕西省渭南、延安2市8个县(市)出现短时大风、暴雨和冰雹等灾害天气。渭南市白水县冰雹持续约30分钟，最大冰雹直径15毫米，合阳县强降水持续半个小时左右，最大降水量达35.7毫米，最大风力6级，最大冰雹直径20毫米。此次强对流天气过程导致正值花期的苹果树、梨树等树干损伤，树叶打落，刚成形的幼果受损、掉落；小麦、油菜等作物出现倒伏。共计17万人受灾，农作物受灾面积1.86万公顷，直接经济损失1.5亿元。

(21)4月27日，湖北省十堰市丹江口市和襄阳市谷城县、保康县遭受风雹灾害，局地极大风速31.7米/秒，最大冰雹直径15毫米。共计2.3万人受灾，2人被冰雹打伤；1700余间房屋不同程度损坏；农作物受灾面积2800公顷，绝收面积近400公顷；直接经济损失近1000万元。

(22)5月3—5日，贵州省六盘水、遵义、安顺、毕节、黔西南、黔东南等7市(自治州)23个县(区)遭受风雹灾害，毕节市纳雍县风雹持续半个多小时，最大冰雹直径超过30毫米。共计11.7万人受灾，1人死亡；1300余间房屋不同程度损坏；农作物受灾面积6700公顷，绝收面积近400公顷；直接经济损失3500余万元。

(23)5月4—8日，湖北省武汉、宜昌、十堰、荆州、黄冈、咸宁、恩施等7市(自治州)21个县(市、区)及神农架林区出现强降水、雷暴大风和冰雹等强对流天气。十堰市郧西县雹灾严重地区冰雹持续约30分钟，冰雹最大直径20毫米；神农架林区冰雹直径10毫米左右，最大20毫米；武汉市新洲区 24 小时降雨 116 毫米；恩施州巴东县最大风速 24 米/秒。此次强对流天气，共造成 52.77 万人受灾，因灾死亡 3 人，失踪 1 人；农作物受灾面积 3.47 万公顷；倒塌房屋 310 多间；直接经济损失 3.5 亿元。

(24)5 月 4—10 日，广西百色、河池、桂林、柳州、贺州、梧州、来宾、南宁 8 市 32 个县(市、区)遭受暴雨和大风、冰雹袭击。广西有 26 个乡镇累计降水量超过 300 毫米，最大为柳州市三江县丹洲镇达459.5 毫米；5 月 8 日，桂林市阳朔县降水量 197.5 毫米，打破当地建站以来最大日降水量历史记录；平乐、金秀、宜州降水量打破当地建站以来 5 月最大日降水量历史记录。河池市南丹县最大冰雹直径 50 毫米；百色市城区最大冰雹直径 40 毫米，最大风速 22.1 米/秒(9 级)，田林县冰雹直径 10～30 毫米。此次过程共造成 44.3 万人受灾，因灾死亡 9 人；农作物受灾面积 3.65 万公顷，绝收面积 900 公顷；倒塌房屋 1150 多间，损坏房屋 4620 多间；直接经济损失 6.25 亿元，农业损失 3 亿元。

(25)5 月 5 日，陕西省延安、安康 2 市 6 个县(区)遭受短时强降水和冰雹袭击。延安市子长县最大冰雹直径 30 毫米，持续时间 20 分钟左右；延川县最大冰雹直径 15 毫米，降雹持续 5～10 分钟左右。共计 12.8 万人受灾；农作物受灾面积 1.31 万公顷，绝收面积 4500 公顷；直接经济损失 8800 余万元。

(26)5 月 5 日，甘肃省天水、定西 2 市 6 个县遭受风雹灾害，天水市甘谷县冰雹直径约 20 毫米，大约持续 12 分钟。共计 3.7 万人受灾；农作物受灾面积 3000 公顷，绝收面积 200 余公顷；直接经济损失 2000 余万元。

(27)5 月 5—7 日，新疆兵团一师、兵团二师、兵团四师 3 师 12 个团(场)遭受风雹灾害。受灾地区最大冰雹直径 10 毫米，持续时间约 20 分钟，棉花受灾严重。共计 1.4 万人受灾；农作物受灾面积 1.04 万公顷，绝收面积 900 余公顷；直接经济损失 1.3 亿元。

(28)5 月 7—8 日，贵州省安顺、黔东南、六盘水 3 市(自治州)6 个县(区)部分乡镇遭受雷雨大风、冰雹及强降水袭击。安顺市普定县冰雹直径 5～8 毫米，极大瞬时风速 29 米/秒；黔东南苗族侗族自治州剑河县最大冰雹直径 15 毫米；六盘水市水城县风雹持续时间约 20 分钟，最大冰雹直径 15 毫米。共计 8.68 万人受灾；农作物受灾面积 3690 公顷，绝收面积 460 多公顷；损坏农房 5360 间；直接经济损失 6600 多万元。

(29)5 月 11—13 日，甘肃省定西、临夏、白银、酒泉、庆阳等 6 市(自治州)10 个县遭受风雹灾害，临夏回族自治州和政县、定西市临洮县风雹持续时间 15～30 分钟，冰雹直径约 3～8 毫米。共计 4.2 万人受灾，油菜、玉米、小麦、大豆、药材、果树等受灾面积 4500 公顷，直接经济损失近 2800 万元。

(30)5 月 16—18 日，新疆兵团一师、兵团三师 2 个师 15 个团(场)遭受风雹灾害。共计 4.7 万人受灾；农作物受灾面积 3.05 万公顷，绝收面积 5200 公顷；直接经济损失 1.9 亿元。5 月 17—19 日，喀什、和田、博尔塔拉、巴音郭楞、阿克苏 5 地(自治州)6 个县(市)遭受风雹灾害，博尔塔拉蒙古自治州博乐市最大冰雹直径 10 毫米，阿克苏地区柯坪县冰雹直径 7 毫米，持续时间 10 分钟。共计 4.8 万人受灾；近 100 间房屋不同程度损坏；农作物受灾面积 3.34 万公顷，绝收面积 1.26 万公顷；直接经济损失 1.2 亿元。

(31)5 月 19—20 日，贵州省六盘水、安顺、毕节、黔西南 4 市(自治州)9 个县(区)遭受风雹灾害。安顺市关岭县最大冰雹直径 10 毫米，最大风速达 32.7 米/秒，超过历史极值；黔西南布依族苗族自治州兴仁县降雹约 15 分钟。共计 6.8 万人受灾；2300 余间房屋不同程度损坏；农作物受灾面积 3300 公顷，绝收面积 800 余公顷；直接经济损失近 4700 万元。

(32)5 月 24 日，内蒙古巴彦淖尔市临河区、乌拉特中旗、五原县遭受风雹灾害，冰雹直径 4～7

毫米，如黄豆大小，持续时间10分钟左右。共计4000余人受灾；农作物受灾面积2100公顷，绝收面积500余公顷；直接经济损失300余万元。

(33)5月29—30日，新疆阿克苏、巴音郭楞、伊犁3地区(自治州)9个县(市)遭受风雹灾害，阿克苏地区阿瓦提县冰雹持续时间约10分钟，最大冰雹直径约20毫米。共计5.7万人受灾；近300间房屋不同程度损坏；棉花、玉米、小麦、林果、瓜菜等农作物受灾面积1.91万公顷，绝收面积1600公顷；直接经济损失1.8亿元。

(34)6月3—4日，山西省太原、阳泉、长治、运城、晋城、临汾、吕梁等8市22个县(市、区)遭受风雹、暴雨灾害。运城市万荣、临猗、永济、平陆等县风雹持续时间5～30分钟，冰雹直径普遍有10～20毫米，最大直径40毫米；晋城市陵川县风雹持续时间约40分钟，最大冰雹直径40毫米；长治市长子县最大风力7～8级，2个小时最大降雨量达71.1毫米。共计28.5万人受灾；农作物受灾面积3.08万公顷，绝收面积2000公顷；直接经济损失1.8亿元。

(35)6月3—5日，陕西省铜川、宝鸡、咸阳、渭南、安康等8市31个县(市、区)遭受风雹灾害，延安市甘泉县、榆林市横山县冰雹持续10分钟左右，冰雹直径10～30毫米。共计48.5万人受灾；4100余间房屋不同程度损坏；农作物受灾面积6.04万公顷，绝收面积5800公顷；直接经济损失9.6亿元。

(36)6月3—4日，甘肃省陇南、庆阳、平凉、定西4市14个县(区)相继发生雷雨大风、短时强降水和冰雹等强对流天气。陇南市多地风雹持续15～40分钟，最大冰雹直径12毫米；庆阳市冰雹持续20分钟左右，最大冰雹如青皮核桃大；平凉市冰雹持续时间5～10分钟，最大冰雹直径20毫米；定西市临洮县冰雹直径约10毫米，持续15分钟左右。共计13.96万人不同程度受灾；小麦、大豆、洋芋等农作物受灾面积1.11万公顷，绝收面积600多公顷；倒损房屋50多间；直接经济损失1.27亿元。

(37)6月4—6日，河南省郑州、洛阳、平顶山、新乡、许昌、三门峡、周口、驻马店、焦作、南阳、信阳11市33个县(市、区)遭受风雹、暴雨灾害。新乡市辉县市最大冰雹直径30毫米；三门峡市卢氏县最大冰雹直径15毫米；南阳市镇平县赵湾水库出现11级大风，西峡县瞬时风力达12级。共计41.2万人受灾，2人死亡；200余间房屋倒塌，近1100间不同程度损坏；农作物受灾面积2.66万公顷，绝收面积700余公顷；直接经济损失3.1亿元。

(38)6月4—6日，云南省丽江、昭通、曲靖、文山、楚雄、西双版纳、思茅7市(自治州)16个县(市、区)遭受雷电、大风、冰雹等灾害性天气袭击。昭通市鲁甸县最大风速22.9米/秒，最大冰雹直径40毫米；玉溪市江川县冰雹持续时间8分钟左右，最大冰雹直径7毫米。共计24.95万人受灾，雷击造成2人死亡(砚山县、勐腊县各1人)；烤烟、玉米、马铃薯、旱烟、大豆等受灾面积2.75万公顷，成灾面积1.91万公顷；损坏房屋近8000间；直接经济损失1.56亿元。

(39)6月4—7日，四川省攀枝花、泸州、乐山、宜宾、凉山、德阳等12市(自治州)49个县(市、区)遭受风雹、暴雨灾害，凉山州越西县、德阳市绵竹市风雹持续25～30分钟，冰雹最大直径20毫米。共计80.2万人受灾，5人死亡；近800间房屋倒塌，2.9万间房屋不同程度损坏；农作物受灾面积5.41公顷，绝收面积1.16万公顷；直接经济损失7.6亿元。

(40)6月5—10日，山西省大同、长治、晋城、朔州、晋中、运城、忻州、临汾、吕梁等市25个县(市、区)遭受风雹、暴雨灾害。7日临汾市大宁县暴雨、冰雹天气过程持续半个多小时，降水量达50.7毫米；10日晚晋城市阳城县冰雹、强风持续30余分钟，最大冰雹直径13毫米，墙角冰雹堆积3厘米高。共计13.82万人受灾，2人失踪；农作物受灾面积1.84万公顷，绝收面积4860公顷；倒损房屋80多间；直接经济损失1.72亿元。

(41)6月5日，河南省南阳市5个县(区)出现大风和短时强降水、冰雹天气，最大瞬时风速达24

米/秒。共计 4.4 万人受灾,宛城区房屋倒塌致 1 人死亡;农作物受灾面积 3042 公顷,成灾面积 999 公顷;损坏房屋 120 多间;直接经济损失 5420 万元,农业损失 4130 万元。

(42)6 月 5—6 日,湖北省十堰、襄阳、荆门、随州 4 市 9 个县(市、区)和神农架林区遭受雷雨大风、冰雹等强对流天气袭击。十堰市郧县风雹持续半小时左右,冰雹最大的如鸡蛋,最大冰雹直径 60 毫米左右;襄阳市南漳县最大风力 8 级。共计 7.5 万人受灾;倒塌房屋 50 多间,不同程度损坏房屋 1820 多间;农作物受灾面积 7100 公顷,绝收面积 800 余公顷;直接经济损失 6270 多万元。

(43)6 月 6—7 日,甘肃省金昌、武威、张掖、平凉、庆阳等 7 市(自治州)12 个县(区)遭受雷电、短时强降水和冰雹袭击。张掖市肃南裕固族自治县短时强降水和冰雹持续时间约 20 分钟;庆阳市庆城县雹粒似青杏大,最大直径 30 毫米,持续时间 10 分钟左右,宁县过程最大降水量为 55.5 毫米,冰雹持续约 5 分钟,最大冰雹直径 11 毫米;武威市凉州区风雹持续时间 30 分钟,最大冰雹直径约 10 毫米;庆阳市镇原县风雹持续 20 分钟左右,最大冰雹直径 14 毫米,环县风雹持续 10 分钟左右,最大冰雹直径 12 毫米;平凉市崆峒区冰雹直径 6 毫米,持续约 5 分钟。共计 6.9 万人受灾;100 余间房屋不同程度损坏;农作物受灾面积 9900 公顷,绝收面积近 700 公顷;直接经济损失 1.1 亿元。

(44)6 月 7 日,陕西省铜川、咸阳、渭南、延安等 6 市 16 个县(区)遭受风雹灾害。铜川市耀州区冰雹直径 7～9 毫米;咸阳市淳化县最大冰雹直径 40 毫米,持续时间 30 分钟左右;延安市富县风雹持续 30 余分钟;渭南市澄城县冰雹直径 4～10 毫米,持续时间约 10 分钟。共计 10.1 万人受灾;农作物受灾面积 1.3 万公顷,绝收面积 600 余公顷;直接经济损失 1.5 亿元。

(45)6 月 8 日,河北省秦皇岛市 7 个区(县)及唐山市遵化市遭受短时强降雨、大风、冰雹等强对流天气袭击。秦皇岛市区极大风速 19.2 米/秒(8 级);卢龙县最大降雨量 63.2 毫米,冰雹持续时间约 20 分钟;抚宁县最大冰雹直径 15 毫米。遵化市雹灾持续时间约 40 分钟,密度每平方米 300～600 粒,最大直径达 50 毫米。共计 10.75 万人受灾,玉米、甘薯、花生、谷子、果树、葡萄、药材等受灾面积 1.33 万公顷,损坏房屋 1160 间,直接经济损失 2.02 亿元。

(46)6 月 9—10 日,内蒙古呼和浩特、赤峰、通辽、乌兰察布、兴安等市(盟)12 个县(区、旗)遭受风雹、暴雨灾害。呼和浩特市土默特左旗冰雹持续约 10 分钟,最大直径 10 毫米;通辽市科尔沁区 1 小时最大降水量 46.6 毫米,冰雹持续约 20 分钟;赤峰市巴林左旗冰雹持续约 20 分钟,最大直径 10 毫米;乌兰察布市四子王旗最大冰雹直径 5 毫米左右,持续时间 10 多分钟。共计 3.4 万人受灾,1 人因溺水死亡;玉米、谷子、杂粮杂豆等农作物受灾面积 1.39 万公顷;直接经济损失 3100 余万元。

(47)6 月 9—13 日,甘肃省天水、平凉、庆阳、定西等 6 市(自治州)18 个县(区)遭受风雹灾害。天水市张家川回族自治县风雹持续时间约 45 分钟,最大冰雹直径 5 毫米;秦安县风雹持续时间 20 分钟左右,最大冰雹直径达 25 毫米,地面最大堆积厚度 5 厘米;清水县冰雹持续时间 3～15 分钟,最大直径 40 毫米。庆阳市镇原县降雹时长 20 分钟左右,最大直径 13 毫米;庆城县雹粒直径 10～30 毫米,持续时间 10 分钟左右;正宁县冰雹直径 3～4 毫米,持续时间 4～5 分钟,过程最大降雨量 29.8 毫米。平凉市灵台县降冰雹 4 分钟,冰雹最大直径约 10 毫米;崆峒区最大冰雹直径 15 毫米;华亭县最大冰雹直径 30 毫米。共计 19.1 万人受灾;冬小麦、玉米、胡麻、冬油菜、林果等受灾面积 2.41 万公顷,绝收面积 1800 公顷;直接经济损失 1.4 亿元。

(48)6 月 10 日,天津市滨海新区、武清区、宁河县遭受风雹灾害。武清区 1 小时雨量达 30 毫米,瞬时最大风力 10 级;宁河县冰雹持续 15 分钟,冰雹最大有核桃大小。共计 5000 余人受灾(滨海新区);棉花、玉米、小麦、葡萄、西瓜、蔬菜等受灾面积 9100 多公顷,绝收面积 1100 多公顷;直接经济损失 1.21 亿元。

(49)6 月 10—11 日,河北省保定、承德、廊坊、唐山等市 9 个县(市、区)遭受风雹灾害。廊坊市区两次出现冰雹,最大冰雹直径约 15 毫米,最大瞬时风速 19 米/秒;承德市兴隆县风雹持续时间约

20分钟，最大冰雹直径30毫米；唐山市遵化市降雹持续10分钟左右，密度每平方米400粒左右，最大冰雹直径20毫米。共计15.6万人受灾；苹果、梨、山楂、板栗、玉米、蔬菜等受灾面积6000多公顷，绝收面积600多公顷；直接经济损失1440多万元。

(50)6月11日，山西省运城市临猗县、万荣县、夏县、芮城县遭受风雹灾害，持续时间10～20分钟，最大冰雹直径25毫米左右。共计3.71万人受灾，小麦、玉米、苹果、桃、梨、杏等受灾面积近5000公顷，直接经济损失3540多万元。

(51)6月11日，陕西省渭南、咸阳、宝鸡3市8个县部分乡镇遭受暴雨、大风、冰雹袭击。受灾地区最大风力8级，冰雹持续10～20分钟，最大冰雹直径30毫米。共计13.8万人受灾，苹果、梨、葡萄、小麦、玉米、西瓜、蔬菜、核桃、花椒等受灾面积约1.32万公顷，直接经济损失1.25亿元。

(52)6月12—14日，黑龙江省哈尔滨、齐齐哈尔、鸡西、鹤岗、大庆、佳木斯、双鸭山、牡丹江等10市28个县(市、区)遭受风雹灾害。哈尔滨市区冰雹持续时间近1小时，部分城区路边冰雹厚度达10余厘米，2个小时最大降雨量为57.9毫米，江南主城区最大积水深度达60厘米；双鸭山市集贤县风雹持续时间30分钟左右，冰雹最大直径8毫米；牡丹江市东宁县最大冰雹直径20毫米。共计17.6万人受灾；200余间房屋不同程度损坏；农作物受灾面积8.23万公顷，绝收面积6900公顷；直接经济损失2.8亿元。

(53)6月12—14日，山西省太原、大同、阳泉、长治、晋中、晋城、忻州、临汾、吕梁9市48个县(市、区)遭受短时强降水、冰雹或大风袭击。13日长治市最大降水量156.8毫米，平均降水量83.4毫米，共降雹40分钟，最大冰雹直径45毫米；长治县瞬时最大风速达到26.9米/秒，平顺县最大风速达32.5米/秒。此次强对流天气导致大面积农作物受灾，房屋、树木受损，一些露天停放的车辆被砸，居民太阳能设施被毁。共计61.8万人受灾；200余间房屋倒塌，1.9万间房屋不同程度损坏；玉米、小麦等农作物受灾面积5.57万公顷，绝收面积4100公顷；直接经济损失4.5亿元。

(54)6月12—15日，山东省济南、青岛、淄博、潍坊、德州、聊城、泰安、济宁、枣庄、菏泽、日照、临沂等12市54个县(市、区)遭受雷暴、冰雹、大风和短时强降水等强对流天气袭击，局地冰雹持续25分钟左右，最大冰雹直径50毫米，1小时最大降水量达63.7毫米，极大风速达36.5米/秒。共计159.3万人受灾，3人死亡(其中2人因房屋倒塌所致，1人溺水所致)；近1100间房屋倒塌，近7400间不同程度损坏；农作物受灾面积12.15万公顷，绝收面积1.32万公顷；直接经济损失19.1亿元。

(55)6月12—13日，陕西省铜川、宝鸡、渭南、延安、榆林5市21个县(区)遭受风雹灾害。宝鸡市陇县狂风、暴雨夹杂着冰雹持续时间约20分钟，冰雹大如核桃，小如玉米粒。延安市宝塔区最大冰雹直径60毫米，持续20分钟；安塞县降雹时间持续5～35分钟不等，最大冰雹直径约30毫米；富县冰雹持续6分钟，冰雹直径5～8毫米；延川县冰雹直径3～7毫米。风雹灾害造成小麦倒伏、麦粒打落，玉米叶片呈絮状，烤烟茎秆打折、叶片打烂，部分通信线路中断。共计24.9万人受灾；100余间房屋不同程度损坏；农作物受灾面积4.71万公顷，绝收面积6700公顷；直接经济损失8.4亿元。

(56)6月13—16日，内蒙古呼和浩特、包头、赤峰、鄂尔多斯、阿拉善、巴彦淖尔、乌兰察布、兴安、呼伦贝尔等10市(盟)26个县(市、区、旗)遭受风雹灾害。阿拉善盟阿拉善左旗冰雹持续时间15分钟，最大冰雹直径10毫米以上；巴彦淖尔市五原县冰雹直径8毫米；乌兰察布市察哈尔右翼后旗最大小时降水量达35.4毫米；呼伦贝尔市莫力达瓦达斡尔族自治旗降雹持续30分钟左右，最大冰雹直径5毫米。共计10.1万人受灾，1人因雷击死亡；700余间房屋不同程度损坏；农作物受灾面积5.58万公顷，绝收面积500余公顷；直接经济损失1.9亿元。

(57)6月13—15日，河北省石家庄、秦皇岛、邯郸、邢台、沧州等7市23个县(市、区)遭受短时大风、冰雹、短时强降水等强对流天气袭击。邯郸市武安市极大风速达27.0米/秒，小时雨强超过20毫米，峰峰矿区冰雹直径20毫米左右；邢台市巨鹿县风雹持续10分钟，任县最大冰雹直径达40

毫米;沧州市泊头市最大过程降水量 55.2 毫米。共计 10.1 万人受灾;300 余间房屋不同程度损坏;农作物受灾面积 8400 公顷,绝收面积 500 余公顷;直接经济损失 6200 余万元。

(58)6 月 13—15 日,河南省郑州、安阳、鹤壁、濮阳、周口、驻马店、商丘、漯河、济源 9 市 25 个县(市、区)出现雷雨大风、短时强降水和局地冰雹天气。濮阳市瞬时风速 22.5 米/秒(9 级),冰雹如鸡蛋大小,范县 4000 公顷西瓜、莲藕和葡萄园严重受灾;周口、商丘、济源、鹤壁、郑州等市果树、蔬菜大棚被冰雹砸断砸塌,农作物受灾严重,甚至绝收;驻马店市确山县任店镇数千棵大树被拦腰折断或连根拔起,多条道路被倒地大树、电线杆阻挡中断;安阳市滑县和新乡市长垣县 30 余座鸡棚、鸭棚被大风刮翻,砸死、冻死鸡、鸭数万只;商丘市永城市折断树木 3.45 万棵。共有 13.2 万人受灾,3 人死亡(树倒房塌所致);近 400 间房屋倒塌,2000 余间不同程度损坏;农作物受灾面积 6300 公顷,绝收面积 2100 公顷;直接经济损失 1.9 亿元。

(59)6 月 13—15 日,山东省济南、淄博、潍坊、德州、聊城、泰安、济宁、枣庄、菏泽、日照、临沂 11 市 47 个县(市、区)遭受雷雨大风、冰雹、暴雨袭击。枣庄市大坞站极大风速达到 29.9 米/秒(11 级),1 小时最大降水量 47.3 毫米;菏泽市成武县冰雹直径大多为 22～35 毫米,最大直径达 60 毫米。灾害造成部分待收割的小麦、春玉米倒伏,蔬菜、果树、棉花、葡萄等经济作物不同程度受灾。共有 92.2 万人受灾,枣庄市滕州市 2 人因房屋倒塌死亡;农作物受灾面积 6.78 万公顷,成灾面积 3.06 万公顷,绝收面积 5090 公顷;倒塌房屋 100 多间,损坏房屋 1900 余间;直接经济损失 11.17 亿元,农业损失 9.17 亿元。

(60)6 月 14—15 日,湖北省武汉、襄阳、随州、恩施等 4 市(自治州)10 个县(市、区)遭受大风、冰雹、暴雨袭击。襄阳市南漳县局部最大风力达 9 级,1 株四百年老柏树被狂风刮倒;恩施土家族苗族自治州鹤峰县最大日降水量 74.9 毫米。共计 8.7 万人受灾,襄阳市枣阳市有 7 人因房屋受损导致轻伤;近 100 间房屋倒塌,1600 余间不同程度损坏;水稻、玉米、烟叶等农作物受灾面积 7200 公顷,绝收面积 700 余公顷;直接经济损失 5800 余万元。

(61)6 月 15—18 日,黑龙江省哈尔滨、齐齐哈尔、双鸭山、大庆、黑河等 10 市(地区)18 个县(市、区)遭受风雹灾害。黑河市孙吴县平均冰雹直径在 10～15 毫米,持续时间约 20 分钟;齐齐哈尔市甘南县最大冰雹直径 20 毫米,最长持续时间约 30 分钟,1 小时最大降雨量 60 毫米。共计 4.1 万人受灾;农作物受灾面积 1.98 万公顷,绝收面积 1800 公顷;直接经济损失 5900 余万元。

(62)6 月 19—21 日,吉林省吉林、通化、松原、白城、延边 5 市(自治州)10 个县(市、区)遭受风雹、暴雨灾害。通化市二道江区日最大降雨量达 90 毫米,最大冰雹直径 10 毫米;通化县最大冰雹直径 12 毫米,持续时间 20 分钟,短时降雨量 38.9 毫米。共计 4.9 万人受灾;100 余间房屋不同程度损坏;玉米、水稻等农作物受灾面积 2.27 万公顷,绝收面积 2700 公顷;直接经济损失近 7500 万元。

(63)6 月 19—21 日,山西省阳泉、朔州、晋中、临汾等 5 市 10 个县(市、区)遭受风雹灾害,阳泉站、盂县站最大冰雹直径 6 毫米,瞬时最大风速 17.1 米/秒。共计 2.6 万人受灾;玉米、谷物等农作物受灾面积 3100 公顷,绝收面积 500 余公顷;直接经济损失 2400 余万元。

(64)6 月 19 日,新疆博尔塔拉、阿克苏、伊犁 3 地(自治州)5 个县(市)出现冰雹、暴雨、大风等强对流天气。博尔塔拉蒙古自治州风雹持续 5～15 分钟,冰雹直径 5～15 毫米;伊犁哈萨克自治州察布查尔锡伯自治县 1 小时降水量 12.6 毫米,最大冰雹直径 15 毫米。共计约 2 万人受灾,1 人死亡;玉米、棉花、小麦、油葵等农作物受灾面积 2.32 万公顷,绝收面积 6100 公顷;直接经济损失 2.5 亿元。

(65)6 月 21—23 日,河北省石家庄、唐山、邯郸、邢台、张家口、承德、沧州等 10 市 34 个县(市、区)遭受风雹、暴雨灾害。石家庄市新乐市最大冰雹直径 6 毫米;承德市丰宁县最大冰雹直径 30 毫米;张家口市怀来县冰雹持续 20～30 分钟,最大冰雹直径 30 毫米;沧州市泊头市极大风速达 34.3

米/秒(12级)。共计15.3万人受灾,6人死亡;近1200间房屋不同程度损坏;农作物受灾面积2.09万公顷,绝收面积800余公顷;直接经济损失2亿元。

(66)6月22日,内蒙古自治区赤峰、通辽、兴安3市(盟)7个县(区、旗)遭受不同程度的雷电、冰雹、大风、暴雨等强对流天气袭击。赤峰市阿鲁科尔沁旗风雹持续近25分钟,最大冰雹直径30毫米,地面积雹厚4厘米;松山区最大冰雹直径30毫米;翁牛特旗风雹持续20分钟,最大冰雹直径70毫米左右。通辽市科尔沁左翼中旗小时最大降水量55.7毫米,过程最大降水量98.3毫米。共计5.03万人受灾,雷击死亡1人;玉米、谷子、甜菜、葵花、蔬菜等受灾面积1.86万公顷,绝收面积1530公顷;毁坏房屋970间;直接经济损失4950万元。

(67)6月26日,黑龙江省绥化市4个县(市)出现冰雹、大风等强对流天气,青冈县冰雹最大直径20毫米左右。共计玉米、大豆、水稻等农作物受灾面积2.5万公顷,直接经济损失6900万元。

(68)6月26—29日,内蒙古呼和浩特、包头、赤峰、呼伦贝尔、巴彦淖尔、乌兰察布等8市(盟)22个县(区、旗)出现暴雨、冰雹和雷暴天气。巴彦淖尔市临河区瞬时风速17.9米/秒,最大冰雹直径6毫米;呼伦贝尔市鄂伦春旗最大冰雹直径10毫米,持续时间15分钟;乌兰察布市四子王旗最大冰雹直径13毫米,持续近20分钟;赤峰市翁牛特旗小时雨强24.6毫米,松山区最大冰雹直径20毫米。共计7.3万人受灾,1人死亡;农作物受灾面积2.3万公顷,绝收面积3600公顷;直接经济损失5800多万元。

(69)6月26日,青海省西宁、海东2市(地)6个县(区)遭受风雹灾害。大通县最大冰雹直径6毫米,降水量28.6毫米;化隆回族自治县冰雹直径约4毫米。共计27.3万人受灾;小麦、油菜、马铃薯、蚕豆等农作物受灾面积3.04万公顷,绝收面积1100公顷;直接经济损失1.7亿元。

(70)6月27日,北京市门头沟、延庆、房山、平谷等区遭受暴雨、冰雹灾害。房山最大降水量51.9毫米,冰雹持续时间5分钟左右,直径约3毫米;门头沟最大冰雹直径10毫米,持续时间约15分钟,农业直接经济损失184万元;大兴冰雹如花生米大小,瀛海镇雷击造成施工人员1死2伤。

(71)6月27—29日,河北省石家庄、唐山、秦皇岛、张家口、邯郸、承德等9市36个县(市、区)遭受大风、冰雹、暴雨袭击。张家口市赤城县最大冰雹直径20毫米,强降水持续时间2小时,降雨量63.2毫米。承德市丰宁满族自治县极大风速达到31米/秒。邯郸市曲周县最大冰雹直径20毫米,持续约35分钟;馆陶县瞬时风力达7级,最大冰雹直径20毫米,持续约18分钟;武安市最大冰雹直径15毫米,持续时间约15分钟;邱县强对流天气持续时间20分钟,最大冰雹直径约10毫米;鸡泽县最大风力8级左右,最大冰雹直径40毫米。共有44.3万人受灾;100余间房屋不同程度损坏;农作物受灾面积3.78万公顷,绝收面积2300公顷;直接经济损失1.9亿元。

(72)6月30日,内蒙古自治区赤峰、通辽2市5个旗(区)遭受冰雹、大风、暴雨灾害。赤峰市敖汉旗最大小时雨强为38.6毫米,暴雨与冰雹持续近30分钟,最大雹粒直径15毫米;翁牛特旗最大冰雹直径50毫米;松山区最大冰雹直径30毫米。通辽市库伦旗冰雹最大直径20毫米,持续时间20分钟左右;科左后旗小时最大降水量为65.1毫米。共计6.12万人受灾;玉米、谷子、烤烟、豆类作物、向日葵、绿豆、荞麦等受灾面积2.79万公顷,绝收面积3950多公顷;直接经济损失1.23亿元。

(73)6月30日,山东省临沂、滨州、潍坊3市7个县(区)遭受风雹、暴雨灾害。滨州市最大降水量99.2毫米,阵风8级左右;潍坊市寿光市极大风速达25.3米/秒,冰雹如玉米粒大小。共计3.1万人受灾,400余间房屋倒塌、损坏,玉米、棉花、西瓜、水稻等农作物受灾面积5900公顷,直接经济损失约2300万元。

(74)7月3—4日,内蒙古鄂尔多斯、锡林郭勒、阿拉善、巴彦淖尔4市(盟)8个旗(区)遭受风雹灾害。鄂尔多斯市鄂托克旗降雹持续时间30分钟左右,最大冰雹直径20毫米;乌审旗冰雹直径约40毫米,持续时间约30分钟。巴彦淖尔市临河区短时大风17米/秒(7级),冰雹直径3毫米。锡林郭勒盟太仆寺旗冰雹直径约15毫米。共计3.7万人受灾；玉米、西瓜、土豆、蔬菜等农作物受灾面积2.71万公顷，绝收面积3000公顷；因灾死亡羊近7000只，乌审旗冰雹砸死鸡480只；直接经济损失1.2亿元。

(75)7月3—4日，山西省忻州市五寨县、偏关县，吕梁市兴县、岚县、方山县，长治市沁源县遭受风雹、暴雨灾害。方山县暴雨和冰雹持续时间达15分钟左右，冰雹直径20～30毫米，地面冰雹厚度达10厘米；五寨县3小时内降雨量达75.3毫米。共计3.9万人受灾；农作物受灾面积1.5万公顷，绝收面积900余公顷；直接经济损失2500多万元。

(76)7月3—4日，陕西省渭南、延安、榆林3市11个县(区)遭受风雹灾害。延安市延川县出现短时暴雨夹带冰雹，约半小时降水量达48.6毫米；宝塔区降雹持续时间5～6分钟，最大冰雹直径4～5毫米。共计8.4万人受灾；600余间房屋不同程度损坏；农作物受灾面积1.78万公顷，绝收面积4100公顷；直接经济损失1.7亿元。

(77)7月4日，宁夏回族自治区银川、吴忠2市5个县(区)遭受风雹灾害。吴忠市同心县冰雹持续20分钟左右，极大风速23.3米/秒，1小时最大降水量为65.4毫米；银川市永宁县极大风速24.8米/秒。共计2.9万人受灾；近100间房屋不同程度损坏；农作物受灾面积9700公顷，绝收面积3500公顷；直接经济损失4600余万元。

(78)7月8日，新疆维吾尔自治区阿克苏地区3个县(市)和兵团一师六团遭受短时强降雨、大风、雷电和冰雹袭击。阿克苏市降雨量25毫米，冰雹如指甲盖大小；柯坪县冰雹持续约20分钟，最大冰雹直径12毫米；阿瓦提县最大风力7级，最大冰雹比鸽子蛋大。共计棉花、玉米、香梨、红枣、核桃等受灾面积4100多公顷，直接经济损失1.02亿元。

(79)7月10—12日，云南省昆明、曲靖、玉溪、保山、昭通、文山、红河等12市(自治州)30个县(市、区)遭受暴雨、风雹灾害。昆明市嵩明县县城3小时最大降雨量69.5毫米，冰雹持续5～10分钟；玉溪市江川县冰雹持续时间5分钟，最大冰雹直径5毫米；昭通市镇雄县日最大降雨量107.3毫米，风雹持续时间50分钟左右，最大冰雹如鸡蛋大小；曲靖市陆良县冰雹持续时间10分钟左右，沾益县日降水量达126.5毫米；红河哈尼族彝族自治州泸西县1小时最大降水量32.2毫米。共计18万人受灾，1人死亡，1人失踪；近900间房屋不同程度损坏；农作物受灾面积1.17万公顷，绝收面积2000公顷；直接经济损失2.4亿元。

(80)7月10—13日，贵州省六盘水、遵义、安顺等6市(自治州)17个县(区)遭受风雹灾害。共计22.7万人受灾；300余间房屋不同程度损坏；农作物受灾面积1.18万公顷，绝收面积2600公顷；直接经济损失1.2亿元。

(81)7月15日，山西省太原、晋中、运城等5市11个县(市、区)遭受强降水、雷电、大风、冰雹袭击，太原市阳曲县最大冰雹直径达40毫米，1.5小时最大降水量达30.1毫米。雹灾和涝灾共造成9.4万人受灾，1人失踪；土豆、玉米、杂粮等农作物受灾面积9200公顷，绝收面积800余公顷；直接经济损失8200余万元。

(82)7月15日，陕西省榆林、延安、渭南3市7个县(区)出现冰雹、大风、雷电及短时强降水天气。冰雹直径1～15毫米，降雹持续时间1～20分钟不等，地面最大积雹厚度约5厘米，最大风力9～10级。延安市延长县交口等地出现有气象记录以来最强的一次冰雹，全县苹果受灾面积3410多公顷，玉米受灾面积280多公顷，刮落果袋4124万只，直接经济损失约8140多万元。

(83)7月26—28日，湖北省襄阳、宜昌、恩施、荆州4市(自治州)15个县(市、区)和神农架林区遭受暴雨、风雹灾害。26日夜晚襄阳市南漳县4个小时最大降雨量54.3毫米，最大风力8级；27日夜晚宜昌市当阳市最大降雨量达46.3毫米，阵风9级以上。共计13万人受灾，1人死亡，2人失踪；近100间房屋倒塌，1.4万间房屋不同程度损坏；玉米、蔬菜、烟叶、药材等农作物受灾面积1.2万公顷,绝收面积1900公顷;直接经济损失9000余万元。

(84)7月26—27日,云南省昆明、曲靖、玉溪、红河、昭通、丽江、大理、临沧8市(自治州)15个县(市、区)遭受大风、雷暴、冰雹和短时强降水等强对流天气袭击。玉溪市峨山彝族自治县最大冰雹直径8毫米,持续3分钟;楚雄彝族自治州元谋县冰雹持续20分钟;大理白族自治州宾川县1小时最大降水量19.6毫米。共计2.7万人受灾;烤烟、玉米、马铃薯、芸豆等农作物受灾面积2900公顷,绝收面积900余公顷;直接经济损失近5000万元。

(85)7月27—28日,内蒙古呼和浩特、赤峰、通辽、乌兰察布等5市(盟)11个县(区、旗)遭受风雹、暴雨灾害。呼和浩特市武川县最大冰雹直径32毫米。赤峰市敖汉旗最大1小时降水量46.4毫米,雹粒直径约20毫米,冰雹持续10多分钟;林西县冰雹持续12分钟,雹粒直径约12毫米。通辽市库伦旗冰雹直径10~30毫米,持续时间20分钟左右,1小时最大降水量达54.2毫米;奈曼旗冰雹持续时间14分钟,冰雹直径4毫米,最大小时雨强55.6毫米;科尔沁区1小时降水量53.3毫米,冰雹平均直径10毫米,持续10分钟。乌兰察布市商都县降雹时间3分钟,冰雹直径10毫米。共计1.6万人受灾;农作物受灾面积1.04万公顷,绝收面积400余公顷;直接经济损失2800余万元。

(86)7月30日,内蒙古呼和浩特、包头、赤峰等4市(盟)8个县(旗)遭受风雹灾害,赤峰市巴林左旗最大降水量46.4毫米,冰雹持续时间40分钟左右,冰雹直径5毫米。共计8.3万人受灾,2人死亡;农作物受灾面积2.37万公顷,绝收面积8800公顷;300余间房屋倒塌,5100余间房屋不同程度损坏;直接经济损失2.1亿元。

(87)7月30日至8月2日,河南省郑州、开封、洛阳、焦作、三门峡、南阳等10市25个县(市、区)遭受风雹、暴雨灾害。三门峡市陕州区5个小时降水量79.1毫米,最大冰雹直径15毫米,持续约20分钟;南阳市西峡县极大风速19.9米/秒。共有17万人受灾;近100间房屋倒塌,约600间房屋损坏;农作物受灾面积9600公顷,绝收面积1000公顷;直接经济损失1.1亿元。

(88)7月30日至8月2日,云南省曲靖、昆明、大理、昭通、玉溪、红河、临沧7市(自治州)24个县(市、区)遭受大风、冰雹、暴雨袭击。曲靖市陆良县瞬时最大风速21米/秒,冰雹持续时间10分钟左右,最大冰雹直径5毫米,短时降雨量超过41毫米;大理白族自治州鹤庆县风雹历时15分钟;玉溪市峨山彝族自治县最大冰雹直径12毫米,持续约15分钟;昆明市嵩明县最大冰雹直径10毫米。共计约4万人受灾;烤烟、玉米、水稻等农作物受灾面积4600多公顷,绝收面积1100多公顷;直接经济损失7300多万元。

(89)8月2—3日,甘肃省武威、张掖、酒泉等5市(自治州)8个县(市、区)遭受风雹灾害,其中武威市古浪县冰雹持续时间约15分钟,最大冰雹直径10毫米。共计6400余人受灾;500余间房屋不同程度损坏;直接经济损失1400余万元。古浪县小麦、胡麻、豆类等农作物受灾面积160多公顷。

(90)8月2—4日,湖北省宜昌、襄阳、荆州、随州4市13个县(市、区)遭受暴雨、雷暴、大风、冰雹袭击,最大过程降水量244毫米,最大阵风7~10级。共计10.14万人受灾,2人死亡(雷击致死);农作物受灾面积7320公顷;100余间房屋倒塌,1900多间房屋不同程度损坏;直接经济损失1.6亿元。

(91)8月2日,云南省玉溪、昆明、大理、红河、临沧、曲靖6市(自治州)10个县(市)局地遭受风雹灾害。玉溪市峨山彝族自治县最大冰雹直径12毫米,持续约15分钟;昆明市嵩明县最大冰雹直径10毫米。共计烤烟、玉米、水稻等受灾面积820多公顷,直接经济损失1220多万元。

(92)8月14—16日,云南省昆明、玉溪、保山、临沧、红河、大理、西双版纳等11市(自治州)25个县(市、区)遭受短时强降水、冰雹、大风、雷暴等强对流天气袭击。共计8.9万人受灾,6人死亡;近1000间房屋不同程度损坏;农作物受灾面积8400公顷,绝收面积1500公顷;直接经济损失6600余万元。

(93)8月16日，吉林省白城、松原、长春3市4个县(市)部分乡镇出现短时强降水伴有雷雨大风、冰雹等强对流天气。白城市通榆县风雹历时23分钟，最大冰雹直径15毫米；松原市乾安县风雹持续时间30分钟，最大冰雹直径约40毫米，瞬间最大风力7级；长春市农安县强降雨持续约30分钟，降雨量达30毫米，最大冰雹直径10毫米左右。共造成1.46万人受灾；玉米、谷子、高粱、绿豆等农作物受灾面积6300多公顷，绝收面积1400多公顷；直接经济损失4700多万元。

(94)8月16日，内蒙古自治区赤峰市宁城县、喀喇沁旗、松山区及鄂尔多斯市杭锦旗部分乡镇出现强降水、冰雹及大风天气。宁城县最大冰雹直径20毫米，最长持续时间20多分钟；喀喇沁旗最大冰雹直径30毫米，降雹约5分钟，极大风速16.9米/秒；松山区最大冰雹直径20毫米。共计2.15万人受灾；玉米、高粱、谷子等农作物受灾面积9810公顷，绝收面积3020多公顷；直接经济损失6900多万元。

(95)8月21日，黑龙江省哈尔滨、齐齐哈尔、绥化3市5个县(区)遭受短时强降水和大风、冰雹袭击，哈尔滨市呼兰区2个半小时降雨量48.1毫米，瞬时极大风速23.8米/秒。共计3.9万人受灾；玉米、水稻、大豆等农作物受灾面积1.01万公顷，绝收面积800余公顷；直接经济损失4900余万元。

(96)8月22日，云南省昆明、玉溪、保山、临沧、文山等6市(自治州)7个县(市)遭受雷雨大风、冰雹和短时强降水袭击，昆明市最大风速达16米/秒，文山壮族苗族自治州麻栗坡县1小时最大降水量22.3毫米。共计9500余人受灾，1人死亡；100余间房屋不同程度损坏；玉米、烤烟等农作物受灾面积900余公顷；直接经济损失600余万元。

(97)8月23—24日，新疆阿克苏、喀什、巴音郭楞等4地(自治州)9个县(市)和兵团2个师9个团场遭受大风、暴雨、冰雹袭击。阿拉尔市最大冰雹直径10毫米，持续15～20分钟；阿克苏市最大日降水量52.9毫米，冰雹直径10毫米左右，地面积雹厚度1厘米左右，阵风6～7级。共计3.5万人受灾；棉花、香梨、苹果、红枣、核桃、蔬菜、玉米等受灾面积1.78万公顷，绝收面积3300公顷；直接经济损失超过4亿元。

(98)8月25—27日，云南省昆明、曲靖、玉溪、保山、丽江、大理、临沧等10市(自治州)18个县(市、区)遭受风雹灾害。玉溪市峨山县风雹持续约20分钟，最大冰雹直径10毫米；昆明市禄劝县冰雹持续时间达30分钟。共计11.3万人受灾，1人死亡；100余间房屋不同程度损坏；农作物受灾面积8300公顷，绝收面积1700公顷；直接经济损失7900余万元。

(99)9月4—7日，河北省石家庄、保定、张家口、承德、唐山、衡水等市14个县(市)遭受风雹灾害。石家庄市辛集市风雹持续近半个小时，最大的冰雹有核桃般大小；唐山市玉田县最大冰雹直径24毫米。共有26.2万人受灾；玉米、谷子、油葵、蔬菜、苹果等受灾面积3.02万公顷，绝收面积2300公顷；直接经济损失3.2亿元。

(100)9月5—7日，山东省烟台市牟平区、潍坊市高密市、威海市文登区出现短时强降雨和冰雹、大风等强对流天气，持续时间大约30分钟，最大冰雹直径30～40毫米，极大风速17.3米/秒。风雹灾害导致部分乡镇大量正值成果期的苹果、桃子被打坏，玉米大面积倒伏，蔬菜大棚受损。共计9.9万人受灾；农作物受灾面积1.36万公顷，绝收面积952公顷；直接经济损失4.6亿元。

(101)9月6—8日，内蒙古呼和浩特、赤峰、乌兰察布、兴安等4市(盟)9个县(旗)遭受风雹灾害。赤峰市喀喇沁旗冰雹持续时间15分钟，最大冰雹直径20毫米，地面冰雹厚度2～3厘米；兴安盟突泉县冰雹持续时间30分钟左右，最大冰雹直径约30毫米，小时雨强达到40.6毫米。共计2.9万人受灾；谷子、高粱、杂粮等农作物受灾面积1.23万公顷，绝收面积1900公顷；直接经济损失5300余万元。

(102)9月9—11日，陕西省延安、榆林2市10个县(区)遭受风雹灾害。延安市安塞县风雹持续时间约45分钟，最大冰雹直径30毫米；子长县持续时间30分钟，最大冰雹直径20毫米。共计

4.2万人受灾；400余间房屋不同程度损坏；玉米、荞麦、豆类、果园等受灾面积6800公顷，绝收面积1100公顷；直接经济损失6800余万元。

(103)9月10—11日，内蒙古呼和浩特、包头、鄂尔多斯、赤峰等5市7个县(旗)遭受风雹灾害，鄂尔多斯市鄂托克旗冰雹持续3分钟，最大冰雹直径15毫米。共计2.9万人受灾；农作物受灾面积6900公顷，绝收面积1200公顷；直接经济损失2200余万元。

(104)9月11—12日，山东省济南、淄博、烟台、滨州、日照、潍坊、莱芜、临沂8市13个县(市、区)出现强对流天气过程，部分地区伴有雷电、短时强降水和7～8级阵风，局地冰雹持续近30分钟，最大冰雹直径20～30毫米。冰雹、大风造成即将收获的鸭梨、冬枣、苹果、黄桃等经济作物受灾严重，玉米大面积倒伏，部分蔬菜大棚和房屋倒损。共计有34万人受灾；100余间房屋不同程度损坏；农作物受灾面积3.27万公顷，绝收面积3500公顷；直接经济损失5.6亿元。

(105)10月2日，陕西省延安市吴起县遭受风雹灾害。4300余人受灾；农作物受灾面积近800公顷，绝收面积500余公顷；直接经济损失500余万元。

2.4.3 龙卷

1. 主要特点

(1)发生次数明显偏少

2016年全国有11个省(区、市)23个县(市、区)发生了龙卷(见表2.4.1)。龙卷出现次数较2001—2015平均次数(每年60个县次)明显偏少。

(2)主要发生在夏季和春季

从2016年龙卷的季节分布来看，夏季最多，出现龙卷10县次，占全年总数的43.5%；春季次多，出现7县次，占全年的30.4%；秋季出现6县次，占全年的26.1%；冬季没有出现龙卷。从月际分布来看，4月龙卷最多，发生7县次，占全年30.4%；9月次多，发生6县次，占全年26.1%；6月、7月各发生5县次，分别占全年21.7%；其他月份未发生龙卷。

(3)内蒙古、广东、江苏、江西、海南发生相对较多

从2016年龙卷发生的地区分布来看，江西、广东最多，各有4县次，分别占全国龙卷总数的17.4%；海南、内蒙古次之，各有3个县次，分别占全国龙卷总数的13.0%；江苏、浙江居第三位，各有2个县次，占全国龙卷总数的8.7%。

表2.4.1 2016年龙卷简表

Table 2.4.1 List of major tornado events over China in 2016

发生时间	发生地点	发生时间	发生地点
4月3日	江西省上饶市鄱阳县	7月22日	河南省三门峡市陕州区
4月10日	广西桂林市恭城县	7月25日	吉林省辽源市西安区
4月16日	江西省吉安市青原区、泰和县、吉水县	7月28日	海南省儋州市
4月24日	广东省汕头市潮阳区	7月30日	内蒙古赤峰市宁城县
4月26日	广东省清远市佛冈县	9月4日	海南省万宁市
6月5日	海南省文昌市	9月7日	广东省湛江市霞山区
6月18日	天津市滨海新区	9月15日	浙江省宁波市宁海县
6月23日	江苏省盐城市阜宁县、射阳县	9月24日	内蒙古兴安盟科右中旗、通辽市库伦旗
6月27日	广东省江门市台山市	9月28日	浙江省宁波市余姚市
7月19日	山东省菏泽市成武县		

2.部分龙卷及飑线灾害事例

(1)4月10日00时56分至01时44分，强对流飑线横扫广西壮族自治区桂林市恭城瑶族自治县全境，沿途出现了强降水、大风、雷电现象，恭城镇、平安乡、莲花镇一带还出现了短时龙卷，恭城县气象站观测到的本站最大风速为24.3米/秒(9级)，创下新的最大风速历史记录；全县9个乡镇15个自动气象站中，有1站达到暴雨，9站达到大雨，龙虎乡雨量最大，为58.1毫米。这次灾害性天气过程造成恭城县受灾人口2.6万人；倒塌房屋12户29间，损毁房屋250户549间；农作物(含经济作物、粮食作物、水果)受灾面积279公顷；受灾大棚91处；受灾牲畜栏舍5间，牲畜损失40多头，家禽损失1800余羽；道路塌方7处，公路沿线被风吹倒树木180株；直接经济损失2800万元，农业经济1156万元。

(2) 4月16日上午，江西省吉安市普降暴雨，青原区新圩镇、东固乡，泰和县万合镇、沿溪镇、橙江镇，吉水县水南镇局地还出现龙卷。青原区新圩镇受灾害较为严重，全镇砖木结构房屋倒塌50余栋，500多栋不同程度受损，1名50岁妇女在工棚中被压，造成二肋骨骨折，水淹良田130多公顷，树木损毁3000多棵；泰和县多个乡镇电力损失严重，有150多根电线杆倒塌，2万多户7万多群众断电，企业厂房被风吹毁受损；吉水县水南中学多棵大树被风刮倒折断，甚至篮球架也被风吹倒。

(3)4月24日16时35分许，广东省汕头市潮阳区金灶镇突发龙卷，阳美、何厝、石鼓3个村共有545间房屋受损，7人受伤，涉及人数1840多人，402户。阳美村受损房屋283间，伤4人；何厝村67间房屋受损，2000多平方米临设的铝合金罩被龙卷吹走，2人受伤；石鼓村受损房屋195间，伤1人。

(4)4月26日11时36分左右，广东省清远市佛冈县水头镇出现短时雷雨大风和龙卷，致使几个村庄、企业、公共设施遭受了不同程度的影响，镇辖区内的清远成昌彩印包装有限公司、佛冈县长大新型墙体材料有限公司受灾比较严重，部分厂房倒塌，简易工棚多处被吹翻，龙牙寺简易板房屋顶被吹翻。据统计，受龙卷影响，直接经济损失约300万元，1人轻伤。

(5)6月5日15时20分左右，海南省文昌市锦山镇和冯坡镇遭受龙卷突袭。共造成171户749人受灾，1人死亡，11人受伤；倒塌房屋37间，损坏房屋152间；直接经济损失1000余万元。

(6)6月23日下午，江苏省盐城市阜宁县、射阳县遭受强雷电、暴雨、冰雹、龙卷等强对流天气袭击。阜宁县观测站1小时降雨量达47.6毫米；县城城北、陈集一带出现冰雹，冰雹直径20～50毫米；县城西南方向宽约2千米、东西长约15千米范围内出现10级以上大风并持续20分钟左右，新沟镇极大风力达12级(34.6米/秒)。射阳县区域站记录累计最大降水量152.8毫米(千秋)；海河镇烈士村、陡岗村、陈洋居委会发生龙卷；海河镇沙东村、小沙村、射阳港、射阳盐场、陈洋居委会、耦耕居委会出现冰雹。此次龙卷、冰雹特别重大灾害，共造成99人死亡(其中阜宁县98人，射阳县1人)，846人受伤，2.69万人紧急转移安置；2093户6049间房屋倒塌，6800户2.45万间房屋不同程度受损。此外，水电路等基础设施严重受损，工农业生产、旅游景区均遭受重大损失。据反映，仅阜宁县直接经济损失就超过43.7亿元。

(7)7月19日18时40分左右，山东省菏泽市成武县伯乐集镇遭受龙卷袭击。李庄、西邵庄、郭楼、崇福集、杨楼5个行政村受灾，受灾人口1600人；农作物倒伏面积130多公顷；毁坏蔬菜大棚40多个，房屋6间；倒断电线杆60余根，树木3000余棵；直接经济损失500万元。

(8)7月22日，河南省三门峡市陕州区出现龙卷，持续时间25分钟，瞬间风力达9级。大风造成住宅、塑料大棚受损，农作物玉米、烟叶、芝麻倒伏或冲毁，果树部分果实掉落。

(9)7月25日16时30分左右，吉林省辽源市西安区伊辽高速公路辽源收费站附近出现弱龙卷，受影响区域约300米长、100米宽。造成收费口铁栏杆和一个岗亭被刮翻，电子显示屏受损，供电系统中断，旁边玉米地出现倒伏。

(10)7月30日15时35—48分，内蒙古自治区赤峰市宁城县忙农镇东洼子村出现龙卷天气。距此地约10千米处必斯营子自动站15时36分极大风速15.8米/秒、大明自动站15时47分极大风速17.4米/秒，15—16时小时雨量64.4毫米。龙卷导致大树被连根拔起或被拦腰折断，房屋被损坏，院墙倒塌，电力中断。据统计，受灾人口850人，农作物受灾面积253公顷，刮到树木1700余棵，损坏房屋390间，通信线路损坏2600米，直接经济损失340万元。

(11)9月4日13时10分左右，海南省万宁市万城镇东星村委会下坡村第六小队遭受龙卷袭击。经现场调查评估，龙卷最强风速29～32米/秒，触地时间小于1分钟，半径100米左右，经过路径大约200米，受灾程度为轻度。经市民政局统计，共有182人受灾，25间房屋受损，直接经济损失约60万元。

(12)9月15日16时，浙江省宁波市宁海县桥头胡街道铜岭王村出现龙卷。短短几分钟内，狂风掀翻屋顶瓦片，致使全村46户95间房屋不同程度受损，2间废弃仓库坍塌。

(13)9月24日16时20分左右，内蒙古自治区兴安盟科右中旗、通辽市库伦旗局部地区先后遭受龙卷袭击，并伴有雷电、短时强降雨、冰雹，科右中旗龙卷风力10级以上，库伦旗龙卷影响范围宽约600米、长约50千米。共计7400余人受灾，26人受伤，300余人紧急转移安置；300余间房屋(蒙古包)不同程度损坏；农作物受灾面积1200公顷，绝收面积500余公顷；直接经济损失近3100万元。

(14)9月28日12时30分左右，浙江省宁波市余姚市阳明西路到西站附近出现龙卷，造成部分房屋、车辆损毁，广告牌掀翻。

2.5 沙尘暴

2.5.1 基本概况

2016年，我国共出现了10次沙尘天气过程(表2.5.1)，8次出现在春季(3—5月)。2016年春季我国北方沙尘过程次数较常年同期偏少，沙尘暴次数为2000年以来同期第四少值；沙尘首发时间接近常年，较2015年偏早3天；春季北方沙尘日数较常年同期明显偏少，为1961年以来同期第三少值。

表2.5.1 2016年我国主要沙尘天气过程纪要表(中央气象台提供)

Table 2.5.1 List of major sand and dust storm events and associated disasters over China in 2016 (provided by Central Meteorological Observatory)

序号	起止时间	过程类型	主要影响系统	影响范围
1	2月18—19日	扬沙	地面冷锋、蒙古气旋	新疆南部、内蒙古中西部、甘肃、宁夏、青海等地出现扬沙或浮尘天气，青海西部局地出现沙尘暴
2	3月3—4日	沙尘暴	地面冷锋、蒙古气旋	新疆南部、内蒙古中西部、青海、甘肃、宁夏、陕西北部、山西北部等地出现扬沙或沙尘暴，新疆淖毛湖和内蒙古海都拉、二连浩特等地出现强沙尘暴
3	3月17日	扬沙	地面冷锋、蒙古气旋	内蒙古东南部、吉林西部、辽宁西部等地出现扬沙，内蒙古中西部、新疆南疆盆地、甘肃西部等地出现浮尘
4	3月31日至4月1日	扬沙	地面冷锋、蒙古气旋	内蒙古中西部、辽宁西部、吉林西部、新疆南疆盆地、华北中北部等地出现扬沙，内蒙古中部局地出现沙尘暴

续表

序号	起止时间	过程类型	主要影响系统	影响范围
5	4 月 15 日	扬沙	地面冷锋、蒙古气旋	内蒙古中部、吉林西部等地出现扬沙天气
6	4 月 21—22 日	扬沙	地面冷锋、蒙古气旋	内蒙古中部、吉林西部出现扬沙，辽宁南部、北京东北部等地出现浮尘
7	4 月 30 日—5 月 1 日	沙尘暴	地面冷锋、蒙古气旋	内蒙古中西部、新疆南疆盆地、青海、甘肃中东部、宁夏、陕西中北部等地出现扬沙，局地沙尘暴，新疆莎车、塔中、库车、且末、若羌，青海冷湖、都兰出现强沙尘暴
8	5 月 5—6 日	扬沙	地面冷锋、蒙古气旋	内蒙古中部、华北北部、新疆南疆盆地等地出现扬沙，内蒙古二连浩特、新疆民丰出现沙尘暴
9	5 月 10—11 日	强沙尘暴	地面冷锋、蒙古气旋	新疆南疆盆地、内蒙古中部、宁夏北部、辽宁西部、吉林西部等地出现扬沙或浮尘天气，新疆南疆盆地局地出现强沙尘暴
10	11 月 9—10 日	扬沙	地面冷锋、蒙古气旋	青海西北部、内蒙古西部、甘肃中西部、宁夏南部等地出现扬沙或浮尘天气，内蒙古阿拉善右旗、甘肃民勤出现沙尘暴

2.5.2 2016 年我国北方沙尘天气主要特征和过程

1. 春季沙尘过程次数较常年同期明显偏少，沙尘暴次数为 2000 年以来第四少值

2016 年春季(3—5 月)，我国共出现 8 次沙尘天气过程(5 次扬沙，2 次沙尘暴，1 次强沙尘暴)，较常年同期(17 次)明显偏少，也少于 2000—2015 年同期平均次数(11.6 次)(表 2.5.2)。其中，沙尘暴和强沙尘暴过程有 3 次，较 2000—2015 年同期平均次数(6.6 次)偏少 3.6 次，较 2015 年同期偏多 1 次，为 2000 年以来第四少值(图 2.5.1)。8 次沙尘天气过程中有 3 次出现在 3 月，3 次出现在 4 月，2 次出现在 5 月，具有前多后少的出现特点(表 2.5.2)。

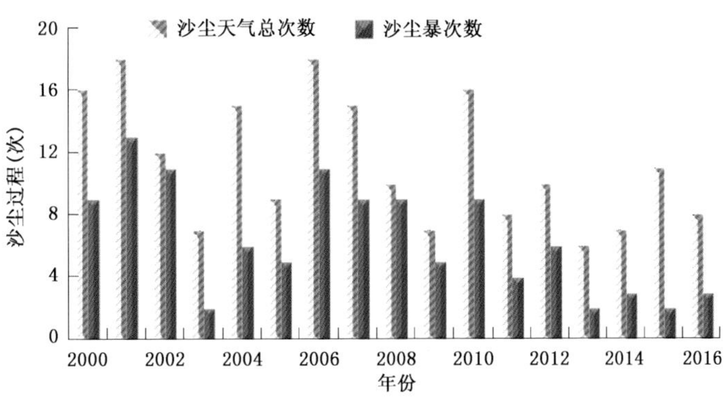

图 2.5.1 春季中国沙尘天气过程次数及沙尘暴过程次数历年变化

Fig. 2.5.1 Frequency of sand and dust storm events over China in spring during 2000—2016

表 2.5.2 2000—2016 年春季(3—5 月)及各月我国沙尘天气过程统计

Table 2.5.2 Statistics of sand and dust storm events in spring (from March to May) during 2000－2016

时间	3 月	4 月	5 月	总计
2000 年	3	8	5	16
2001 年	7	8	3	18
2002 年	6	6	0	12
2003 年	0	4	3	7
2004 年	7	4	4	15
2005 年	1	6	2	9
2006 年	5	7	6	18
2007 年	4	5	6	15
2008 年	4	1	5	10
2009 年	3	3	1	7
2010 年	8	5	3	16
2011 年	3	4	1	8
2012 年	2	6	2	10
2013 年	3	2	1	6
2014 年	2	3	2	7
2015 年	5	3	3	11
2016 年	3	3	2	8
2000—2015 年平均	3.9	4.7	2.9	11.6

2. 沙尘首发时间接近常年同期

2016 年我国首次沙尘天气过程发生时间为 2 月 18 日，与 2000—2015 年平均首发时间(2 月 15 日)接近，较 2015 年(2 月 21 日)偏早 3 天(表 2.5.3)。

表 2.5.3 2000 年以来历年沙尘天气最早发生时间

Table 2.5.3 The earliest beginning date of sand and dust storms during 2000－2016

年份	最早发生时间	年份	最早发生时间
2000	1 月 1 日	2009	2 月 19 日
2001	1 月 1 日	2010	3 月 8 日
2002	3 月 1 日	2011	3 月 12 日
2003	1 月 20 日	2012	3 月 20 日
2004	2 月 3 日	2013	2 月 24 日
2005	2 月 21 日	2014	3 月 19 日
2006	2 月 20 日	2015	2 月 21 日
2007	1 月 26 日	2016	2 月 18 日
2008	2 月 11 日		

3. 沙尘日数偏少，为 1961 年以来同期第三少值

2016 年春季，我国北方平均沙尘日数为 2.4 天，较常年（1981—2010 年）同期（5.1 天）偏少 2.7 天，比 2000—2015 年同期（3.6 天）偏少 1.2 天，为 1961 年以来历史同期第三少值（图 2.5.2）。平均沙尘暴日数为 0.3 天，分别比常年同期（1.1 天）和 2000—2015 年同期（0.7）偏少 0.8 天和 0.4 天，为 1961 年以来历史同期第一少值（图 2.5.3）。

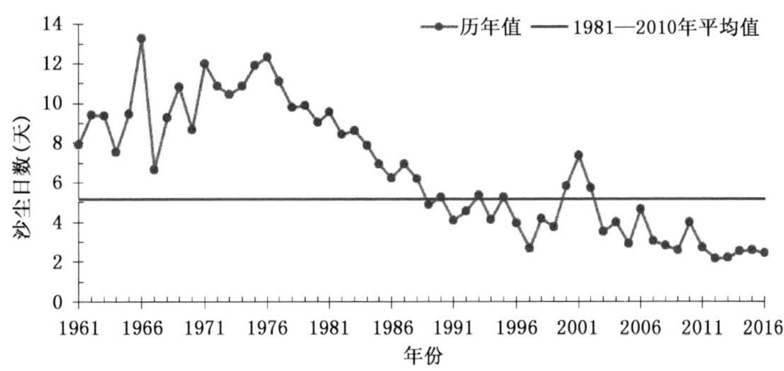

图 2.5.2 春季（3—5 月）中国北方沙尘（扬沙以上）日数历年变化（1961—2016 年）

Fig. 2.5.2 Annual variation of sand and dust (sand-blowing, sandstorm, strong sandstorm) days over northern China in spring during 1961—2016

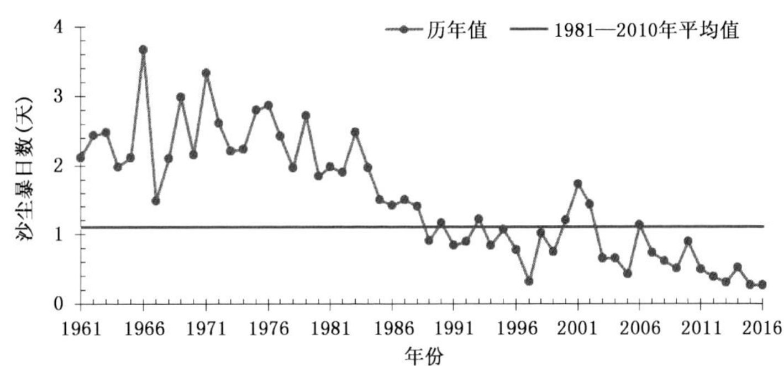

图 2.5.3 春季（3—5 月）中国北方沙尘暴日数历年变化（1961—2016 年）

Fig. 2.5.3 Annual variation of sandstorm days over northern China in spring during 1961—2016

从分布来看，2016 年春季沙尘天气范围主要集中于新疆南部、甘肃西部、宁夏北部、内蒙古大部、青海西北部、吉林西部、辽宁西北部等地，上述大部地区沙尘日数在 3 天以上，南疆盆地及青海西北部、内蒙古西部和中部、吉林西南部等地沙尘日数一般有 5～15 天，新疆、内蒙古部分地区在 15 天以上（图 2.5.4）。与常年同期相比，除新疆中部、内蒙古中部、吉林南部、辽宁东北部等地沙尘日数偏多外，北方大部地区沙尘日数偏少，新疆西南部、内蒙古西部、甘肃北部、宁夏东北部、陕西西北部等地偏少 5～10 天，部分地区偏少 10 天以上（图 2.5.5）。

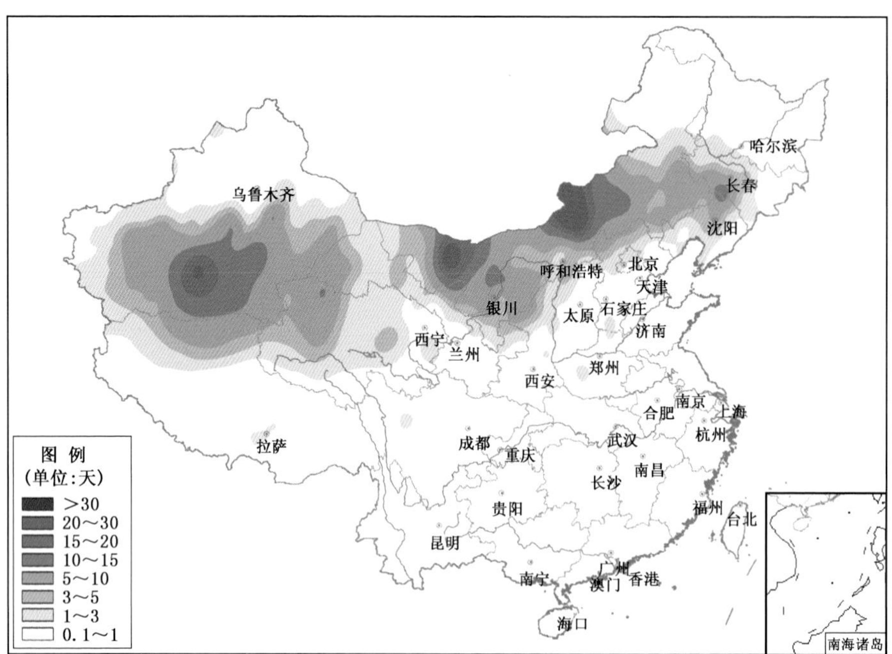

图 2.5.4 2016 年全国春季沙尘日数分布

Fig. 2.5.4 Distributions of the sand and dust (sand-blowing, sandstorm, strong sandstorm) days over China in spring in 2016(unit: d)

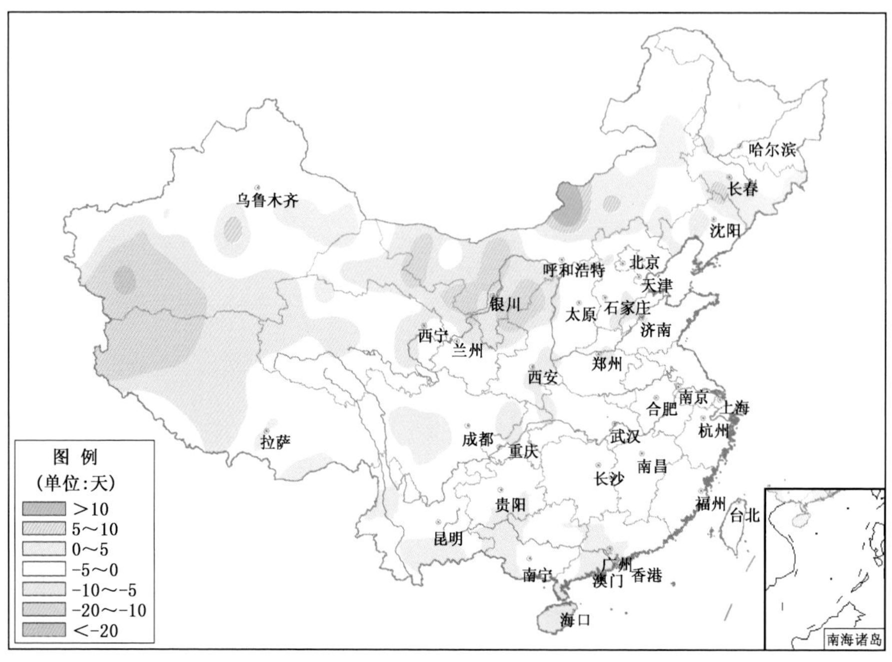

图 2.5.5 2016 年春季全国沙尘日数距平分布

Fig. 2.5.5 Distributions of anomaly of sand and dust (sand-blowing, sandstorm, strong sandstorm) days over China in spring in 2016(unit: d)

2.5.3 沙尘天气影响

2016 年沙尘天气的影响总体偏轻。5 月 10—11 日的沙尘暴天气过程是 2016 年强度最强的一次。此次沙尘天气过程，新疆南疆盆地、内蒙古中部、宁夏北部、辽宁西部、吉林西部等地出现扬沙或浮尘天气，新疆南疆盆地局地出现强沙尘暴。

3 月 3—4 日，受冷空气南下影响，西北地区、内蒙古等地出现扬沙或浮尘天气，并出现 4～6 级偏北风，局地 7～8 级，局部地区出现沙尘暴。新疆淖毛湖，内蒙古海都拉、二连浩特等地出现了强沙尘暴。此次过程给当地居民生产生活、出行及道路交通安全带来较大影响。

4 月 30 日至 5 月 1 日，内蒙古中西部、新疆南疆盆地、青海、甘肃中东部、宁夏、陕西中北部等地出现扬沙，局地沙尘暴，新疆莎车、塔中、库车、且末、若羌，青海冷湖、都兰出现强沙尘暴。

2.6 低温冷冻害和雪灾

2.6.1 基本概况

2016 年，全国平均霜冻日数 112.4 天，较常年偏少约 9.2 天(图 2.6.1)；全国平均降雪日数为 10.7 天，比常年偏少 15.5 天，为 1961 年以来第三少值，仅次于 2014 年和 2015 年(图 2.6.2)。2016 年，全国因低温冷冻害和雪灾共造成 12 人死亡(失踪)；农业受灾面积 288.5 万公顷，绝收面积 17.3 万公顷；直接经济损失 178.6 亿元。与 2010—2015 年平均值相比，死亡人口、受灾面积、经济损失均偏少。总体而言，2016 年属低温冷冻害及雪灾偏轻年份。

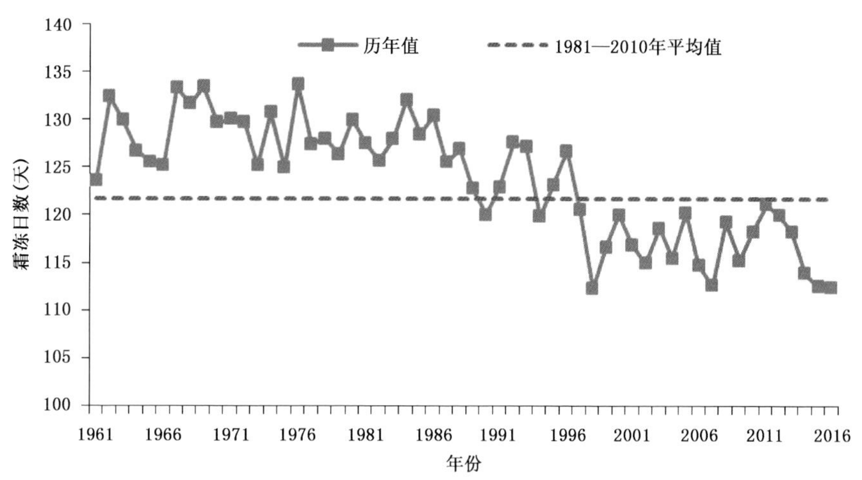

图 2.6.1 1961—2016 年全国平均霜冻日数历年变化
Fig. 2.6.1 Annual frost days over China during 1961－2016

2016 年，我国主要低温冷冻害和雪灾事件有：1 月下旬，我国大部地区遭受寒潮袭击，南方出现雨雪冰冻天气；2 月上旬寒潮影响我国大部地区，对春运造成不利影响；2 月下旬四川部分地区遭受雪灾；3 月上旬寒潮影响我国中东部地区，局地遭受低温冷冻和雪灾；11 月中旬新疆北部发生雪灾；11 月下旬我国中东部遭受寒潮袭击；12 月北方部分地区出现强降雪天气(表 2.6.1)。

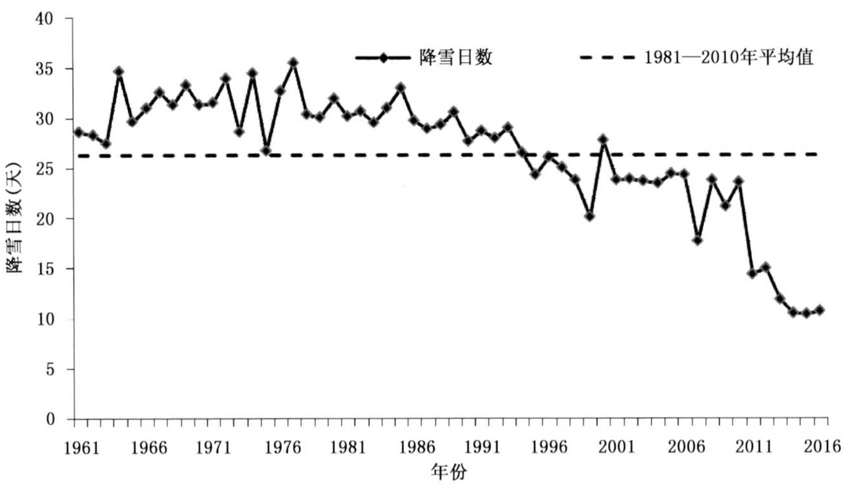

图 2.6.2 1961—2016 年全国平均降雪日数历年变化
Fig. 2.6.2 Annual snowfall days over China during 1961—2016

表 2.6.1 2016 年全国主要低温冷冻害和雪灾事件简表

Table 2.6.1 List of major low-temperature, frost and snowstorm events over China in 2016

时间	影响地区	灾害概况
1 月 21—25 日	西北地区东部、华北、黄淮、江淮东部、江南东部、华南南部及云南东部等地	寒潮和雨雪冰冻天气给南方地区的交通、电力、农业和人体健康等造成较大影响。江苏、浙江、安徽、福建、江西、湖北、湖南、广东、广西、重庆、四川、贵州、云南等 13 省(区、市)不同程度遭受寒冻害和雪灾,共有 946.6 万人受灾,农作物受灾面积约 107.1 万公顷,直接经济损失 103.8 亿元
2 月 11—15 日	中东部大部分地区	寒潮带来的大风、降温和雨雪天气给春运正常运行带来不利影响。河北、山东、山西、内蒙古、重庆、甘肃等地高速公路部分路段临时封闭或通行受阻;大连、沈阳、烟台等地部分航班延误或取消
2 月 21—27 日	江南大部、四川中部、云南大部 、贵州东部、西藏东南部	受持续降水影响,四川省雅安、甘孜遭受雪灾。暴雪导致供电中断、农作物受灾,部分种植大棚垮塌和农房倒损
3 月 8—11 日	中东部地区	重庆秀山土家族苗族自治县遭受雪灾,3.2 万人受灾,农作物受灾面积 2400 公顷;贵州遵义市遭受低温冷冻和雪灾,1.3 万人受灾,农作物受灾面积 3100 公顷,直接经济损失 2500 万元;山东泰安市岱岳区遭受的低温冷冻灾害造成 5.7 万人受灾,农作物受灾面积 2900 公顷,直接经济损失 1.3 亿元;湖北、甘肃局地遭受低温冷冻灾害,造成 4.5 万人受灾,农作物受灾面积 6500 公顷,直接经济损失 5300 万元
11 月 10—18 日	新疆北部	部分高速公路全线封闭;滞困人员达千余人、机动车 300 余辆;阿勒泰吉木乃 16 万头(只)未转场的牲畜陷入困境;受灾人口 8400 余人,紧急转移安置约 100 人;损坏房屋约 900 间;农作物受灾 600 公顷;直接经济损失 2500 万元

续表

时间	影响地区	灾害概况
11 月 19—24 日	中东部地区	降雪给部分地区交通运输、居民生活、农业生产等带来不利影响。河南、陕西、山东等地多条高速公路封闭;西安铁路局有 29 趟高铁列车停运,多趟高铁晚点;郑州新郑机场关闭,取消航班 121 架次。由于雪天路滑,造成多人摔伤,郑州 120 急救中心出诊量猛增 1 倍,中小学停课 1 天;江淮、江汉及河南等地部分设施棚膜被雪压塌损毁
12 月	北方地区	风吹雪造成 3015 国道车辆滞困;延吉市发往各县市的客运班线全部停运,延吉机场临时关闭

2.6.2 主要低温冷冻害和雪灾事件

1. 1 月下旬,我国大部地区遭受寒潮袭击,南方出现雨雪冰冻天气

1 月 21—25 日,我国大部地区遭受寒潮天气袭击,西北地区东部、华北、黄淮、江淮东部、江南东部、华南南部及云南东部等地部分地区最大降温幅度达 12～18℃,局部超过 18℃。华北中南部、黄淮最低气温达－20～－10℃,江淮、江南、华南北部及四川盆地、云南东部达－12～－1℃,最低气温 0℃线南压到华南中部一带,偏南位置历史少见。云南沾益(连续降温 16.2℃)和海南乐东(连续降温 14.6℃)等 22 站连续降温幅度突破历史记录。河北唐山(降温 15.3℃)、云南富源(降温 13.7℃)等 8 站日降温幅度突破历史极值。华北、黄淮、江南、华南及四川等地共有 233 站最低气温跌破当地建站以来 1 月份历史极值,82 站日最低气温突破历史记录。内蒙古额尔古纳市 22 日最低气温达到－46.8℃,跌破历史最低气温(－46.2℃)记录。北京城区 23 日最高气温仅有－13℃,为近 30 年来同期最低值。

伴随此次强降温过程,南方地区还出现了雨雪冰冻天气。贵州中南部、湖南中部部分地区及福建中部局地出现冻雨;湖北南部、安徽南部、江苏南部、浙江、江西中北部、福建西北部、湖南中北部、贵州北部等地出现大到暴雪、局地大暴雪,最大积雪深度一般有 2～10 厘米,安徽南部、浙江北部等地部分地区达 15～20 厘米、局地达 20～40 厘米,雪线南压至珠三角和广西南部一带,为 1951 年有气象记录以来最南端;广西南部、广东珠江三角洲和南部部分市县出现历史罕见的雨夹雪或霰,广西贵港城区、玉林、凭祥出现有气象记录以来首次雨夹雪或雪,南宁城区为 41 年来(1975 年以来)首次降雪;广州城区出现有气象记录以来第一次降雪。贵州大部及四川、云南、湖南、江西、福建等局部地区出现电线结冰,贵州中部地区电线结冰直径有 27～36 毫米,四川峨眉山 50 毫米,湖南南岳 100 毫米,福建九仙山 180 毫米。

此次寒潮和雨雪冰冻天气给我国南方地区的交通、电力、农业和人体健康等造成较大影响。江苏、浙江、安徽、福建、江西、湖北、湖南、广东、广西、重庆、四川、贵州、云南等 13 省(区、市)不同程度遭受寒冻害和雪灾,共有 946.6 万人受灾,农作物受灾面积约 107.1 万公顷,直接经济损失 103.8 亿元,广东、云南、浙江受灾较重。

2. 2 月上旬,寒潮袭击我国大部地区,对春运造成不利影响

2 月 11—15 日,寒潮袭击我国中东部大部分地区,除青藏高原大部及云南外,全国大部分地区过程最大降温幅度普遍有 8～16℃,东北大部、华北北部、西北地区东北部、江淮、江南、华南中部和北部及贵州等地降温幅度在 16℃以上,内蒙古中部、湖南东南部、江西中部和南部、辽宁西北部、安徽东南部、贵州中西部等地超过 20℃。我国东北东南部、华北东部、江淮、黄淮、江汉及江南地区等地降水(雪)量在 10 毫米以上,山东半岛、湖北东部、湖南东部、安徽南部、江西大部、福建东部等地降水(雪)量为25～50毫米。

受此次寒潮影响,降温幅度8℃以上的面积占国土面积75%,影响12.0亿人,降温幅度超过16℃的面积约占国土面积30%,影响5.3亿人。最大风力5级以上的面积占国土面积48%,影响5.9亿人。

此次寒潮带来的大风、降温和雨雪天气给春运正常运行带来不利影响。河北、山东、山西、内蒙古、重庆、甘肃等地高速公路部分路段临时封闭或通行受阻;大连、沈阳、烟台等地部分航班延误或取消。

3. 2月下旬,四川中西部地区遭受雪灾

2月21—27日,江南大部、四川中部、云南大部、贵州东部、西藏东南部等地降水量一般有10～50毫米,局地在50毫米以上。受持续降水影响,四川省雅安、甘孜遭受雪灾,暴雪导致供电中断、农作物受灾,部分种植大棚垮塌和农房倒损;云南省贡山县遭受洪涝灾害,部分乡镇引发了泥石流、滑坡、塌方等灾害,对电力、交通、水利、通信设施造成了不同程度的破坏。

4. 3月上旬,寒潮影响我国中东部地区,局地遭受低温冷冻和雪灾

3月8—11日,受强冷空气影响,我国中东部大部地区先后出现4～10℃降温,南方大部降温幅度有10～14℃,江南大部、华南北部及贵州大部等地有14～20℃。我国长江中下游及以南大部地区的降水量在25毫米以上,重庆、湖南中部、湖北东南部、江西中北部、福建中部、浙江西部、安徽南部、广东东南部等地的降水(雪)量为50～100毫米。

受寒潮和雨雪天气影响,重庆秀山土家族苗族自治县遭受雪灾,3.2万人受灾,农作物受灾面积2400公顷;贵州遵义市遭受低温冷冻和雪灾,1.3万人受灾,农作物受灾面积3100公顷,直接经济损失2500万元;山东泰安市岱岳区遭受的低温冷冻灾害造成5.7万人受灾,农作物受灾面积2900公顷,直接经济损失1.3亿元;湖北、甘肃局地遭受低温冷冻灾害,造成4.5万人受灾,农作物受灾面积6500公顷,直接经济损失5300万元。

5. 5月12—14日我国北方经历强冷空气过程

5月12—14日我国北方出现了一次强冷空气过程,大部地区降温幅度8～10℃,黑龙江北部、内蒙古中东部、山西、甘肃、新疆南部等地局地降温超过12℃。内蒙古东北部、河北北部、西北地区东部等地的最低气温降到了0℃以下。东北大部、华北、西北大部地区的平均气温较常年偏低2～4℃,山西西部、陕西北部、甘肃东部等地较常年偏低4℃以上。受其影响,山西31县市出现寒潮天气,导致部分农作物和经济林幼果受冻。5月11—15日,内蒙古鄂尔多斯市鄂托克前旗出现霜冻,造成6657户、7466人受灾,农作物受灾面积2730公顷,直接经济损失980万元。5月甘肃省有5次较强冷空气过程,42县出现强降温,均为1961年以来最多值;5月有18县出现寒潮,为1995年以来最多值。

6. 11月中旬,新疆北部发生雪灾

11月10—18日,新疆塔城、阿勒泰、伊犁河谷、昌吉州东部等地出现持续性强降雪过程。塔城、阿勒泰地区平均降雪量均在40毫米以上,塔城裕民县降雪量77.7毫米、塔城市降雪量60.3毫米,两站累积降雪量均突破当地11月历史同期极值;塔城北部、阿勒泰大部积雪深度达20厘米以上,最大积雪出现在阿勒泰东部青河县(67厘米)。阿勒泰青河县降雪持续时间达107小时、富蕴县89小时;塔城裕民县37小时、塔城市45小时;昌吉州北塔山44小时。最大日降水量青河(29.3毫米)、裕民(36.3毫米)、霍尔果斯(26.3毫米)、尼勒克(26.6毫米)、巩留(20.3毫米),均居当地11月历史同期第一位;霍城(30.6毫米)、伊宁县(27.1毫米)居当地11月历史同期第二位。

此次强降雪造成部分高速公路全线封闭;滞留人员达千余人、机动车300余辆;阿勒泰吉木乃16万头(只)未转场的牲畜陷入困境;受灾人口8400余人,紧急转移安置约100人;损坏房屋约900

间；农作物受灾面积 600 公顷；直接经济损失 2500 万元。

7. 11 月下旬，中东部遭受寒潮袭击

11 月 19—24 日，我国中东部地区遭受寒潮袭击。除青藏高原和西南地区西部和南部外，我国其余大部地区出现 6℃以上降温，东北东南部、华北北部、西北东北部、黄淮南部、江淮、江南大部及两广北部、内蒙古中部等地降温幅度超过 16℃，陕西定边降温幅度最大，达 26.1℃。东北、华北北部、西北东北部及内蒙古等地最低气温降至－12℃以下，华北南部、黄淮、江淮大部最低气温－12～－4℃，最低气温 0℃线南压至长江沿线；河南、湖北等地 30 多个县市最低气温为当地 11 月历史最小值。

受寒潮天气影响，11 月 19 日开始，东北、华北至江南北部自北向南先后出现降雪或雨夹雪天气，河南中部、陕西关中、安徽中部及河北北部等地出现暴雪。河北北部、北京、天津、河南、江苏和安徽中北部、湖北北部、陕西关中等地降水量有 10～25 毫米，河南中部、安徽中部达 30～40 毫米。河北北部、河南中部、安徽沿淮大部地区、陕西关中东部等地积雪深度有 10～25 厘米。

此次寒潮降雪天气对中东部地区土壤增墒及冬小麦抗寒锻炼、降低病虫越冬基数较为有利，但降雪给部分地区交通运输、居民生活、农业生产等带来不利影响。河南、陕西、山东等地多条高速公路封闭；西安铁路局有 29 趟高铁列车停运，郑西高铁部分区段限速行驶，多趟高铁晚点；郑州新郑机场关闭，取消航班 121 架次。由于雪天路滑，造成多人摔伤，郑州 120 急救中心出诊量猛增 1 倍；23 日，郑州全市中小学和幼儿园停课一天。江淮、江汉及河南等地部分设施棚膜被雪压塌损毁，江淮、江汉部分农田土壤过湿现象加重，对水稻、棉花等作物的收获扫尾和秋种进程有一定影响。

8. 12 月，我国北方部分地区遭受雪灾

12 月 3—13 日，受冷空气影响，东北、华北北部和西部以及内蒙古中东部、新疆北部等地出现降雪天气，东北大部及内蒙古中东部、山西中部、新疆北部降雪日数有 3～10 天，新疆北部分地区超过 10 天。新疆阿勒泰、塔城等地普遍出现小到中雪，局地大雪或暴雪，哈巴河 8 日 14 时积雪深度达 42 厘米，打破 12 月积雪深度极值纪录；7 日晚，玛依塔斯风区遭到大风袭击，风力 8 级，能见度不足 5 米，风吹雪造成 3015 国道车辆滞困。21—22 日，吉林省有 9 县市出现暴雪，6 县市出现大雪，地处中、俄、朝三国交界处的吉林省延边州受降雪影响最大，22 日延吉市发往各县市的客运班线全部停运，延吉机场也临时采取关闭措施。

2.7 雾和霾

2016 年，我国雾主要分布在华北中南部、黄淮中部和南部、江淮北部、江南以及福建北部、四川东南部、重庆、广东、辽宁东部、北疆等地；霾主要分布在吉林中部、辽宁中部、北京、天津、山西南部、河北南部、陕西中部、河南、山东中部和西部、江苏、安徽北部、湖北中北部等地。全年共出现 8 次大范围的雾和霾天气过程，雾和霾天气对交通运输、人体健康产生较大影响。

2.7.1 基本概况

2016 年，我国雾主要出现在 100°E 以东地区，中东部地区及新疆北部雾日数一般有 10～50 天，重庆东南部和西部、四川东南部、云南西南部、湖南中东部、安徽东南部、江苏中东部、浙江西北部、福建北部、广东西部、北疆东部地区等地在 50 天以上(图 2.7.1)。

2016 年，我国 100°E 以东地区平均雾日数 26.7 天，较常年偏多 4.2 天(图 2.7.2)。2016 年雾多发月份为 1 月、11 和 12 月，分别占全年雾日数的 14%、17%和 19%(图 2.7.3)。

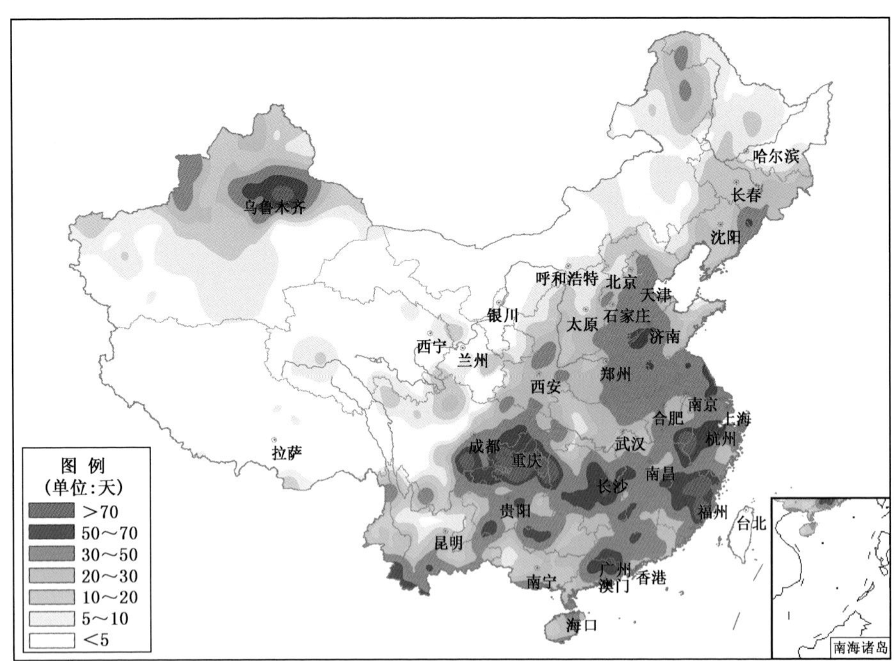

图 2.7.1　2016 年全国雾日数分布

Fig. 2.7.1　Distribution of fog days over China in 2016 (unit:d)

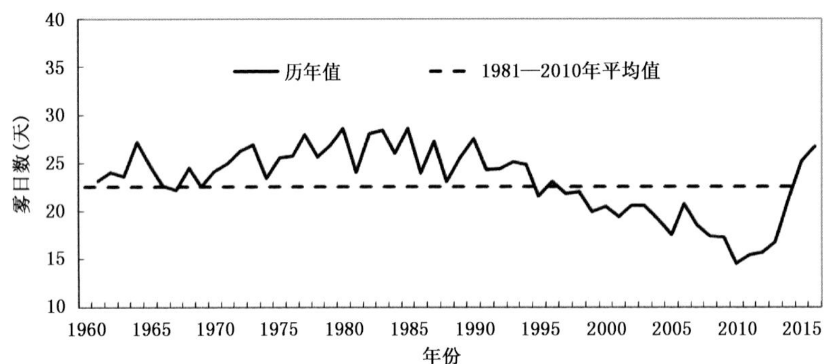

图 2.7.2　1961—2016 年中国 100°E 以东地区平均年雾日数历年变化

Fig. 2.7.2　Annual variation of area averaged fog days in the area east of 100°E of China during 1961—2016 (unit: d)

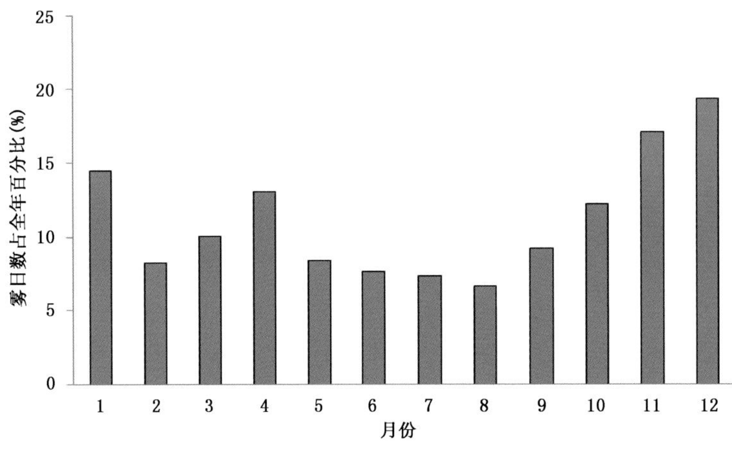

图 2.7.3　2016 年中国各月雾日数占全年百分比

Fig. 2.7.3　Monthly percentage distribution of fog days over China in 2016 (unit:%)

2016 年,我国中东部地区霾日数普遍有 20～50 天,黑龙江中南部、吉林中南部、辽宁中部、北京、天津、山西南部、河北南部、陕西中部、河南、山东中部和西部、江苏、安徽北部、湖北中北部等地有 50～70 天,局地超过 70 天(图 2.7.4)。

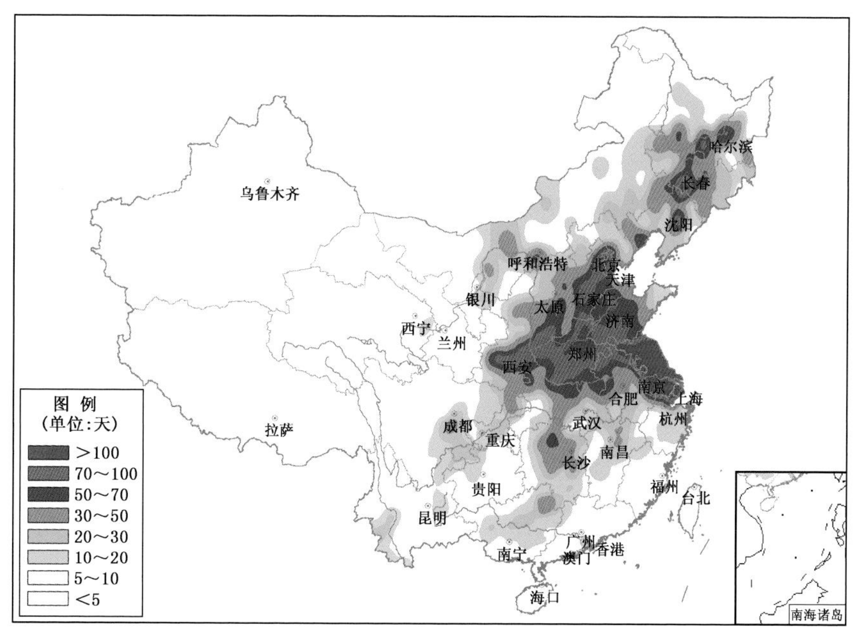

图 2.7.4　2016 年全国霾日数分布

Fig. 2.7.4　Distribution of haze days over China in 2016(unit:d)

2016 年,我国 100°E 以东地区平均霾日数为 22.8 天,比常年偏多 13.9 天(图 2.7.5)。2016 年我国霾多发月份为 1—3 月和 11—12 月,这 5 个月的霾日数占全年的 73%,1 月最多、3 月次多、12 月位列第三位(图 2.7.6)。

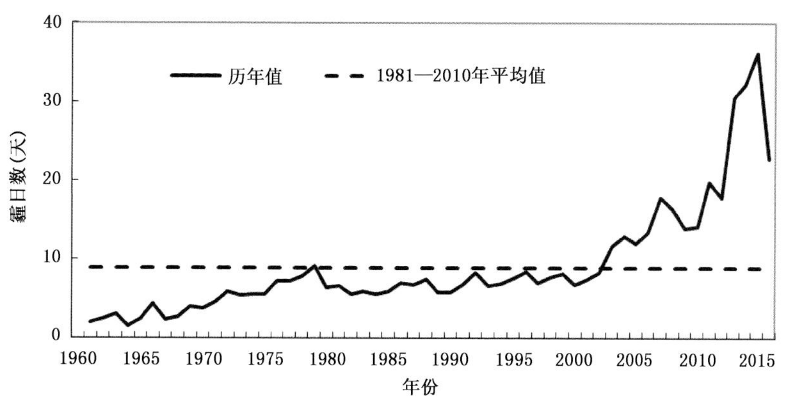

图 2.7.5　1961—2016 年中国 100°E 以东地区平均年霾日数历年变化

Fig. 2.7.5　Annual variation of averaged haze days in the area east of 100°E of China during 1961—2016(unit: d)

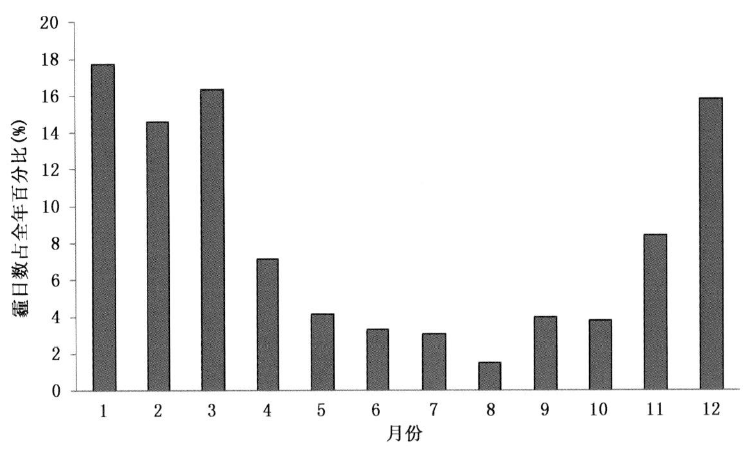

图 2.7.6　2016 年中国各月霾日数占全年的百分比

Fig. 2.7.6　Monthly percentage distribution of haze days over China in 2016 (unit: %)

2.7.2　主要雾和霾灾害事例

2016 年，我国共出现 8 次大范围、持续性雾和霾天气过程（主要集中在 1 月、11 月和 12 月），过程次数少于 2015 年。空气污染程度重，能见度低，对交通运输、交通安全以及人体健康不利。

1. 1 月，我国中东部地区出现 2 次大范围雾和霾天气过程

1 月，我国主要有 2 次雾和霾天气过程。1—3 日，华北、黄淮及陕西关中等地出现持续性雾和霾天气，霾影响面积为 195 万平方千米，首要污染物为 $PM_{2.5}$，北京 $PM_{2.5}$浓度超过 450 微克/米^3，河北中南部局地超过 500 微克/米^3；受雾和霾影响，3 日山东境内济南绕城高速公路、济广高速公路、滨德高速公路、长深高速公路、京沪高速公路等路段的多个出入口封闭，济南遥墙国际机场多个航班取消或延误。8—10 日，华北、黄淮以及江苏北部等地出现雾和霾天气过程，首要污染物为 $PM_{2.5}$，北京超过 150 微克/米^3，河北中南部局地超过 300 微克/米^3。

2. 2 月，江西、广东、四川等地雾天气影响交通

2 月 3—5 日，江西出现持续雾天气，九江、南昌、上饶、景德镇、鹰潭等 8 个地市能见度不足百米，部分高速公路封闭。13—14 日，广东省受雾影响，南航在珠海、汕头机场起降的航班均出现大规模延误。25 日晨，四川多地受大雾影响，多条高速公路封闭。

3. 4 月，四川、湖北等地雾天气影响交通

4 月 7—8 日，湖北鄂西及江汉平原北部连续出现雾天气，7 日鄂西及江汉平原北部地区出现能见度小于 500 米、局部小于 200 米的雾，8 日上述地区再次出现能见度小于 200 米、局部小于 50 米的雾，雾天气造成能见度降低，给交通运输造成不利影响。8 日武汉天河机场飞往西安、北京、上海等地的 23 个出港航班延误，江城汽渡经历 2 次停航。10 日，成都机场遭遇雾天气袭击，能见度不足 50 米，机场被迫关闭，造成 130 多个出港航班延误，8 个航班备降周边机场，11 个航班被取消，1 万多名出港旅客受困于机场，成都双流国际机场通航以来首次发布大面积航班延误最高级红色预警。这也是近年来成都机场所遭受到的影响面最广、延误航班最多、波及范围最大、滞留旅客人数最多的一场雾天气。

4. 11 月，东北、华北、黄淮地区出现 3 次大范围雾和霾天气过程

11 月，我国主要发生了 3 次大范围雾和霾天气过程。3—6 日，东北、华北、黄淮及陕西、江苏南部等地出现霾天气过程，霾影响面积为 97 万平方千米，污染重，北京 $PM_{2.5}$ 日均值超过 300 微克/米^3，哈尔滨局地 $PM_{2.5}$ 日均值超过 1000 微克/米^3。17—19 日，华北、黄淮及陕西、辽宁等地出现雾和霾天气过程，首要污染物为 $PM_{2.5}$，北京超过 200 微克/米^3，太原、临汾超过 400 微克/米^3。28—30 日，华北、黄淮及安徽北部、江苏北部等地出现中至重度霾，并伴有持续严重污染，首要污染物为 $PM_{2.5}$，北京 $PM_{2.5}$浓度超过 150 微克/米^3，河北中南部局地超过 500 微克/米^3。另外，受持续性雾天气影响，18—19 日，江西全省共有 22 条高速公路处于封闭状态。

5. 12 月，我国中东部地区出现 3 次大范围雾和霾天气过程，其中一次为年度最严重雾和霾天气过程

12 月，我国中东部地区出现 3 次大范围雾和霾天气过程。2—4 日，北京、河北中南部、天津、山西、河南中北部、山东北部等地出现中至重度霾，并伴有持续严重污染，北京 $PM_{2.5}$浓度超过 450 微克/米^3，河北中南部部分地区超过 500 微克/米^3，局地超过 600 微克/米^3。10—13 日，北京、天津、河北、山西、陕西、河南北部、山东西部等地出现中至重度霾，并伴有严重污染，北京 $PM_{2.5}$浓度超过 200 微克/米^3，河北中南部、山西中南部局地超过 400 微克/米^3，太原、临汾超过 450 微克/米^3。16—21 日，华北、黄淮以及陕西关中、江苏和安徽北部、辽宁中西部等地出现霾天气，全国受霾影响面积 268 万平方千米，重度霾影响面积达 71 万平方千米，有 108 个城市达到重度及以上污染程度；北京、天津、河北、河南、山西、陕西等地的部分城市出现"爆表"，北京和石家庄局地 $PM_{2.5}$峰值浓度分别超过 600 微克/米^3 和 1100 微克/米^3。此次过程为 2016 年持续时间最长、影响范围最广、污染程度最重的霾天气过程，北京、天津、石家庄等 27 个城市启动空气重污染红色预警，中小学和幼儿园停课，北京、天津、石家庄、郑州、济南、青岛等多个机场航班大量延误和取消，多条高速公路关闭；呼吸道疾病患者增多。12 月，四川、江西、新疆等地遭遇多次雾天气过程，机场大批航班延误，高速公路关闭，大量旅客滞留。12 月 5 日，雾导致成都双流机场 2 万人次滞留，14 小时后才恢复；8 日再遭遇雾袭击，102 个航班被取消，60 多个进港航班备降周边机场或中途返航，1 万多名旅客在机场滞留。

2.8 雷电

2.8.1 基本概况

据不完全统计，2016 年全国共发生雷电灾害 981 起，其中造成火灾或爆炸 15 起，造成人身事故 80 起，导致 78 人身亡、79 人受伤。雷电灾害在全国造成大量电子设备、电力系统、建筑物受损，雷击造成建筑物损坏事件 91 起，办公和家用电子电器损坏事件 689 起，损坏电子电器设备 9107 件，造成直接经济损失约 0.37 亿元，间接经济损失约 0.23 亿元。一次造成百万元以上直接经济损失的雷电灾害 2 起。2016 年雷电造成的灾害事故主要集中在电力、通信、石化和教育等行业，电力行业雷灾事故 75 起，通信行业 34 起，石化行业 21 起，教育行业 16 起。

从 2003—2016 年全国雷电灾害对比表(表 2.8.1)中可以看出，2016 年雷电灾害事故，以及由雷灾造成的死亡人数继续保持在低位，雷击死亡率也下降至约 49.7%，但雷灾造成的受伤人数相比 2015 年有所增加。全年由雷灾造成的直接经济损失约为 0.37 亿元。

表 2.8.1 2003—2016 年全国雷电灾害

Table 2.8.1 Lightning stroke disasters over China from 2003 to 2016

年份	雷灾事故数	受伤人数	死亡人数	雷击死亡率	直接经济损失(亿元)	间接经济损失(亿元)
2016	981	79	78	49.7%	0.37	0.23
2015	1346	68	106	60.9%	0.56	0.43
2014	2076	118	170	59.0%	0.72	0.44

续表

年份	雷灾事故数	受伤人数	死亡人数	雷击死亡率	直接经济损失(亿元)	间接经济损失(亿元)
2013	3380	177	178	50.1%	2.46	3.24
2012	4600	193	214	52.6%	1.44	1.20
2011	3993	241	253	51.2%	1.99	1.78
2010	7515	261	319	55.0%	1.82	3.58
2009	13481	310	371	54.5%	2.31	6.41
2008	8604	345	446	56.4%	2.24	6.21
2007	12967	718	827	53.5%	4.25	7.43
2006	19982	640	717	52.8%	3.84	0.96
2005	11026	690	646	48.4%	2.45	0.28
2004	8892	1059	770	42.1%	2.24	0.35
2003	7625	391	328	45.6%	1.76	0.34

2.8.2 雷电灾情空间分布

2016 年全国雷电灾情的空间分布如图 2.8.1 所示。从统计结果可以看出，我国沿海地区和南方中部地区省份是雷电灾害的多发区。2016 年全年雷灾事故数上百起的省份有 2 个，均为南方沿海省份。年雷灾事故数最多的省份为广东，年雷灾事故数达到 373 起；浙江次之，达到 217 起。在年雷灾事故数排名前 10 的省份中，沿海省份有 5 个，南方中部地区省份有 3 个，西部和西南地区省份占 2 个。

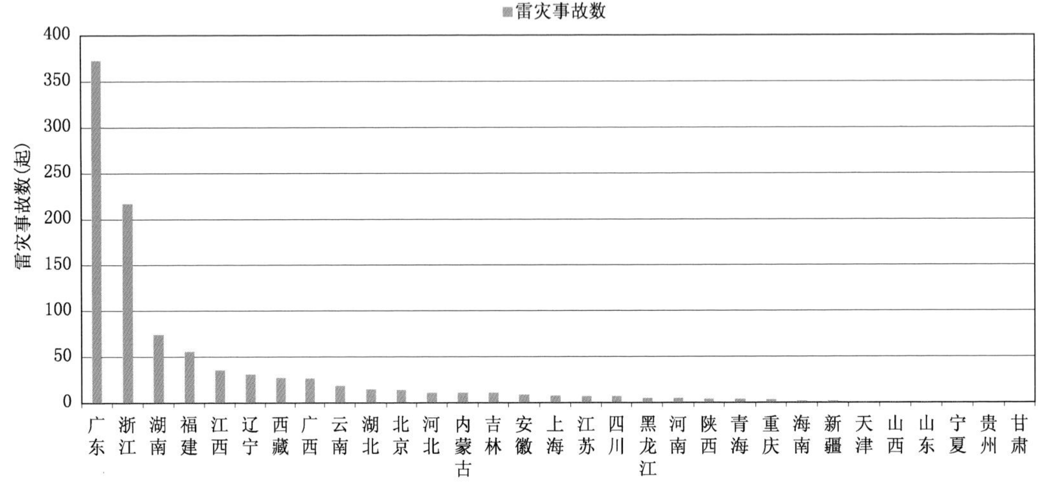

图 2.8.1 2016 年全国各省(区、市)雷灾事故分布

Fig. 2.8.1 Number of lightning damage events for all provinces (municipalities, autonomous regions) over China in 2016

从雷击导致的伤亡人数方面来看，全年雷击伤亡超过 10 人的有 4 个省份，云南省和广东省的雷击伤亡人数最多，分别达到 42 人和 23 人；江西省和宁夏回族自治区也分别达到 20 人和 15 人。雷击导致死亡人数最多的也是云南省和广东省，雷击导致的死亡人数分别达到 13 人和 12 人(图 2.8.2)。

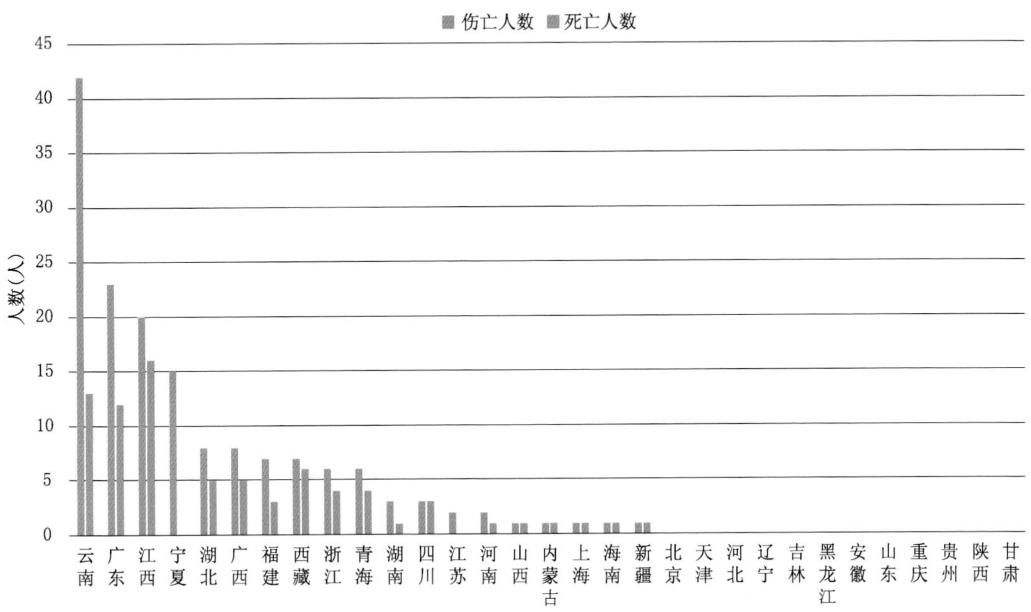

图 2.8.2 2016 年全国各省(区、市)雷击伤亡人数分布

Fig. 2.8.2 Number of lightning fatalities over China in 2016

考虑人口权重(表 2.8.2)后,雷灾事故率西藏自治区升至首位,沿海地区的浙江和广东分列二、三位;雷击伤亡率西北地区的西藏自治区、宁夏回族自治区和青海省分列前三位。由此可见,在考虑人口权重后,西部地区省份的雷灾相关排名有显著的提升。

表 2.8.2 2016 年全国各省(区、市)每百万人口雷击死亡率、受伤率、伤亡率和雷灾事故发生率及其排序

Table 2.8.2 Rate per million people of lightning fatalities, injuries, casualties and damage reports, and their ranks for all provinces over China in 2016

省份	人口数*(百万)	雷击死亡		雷击受伤		雷击伤亡		总雷灾事故	
		死亡率(%)	排序	受伤率(%)	排序	伤亡率(%)	排序	事故率(%)	排序
北京	13.82	0	18	0	14	0	20	1.01	6
天津	10.01	0	19	0	15	0	21	0.1	23
河北	67.44	0	20	0	16	0	22	0.16	18
山西	32.97	0.03	15	0	17	0.03	17	0.03	28
内蒙古	23.76	0.04	13	0	18	0.04	15	0.46	12
辽宁	42.38	0	21	0	19	0	23	0.73	9
吉林	27.28	0	22	0	20	0	24	0.4	14
黑龙江	36.89	0	23	0	21	0	25	0.14	20
上海	16.74	0.06	11	0	22	0.06	12	0.48	11
江苏	74.38	0	24	0.03	12	0.03	18	0.09	25
浙江	46.77	0.09	9	0.04	10	0.13	10	4.64	2
安徽	59.86	0	25	0	23	0	26	0.15	19
福建	34.71	0.09	8	0.12	6	0.2	7	1.61	4
江西	41.4	0.39	3	0.1	7	0.48	5	0.87	7

续表

省份	人口数*（百万）	雷击死亡		雷击受伤		雷击伤亡		总雷灾事故	
		死亡率（%）	排序	受伤率（%）	排序	伤亡率（%）	排序	事故率（%）	排序
山东	90.79	0	26	0	24	0	27	0.01	29
河南	92.56	0.01	17	0.01	13	0.02	19	0.05	27
湖北	60.28	0.08	10	0.05	9	0.13	9	0.25	16
湖南	64.4	0.02	16	0.03	11	0.05	14	1.15	5
广东	86.42	0.14	5	0.13	5	0.27	6	4.32	3
广西	44.89	0.11	7	0.07	8	0.18	8	0.58	10
海南	7.87	0.13	6	0	25	0.13	11	0.25	15
重庆	30.9	0	27	0	26	0	28	0.1	24
四川	83.29	0.04	14	0	27	0.04	16	0.08	26
贵州	35.25	0	28	0	28	0	29	0	30
云南	42.88	0.3	4	0.68	2	0.98	4	0.44	13
西藏	2.62	2.29	1	0.38	4	2.67	1	10.31	1
陕西	36.05	0	29	0	29	0	30	0.11	21
甘肃	25.62	0	30	0	30	0	31	0	31
青海	5.18	0.77	2	0.39	3	1.16	3	0.77	8
宁夏	5.62	0	31	2.67	1	2.67	2	0.18	17
新疆	19.25	0.05	12	0	31	0.05	13	0.1	22
全国	1262.28	0.1		0.2		0.3		1.0	

* 人口数来自于我国第五次全国人口普查。

2.8.3 雷电灾情时间分布

2016 年全国雷电灾情时间分布如图 2.8.3 所示。雷灾事故主要集中发生在 4—8 月。雷灾事故数、雷击受伤和死亡人数都在 6 月份达到峰值，占全年的比例分别约为 27.8%、29.1%和 24.4%。

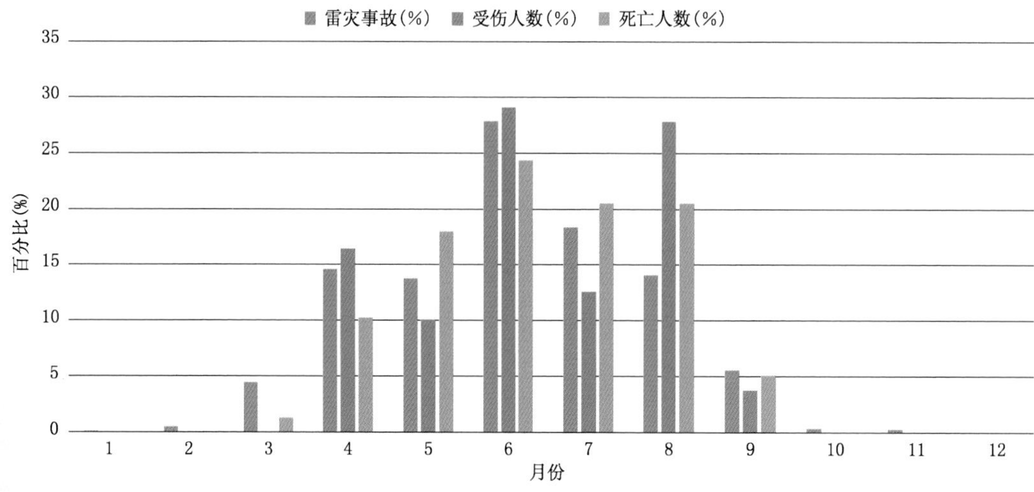

图 2.8.3 2016 年全国雷电灾害百分比月变化

Fig. 2.8.3 Monthly variation for percentage of lightning damage reports over China in 2016

2.8.4 2016年较大雷电灾害事件

(1)2016 年 4 月 3 日 10 时 15 分,江西省南昌市安义县长均乡南昌市金安经济发展有限公司遭雷击,造成正撑着金属制雨伞准备祭扫活动的 1 人身亡,2 人重伤,1 人轻伤。

(2)2016 年 4 月 19 日 15 时 40 分,云南省临沧市永德县亚练乡兔乃村大平掌组正在采茶回家路上的 5 人遭雷击,造成 1 人身亡,4 人受伤。

(3)2016 年 5 月 3 日 14 时 00 分,广东省湛江市雷州市调风镇 30 多名菠萝采摘工冒雨在空旷的田野上采摘菠萝时遭雷击,造成 1 人身亡,3 人受伤。

(4)2016 年 5 月 30 日 17 时 30 分,青海省海南州兴海县正在采挖虫草的牧民遭雷击,造成 3 人身亡,2 人受轻伤。

(5)2016 年 6 月 6 日下午,宁夏回族自治区中卫市沙坡头东园镇史湖村正在为番茄绑秧的 15 人突遇暴雨,在树下避雨时遭雷击,造成 15 人受伤,2 人重伤。

(6)2016 年 6 月 10 日 17 时 00 分,广东省湛江市麻章区太平镇东岸村第五村民小组一厕所遭雷击,造成厕所内及附近的 1 人身亡,3 人受伤,击毁屋角 1 个。

(7)2016 年 6 月 30 日左右,内蒙古自治区阿拉善盟额济纳旗中国交通建设股份有限公司临白三标五分部遭雷击,造成直接经济损失 300 万元,间接经济损失 350 万元。

(8)2016 年 7 月 3 日上午,广西壮族自治区北海市银滩镇海边遭雷击,造成正在树下避雨的 1 人身亡,3 人受伤。

(9)2016 年 7 月 31 日 14 时 25 分,广东省湛江市雷州市广东省盐业集团雷州盐场有限公司遭雷击,造成正在盐巴结晶池盖塑料薄膜的 1 人身亡,3 人受伤。

(10)2016 年 8 月 8 日 14 时 40 分,云南省昆明市寻甸县横河村正在田间挖洋芋的 21 人遭雷击,造成 2 人身亡,19 人受伤。

(11)2016 年 9 月 4 日 16 时 25 分,吉林省四平市梨树县新天龙酒业遭雷击,击毁 1 个危化品存放罐体,直接经济损失 162.6 万元。

(12)2016 年 9 月 29 日下午,云南省普洱市澜沧竹塘乡南本村新贵组 6 人在野外自家农田打谷子时遭雷击,造成 3 人身亡,3 人受伤。

2.9 高温

2016 年夏季,我国高温覆盖范围广,全国平均高温(日最高气温≥35℃)日数 9.9 天,比常年同期偏多 3.0 天,为 1961 年以来同期第二多值,仅次于 2013 年;华南夏季高温日数为 1961 年以来同期最多值;广东、广西、甘肃的夏季高温日数均为 1961 年以来同期最多值,四川为 1961 年以来同期第二多值。持续高温天气导致上海、江苏出现中暑死亡病例;南方部分地区晚稻高温灼苗,一季稻抽穗扬花灌浆、棉花结铃受到不利影响;高温天气加剧了内蒙古东部和吉林西部部分地区的干旱,对玉米灌浆十分不利;部分地区草原过早黄枯,草原蝗虫迅速发展蔓延;上海、江苏、浙江、安徽、福建、湖北、湖南、江西、重庆、山东 10 省(市)的用电负荷屡创新高。

2.9.1 高温概况

1. 重庆、新疆及内蒙古等地高温强度强

2016 年夏季,江淮大部、江汉大部、江南、华南部分地区、西南东北部及陕西东南部、南疆大部、甘肃局部、内蒙古西部和东北部等地最高气温达到 38～40℃,重庆大部、新疆东南部、内蒙古西部和东北部部分地区极端最高气温达 40～42℃,重庆局部、新疆东南部部分地区、内蒙古西部和东北部的局部地区超过42℃(图2.9.1),内蒙古新巴尔虎右旗8月3日最高气温达44.1℃,突破历史极值。2016年,全国共有384站日最高气温达到极端事件标准,极端高温事件站次比为0.34,较常年(0.12)和2015年(0.19)均明显偏多。年内,全国有83站日最高气温突破历史极值,主要分布在四川、重庆、内蒙古、甘肃、青海、云南、海南等省(区、市);全国有413站连续高温日数达到极端事件标准,极端连续高温日数事件站次比(0.3)较常年(0.13)偏多。

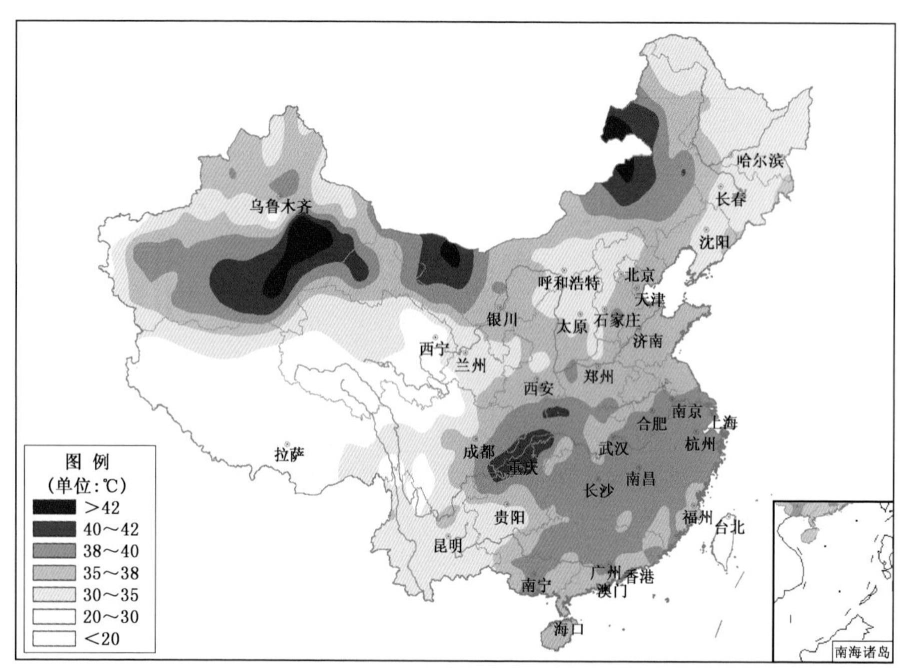

图2.9.1 2016年夏季全国极端最高气温分布

Fig. 2.9.1 Distribution of extreme maximum temperatures over China in summer 2016 (unit:℃)

2. 高温日数为1961年以来第二多值

2016年夏季,全国平均高温(日最高气温≥35℃)日数9.9天,比常年同期(6.9天)偏多3.0天,为1961年以来同期第二多值,仅次于2013年(10.4天)(图2.9.2)。从空间分布上看,江淮西南部、江汉、江南、华南、西南地区东北部及南疆大部、内蒙古西部等地高温日数有20~40天,新疆东南部部分地区、浙江南部及福建、海南、重庆等地局部地区超过40天(图2.9.3)。与常年相比,黄淮南

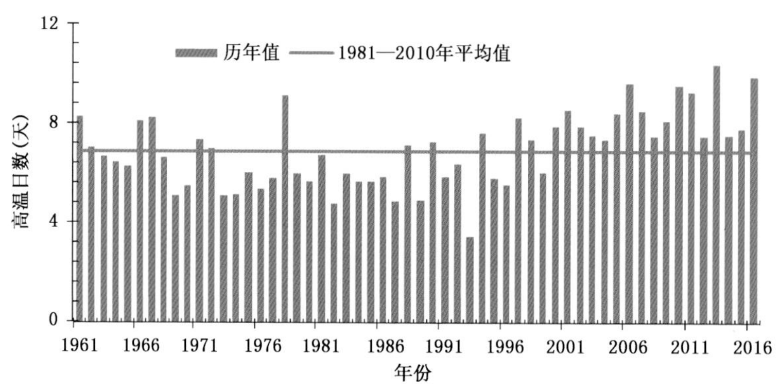

图2.9.2 1961—2016年全国平均夏季高温日数历年变化

Fig. 2.9.2 Annual mean hot days (daily maximum temperature ≥35℃) in summer over China during 1961—2016 (unit: d)

部、江淮、江汉、江南、华南、西南地区东北部及南疆大部、甘肃和内蒙古的部分地区高温日数偏多5～10天，上海、浙江、广东、广西、重庆等地大部及江苏、安徽、湖北、江西、福建、湖南、海南、新疆等地部分地区偏多10天以上(图2.9.4)。

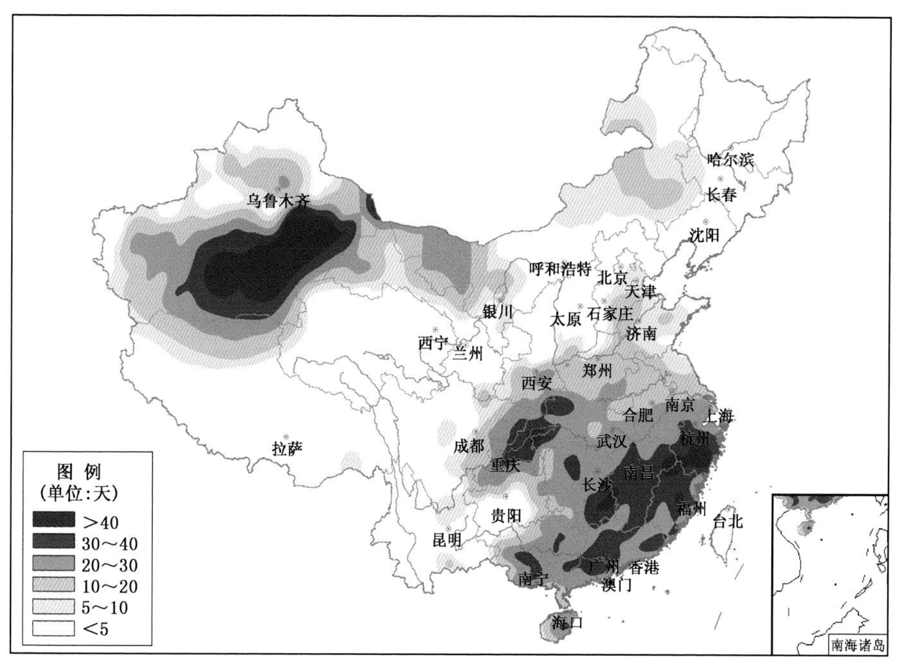

图2.9.3 2016年夏季全国高温日数分布

Fig. 2.9.3 Distribution of hot days (daily maximum temperature≥35℃) over China in summer 2016 (unit: d)

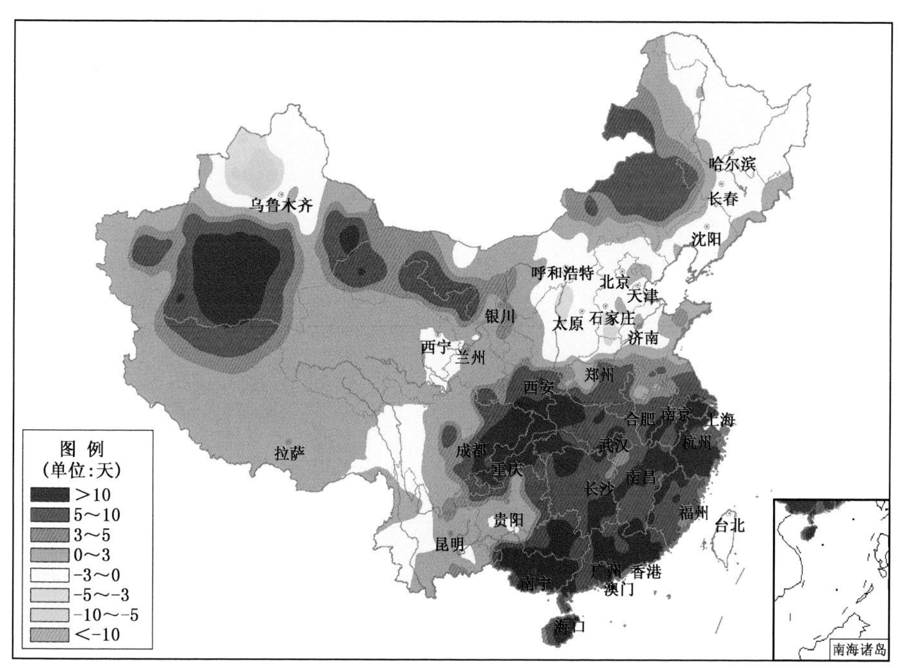

图2.9.4 2016年夏季全国高温日数距平分布

Fig. 2.9.4 Distribution of hot days (daily maximum temperature≥35℃) anomalies over China in summer 2016 (unit: d)

2.9.2 主要高温事件及影响

2016 年夏季，我国共出现 4 次较大范围的高温天气过程，具体为 6 月 16—29 日、7 月 5—12 日，7 月 20 日至 8 月 2 日、8 月 5—26 日。

2016 年 7 月 20 日至 8 月 26 日的两次高温天气过程范围广、强度大、持续时间较长，全国 30 省(区、市)1653 个县市出现日最高气温超过 35℃的高温天气，新疆吐鲁番(46.8℃)和托克逊(46.6℃)、内蒙古新巴尔虎右旗(44.1℃)、陕西旬阳(43.6℃)、重庆开县(43.4℃)等 103 个县市日最高气温超过 40℃；104 县次突破当月最高气温极值，64 县市突破历史极值。南方 11 省(区、市)平均高温日数 19 天，为 1961 年以来最多值；40℃以上连续高温日数，重庆开县达 14 天、云阳 13 天、万州 10 天，开县连续高温日数与历史最长纪录持平。

夏季长时间持续高温对全国多地的农业生产、人体健康和电力供应等产生了一定影响。

内蒙古 内蒙古东部出现的高温天气加剧了干旱的发展，对玉米灌浆十分不利。内蒙古呼伦贝尔市等地部分地区草原过早黄枯，草原蝗虫迅速发展、蔓延，对牲畜健康影响较大。

北京 受连日高温高湿天气影响，8 月 11 日，北京地区电网最大负荷突破 2000 万千瓦，达到 2076.8 万千瓦，超过 7 月 11 日创造的历史纪录 1958.3 万千瓦，年内第二次刷新历史纪录。

山东 7 月 25 日，山东电网用电负荷达到 6838.6 万千瓦，连续三天创新高。

上海 受持续高温影响，上海市出现多例中暑死亡病例，120 急救受理量持续增加。高温期间，上海市 10 余家三甲医院每天的门急诊量在 1 万人次以上，120 急救系统受理量持续增加，7 月 23 日达到 834 车次。7 月 22 日，上海电网最高负荷创下 2998 万千瓦的历史新纪录，较 2015 年 8 月 3 日的原纪录增长 0.53%。

江苏 受持续性高温影响，江苏中暑发病 345 人，死亡 27 人；早熟水稻抽穗扬花、棉花开花裂铃、夏玉米乳熟以及水产养殖受到不利的影响。

浙江 7 月 27 日，浙江电网用电负荷达 6912 万千瓦，比 2015 年最高纪录增长 11.43%，年内第六次创历史新高。

安徽 7 月 26 日，安徽用电负荷达到 3334 万千瓦，较 2015 年最大负荷增长 331 万千瓦，今夏第三次刷新历史纪录。

江西 7 月 25 日，江西电网用电负荷达 1685.6 万千瓦，创历史新高。

湖北 7 月 26 日，湖北日用电量达 6.02 亿千瓦时，创历史新高。

湖南 7 月 26 日，湖南电网用电负荷达到 2350 万千瓦，全省日用电量 4.97 亿千瓦时，双双创新高。

重庆 8 月 19 日，重庆电网统调最高负荷当年第七次创历史新高，达到 1676 万千瓦，同比增加 26.59%。

2.10 酸雨

2.10.1 基本概况

2016 年，除江南、华南地区基本维持无显著变化外，我国其他地区的酸雨区范围较 2015 年继续减少，降水酸度有所减弱，华中(河南、湖北)地区酸雨污染改善较明显；酸雨发生强度及频率较高地区主要包括湖南、江西、广东、广西等省(区)的部分地区及浙江、福建、重庆的局部地区。

1. 全国年平均降水 pH 值分布

2016 年我国酸雨区(年平均降水 pH 值低于 5.6)主要分布在江淮、江汉、江南、华南、西南地区南部和东部，东北的局部地区、河北北部和南部、山西南部、山东东部、河南西部地区也有小范围的酸雨区分布。年平均降水 pH 值低于 4.5 的强酸雨站点位于我国湖南东南部的局部地区。新疆、西藏、甘肃、青海、内蒙古、宁夏、海南以及黑龙江、吉林、辽宁、陕西、山西、河北、河南、山东、贵州、云南的大部为非酸雨区（图 2.10.1）。

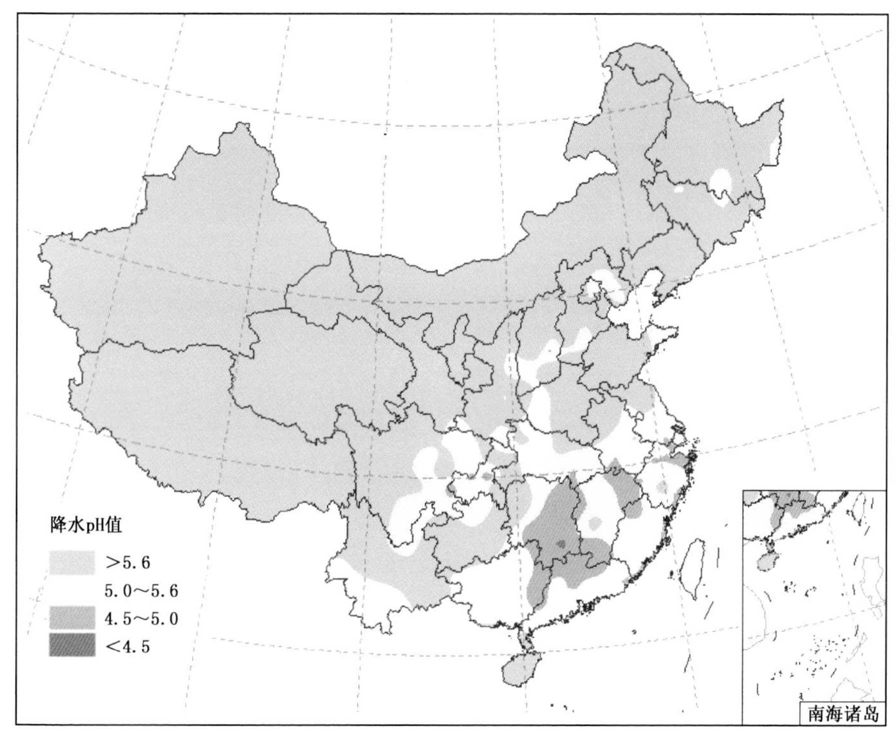

图 2.10.1　2016 年全国年均降水 pH 值分布

Fig2.10.1　Distribution of annual average precipitation pH over China in 2016

对 2009 年以来有连续观测的 337 个酸雨站年均降水 pH 值进行统计的结果（表 2.10.1 和图 2.10.2）显示，多年来全国降水 pH 值持续趋升。2016 年，酸雨（区）台站（年均降水 pH 值<5.6）数为 151 个，占全部酸雨站的 44.8%，较 2015 年（54.0%）减少 9.2%。151 个酸雨（区）台站数中，重酸雨（区）台站（年均降水 pH 值<4.5）数为 3 个，仅占全部酸雨站的 0.9%，与 2015 年同为 2009 年以来的最低值；轻酸雨（区）台站（4.5≤年均降水 pH 值<5.0）数和较轻酸雨（区）台站（5.0≤年均降水 pH 值<5.6）数分别为 39 个和 109 个，较 2015 年有不同程度减少。

表 2.10.1　降水 pH 值等级的台站数统计表

Table 2.10.1　Statistics of the number of stations with different precipitation pH values

pH 值	pH<4.5	4.5≤pH<5.0	5.0≤pH<5.6	pH≥5.6
2009 年台站数（个）	86	93	73	85
2010 年台站数（个）	59	92	81	105
2011 年台站数（个）	51	84	93	109
2012 年台站数（个）	25	89	98	125
2013 年台站数（个）	16	82	100	139
2014 年台站数（个）	9	71	113	144
2015 年台站数（个）	3	54	112	168
2016 年台站数（个）	3	39	109	186

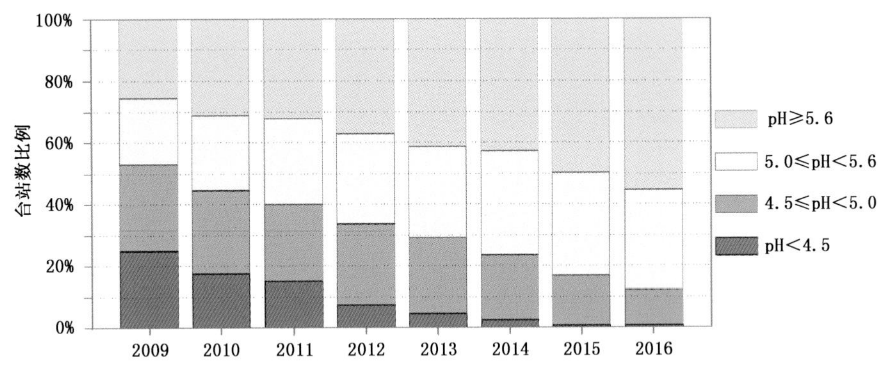

图 2.10.2　降水 pH 值等级的台站数统计图

Fig. 2.10.2　Statistics of the number of stations with different precipitation pH values

2. 全国酸雨频率分布

2016 年我国酸雨多发区(酸雨频率大于 20%)主要覆盖江汉、江淮、江南和华南地区的大部，以及西南、华北和东北的部分地区。酸雨高发区(酸雨频率高于 80%)分布在湖南东部以及江西、广东、广西、重庆、四川的局部地区(图 2.10.3)。

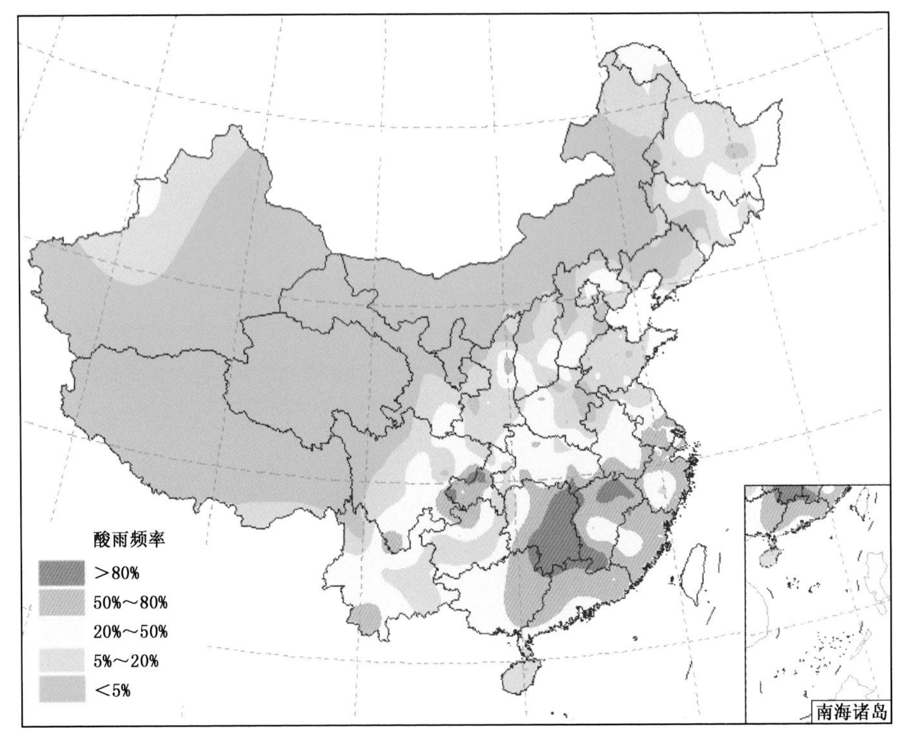

图 2.10.3　2016 年全国酸雨频率分布

Fig. 2.10.3　Distribution of acid rain frequency over China in 2016

2016 年，全国 376 个酸雨观测站中，291 个观测站的酸雨频率大于 0%，85 个站全年无酸雨发生，甘肃敦煌和新疆和田站自 1992 年观测以来均未出现酸雨。

2016 年，376 个酸雨站中仅有 141 个站观测到有强酸雨(日降水 pH 值<4.5)出现，占全部酸雨站的 37.5%，较 2015 年(40.5%)有所减少。我国西北、内蒙古和西藏等地的酸雨站普遍未观测到

有强酸雨出现，湖南、江西、浙江、重庆、江苏等地部分地区的强酸雨频率较高，一般为20%～50%。

对2009年以来有连续观测的337个酸雨站酸雨频率数据进行统计的结果（表2.10.2和图2.10.4）显示，多年来我国酸雨频发、高发的台站数减少，酸雨少发、偶发的台站数增加，全国平均酸雨频率趋于减小。2016年，337个酸雨站中有161个站的酸雨频率低于20%，约占全部站点数的48%，该比例为2009年以来的最高值；87个站的酸雨频率高于50%，约占全部站点数的26%，亦为2009年以来的最低值。

表2.10.2 酸雨频率等级的台站数统计表

Table 2.10.2 Statistics of the number of stations with different acid rain frequency levels

酸雨频率 *F*(%)	*F*≤5	5<*F*≤20	20<*F*≤50	50<*F*≤80	*F*>80
2009年台站数(个)	55	36	73	84	89
2010年台站数(个)	69	39	82	84	63
2011年台站数(个)	70	43	76	87	61
2012年台站数(个)	78	47	78	75	59
2013年台站数(个)	76	62	84	68	47
2014年台站数(个)	87	58	83	64	45
2015年台站数(个)	99	56	88	60	34
2016年台站数(个)	102	59	89	54	33

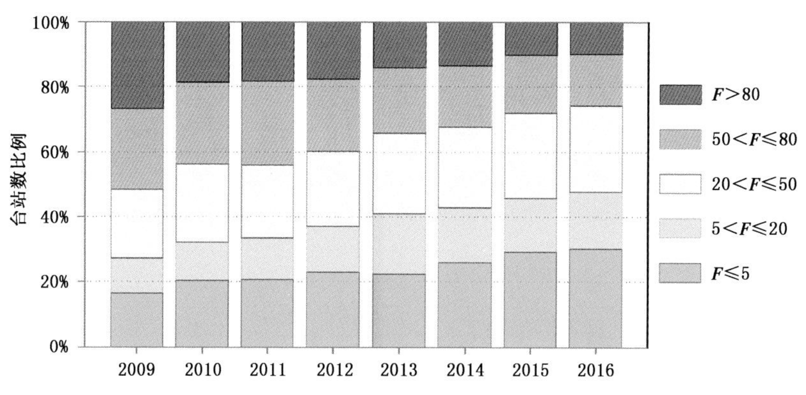

图2.10.4 酸雨频率等级的台站数统计图

Fig. 2.10.4 Statistics of station with different acid rain frequency levels

2.10.2 主要区域酸雨变化特征

1. 华北区域酸雨特征

20世纪90年代末至2008年的近10年间，华北地区降水酸度、酸雨频率和强酸雨频率等均呈现明显上升趋势，之后至2016年逐渐趋于波动下降。2016年，华北地区降水pH值持续了近年来的波动升高趋势，年均降水pH值达到1992年以来的最高值，酸雨和强酸雨发生频次与2015年持平，为2003年以来的最低值，酸雨频率为20%，强酸雨频率为3%（图2.10.5）。

2. 华东区域酸雨特征

20世纪90年代末至2009年的10年间，华东地区降水酸度、酸雨频率和强酸雨频率等均呈现明显上升趋势；2009年以来，华东地区降水pH值基本维持上升趋势，酸雨频率和强酸雨频率维持下降趋势，2016年，华东地区降水pH值较2015年有微弱下降，酸雨频率和强酸雨频率较2015年略有上升（图2.10.6）。

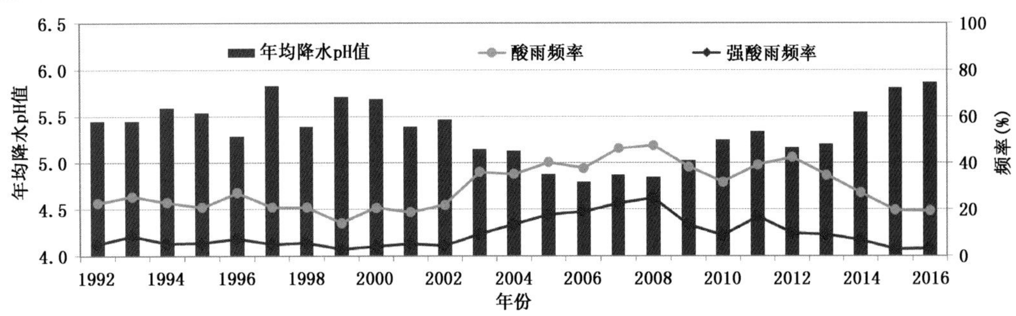

图 2.10.5　1992—2016 年华北地区酸雨酸度和频率历年变化

Fig. 2.10.5　Annual rainfall acidification and frequency in Northern China during 1992—2016

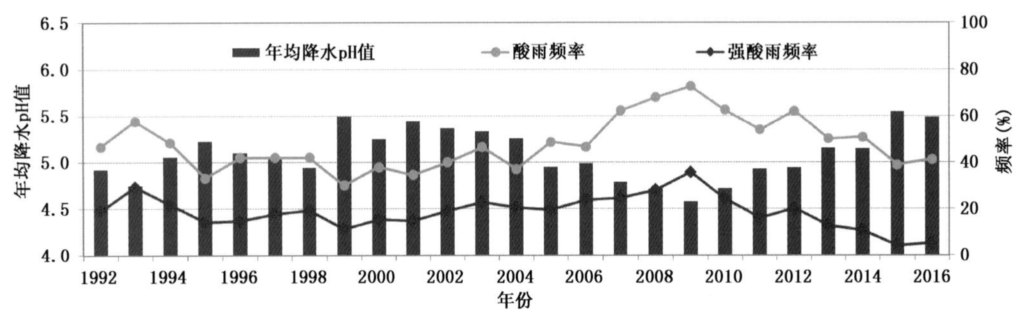

图 2.10.6　1992—2016 年华东地区酸雨酸度和频率历年变化图

Fig. 2.10.6　Annual rainfall acidification and frequency in Eastern China during 1992—2016

3. 华中区域酸雨特征

20 世纪 90 年代末至 2007 年期间，华中地区降水酸度、酸雨频率和强酸雨频率等均呈现明显上升趋势，其间的 2006 年，该区域降水 pH 值低于 4.5，达到重酸雨区等级，之后至 2016 年该地区降水酸度、酸雨频率和强酸雨频率等均为波动下降趋势。2016 年，该地区降水 pH 值为 1992 年以来的最高值，酸雨频率和强酸雨频率分别降至 1998 年和 1993 年以来的最低值(图 2.10.7)。

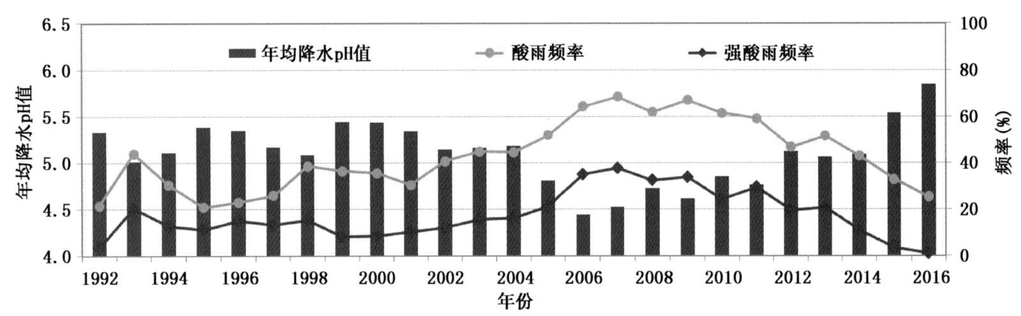

图 2.10.7　华中地区酸雨变化趋势

Fig. 2.10.7　Rainfall acidification trend in Central China

4. 华南区域酸雨特征

20 世纪 90 年代末至 2007 年期间，华南地区的降水酸度、酸雨频率和强酸雨频率等均呈现弱的上升趋势，其后至 2016 年该地区降水酸度、酸雨频率和强酸雨频率等均呈现整体下降趋势，以降水酸度和强酸雨频率的下降趋势较为明显。2016 年，除该地区酸雨频率略高于 2015 年，为 1992 年以来第三低值外，年均降水 pH 值、强酸雨频率与 2015 年持平，为 1992 年以来最好年份(图 2.10.8)。

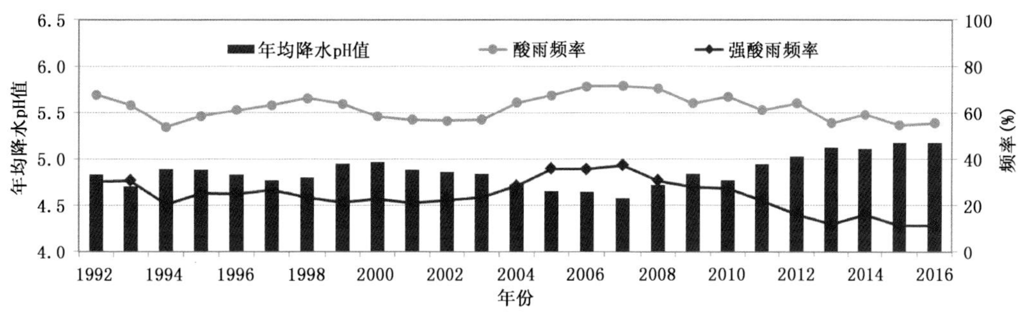

图 2.10.8 华南地区酸雨变化趋势

Fig. 2.10.8 Rainfall acidification trend in Southern China

5. 西南区域酸雨特征

1992 年以来，除 2005—2009 年出现小幅回升外，西南地区的降水酸度、酸雨频率和强酸雨频率等均呈现波动下降趋势。2016 年，西南地区降水 pH 值较 2015 年有所上升，酸雨频率和强酸雨频率较 2015 略有下降(图 2.10.9)，2016 年的强酸雨频率为 1992 年以来最低值。

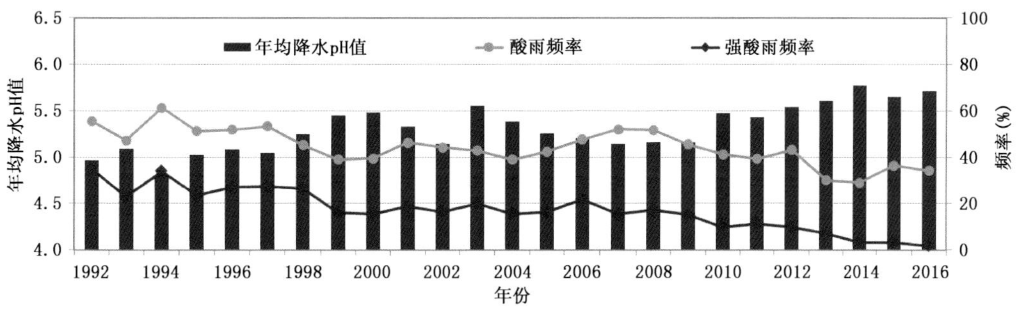

图 2.10.9 西南地区酸雨变化趋势

Fig. 2.10.9 Rainfall acidification trend in Southwestern China

2.11 农业气象灾害

2016 年，全国农业气象灾害以暴雨洪涝、高温热害为主；总体较常年及 2015 年偏轻。洪涝灾害南多北少，时段集中，灾情发展迅速，影响仅次于 1998 年；长江中下游高温天气持续时间长、影响范围广，尤其是江淮江汉洪涝、高温、干旱多灾叠发，农业受灾偏重；总体上旱灾轻于常年，但内蒙古东部、黑龙江西南部以及西北地区东部夏伏旱对作物产量影响较大；风雹灾害极端性强、局地影响偏重；夏季台风少、秋季台风多，登陆台风强度大，“尼伯特”和“莫兰蒂”造成的损失严重；年初低温雨雪冰冻天气导致南方经济作物损失大；长江中下游的秋雨给油菜播种和晚稻收获造成一定影响。

2.11.1 干旱

春旱持续时间短，主要集中在华北和黄淮东部、内蒙古中东部和辽宁西部等地。3 月至 4 月上旬，华北、黄淮东部、内蒙古中东部以及辽宁南部等地气温偏高 2～4℃，大部降水量不足 10 毫米，较常年偏少 5 成以上，山东、河北、山西南部和河南北部等地出现旱情(图 2.11.1)，对冬小麦起身拔节有一定影响。内蒙古中东部和辽宁西部的干旱对春播不利。

内蒙古东部、黑龙江西南部和甘肃东部等农牧区遭受较重夏旱。7—8 月，内蒙古东部、黑龙江

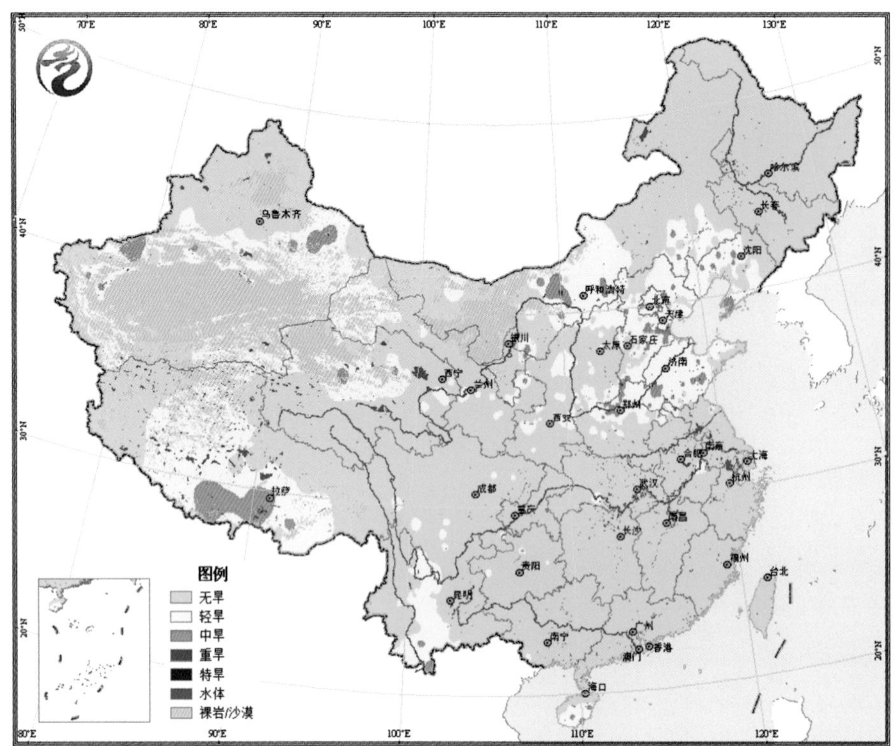

图 2.11.1 2016 年 4 月 11 日全国农业干旱综合监测图
Fig. 2.11.1 Map of agricultural drought monitoring on April 11, 2016

西部、宁夏南部、甘肃东部等地降水量在 100 毫米以下，较常年同期偏少 3～8 成；气温偏高 1～2℃，尤其内蒙古呼伦贝尔市、兴安盟等地日最高气温超过 40℃。持续高温少雨导致上述农牧区旱情发展（图 2.11.2，左），牧草过早黄枯甚至死亡，草原产草量较 2015 年减少 10%～30%，内蒙古东四盟（市）牧草减产 685 万吨；黑龙江、甘肃、宁夏玉米平均单产减幅为 1%～4%。

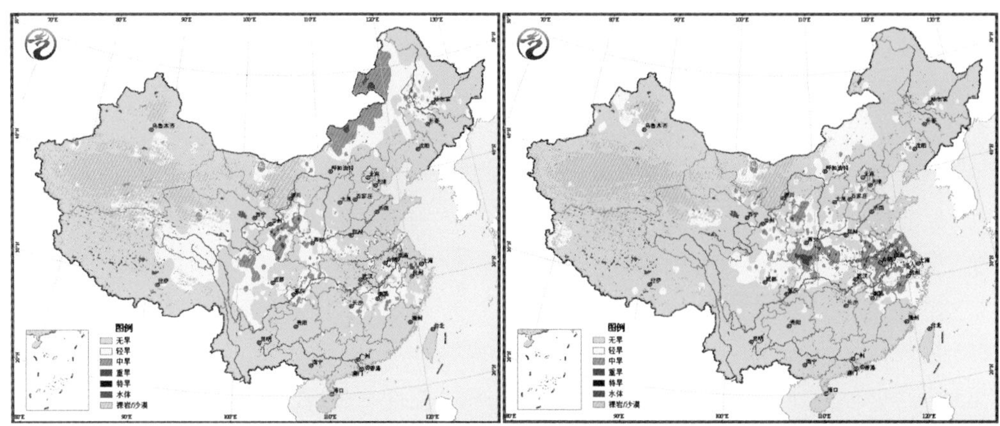

图 2.11.2 2016 年全国农业干旱综合监测图（左：8 月 22 日；右：9 月 12 日）
Fig. 2.11.2 Map of agricultural drought monitoring in 2016 (Left: on August 22; right: September 12)

甘肃、陕西、河南、湖北、江苏、安徽等地部分农区一度遭受干旱灾害。7 月下旬至 9 月上旬，西北地区东南部、黄淮南部、长江中下游等地降水较常年同期偏少 5～8 成（图 2.11.3，左）；期间，上述地区日最高气温≥35℃的高温天气达 15～30 天，部分地区日最高气温达 38～40℃；高温少雨导致土壤失墒加快，农田蒸散剧烈，蓄水不足、灌溉条件较差的农田旱情发展，甘肃东南部、陕西南部、河南、江苏、安徽、湖北、浙江、江西北部等地农田出现轻至中度农业干旱、局地重旱(图 2.11.2,右)。甘肃定西、陇南等地严重受旱的春玉米枯黄死亡(图 2.11.3,右),马铃薯块茎膨大受到影响;陕西南部、河南南部、江苏和安徽西北部等地棉花蕾铃脱落,夏玉米籽粒灌浆和产量形成受到不利影响。

图 2.11.3　2016 年 7 月 21 日至 9 月 10 日降水量距平(左)与甘肃定西干旱(右)

Fig. 2.11.3　Precipitation anomalies from July 21 to September 10 (left) and an example of drought event in Dingxi, Gansu (right) in 2016

2.11.2　暴雨洪涝

2016 年 4—8 月,暴雨洪涝南多北少,长江流域和淮河流域发生区域性洪涝灾害。2016 年南方入汛较常年偏早,汛期暴雨频繁,时段集中,强降水天气过程主要集中在 5 月上中旬、6 月上中旬和 7 月,特别是长江中下游梅雨期间降水量比常年偏多 74%,长江流域和淮河流域区域性洪涝灾害严重,导致水稻、棉花、蔬菜、瓜果等作物大面积受淹,部分地区早稻大幅减产或绝收,一季稻田块死苗严重,棉花幼蕾脱落明显。江汉、江淮以及江南北部等地受灾较重,洪涝灾害仅次于 1998 年(图 2.11.4)。

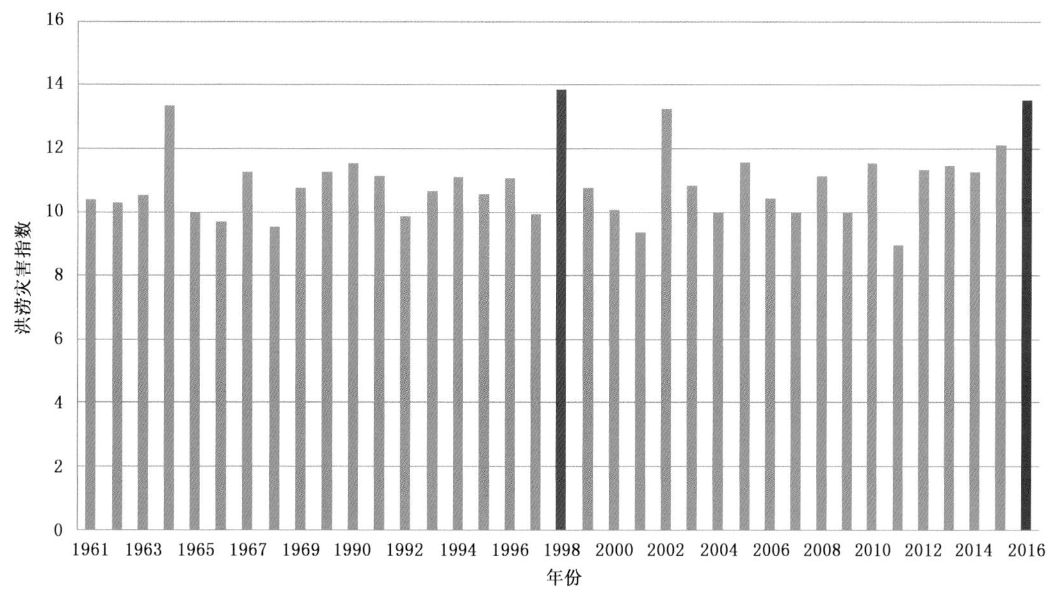

图 2.11.4　4—8 月全国洪涝指数历年变化

Fig. 2.11.4　Variation of annual flood index over China from April to August

7 月北方出现极端性强降水。7 月 18—21 日，华北、黄淮地区出现大范围强降雨天气，过程累计雨量大、强降雨范围广、突发性和极端性强，有 23 个县(市)日降水量突破历史极值。部分低洼农田受淹受涝，局地冰雹大风造成作物倒伏、农业设施受损。

2.11.3 高温热害

长江中下游高温天气持续时间长、影响范围广，江淮江汉影响重。7 月 20 日至 8 月 2 日、8 月 11—25 日长江中下游出现两段大范围高温天气，高温日数均长达 9～15 天，日最高气温超过 37℃，局地达 39～42℃。高温天气持续时间长、范围广，多站日最高气温突破历史极值，高温过程恰好与长江中下游一季稻的抽穗扬花期吻合，安徽中部、湖北中南部、四川盆地东部等地一季稻遭受较为严重的高温热害。此次水稻高温热害影响程度位居 1961 年以来第四位(图 2.11.5)。尤其是江淮江汉 8 月下旬至 9 月上旬又出现旱情，加之前期洪涝、高温影响，部分地区反复受灾，湖北、安徽和江苏一季稻平均单产减产幅度达 5%左右，粮食平均单产减产幅度为 2%左右。持续高温也不利于夏玉米抽雄吐丝，并导致长江流域棉花蕾铃脱落、蔬菜瓜果落花落果增多。

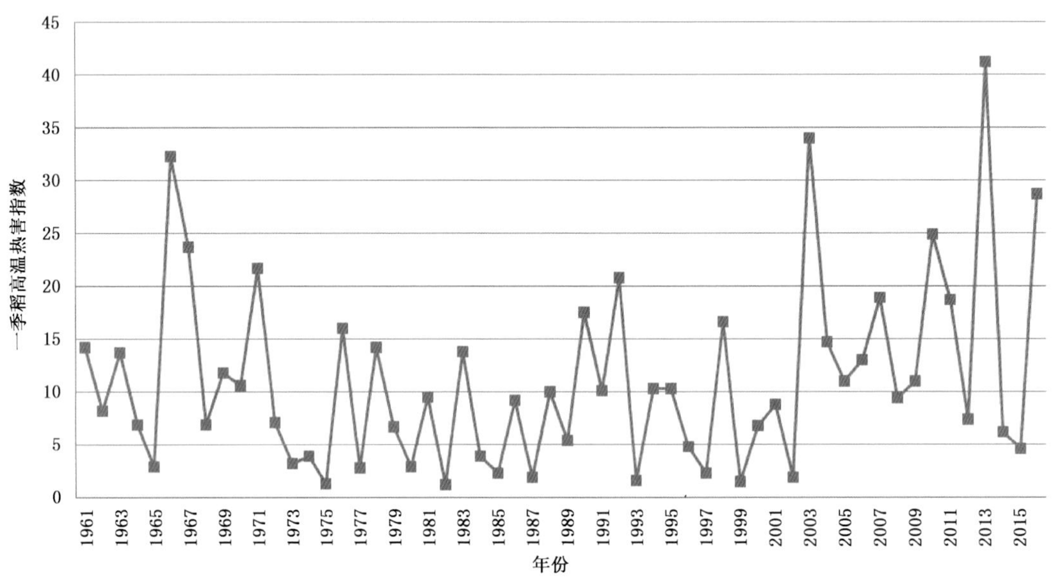

图 2.11.5 长江中下游一季稻高温热害指数历年变化

Fig. 2.11.5 Variation of annual high-temperature heat index of the first-season rice in the middle and lower reaches of the Yangtze River

2.11.4 台风

2016 年共有“尼伯特”“银河”“妮妲”“电母”“莫兰蒂”“鲇鱼”“莎莉嘉”“海马”8 个台风登陆我国，其特点是生成偏晚、生成时段集中、夏季少秋季多、登陆个数偏多、登陆点偏南、登陆强度偏强、对农业影响较重等。第一个登陆的台风“尼伯特”对农业生产造成的损失较大，强风暴雨造成福建、江西、广东 3 省 12 市 61 个县(市、区)局地早稻、蔬菜、瓜果等作物受淹倒伏，果树折枝落果，温室大棚和水产养殖设施损毁。其中，福建省农作物受灾面积 4.80 万公顷，成灾面积 1.95 万公顷，绝收面积 0.53 万公顷(图 2.11.6)。9 月 14—17 日强台风“莫兰蒂”带来的强风暴雨强度大、持续时间长，致使福建、浙江、江西等地部分农田被淹、农业设施被毁(图 2.11.7)。据统计，福建农作物受灾面积 5.60 万公顷，绝收面积 0.55 万公顷；浙江农作物受灾面积 4.50 万公顷，绝收面积 0.47 万公顷。

图 2.11.6 福建早稻倒伏(左)和闽侯稻田被泥沙掩埋(右)

Fig. 2.11.6 Early rice lodging in Fujian (left) and rice fields buried in silt in Minhou (right)

图 2.11.7 浙江温州大棚倒塌(左)和台州橘子树被淹没(右)

Fig. 2.11.7 The collapsed greenhouse in Wenzhou, Zhejiang Province (left) and the submerged orange trees in Taizhou (right)

2.11.5 雪灾和冻害

南方低温雨雪冰冻强度强。2016 年 1 月 21—25 日,全国多地最低气温跌破历史极值,华北中南部、黄淮最低气温达−20～−10℃,江淮、江南、华南北部及四川盆地、云南东部达−12～−1℃;最低气温 0℃线南压到华南中部,5℃线南压至华南南部;江淮、江南及西南地区东部等地出现 1～10 厘米积雪,广州等地出现有气象记录以来首次降雪。1 月 31 日至 2 月 8 日南方大部再次遭遇低温天气过程,最低气温 0℃线南压至江南南部。雨雪、寒潮、冰冻、大风叠加,南方已现蕾抽薹的油菜、拔节的冬小麦、露地蔬菜、花卉、经济林果、水产养殖、设施农业等遭受轻至中度寒冻害(图 2.11.8);蔬菜、经济林果受灾程度重于大宗农作物;浙江、云南、广东、广西等省(区)受灾较重;对农业生产的总体影响,接近 1991 年 12 月下旬低温灾害的程度,但不及 2008 年初的低温雨雪冰冻灾害。

长江中下游地区部分作物遭受低温霜冻害。3 月 7—11 日,江淮南部、江汉东南部和江南北部部分地区出现 2～3 天日平均气温低于 5℃、最低气温低于 2℃的低温霜冻天气,导致部分抽薹开花的油菜出现裂薹落花、分段结荚现象,拔节孕穗期冬小麦遭受轻度冻害,给南方茶叶、甘蔗等经济作物造成不利影响。

甘肃、陕西等地部分地区遭受轻度晚霜冻。4 月 16—18 日,甘肃省张掖市、酒泉市以及陕西宝鸡和商洛等地的部分地区出现寒潮、霜冻天气,最低气温降到 0℃以下,导致蔬菜、玉米、冬小麦、核

图 2.11.8　广东汕头海产冻死（左）和江西赣北萝卜“冻熟”（右）
Fig. 2.11.8　Seafood frozen to death in Shantou, Guangdong (left) and radish frozen to ripening in the north of Jiangxi (right)

桃、马铃薯、果树、花卉等遭受轻度霜冻。此次霜冻与2015年霜冻相比，出现时间有所推迟，但发生面积及程度均轻于2015年。5月10—15日，西北、华北等地出现明显降温过程，气温偏低2～4℃，内蒙古、甘肃、山西、河北等地部分农区玉米、冬小麦等作物遭受低温霜冻。据不完全统计，农作物受灾面积8.5万公顷，绝收面积0.8万公顷。

11月中旬新疆北部雪灾严重。11月10—18日，塔城、阿勒泰、伊犁河谷、昌吉州东部等地出现持续性强降雪过程，降雪强度大、持续时间长、新增积雪厚、极端性强、影响大。阿勒泰吉木乃16万头（只）未转场的牲畜陷入困境，农作物受灾面积600公顷，直接经济损失2500万元。另外，11月19—24日，河南、安徽、湖北等地降雪强度较大，部分温室大棚被压塌损坏，草莓、蔬菜等受灾。

2.11.6　阴雨寡照

2016年10月下旬至11月，江淮、江汉、江南等地降水日数达20～30天，与常年同期相比，上述大部地区降水日数偏多8～12天，江苏、安徽、浙江西部、福建北部、江西东北部等地偏多12～20天，江苏和安徽降水量偏多2～4倍，多地降雨量突破1981年以来历史同期极值。雨日多、雨量大，11月20—24日又出现寒潮雨雪天气，进一步加重了农田土壤过湿响，导致冬小麦、油菜根系和蔬菜生长缓慢、长势较弱，秋收和秋冬种进度偏慢。江苏部分地区麦播偏晚15天以上，部分来不及收割的晚稻发生穗蚜和霉变现象。同时，阴雨寡照天气还导致设施蔬菜、瓜果、花卉等生长缓慢，引发病害和腐烂。

2.11.7　大风冰雹

2016年全国27省（区、市）遭受了风雹等强对流袭击，局地受灾严重，与2015年相比，风雹灾害发生次数偏多29%。春夏季局地性、突发性、极端性强对流天气多，风雹灾害呈现发生时间早、点多面广、发生频繁、局地受灾重的特点。发生地点主要集中在新疆西部、西北地区东部、华北、黄淮东部、东北地区中南部、西南地区南部和华南西部等地（图2.11.9），发生时间主要集中在5—6月。

多发的风雹灾害使大田作物、设施农业、经济林果和养殖业遭受损失，造成作物植株损伤和倒伏、蔬菜大棚、旱地作物薄膜和牲畜圈舍损毁，禽畜死伤，果树折枝落果。6月4—6日，河南北部部分地区出现8～10级雷暴大风和冰雹天气，局地出现30～60毫米/小时的短时强降雨或暴雨；6月23日，江苏省盐城市阜宁、射阳等地出现强雷电、短时强降雨、冰雹、龙卷等强对流天气，造成局地小麦倒伏，籽粒、茎秆被冰雹打落、折损，瓜果蔬菜、温室大棚也受损较重，局地绝收。

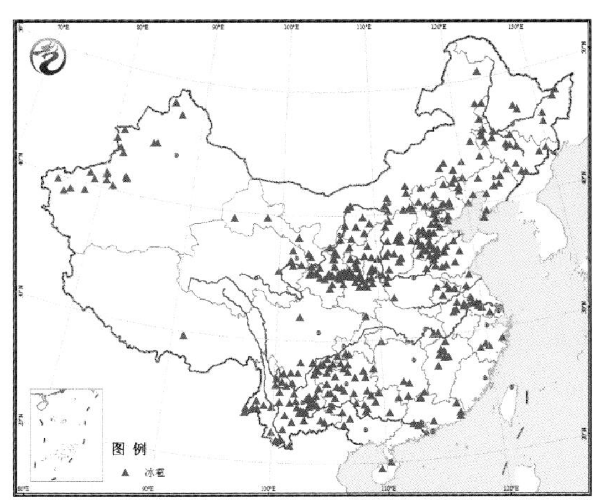

图 2.11.9　2016 年冰雹灾害分布图(左)与河南辉县小麦籽粒被冰雹砸落(右)

Fig. 2.11.9　Distribution of hail disaster (left) and wheat grain falling in Hui County, Henan Province (right) in 2016

2.12　森林草原火灾

2.12.1　基本概况

2016 年总体来看，我国气候属正常年景。年中卫星遥感森林、草原火点较多的时间在 1—4 月和 10—12 月，火点主要分布在北方的黑龙江、内蒙古，南方的湖南、广西、云南、江西、广东和湖南，黑龙江、内蒙古和湖南火点多于其他省(区)(表 2.12.1 和表 2.12.2)。卫星遥感监测的森林火灾主要发生在黑龙江省黑河市、云南省文山壮族苗族自治州和内蒙古呼伦贝尔市等地(图 2.12.1)。草原火灾主要发生在黑龙江省齐齐哈尔市、绥化市和黑河市，内蒙古呼伦贝尔市等地(图 2.12.2)。森林火点数量比 2015 年减少了约 48%，比近 9 年(2008 年至今)平均值减少了约 65%；草原火点数量比 2015 年减少了约 36%，比近 9 年(2008 年至今)平均值减少了约 57%。

表 2.12.1　2016 年气象卫星监测我国森林火点分省(区、市)统计

Table 2.12.1　Provincial statistics of forest fire numbers over China in 2016 monitored by meteorological satellite

省(区、市)	月份												合计
	1月	2月	3月	4月	5月	6月	7月	8月	9月	10月	11月	12月	
北京	0	0	0	0	0	0	0	0	0	0	0	0	0
天津	0	0	0	0	0	0	0	0	0	0	0	0	0
河北	0	2	1	9	0	0	0	0	0	1	1	0	14
山西	0	0	3	0	0	0	0	0	0	0	7	0	10
内蒙古	0	0	71	4	4	0	0	7	5	21	2	0	114
辽宁	1	0	10	31	1	0	0	0	2	3	1	0	49
吉林	0	0	0	7	0	0	0	0	0	4	1	0	12
黑龙江	0	0	109	103	4	0	0	20	3	127	46	0	412
上海	0	0	0	0	0	0	0	0	0	0	0	0	0
江苏	0	0	0	0	0	0	0	0	0	0	0	1	1
浙江	0	2	8	0	0	0	0	0	0	0	0	2	12
安徽	0	2	6	0	1	0	0	0	0	0	0	0	9

续表

省(区、市)	1月	2月	3月	4月	5月	6月	7月	8月	9月	10月	11月	12月	合计
福建	1	24	13	0	0	0	0	0	1	0	2	25	66
江西	0	98	52	0	0	0	0	0	1	0	7	33	191
山东	0	1	3	1	0	0	0	0	0	0	0	1	6
河南	1	14	2	0	0	0	0	0	0	0	0	0	17
湖北	0	62	12	0	0	0	0	0	0	0	0	6	80
湖南	0	207	25	0	0	0	0	0	2	1	0	21	256
广东	0	77	31	1	2	6	3	0	3	1	7	44	175
广西	9	48	6	2	1	0	0	2	5	9	32	115	229
海南	0	0	0	0	0	0	0	0	0	0	0	0	0
重庆	0	0	0	0	0	0	0	0	0	0	0	0	0
四川	10	6	0	0	0	1	0	0	0	2	2	0	21
贵州	1	24	12	0	0	0	0	0	0	2	5	10	54
云南	8	78	93	8	1	1	0	0	1	0	8	3	201
西藏	1	3	7	0	0	2	0	0	0	0	0	5	18
陕西	0	5	2	0	0	0	0	0	0	0	0	0	7
甘肃	0	0	6	0	0	0	0	0	0	0	0	0	6
青海	0	0	0	0	0	0	0	0	0	0	0	0	0
宁夏	0	0	0	0	0	0	0	0	0	0	0	0	0
新疆	0	0	0	0	0	0	0	0	0	0	0	0	0
合计	32	653	472	166	14	10	3	29	23	171	121	266	1960

表 2.12.2　2016 年气象卫星监测我国草原火点分省(区、市)统计表

Table 2.12.2　Provincial statistics of grassland fire numbers over China in 2016 monitored by meteorological satellite

省(区、市)	1月	2月	3月	4月	5月	6月	7月	8月	9月	10月	11月	12月	合计
北京	0	0	2	0	0	0	0	0	0	0	0	0	2
天津	0	0	0	0	0	0	0	0	0	0	0	0	0
河北	0	10	0	4	0	0	0	0	0	1	0	1	16
山西	4	8	6	2	1	0	0	0	0	3	4	0	28
内蒙古	1	5	86	25	5	0	1	18	10	32	8	0	191
辽宁	2	4	1	3	1	0	0	0	1	0	0	0	12
吉林	0	0	43	2	1	0	0	0	0	4	0	0	50
黑龙江	0	0	231	76	2	0	0	5	2	77	16	0	409
上海	0	0	0	0	0	0	0	0	0	0	0	0	0
江苏	0	0	0	0	0	0	0	0	0	0	0	1	1
浙江	0	0	0	0	0	0	0	0	0	0	0	0	0
安徽	0	1	0	0	0	0	0	0	0	0	0	0	1
福建	0	0	0	0	0	0	0	0	0	0	0	5	5
江西	0	7	0	0	0	0	0	0	0	0	0	5	12

续表

省(区、市)	月份												合计
	1月	2月	3月	4月	5月	6月	7月	8月	9月	10月	11月	12月	
山东	1	2	5	0	0	0	0	0	0	0	0	1	9
河南	1	11	0	0	0	0	0	0	0	0	0	1	13
湖北	0	3	0	0	0	0	0	0	0	0	0	0	3
湖南	0	20	1	0	0	0	0	0	0	1	0	2	24
广东	0	7	2	0	0	0	0	0	0	0	0	6	15
广西	0	8	0	1	0	0	0	0	1	4	3	20	37
海南	0	0	0	0	0	0	0	0	0	0	0	0	0
重庆	0	0	0	0	0	0	0	0	0	0	0	0	0
四川	4	5	2	0	0	3	0	0	0	1	2	6	23
贵州	0	3	1	0	0	0	0	0	0	1	1	0	6
云南	2	13	24	5	1	0	0	0	2	0	3	6	56
西藏	0	0	0	0	0	0	0	0	0	0	0	2	2
陕西	0	6	3	0	0	0	0	0	0	0	1	0	10
甘肃	0	1	4	0	0	0	0	0	0	0	2	0	7
青海	0	0	0	0	0	1	0	0	0	0	0	0	1
宁夏	0	1	1	0	0	0	0	0	1	0	1	0	4
新疆	0	0	1	0	1	0	1	0	1	1	0	0	5
合计	15	115	413	118	12	4	2	23	18	125	41	56	942

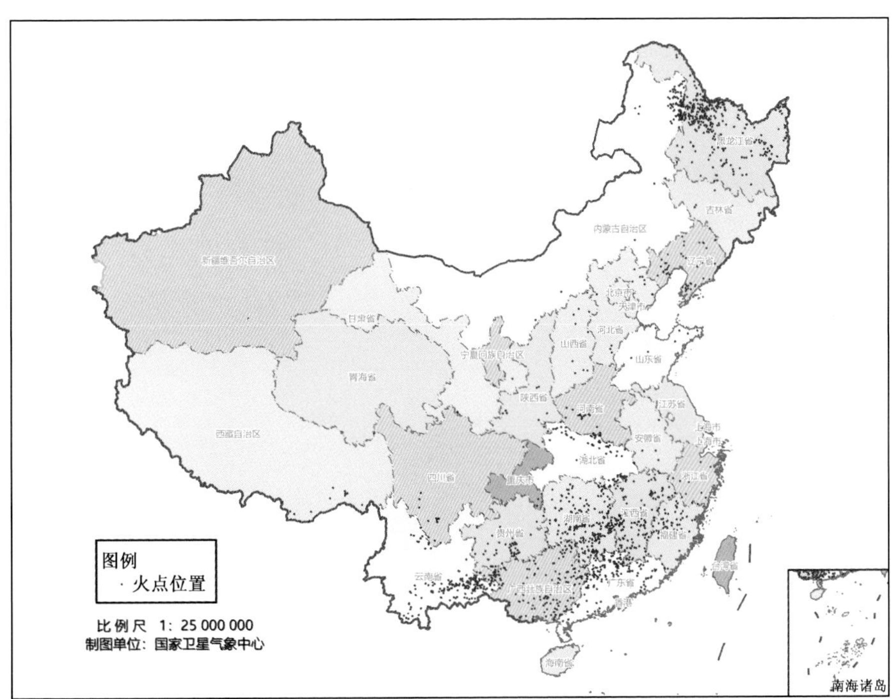

图 2.12.1　2016 年卫星监测全国林地火点分布示意图

Fig. 2.12.1　Sketch of forest fire spots monitored by meteorological satellite over China in 2016

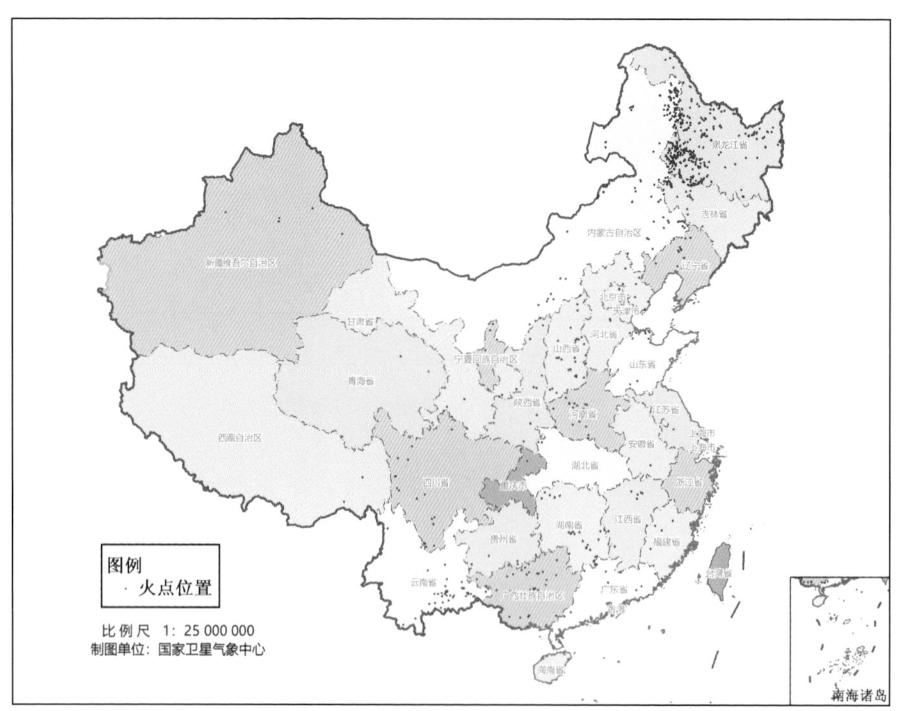

图 2.12.2 2016 年卫星监测全国草场火点分布示意图

Fig. 2.12.2 Sketch of grassland fire spots monitored by meteorological satellite over China in 2016

2.12.2 主要森林、草原火灾事件

1. 3 月 2 日甘肃省白龙江林业管理局迭部林业局的森林火灾

3 月 2 日，甘肃省白龙江林业管理局迭部林业局达拉林场发生森林火灾，经扑救于 3 日中午得到初步控制，明火基本扑灭。3 日下午，由于火场风力加大，火场火势蔓延。3 月 5 日，达拉火场烟雾较大，能见度低，南线、东线、北线有部分火线、火点和烟点。3 月 6 日，火场仍有 4 条火线，西部和东部火线火势较强。3 月 8 日达拉火场已得到基本控制。经过 4000 多名森警官兵、武警官兵、公安干警、消防部队、地方专业队、林业职工和干部群众奋力扑救，在航空护林直升机的全力配合下，历经 9 个昼夜，明火全部扑灭。火场过火面积约 220 公顷。

2. 3 月 29 日内蒙古东乌旗的草原火灾

3 月 29 日，东乌旗萨麦苏木巴彦毛都嘎查境内发生一起草原大火。由于当时火场风力达到 5 级以上，火场情况十分复杂，先后调动森警部队和当地扑火队员 300 多人、车辆 42 辆、灭火机具 300 多台投入扑火。扑火人员历经 7 个多小时的全力奋战，当晚 19 时左右将明火全部扑灭。

2.13 病虫害

2.13.1 基本概况

2016 年全国农业病虫害发生程度为 2004 年以来最轻；与 2015 年相比，小麦、玉米、水稻、棉花病虫害发生面积均偏少(图 2.13.1 和图 2.13.2)。2015/2016 年冬季，全国大部地区出现 2 次强寒潮等极端天气过程，隆冬多地最低气温跌破历史极值，一定程度上降低了病虫越冬基数。2016 年春季中后期长江中下游及黄淮南部麦区降水偏多、日照偏少，持续阴雨寡照、土壤过湿导致小麦赤霉病、白粉病等偏重发生；北方冬麦区春季大部时段降水偏少、气温偏高，小麦蚜虫在黄淮海部分地区

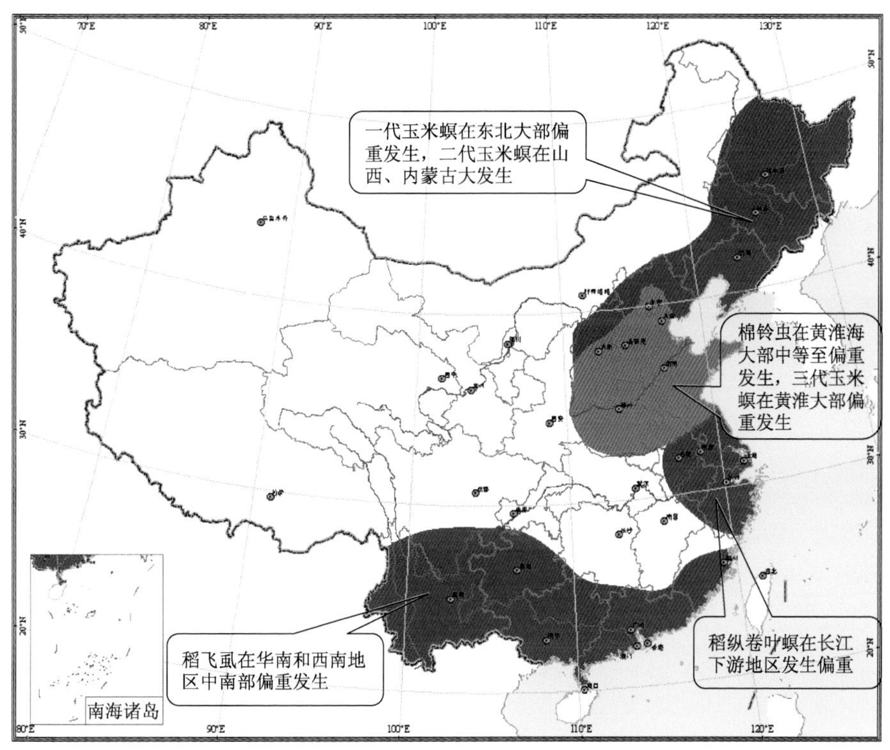

图 2.13.1 2016 年主要农业虫害分布区域

Fig. 2.13.1 Main agricultural insects and distribution regions in China in 2016

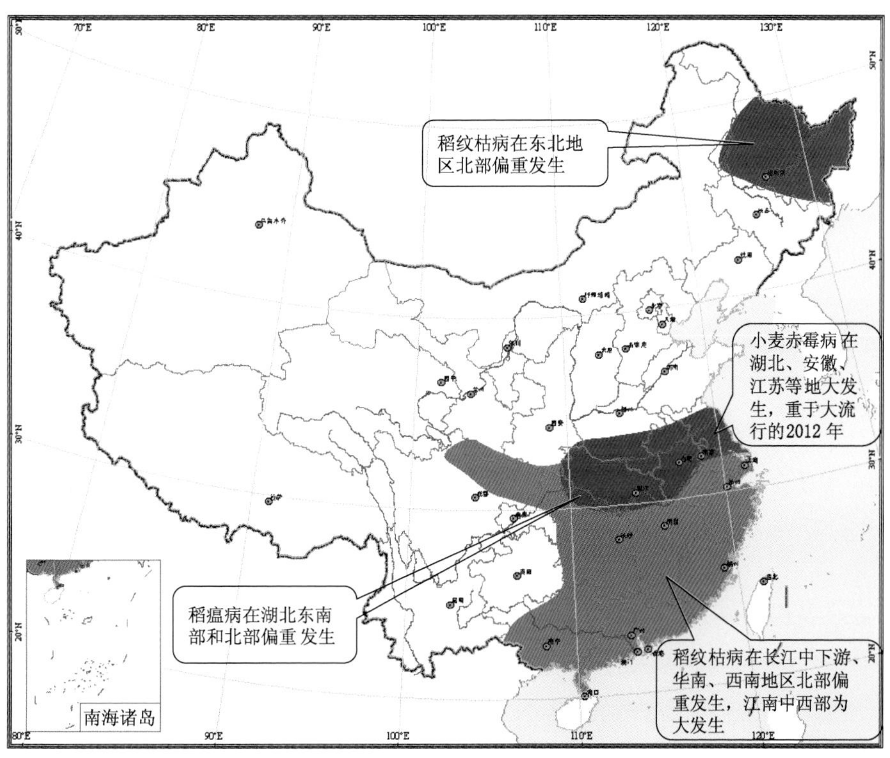

图 2.13.2 2016 年主要作物病害分布区域

Fig. 2.13.2 Main crop diseases and distribution regions in China in 2016

偏重发生。夏季，前中期南方地区降水过程频繁，长江中下游沿江降水较常年同期偏多2成至1倍，后期长江流域出现大范围持续高温天气，气象条件极端性强，总体不利于稻飞虱、稻纵卷叶螟等水稻病虫害的发生发展。

2.13.2 主要病虫害事例

1. 玉米病虫害总体中等发生，轻于2015年、重于常年，一代玉米螟在东北大部偏重发生

2016年玉米病虫害发生面积约7200万公顷次，比2015年减少约11%，比2000—2015年平均值增加约23%；虫害发生面积约5267万公顷次，病害发生面积约1933万公顷次。玉米螟偏重发生，发生面积约2313万公顷次，与2015年基本持平，维持2012年以来重发态势，为历史第四高值；玉米大小斑病发生面积约687万公顷次，较2015年减少约16%；黏虫发生面积约200万公顷次，较2015年减少约63%。南方锈病在黄淮海大部偏轻发生，发生面积253万公顷次，明显轻于2015年。

2016年夏季，玉米区大部气温正常或略偏高，降水量接近常年同期，华北和新疆大部降水偏多，温湿条件总体有利于玉米螟等病虫害的发生发展；同时全国玉米种植面积大，且连年单一种植，抗病虫品种少，秸秆还田、密植、免耕浅耕、轻简栽培等耕作栽培技术的推广，加之玉米生长中后期植株高大、田间郁闭，农田小气候条件和寄主条件均有利于玉米螟等发生和危害。但东北大部、西南地区大部降水略偏少，不利于迁飞性害虫黏虫等的迁飞扩散。

一代玉米螟在东北大部偏重发生，二代玉米螟在山西、内蒙古大发生，在东北大部、西北局部偏重发生，三代玉米螟在黄淮大部偏重发生；大斑病总体中等发生，在东北、华北局部偏重发生，小斑病在黄淮局部中等发生，轻于近几年平均水平；三代黏虫发生面积为近4年最小，在华北、东北地区总体危害程度轻于2012—2015年，但黄淮局部虫口密度高，陕西、河南、山西三省交界区域发生较重，个别严重田块玉米叶片被吃光成丝状。二点委夜蛾在河北、山东等部分地区虫量高，局部可达大发生，总体危害程度重于前三年，轻于重发的2011年。

2. 水稻重大病虫害中等发生、轻于2015年和常年，发生面积为近15年来最少

2016年全国水稻病虫害共发生面积约8067万公顷次，比2015年减少约12%，比2000—2015年平均值减少约19%，造成实际损失比2015年减少约12%，为2000年以来最轻年份。稻纵卷叶螟、稻瘟病偏轻至中等发生，稻飞虱中等发生，均轻于2015年和常年，稻纹枯病总体偏重发生。稻飞虱发生面积2040万公顷次左右，较2015年减少约12%，比2005—2015年平均值减少约29%，为2005年以来最轻年份；稻纵卷叶螟发生面积约1367万公顷次，比2015年减少12%，比2002—2015年平均值减少29%，是2002年以来发生面积最少的年份；稻瘟病发生面积约389万公顷次，较2015年减少约24%，是2000年以来仅高于2013年的次低年份；水稻纹枯病发生面积为1700万公顷次，同比减少5%，比近10年平均值增加约1%。

2016年夏季，南方地区暴雨频繁，先后出现14次较大范围的强降水过程，间隔时间短，雨量大，6月长江中下游及其以南地区大到暴雨日数达5～8天；7月，长江中下游地区又出现3～8天大到暴雨，长江流域和淮河流域出现了区域性洪涝。南方强降水天气过程主要集中在6月上中旬、7月上中旬。2016年台风生成偏晚，影响我国的数量少于常年，7—8月共有4个台风“尼伯特”“银河”“妮妲”和“电母”登陆我国，气象条件对纹枯病、稻瘟病的发生流行以及稻飞虱、稻纵卷叶螟的迁入和危害有一定促进作用。纹枯病在长江中下游地区、华南、西南地区北部及东北北部稻区偏重发生，江南中西部为大发生；稻瘟病在湖北东南部、江汉平原北部偏重发生；稻飞虱在华南、西南地区中南部稻区偏重发生；稻纵卷叶螟在长江下游稻区偏重发生，沿太湖、沿江局部大发生。南方水稻黑条矮缩病、条纹叶枯病等水稻病毒病总体偏轻发生，发生面积37万公顷次，比2015年增加38%。水稻黑条矮缩病在南方稻区呈明显回升态势，发生程度和面积分别重于和广于2015年，浙江衢州、桐庐部分严重田块丛发病率高于50%。长江中下游7月20日至8月2日和8月11—25日出现2段大范围高温天气，高温日数均长达9～15天，日最高气温超过37℃，局地达39～42℃，江淮、江汉等地8月下旬旱情显现并发展，一定程度上抑制了稻飞虱、稻纵卷叶螟等喜湿性水稻病虫害的进一步发生发展。

3. 小麦病虫害偏重发生，赤霉病为仅次于大发生年2012年的第二重发生年份

2016年小麦病虫害发生面积约6167万公顷次，比2015年减少约3.7%，造成小麦实际损失同比减少约2%，病害重于虫害。病害发生面积约3180万公顷次，略低于2015年，但多于近5年及2001年以来的平均值；虫害发生面积约2987万公顷次，为2001年以来最小的年份。赤霉病发生面积约690万公顷次，比2015年增加约19%，在常发区大流行，重于2015年和常年；白粉病发生面积约786万公顷，是2001年以来第四重年份；蚜虫发生面积1488万公顷左右，较2015年减少约13%。

3月下旬至5月上旬，长江中下游地区强降水频繁，部分地区出现湿渍害，田间适温高湿环境利于病害发生发展，小麦白粉病在上海、江苏大部麦区偏重发生，江苏沿江、沿海、沿淮及淮北局部大发生；4月中下旬黄淮南部及江淮、江汉地区冬小麦正值抽穗扬花期，与田间潮湿的农田小气候环境耦合，导致小麦穗期赤霉病在长江中下游麦区大发生，发生程度重于上年和大流行的2012年，在黄淮南部麦区重于2015年，接近重发的2012年；小麦叶锈病在江淮、黄淮及华北、西南和西北麦区发生面积327万公顷次，是近年来发生面积最大的一年，尤其新疆北疆4—5月降水较多、田间湿度大，小麦条锈病总体偏重发生，发生面积较2015年增加约71%。小麦返青至灌浆期北方冬麦区大部气温偏高，河北中部、山西南部等地降水偏少3～8成，5月上中旬出现阶段性高温干旱，利于蚜虫发生和扩散为害，小麦蚜虫在河北、山东、山西、安徽偏重发生。

4. 棉花病虫害偏轻发生，农牧交错区草原蝗虫中等发生

受病虫基数偏低、棉花品种抗性较强、种植结构调整和气象条件不利等综合影响，2016年全国棉花病虫害偏轻发生，发生面积1000万公顷次，比2015年减少近13%。棉铃虫在黄淮海大部中等至偏重发生，发生面积近490万公顷次，新疆二代和三代棉铃虫在塔城、昌吉州等地中等发生。

2016年全国蝗虫总体为中等偏轻发生。东亚飞蝗夏蝗发生面积约68万公顷次，发生面积比2015年增加3%，比近5年平均值减少8.5%；亚洲飞蝗夏蝗发生面积不足1万公顷次，较2015年同期减少24.4%；西藏飞蝗夏蝗发生面积约3.9万公顷次，与2015年同期基本持平；北方农牧交错区草原蝗虫夏蝗发生面积121万公顷次，在新疆伊犁州、博尔塔拉州呈现高密度点片发生，侵入农田面积11.8万公顷，比2015年同期减少43%。

第3章　每月气象灾害事记

3.1　1月主要气候特点及气象灾害

3.1.1　主要气候特点

1月，全国平均气温较常年同期偏低，平均降水量较常年同期明显偏多。月内，下旬前期我国大部地区遭遇寒潮袭击，南方出现雨雪冰冻天气；下旬后期南方出现强暴雨天气过程；中东部地区出现雾、霾天气过程。

月降水量与常年同期相比，江南大部、华南大部、西南东北部、东北东北部及新疆东部、甘肃河西大部、内蒙古西部、西藏大部、云南南部等地偏多2成至2倍，华南大部及新疆东部、甘肃西北部、内蒙古西部、西藏中南部等地偏多2倍以上；东北西部和南部、华北大部、西北地区东部、黄淮及新疆西南部、西藏西部、青海大部、内蒙古东北部和中部、湖北中北部、四川西南部、云南北部等地偏少2～8成，部分地区偏少8成以上（图3.1.1）。

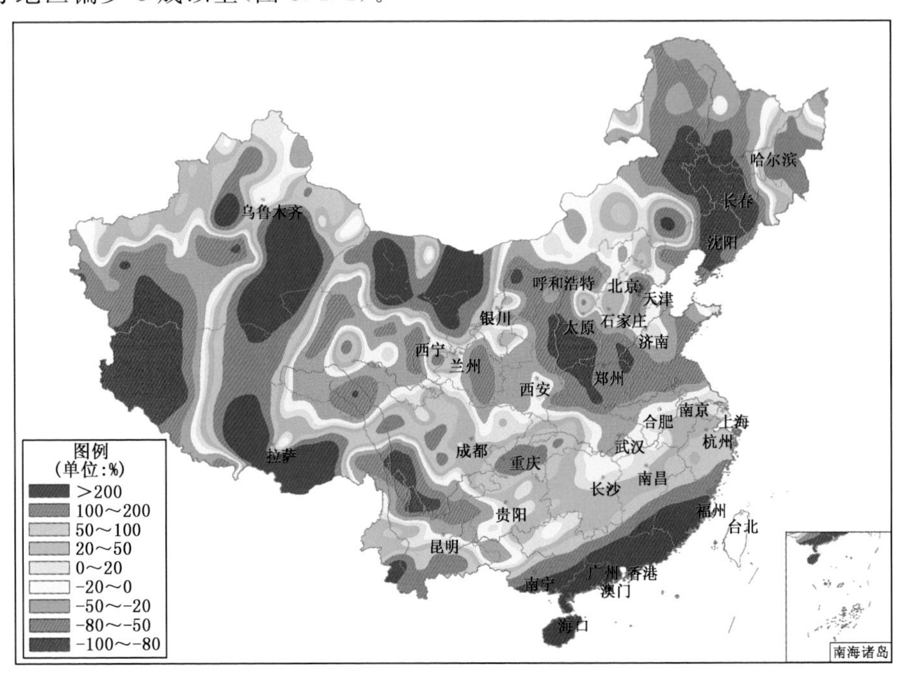

图3.1.1　2016年1月全国降水量距平百分率分布图（%）

Fig. 3.1.1　Distribution of precipitation anomaly percentage over China in January 2016 (unit: %)

月平均气温与常年同期相比，内蒙古大部、东北中西部和南部、华北北部、西藏中部和云南中南部等地偏低1℃以上，内蒙古大部及河北、辽宁、吉林等地的部分地区偏低2～4℃，内蒙古中部局部偏低超过4℃；新疆西部、西藏西部和黑龙江西北部等地偏高1～2℃，局部偏高2～4℃（图3.1.2）。

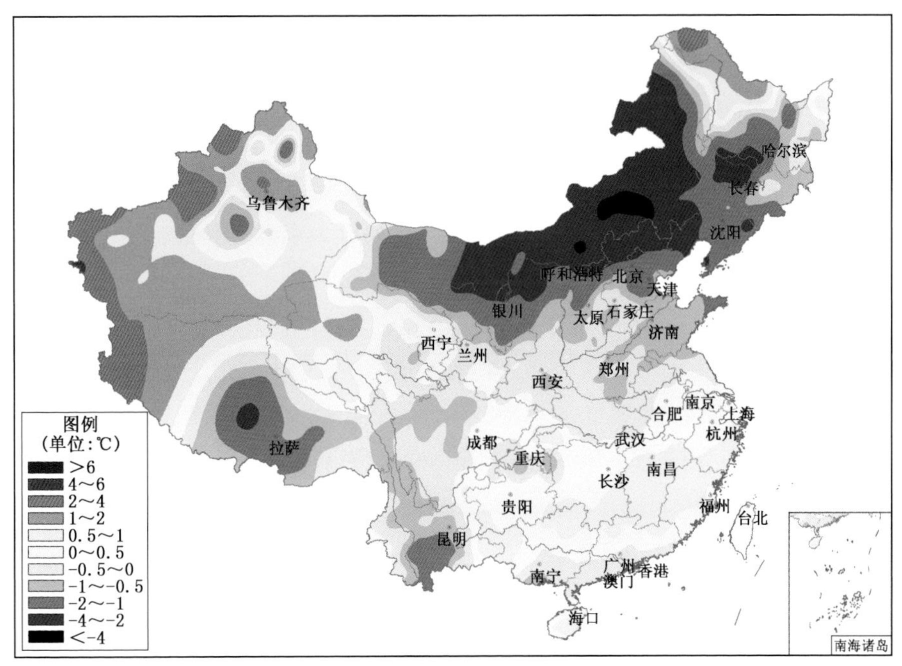

图 3.1.2 2016 年 1 月全国平均气温距平分布图(℃)

Fig. 3.1.2 Distribution of mean temperature anomaly over China in January 2016 (unit: ℃)

3.1.2 主要气象灾害事记

1 月 21—25 日,我国大部地区遭受寒潮天气。过程降温幅度大,极端性强,影响范围广。西北地区东部、华北、黄淮、江淮东部、江南东部、华南南部及云南东部等地部分地区最大降温幅度达 12~18℃,局部超过 18℃。全国大部地区出现入冬以来最低气温,气温 0℃线南压到华南中部一带,偏南位置历史少见。南方地区还出现了雨雪冰冻天气,21—22 日,贵州中南部、湖南中部部分地区及福建中部局地出现冻雨。22—23 日浙江大部、安徽中南部以及江西、湖北、重庆、贵州、云南等地的部分地区出现大到暴雪、局地大暴雪;最大积雪深度一般有 2~10 厘米,安徽南部、浙江北部等地部分地区达 15~20 厘米、局地达 20~40 厘米。24 日,雪线南压至珠三角和广西南部一带,为 1951 年有气象记录以来最南端。此次寒潮和雨雪冰冻天气给我国南方地区的交通、电力、农业和人体健康等造成较大影响。江苏、浙江、安徽、福建、江西、湖北、湖南、广东、广西、重庆、四川、贵州、云南等 13 省(区、市)不同程度遭受寒冻害和雪灾,共计 946.6 万人受灾,农作物受灾面积约 107.1 万公顷,直接经济损失 103.8 亿元,广东、云南、浙江受灾较重。

1 月,我国南方出现 2 次区域性暴雨天气过程,分别发生在 5 日、28—29 日。28—29 日,江南南部、华南出现区域性暴雨天气过程,暴雨站数、大暴雨站数分别为 107 站和 24 站,均为 1 月历史同期最多;广东、福建、广西和江西共有 95 个观测站日降水量突破建站以来 1 月历史极值;综合强度为强区域性暴雨过程,且为 1961 年以来 1 月历史同期最强。累计降水量超过 50 毫米的面积约 47 万平方千米,影响 1.4 亿人,超过 100 毫米的面积约 25 万平方千米,影响 9600 万人。强降水导致广东、广西部分地区出现洪涝、滑坡等灾害,造成 11 人死亡,直接经济损失 8900 万元。

1 月 1—3 日,北京、天津、河北中南部、山东、河南、山西东部和南部、陕西关中等地出现持续雾、霾天气,部分地区 $PM_{2.5}$ 浓度超过 350 微克/米^3,河北中南部局地超过 500 微克/米^3。受雾、霾天气影响,2 日大连机场部分航班取消;3 日山东境内济南绕城高速公路、济广高速公路、滨德高速公路、长深高速公路、京沪高速公路等路段的多个出入口封闭,济南遥墙国际机场多个航班取消或延误。

3.2 2月主要气候特点及气象灾害

3.2.1 主要气候特点

2月，全国平均气温接近常年同期，平均降水量较常年同期偏少。月内，寒潮影响我国大部地区，对春运造成不利影响；南方出现降水天气过程，四川部分地区遭受雪灾；西北地区出现一次沙尘天气过程。

月降水量与常年同期相比，青藏高原大部、江淮、江汉大部、江南、华南以及贵州大部、陕西中部、新疆西北部、内蒙古东部、吉林西部、黑龙江北部等地偏少2～8成，部分地区偏少8成以上；东北地区东南部、华北大部、黄淮北部、西北地区东北部以及内蒙古中部和西部、新疆南部、四川大部、云南大部、西藏东部等地偏多5成至2倍，部分地区偏多2倍以上(图3.2.1)。

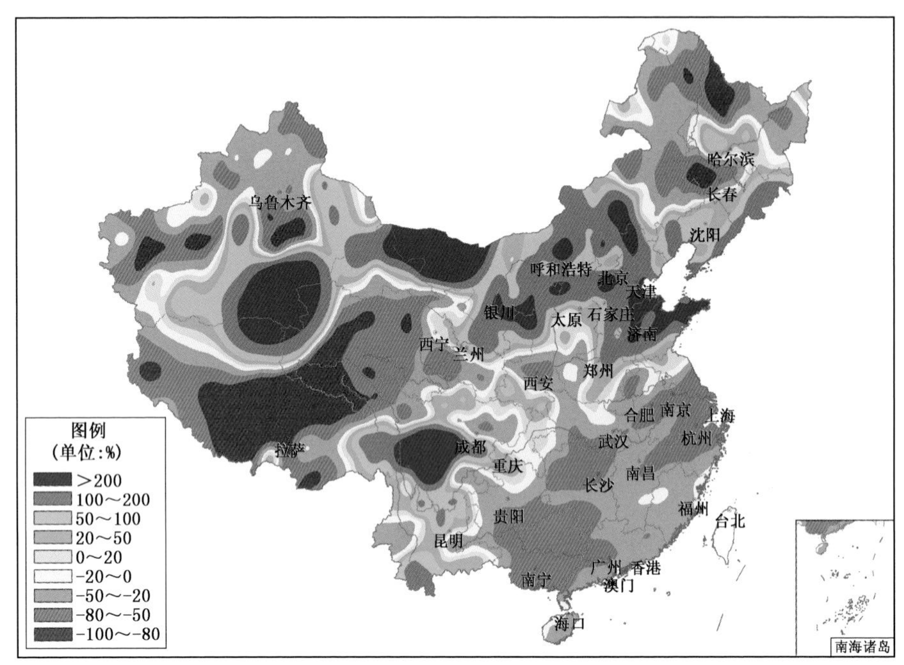

图3.2.1 2016年2月全国降水量距平百分率分布图(%)

Fig. 3.2.1 Distribution of precipitation anomaly percentage over China in February 2016 (unit: %)

月平均气温较常年同期相比，华北东南部、黄淮大部、江淮、江汉、江南西部和北部以及吉林中部、辽宁北部、西藏、青海西南部等地偏高1～4℃；华南大部、西南地区东南部以及山西西部、内蒙古中西部、陕西北部、新疆部分地区、黑龙江北部等地偏低1～4℃(图3.2.2)。

3.2.2 主要气象灾害事记

2月11—15日，寒潮袭击我国中东部大部分地区，带来大风降温和雨雪天气。此次寒潮过程降温幅度大，影响范围广，对春运造成不利影响。除青藏高原大部及云南外，全国大部分地区过程最大降温幅度普遍有8～16℃，东北大部、华北北部、西北地区东北部、江淮、江南、华南中部和北部及贵州等地降温幅度在16℃以上，内蒙古中部、湖南东南部、江西中部和南部、辽宁西北部、安徽东南部、贵州中西部等地超过20℃。受此次寒潮影响，降温幅度在8℃以上的面积占国土面积75%，影响人口12.0亿人，降温幅度超过16℃的面积约占国土面积30%，影响5.3亿人。最大风力在5级以上的面积占国土面积48%，影响人口5.9亿人，6级以上的面积占国土面积11%。河北、山东、山

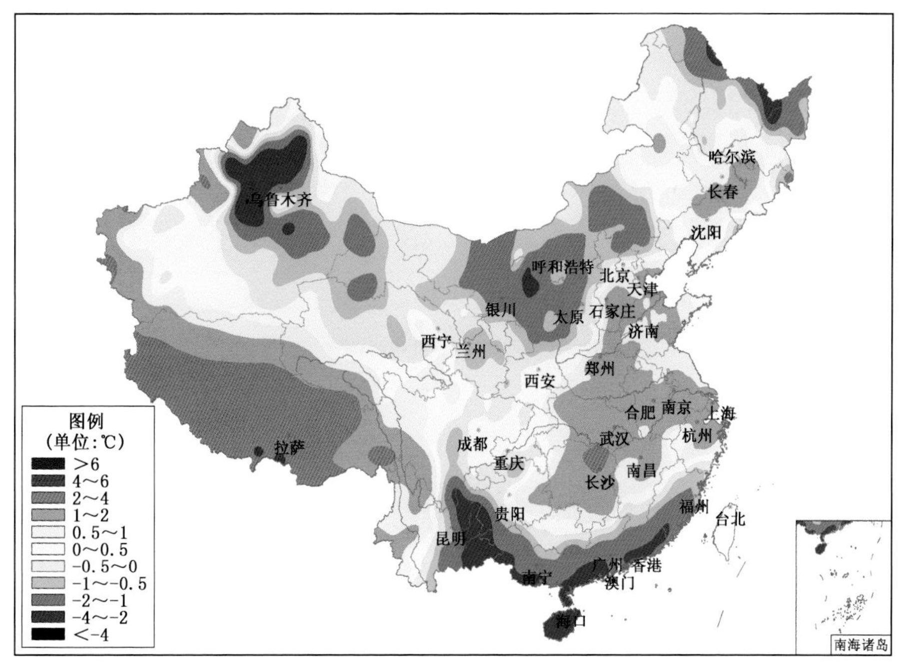

图 3.2.2 2016 年 2 月全国平均气温距平分布图(℃)

Fig. 3.2.2 Distribution of mean temperature anomaly over China in February 2016 (unit: ℃)

西、内蒙古、重庆、甘肃等地高速公路部分路段临时封闭或通行受阻;大连、沈阳、烟台等地部分航班延误或取消。

2 月 21—27 日,我国南方出现降水天气过程,江南大部、四川中部、云南大部、贵州东部、西藏东南部等地降水量一般有 10~50 毫米,局地在 50 毫米以上。与常年同期相比,四川大部、重庆、云南大部、西藏东南部等地降水量偏多 5 成至 4 倍,部分地区偏多 4 倍以上。受持续降水影响,四川雅安、甘孜遭受雪灾,暴雪导致供电中断、农作物受灾,部分种植大棚垮塌和农房倒损;云南贡山县遭受洪涝灾害,部分乡镇引发了泥石流、滑坡、塌方等灾害,对电力、交通、水利、通信设施造成了不同程度的破坏。

2 月 18—19 日,西北地区出现沙尘天气过程,新疆南部、内蒙古中西部、甘肃、宁夏、青海等地出现扬沙或浮尘天气,青海西部局地出现沙尘暴。受其影响,上述部分地区出现轻至中度污染,局地达到重度污染。

3.3 3 月主要气候特点及气象灾害

3.3.1 主要气候特点

3 月全国平均气温较常年同期明显偏高,平均降水量接近常年同期。月内,华南入汛早,南方部分地区遭受暴雨洪涝灾害;北方出现 3 次沙尘天气过程;山西、河南、陕西部分地区遭受气象干旱;部分省(区)遭受风雹袭击;寒潮影响我国中东部,局地遭受低温冷冻和雪灾;华北、黄淮、江淮等地出现雾、霾天气。

月降水量与常年同期相比,江南南部、华南东部、西南地区东北部及湖南西部、西藏中北部、青海东部、甘肃中部、新疆东北部、内蒙古西部和东北部、黑龙江北部等地偏多 2 成至 2 倍,部分地区偏多 2 倍以上;华北、东北南部、黄淮、江淮、江汉东部、江南东部、西南地区东南部以及广西西部、西藏西部、新疆南部、青海西北部、陕西关中与陕南的东部、内蒙古中部和东南部等地偏少2～8成，部分地区偏少8成以上(图3.3.1)。

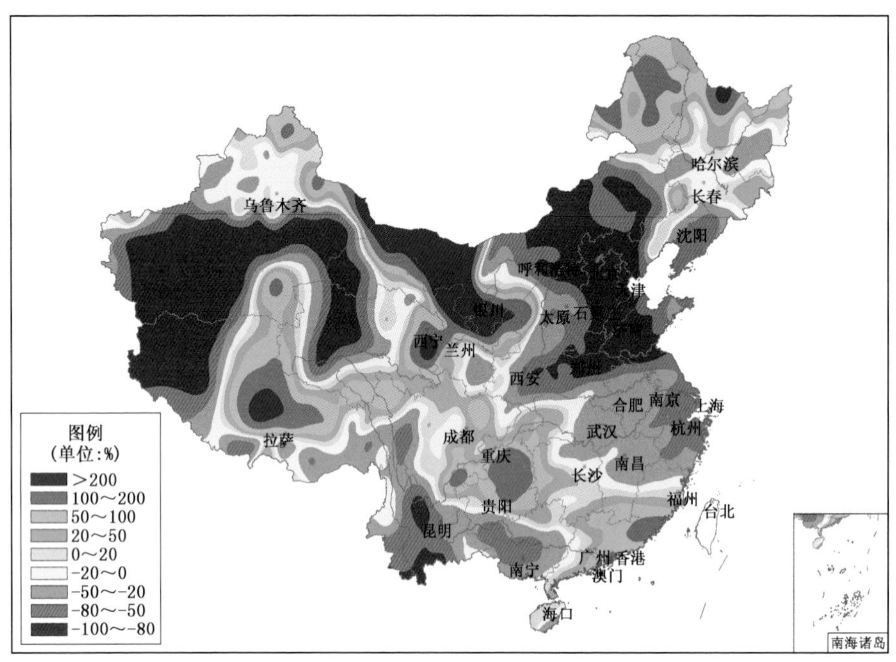

图3.3.1 2016年3月全国降水量距平百分率分布图(%)

Fig. 3.3.1 Distribution of precipitation anomaly percentage over China in March 2016 (unit: %)

月平均气温与常年同期相比，除海南及广东东部、福建南部沿海偏低1～2℃外，全国大部地区偏高或接近常年，东北、华北东部、黄淮、西北大部、江淮西部、江汉东部、四川盆地大部及内蒙古大部、湖南东北部等地普遍偏高2～4℃，新疆、内蒙古的局部偏高4℃以上(图3.3.2)。

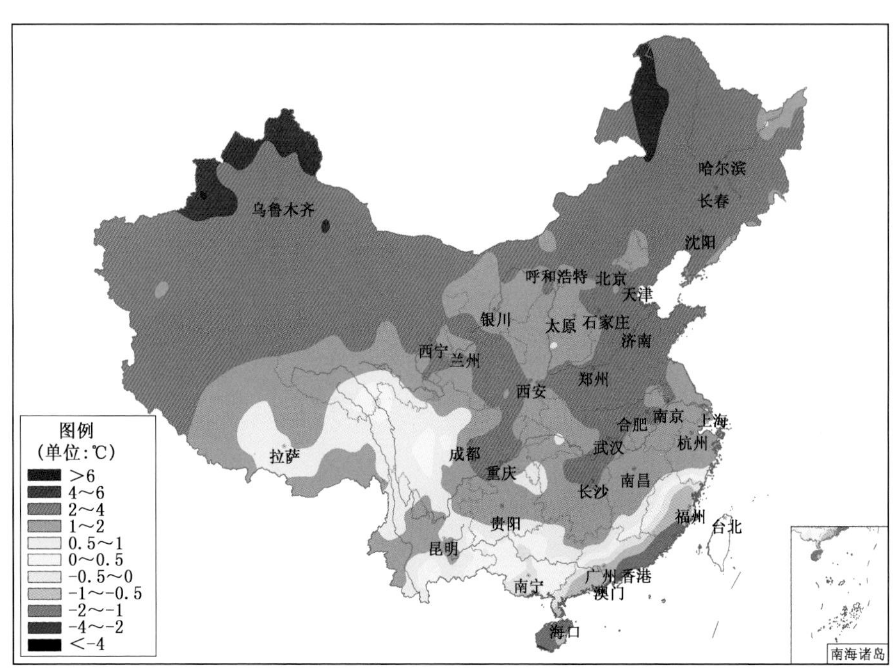

图3.3.2 2016年3月全国平均气温距平分布图(℃)

Fig. 3.3.2 Distribution of mean temperature anomaly over China in March 2016 (unit: ℃)

3.3.2 主要气象灾害事记

3月8—9日、20—23日，南方出现2次暴雨过程。20—23日的暴雨过程降水量大、强度强、影响时间长、范围广，并伴有雷暴、大风和冰雹等强对流天气。20—23日，江南南部、华南中东部过程降水量普遍有50～250毫米。大暴雨站数有24个，与1961年以来历年3月大暴雨总站数相比，位列第三多值。有20个站的日降水量突破3月历史极值，湖南宜章、汝城日降水量突破春季历史极值。过程雨量超过50毫米和100毫米的范围分别为53万平方千米和25万平方千米。3月21日，华南前汛期在广东首先开始，较常年(4月6日)偏早16天，为近7年来最早。此次过程导致广东、江西、湖南多条河流发生超警戒水位洪水，部分地区遭受洪涝及滑坡等灾害，造成115万人受灾，12人死亡，直接经济损失10.1亿元。

3月，北方出现2次扬沙和1次沙尘暴天气过程，沙尘天气过程次数较2000—2015年同期平均值(3.9次)偏少。3—4日，西北地区、内蒙古等地出现扬沙或浮尘天气，局部有沙尘暴，新疆淖毛湖、内蒙古二连浩特等地出现了强沙尘暴，给当地居民生产生活、出行及道路交通安全带来较大影响。

3月，山西、河南北部、陕西中部及东北部降水量不足10毫米，较常年同期偏少5成以上，同时气温偏高，导致气象干旱露头并发展。3月24日，河南西部、山西南部、陕西中部等地出现中到重度气象干旱，中旱以上面积达10.4万平方千米，重旱以上面积达2.1万平方千米。

3月，贵州、广东、新疆、陕西、四川、云南、湖南、广西、福建等省(区)遭受风雹袭击。3月8—9日、20—23日贵州多个县(市、区)遭受风雹灾害，损失较重。

3月8—11日，受寒潮影响，我国中东部大部地区先后出现4～10℃降温，南方大部降温幅度在10℃以上，江南大部、华南北部及贵州大部等地降温达14～20℃。重庆、贵州局部遭受低温冷冻灾害或雪灾，4.5万人受灾，农作物受灾面积5500公顷。

3月1—5日，东北地区南部、华北、黄淮、江淮、江南及陕西中南部、四川盆地等地出现轻到中度霾、局地重度霾。14—18日，华北中南部、黄淮中西部、江淮等地有轻至中度霾、局地重度霾，17日夜间北京地区 $PM_{2.5}$ 峰值浓度超过400微克/米^3。

3.4 4月主要气候特点及气象灾害

3.4.1 主要气候特点

4月全国平均气温较常年同期偏高，平均降水量较常年同期偏多。月内，南方部分地区遭受暴雨洪涝灾害；多省遭受风雹袭击，部分地区受灾较重；北方出现3次沙尘天气过程。

月降水量与常年同期相比，南方大部及新疆北部、甘肃河西走廊、青海大部、大兴安岭地区、黑龙江东部、吉林中东部、山西等地偏多2成至1倍，部分地区偏多1倍以上；东北西部、华北东部及山东大部、内蒙古大部、新疆南部、西藏西部和中南部、海南东部等地偏少2～8成，部分地区偏少8成以上(图3.4.1)。

月平均气温与常年同期相比，除青藏高原东南部、西南地区东部、东北大部及内蒙古东部接近常年外，全国大部地区偏高1℃以上，华北大部、西北地区西部和北部、黄淮大部、江淮东部、江汉北部及内蒙古西部和中部、西藏西部等地偏高2～4℃(图3.4.2)。

3.4.2 主要气象灾害事记

4月，江淮南部、江汉南部、江南及华南大部累计降水量有100～250毫米，安徽南部、湖北东南部、浙江西部、福建大部、江西、湖南大部、广东北部、广西北部等地超过250毫米。与常年同期相比，

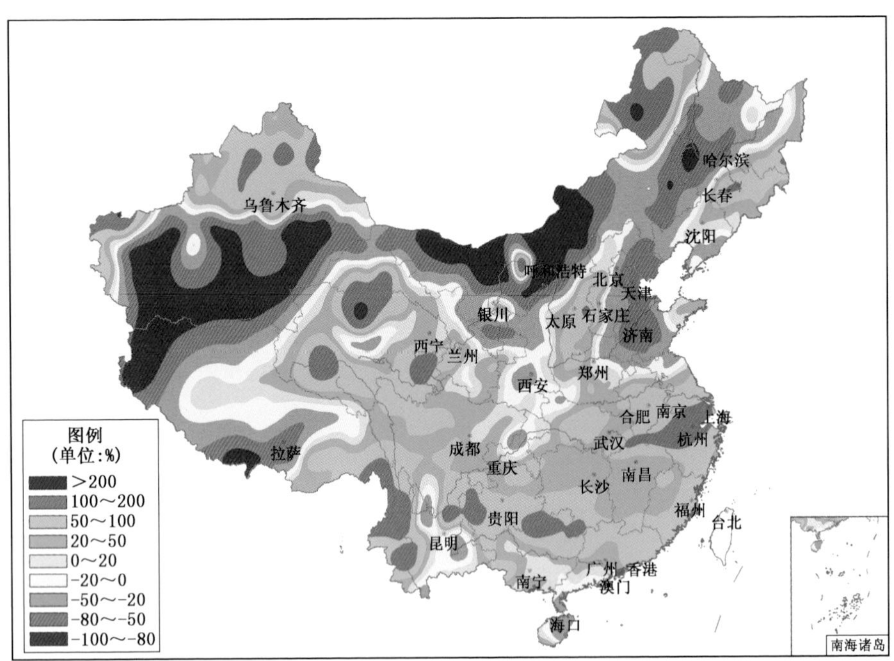

图 3.4.1 2016 年 4 月全国降水量距平百分率分布图(%)

Fig. 3.4.1 Distribution of precipitation anomaly percentage over China in April 2016 (unit: %)

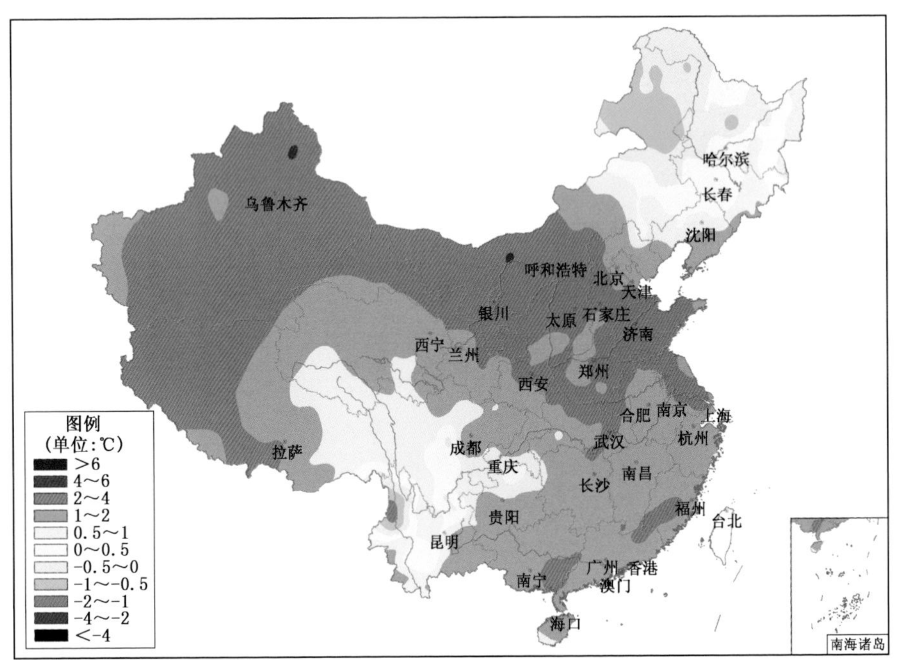

图 3.4.2 2016 年 4 月全国平均气温距平分布图(℃)

Fig. 3.4.2 Distribution of mean temperature anomaly over China in April 2016 (unit: ℃)

上述大部地区降水量偏多 2～8 成，江苏南部、上海、浙江北部、安徽南部、贵州东南部、广西北部、云南西部等地偏多 8 成以上。安徽降水量为 1961 年以来历史同期最多值，湖南为次多值，浙江为第三多值。受暴雨过程影响，江南、华南等地遭受洪涝及山洪、泥石流等灾害，部分地区土壤过湿，部分河流出现超警戒水位洪水。

4月，贵州、广东、新疆、陕西、黑龙江、江西、湖南、广西、云南、福建、海南、河南、山东、四川、浙江等省（区）遭受风雹袭击，贵州、湖南、云南、广西等地受灾较重。

4月，北方出现2次扬沙和1次沙尘暴天气过程，分别发生在15日、21—22日、4月30日至5月1日。沙尘天气给当地居民的生活及出行造成了一定影响。

3.5 5月主要气候特点及气象灾害

3.5.1 主要气候特点

5月，全国平均气温接近常年同期，平均降水量较常年同期偏多。月内，南方遭受暴雨洪涝灾害；北方冬麦区和内蒙古中部出现阶段性气象干旱；北方出现2次沙尘天气过程；21个省（区、市）遭受风雹袭击，部分地区受灾较重。

月降水量与常年同期比较，新疆南部、西藏西部、青海中部、内蒙古中东部部分地区、河北中部和南部、山西中东部、河南东北部、山东西部、海南西部等地降水量偏少2～5成，部分地区偏少5成以上；东北大部、江淮、江南东部，以及两广北部、新疆北部和西部部分地区、青海南部、甘肃西部和东部部分地区、内蒙古西部部分地区、四川东部、西藏中部、云南西北部等地降水量偏多2成至1倍，部分地区偏多1倍以上（图3.5.1）。

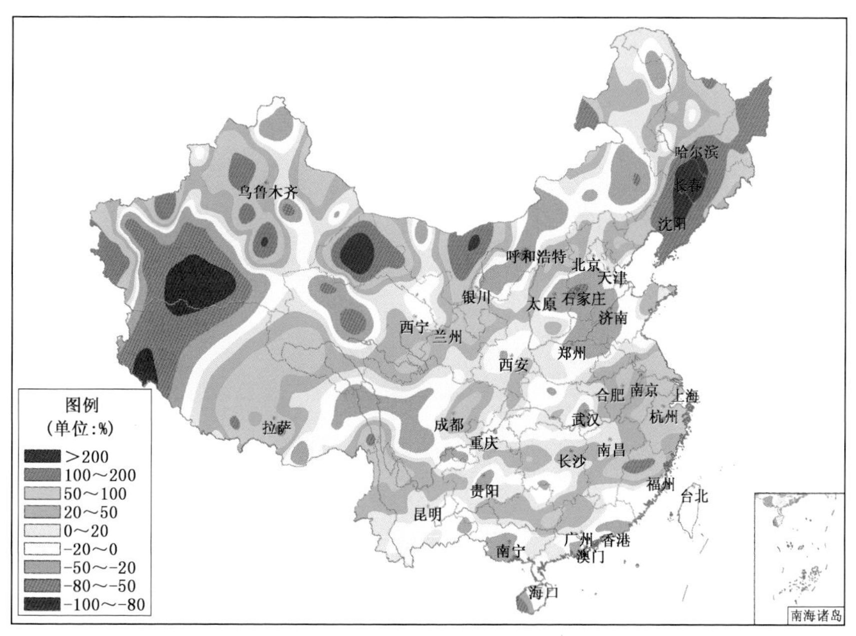

图3.5.1 2016年5月全国降水量距平百分率分布图(%)

Fig. 3.5.1 Distribution of precipitation anomaly percentage over China in May 2016 (unit: %)

月平均气温与常年同期比较，吉林东北部、内蒙古东部部分地区、西藏西部、四川西北部、云南东部、福建东部和南部、广东东部等地偏高1～2℃，局部偏高2℃以上；江淮西部、江汉南部、江南中西部部分地区以及山西南部、陕北南部、北疆大部、甘肃西北部、内蒙古西部等地偏低1～2℃，局部偏低2℃以上；全国其余大部地区接近常年（图3.5.2）。

3.5.2 主要气象灾害事记

5月，我国南方地区共出现7次强降水过程，分别发生在2—3日、4—5日、6—10日、13—15日、19—21日、25—27日和5月31日至6月3日。6—10日、19—21日两次过程降水强度大、影响范围

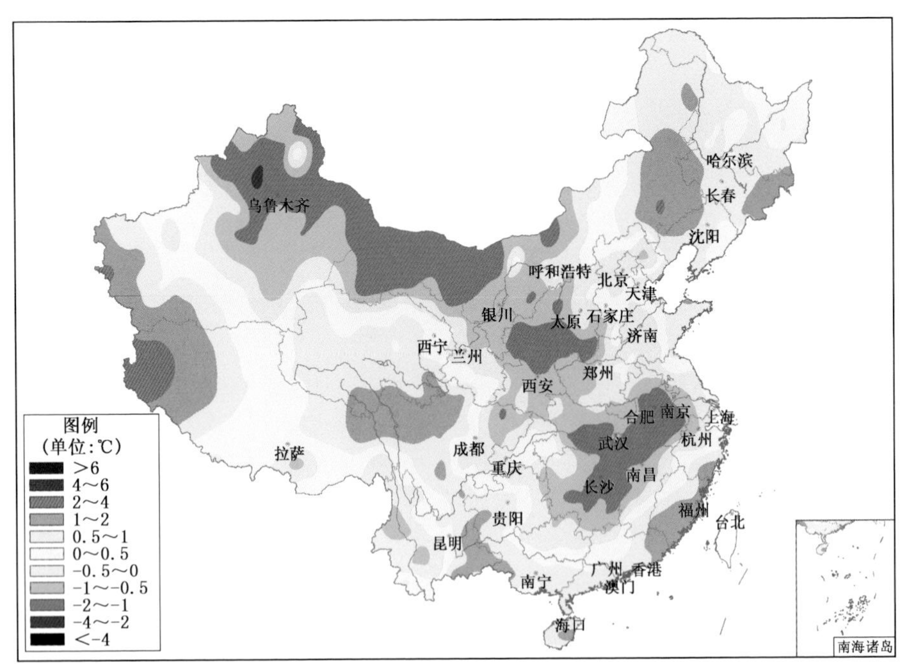

图 3.5.2 2016 年 5 月全国平均气温距平分布图(℃)

Fig. 3.5.2 Distribution of mean temperature anomaly over China in May 2016 (unit: ℃)

广,过程累计降水量超过 50 毫米的国土面积分别为 91 万和 59 万平方千米,累计降水量超过 100 毫米的国土面积分别为 22 万和 11 万平方千米。受强降水影响,江南、华南等地遭受洪涝及滑坡、泥石流等灾害,福建、湖南、广东、广西受灾较重。受 6—10 日的强降水过程影响,福建福州、三明、南平等 4 市 19 个县(市、区)29.4 万人受灾,40 人死亡,3 人失踪,农作物受灾面积 2.4 万公顷,直接经济损失 17.1 亿元;湖南长沙、株洲、衡阳等 11 市(自治州)45 个县(市、区)88.7 万人受灾,5 人死亡,农作物受灾面积 5.3 万公顷,直接经济损失 6.7 亿元。受 19—21 日的强降水过程影响,广东韶关、茂名、肇庆等 5 市 11 个县(市、区)59.4 万人受灾,8 人死亡,4 人失踪,农作物受灾面积 3800 公顷,直接经济损失 11.2 亿元;广西桂林、梧州、贵港等 5 市 16 个县(市、区)29.1 万人受灾,2 人死亡,农作物受灾面积 1.8 万公顷,直接经济损失 4.7 亿元。

受前期持续少雨影响,5 月上旬,北方冬麦区存在中度气象干旱。13—15 日,麦区出现大范围降水过程,大部地区气象干旱缓和。下半月,北方冬麦区中部降水稀少,气象干旱再度发展。5 月 31 日,北方冬麦区中部存在中度气象干旱。5 月初,内蒙古中部气象干旱以轻旱为主;20 日,发展为中到重度气象干旱,乌兰察布市丰镇、卓资、化德等 10 个县(市、旗)19.1 万人受灾,农作物受灾面积 7.8 万公顷,直接经济损失 5300 万元。21—24 日,内蒙古中东部出现降水过程,气象干旱得到有效缓和。

5 月,北方出现 1 次扬沙和 1 次强沙尘暴天气过程。5—6 日,内蒙古中部、华北北部、新疆南疆盆地等地出现扬沙,内蒙古二连浩特、新疆民丰出现沙尘暴。10—11 日,新疆南疆盆地、内蒙古中部、宁夏北部、辽宁西部、吉林西部等地出现扬沙或浮尘天气,新疆南疆盆地局地出现强沙尘暴。

5 月,全国有 21 个省(区、市)遭受风雹袭击,贵州、湖北、广西、新疆等地受灾较重。3—5 日,贵州省 7 市(自治州)23 个县(区)遭受风雹灾害,因灾死亡 1 人,农作物受灾面积 6700 公顷,直接经济损失 3500 余万元;4—8 日,湖北省 7 市(自治州)21 县(市、区)及神农架林区出现强降水、雷暴大风和冰雹等强对流天气,因灾死亡 3 人,农作物受灾面积 3.5 万公顷,直接经济损失 3.5 亿元;4—10 日,广西 8 市 32 个县(市、区)遭受暴雨、大风、冰雹天气袭击,因灾死亡 9 人,农作物受灾面积 3.7 万公顷,直接经济损失 6.3 亿元;5—7 日,新疆兵团 3 个师 12 个团(场)遭受风雹灾害,农作物受灾面积 1.0 万公顷，直接经济损失 1.3 亿元。

3.6 6月主要气候特点及气象灾害

3.6.1 主要气候特点

6 月，全国平均气温较常年同期偏高，平均降水量较常年同期偏多。月内，南方出现 7 次强降水天气过程，部分地区发生严重暴雨洪涝灾害；全国 24 个省（区、市）遭受风雹袭击，江苏等省受灾严重；华南、江南及新疆等地出现高温天气。

月降水量与常年同期相比，东北中部和北部、华北东北部和南部、黄淮东部和北部、江淮大部、江汉大部、江南东北部和西北部以及重庆、贵州北部、云南东北部、四川南部、西藏大部、内蒙古中部和西部、新疆北部等地偏多 2 成至 1 倍，局部偏多 1 倍以上；西北大部及四川西北部和东北部、湖南中部、广东西南部、广西西部等地偏少 2～8 成，新疆南部部分地区偏少 8 成以上（图 3.6.1）。

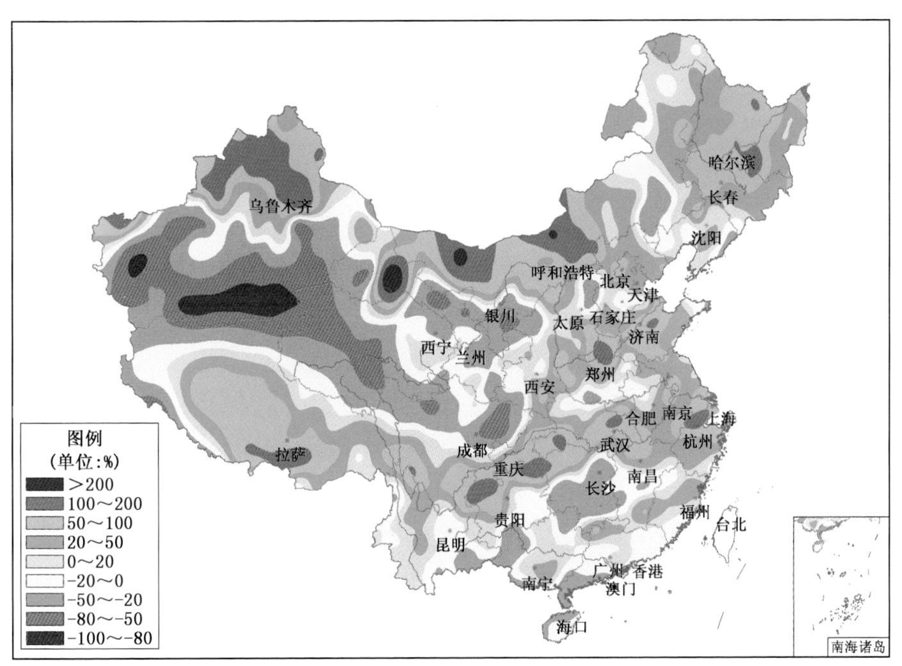

图 3.6.1　2016 年 6 月全国降水量距平百分率分布图(%)

Fig. 3.6.1　Distribution of precipitation anomaly percentage over China in June 2016 (unit: %)

月平均气温与常年同期相比，西北大部、四川盆地大部、江南南部、华南北部及贵州等地偏高 1℃以上，新疆南部和西藏西部偏高 2～4℃；黑龙江大部及内蒙古部分地区偏低 1～2℃；全国其余大部地区接近常年（图 3.6.2）。

3.6.2 主要气象灾害事记

6 月，我国南方地区共出现 7 次强降水过程，分别发生在 6 月 1—3 日、11—13 日、14—16 日、18—21 日、23—24 日、26—29 日、6 月 30 日。14—16 日的强降水过程影响范围广，过程累计降水量超过 50 毫米的国土面积为 63.2 万平方千米；18—21 日的强降水过程强度大，累计降水量超过 100 毫米的国土面积为 17.6 万平方千米。频繁强降水造成江西昌江、四川永宁河、重庆綦江等多条河流发生超警戒水位洪水，昌江支流东河、永宁河发生超历史实测记录洪水，綦江发生超保证水位洪水，江西 3 座小二型水库洪水漫坝，大坝被冲毁；江西南昌和九江、湖北武汉、湖南株洲等多个城市

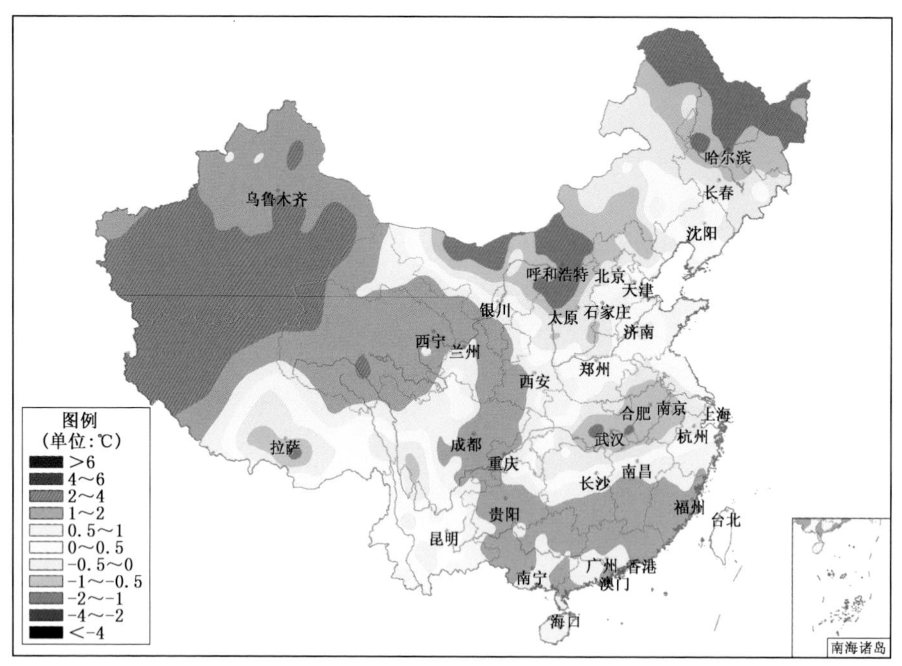

图 3.6.2 2016 年 6 月全国平均气温距平分布图(℃)

Fig. 3.6.2 Distribution of mean temperature anomaly over China in June 2016 (unit: ℃)

出现严重内涝,居民正常生活受到影响;部分农田、房屋受淹;部分列车正常运营受到影响。

6 月,全国有 24 个省(区、市)遭受风雹袭击,江苏、山东、山西、黑龙江等省受灾严重。6 月 12—14 日,山西省 9 市 48 个县(市、区)遭受风雹灾害,农作物受灾面积 5.6 万公顷,直接经济损失 4.5 亿元;6 月 12—15 日,山东省 12 市 54 个县(市、区)遭受风雹灾害,农作物受灾面积 12.2 万公顷,直接经济损失 19.1 亿元;6 月 12—14 日,黑龙江省 10 市 28 个县(市、区)遭受风雹灾害,农作物受灾面积 8.2 万公顷,直接经济损失 2.8 亿元;6 月 23 日,江苏省盐城市阜宁、射阳等地出现强雷电、短时强降雨、冰雹、龙卷等强对流天气,共造成 99 人死亡,800 多人受伤,死亡人数为近 25 年来全国龙卷灾害之最。

6 月,华南、江南、江汉、黄淮西部、华北南部、西北东南部、西南地区东北部以及新疆等地均出现了日最高气温≥35℃的高温天气。海南、广西中部、广东大部、福建、江西大部、湖南东南部、湖北西北部、四川东北部、陕西东南部、河南中北部、河北中南部、新疆大部等地高温日数为 5~10 天,海南西北部、广东西部部分地区、新疆中部达 10~15 天,部分地区达 15 天以上。与常年同期相比,华南大部、江南南部及四川东北部、新疆南部等地高温日数普遍偏多 3~5 天,部分地区偏多 5 天以上。

3.7 7月主要气候特点及气象灾害

3.7.1 主要气候特点

7 月,全国平均气温较常年同期偏高,平均降水量较常年同期偏多。月内,我国强降水过程频繁、强度强、灾情重;台风生成、登陆个数接近常年同期,登陆初台强度强;我国中东部 7 月下旬出现大范围持续高温天气;全国大部分省(区、市)遭受风雹灾害。

月降水量与常年同期相比,东北北部、华南大部及内蒙古东北部、安徽北部、浙江大部、湖南南部、贵州西部、云南东部、青海西北部、新疆南部等地偏少 2~8 成;华北大部、长江中下游地区及辽宁西部和北部、内蒙古中西部部分地区、陕西北部、甘肃中部、新疆东部和西北部、西藏大部、四川中西部等地偏多2成至1倍，部分地区偏多1～2倍；全国其余大部地区接近常年(图3.7.1)。

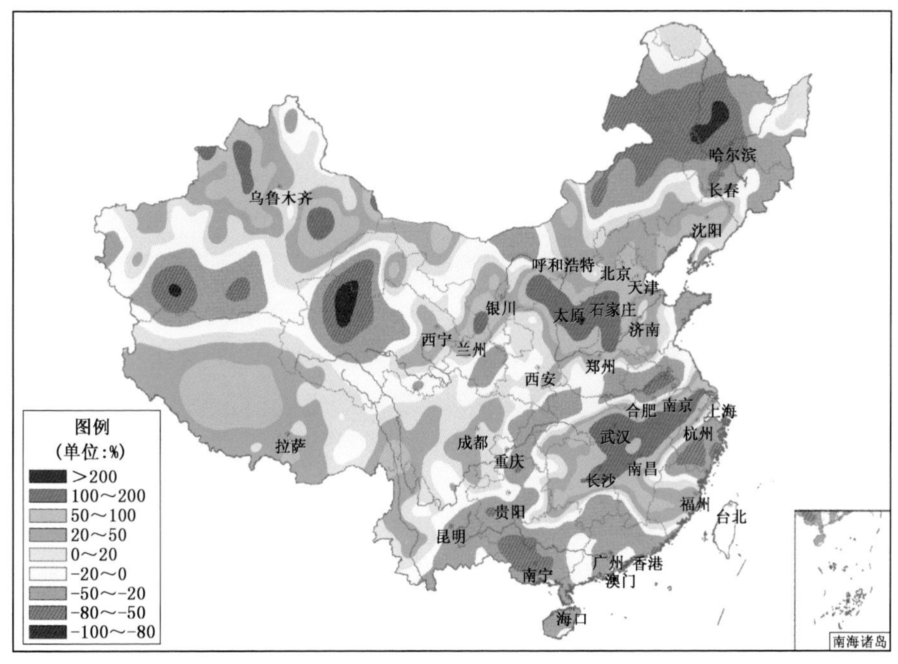

图3.7.1　2016年7月全国降水量距平百分率分布图(%)

Fig. 3.7.1　Distribution of precipitation anomaly percentage over China in July 2016 (unit: %)

全国大部地区月平均气温接近常年同期或偏高，西北大部、四川盆地东部及贵州大部、广西西部和北部、浙江大部、江苏东南部、内蒙古东部和西部部分地区、黑龙江西部、吉林西部等地偏高1～2℃，内蒙古东北部偏高2～4℃(图3.7.2)。

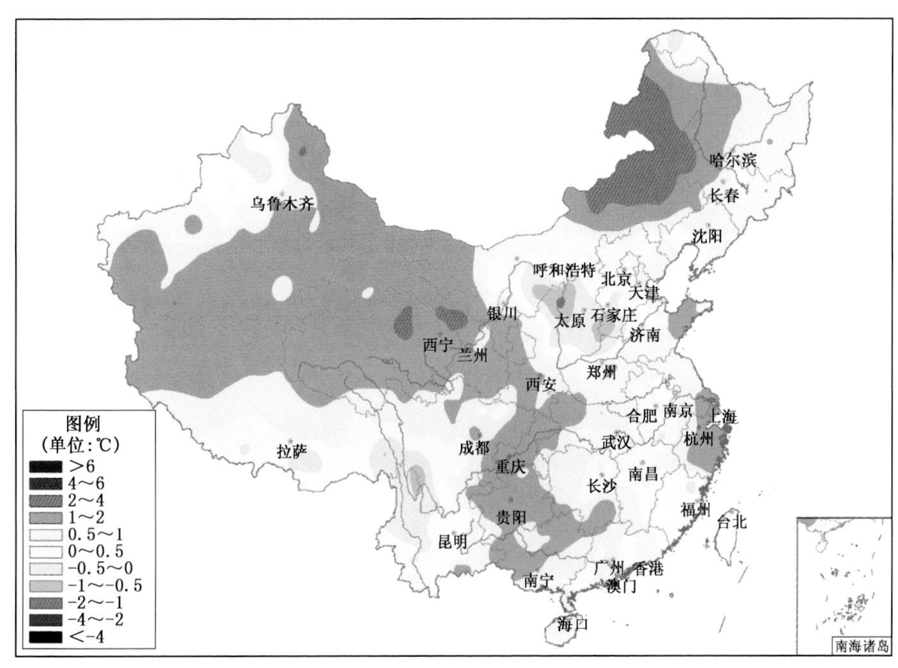

图3.7.2　2016年7月全国平均气温距平分布图(℃)

Fig. 3.7.2　Distribution of mean temperature anomaly over China in July 2016 (unit: ℃)

3.7.2 主要气象灾害事记

7月，我国共出现6次强降水过程。6月30日至7月6日为2016年强度最强、范围最广的一次强降水过程，江淮、江汉、江南北部及贵州东部、广西东南部、广东西南部等地过程降水量在100毫米以上，湖北东部、安徽中南部、江苏中南部、江西北部等地达300～800毫米，局部超过800毫米；安徽、湖北、湖南、贵州等省共有13站日降水量突破历史极值。强降水导致长江干流安徽段和江苏段全线超警戒水位，太湖流域出现超警水位。湖北、安徽、江苏、湖南、贵州等省多地出现洪涝或城市内涝，局部出现泥石流、滑坡等灾害。安徽、湖北、湖南、贵州等11省（区、市）3299.1万人受灾，172人死亡，25人失踪；农作物受灾面积287.2万公顷；直接经济损失980亿元。

7月18—20日，华北、黄淮等地出现北方入汛以来强度最强、影响范围最广的一次强降水过程，京津地区、河北大部、山西东部、河南北部、山东西北部及湖北中部和西南部等地过程降水量有100～300毫米，局部地区超过300毫米，河南林州市达734毫米。北京、天津以及河北、山西、河南的部分城市出现城市内涝；海河部分支流发生洪水；多处遭受山洪及泥石流、滑坡等地质灾害。据统计，共造成河北、河南、山西、湖北、湖南、北京、天津等15个省（区、市）2278.8万人受灾，383人死亡失踪，农作物受灾面积190万公顷；直接经济损失938.7亿元。河北灾情最重。

7月，共有4个台风生成，接近常年同期（3.7个），2个登陆，与常年同期持平。1号台风“尼伯特”于7月8日在台湾台东沿海登陆，登陆时中心附近最大风力16级（55米/秒），中心最低气压920百帕，为1949年以来登陆我国的最强初台；9日在福建泉州石狮沿海登陆，登陆时中心附近最大风力8级（20米/秒），中心最低气压992百帕。9—11日，福建中东部、浙江东南部、广东中部等地降雨量有100～200毫米，福建莆田、福州和泉州局地达220～350毫米；福建中部、浙江东南沿海、广东中部等地的部分地区瞬时最大风力有7～9级，局地10～11级。受其影响，闽江支流梅溪发生历史实测最大洪水，多条支流相继发生超警戒水位洪水，局部发生山洪。福建、江西、广东等地受灾，福建灾情严重。

7月下旬，我国中东部大部出现大范围持续高温天气，7月25日高温影响范围最大，最高气温超过35℃的面积达183万平方千米，超过38℃的面积达44万平方千米。浙江、上海、湖北、湖南、江西、陕西、重庆等13省（区、市）40多个县（市）日最高气温超过40℃。共110多个县（市）最高气温突破当月历史极值，12县（市）突破夏季历史极值。江淮、江南及湖北东部、福建西部、广东北部等地高温日数有9～12天，浙江丽水连续5天超40℃。此次高温天气过程范围广、强度大、持续时间长，导致上海、江苏、浙江、安徽、福建、湖北、湖南、江西、重庆、山东10省（市）的用电负荷相继创历史新高，江苏、山东、安徽多地出现高温中暑病例，并造成多人死亡。

7月，全国大部分省（区、市）均曾遭受大风、冰雹或雷电等局地强对流天气袭击，内蒙古、陕西、云南、贵州等地局部灾情较重。7月3—4日，内蒙古鄂尔多斯、锡林郭勒、阿拉善、巴彦淖尔4市（盟）8个旗（区）遭受风雹灾害，农作物受灾面积2.71万公顷，直接经济损失1.2亿元；3—4日，陕西省延安、榆林等3市11个县（区）遭受风雹灾害，农作物受灾面积1.78万公顷，直接经济损失1.7亿元；10—12日，云南省昆明、曲靖、玉溪、保山、昭通、文山、红河等12市（自治州）30个县（市、区）遭受暴雨、风雹灾害，农作物受灾面积1.17万公顷，直接经济损失2.4亿元；10—13日，贵州省六盘水、遵义、安顺等6市（自治州）17个县（区）遭受风雹灾害，农作物受灾面积1.18万公顷，直接经济损失1.2亿元。

3.8 8月主要气候特点及气象灾害

3.8.1 主要气候特点

8月，全国平均气温较常年同期偏高，平均降水量较常年同期偏少。月内，强降水过程频繁；生成台风个数偏多，登陆台风个数接近常年；东北西部及内蒙古东部干旱持续发展；中东部地区出现大范围持续高温天气。

月降水量与常年同期相比，西北地区大部及西藏西部、内蒙古西部、山东西北部、吉林东北部、贵州中部和东部、湖南西北部、广西大部、广东大部、海南等地偏多2成至1倍，局部偏多1倍以上；华北东北部和西南部、黄淮大部、江淮、江汉北部、江南东部、西南地区中北部、西北地区东南部及内蒙古东部、辽宁中部、吉林西部、黑龙江西部等地偏少2～5成，部分地区偏少5成以上(图3.8.1)。

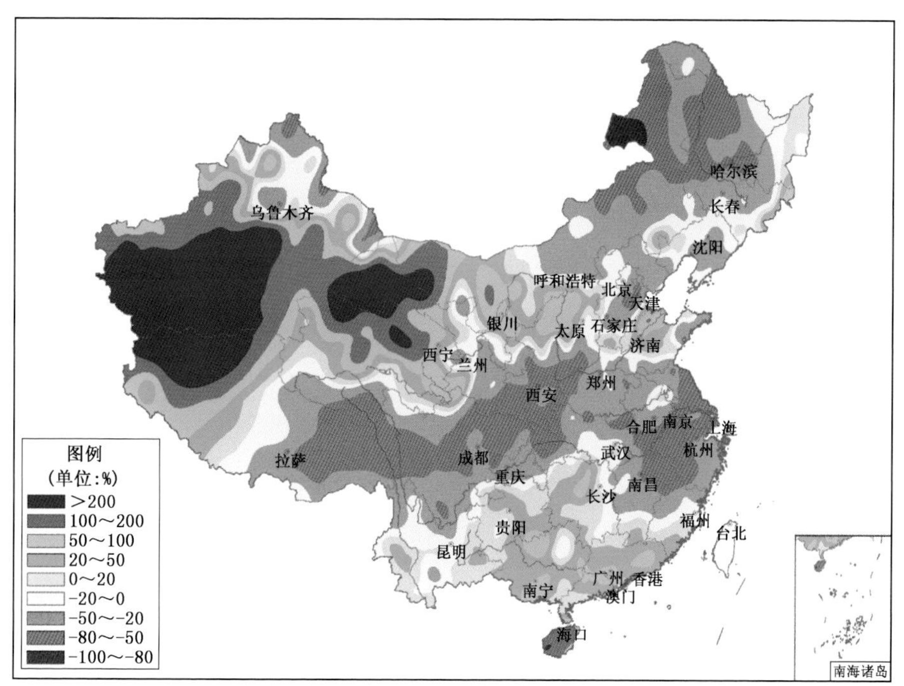

图3.8.1　2016年8月全国降水量距平百分率分布图(%)

Fig. 3.8.1　Distribution of precipitation anomaly percentage over China in August 2016 (unit: %)

月平均气温较常年同期相比，除新疆西南部偏低1℃以上以外，全国大部地区接近常年或偏高，西北大部、华北北部和西部、黄淮大部、江淮、江汉以及内蒙古大部、江西北部、浙江大部、四川、西藏东部等地偏高1℃以上，西北地区东南部及四川北部、内蒙古中部部分地区气温偏高2～4℃(图3.8.2)。

3.8.2　主要气象灾害事记

8月，我国出现6次强降水过程，部分地区发生洪涝，局地受灾较重。8月21—25日，西北、华北的部分地区出现大到暴雨，过程降雨量有100～180毫米，宁夏银川、河北沧州、天津大港等地达200～289毫米。宁夏银川局地4小时最大点雨量达234毫米，特大暴雨引发贺兰山东麓沿线多条沟道罕见山洪，导致沿山公路多处受淹损毁，人员被困，房屋受损，农作物被淹，贺兰山岩画部分被毁，贺兰山气象站进山路段等基础设施遭受严重影响。

8月，共有7个台风生成，比常年同期(5.8个)偏多1.2个，2个登陆，接近常年同期(1.93个)。台风“妮妲”(8月2日登陆)登陆强度强、近海发展快、风雨范围较广，但影响偏轻。台风“电母”(8月18日登陆)登陆强度为8级(20米/秒)，但风雨影响严重。受其影响，8月16—19日，广东、广西、海南、云南等地相继出现强降雨天气，海南临高累计降水量1020毫米，昌江856.2毫米，共造成153.1万人受灾，6人死亡，直接经济损失31.8亿元。

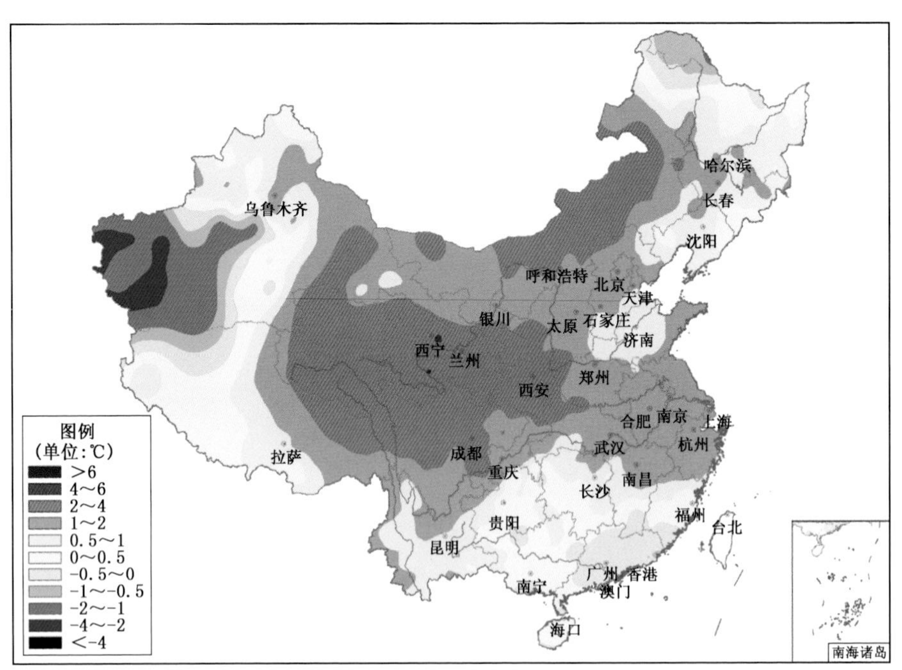

图 3.8.2 2016 年 8 月全国平均气温距平分布图(℃)

Fig. 3.8.2 Distribution of mean temperature anomaly over China in August 2016 (unit: ℃)

8 月 1—29 日,东北西部及内蒙古东部降水量不足 50 毫米,比常年同期偏少 3～8 成,同时气温偏高 1～2℃,内蒙古东部和吉林西部出现持续高温天气,部分地区日最高气温超过 40℃。高温少雨致使内蒙古东部和东北西部干旱发展,对当地玉米及牧草生长造成严重影响。黑龙江哈尔滨、齐齐哈尔、大庆等 5 市 32 个县(市、区)357.2 万人受灾;农作物受灾面积 257.3 万公顷,绝收面积 14.9 万公顷;直接经济损失 88 亿元。内蒙古包头、赤峰、通辽等 9 市(盟)55 个县(市、区、旗)385.7 万人受灾,46.3 万人、188.3 万头(只)大牲畜因旱饮水困难;农作物受灾面积 252.1 万公顷,绝收面积 58.8 万公顷;直接经济损失 102.1 亿元。吉林长春、四平、通化等 5 市 15 个县(市、区)142.7 万人受灾;农作物受灾面积 88.5 万公顷,绝收面积 8.9 万公顷;直接经济损失 35.1 亿元。8 月 30 日至 9 月 1 日,受台风"狮子山"带来降水影响,上述地区气象干旱得到缓和。

8 月,华南、江南、江汉、四川盆地及陕西南部、南疆东部等地出现了日最高气温≥35℃的高温天气,重庆、江西北部、安徽南部、浙江大部等地高温日数达 15～20 天,局部地区超过 20 天,普遍较常年同期偏多 5～10 天。高温天气对南方一季稻抽穗扬花灌浆、棉花结铃产生不利影响。

3.9 9月主要气候特点及气象灾害

3.9.1 主要气候特点

9 月全国平均气温较常年同期偏高,平均降水量较常年同期偏多。月内,"莫兰蒂"和"鲇鱼"先后登陆我国,福建、浙江受灾严重;黄淮南部及湖北西北部等地气象干旱缓和;四川、云南部分地区秋雨明显,局地灾情重;北方大部省(区、市)遭受风雹灾害。

月降水量与常年同期相比,东北大部、江南中部和东部、西南大部、西北西南部以及福建、广西中部、青海中部、内蒙古东部等地偏多 2 成以上,江南东部以及福建大部、江西中部、黑龙江西部、吉林西部和中部、内蒙古东部、新疆西南部等地偏多 1～2 倍,部分地区偏多 2 倍以上;西北地区北部和东南部、华北中部和南部、黄淮大部、江淮北部及内蒙古中部和西部、湖北大部、湖南北部和西部、四川东部、重庆中部、贵州大部、云南西部、海南等地偏少 2～8 成，部分地区偏少 8 成以上(图 3.9.1)。

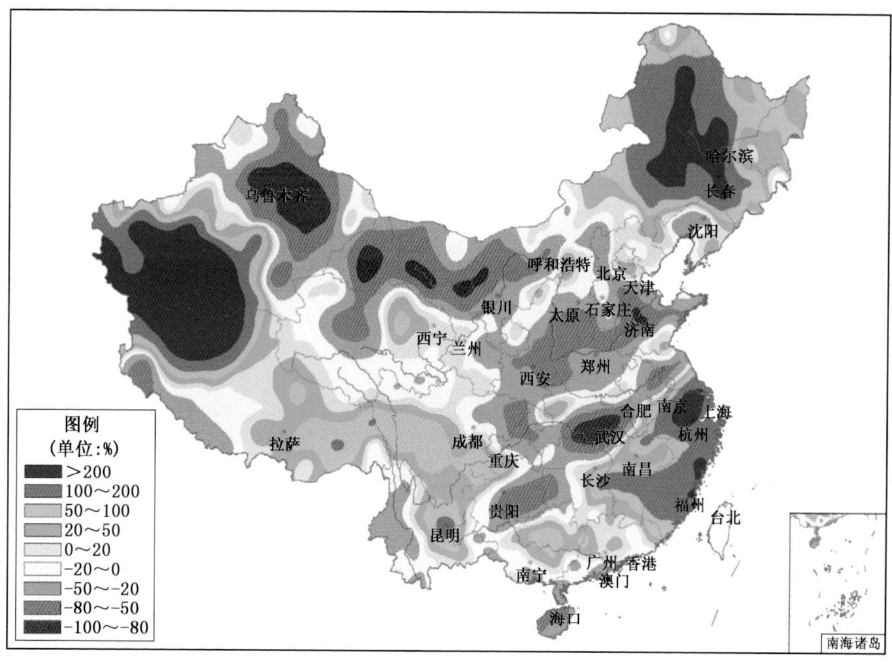

图 3.9.1　2016 年 9 月全国降水量距平百分率分布图(%)

Fig. 3.9.1　Distribution of precipitation anomaly percentage over China in September 2016 (unit: %)

全国大部地区月平均气温接近常年同期或偏高，华北大部、黄淮、江汉、西北大部以及内蒙古西部和东北部、黑龙江大部、吉林东部、湖南北部、云南西南部、西藏西部等地偏高 1℃以上，部分地区偏高 2～4℃(图 3.9.2)。

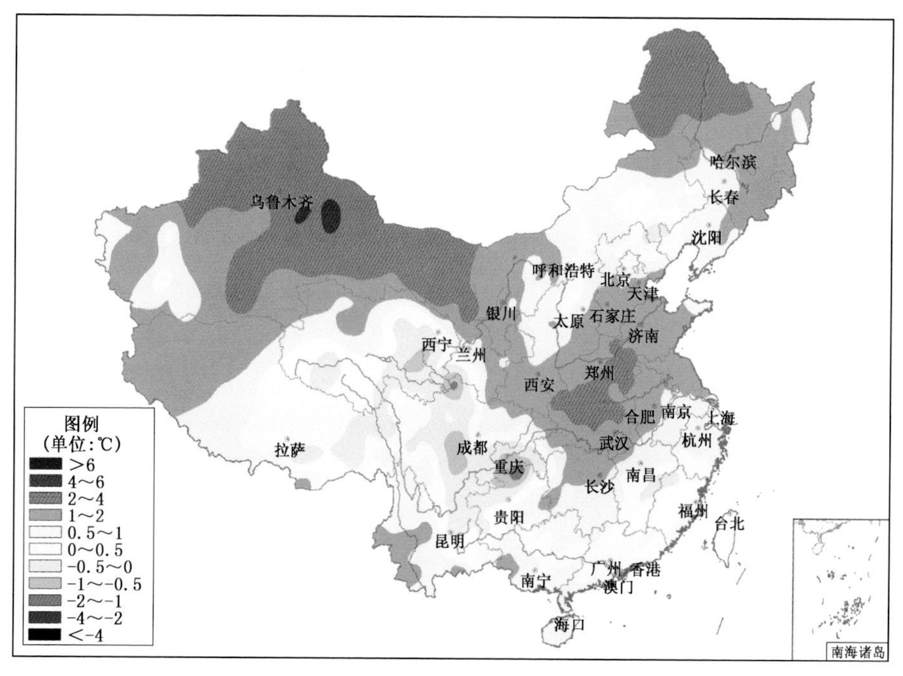

图 3.9.2　2016 年 9 月全国平均气温距平分布图(℃)

Fig. 3.9.2　Distribution of mean temperature anomaly over China in September 2016 (unit: ℃)

3.9.2 主要气象灾害事记

第14号台风"莫兰蒂"于9月15日凌晨在福建省厦门市翔安区沿海登陆，登陆时中心附近最大风力15级，中心最低气压945百帕，是2016年登陆我国大陆的最强台风。受其影响，9月14—17日，福建中部和东部、江西东北部、浙江、安徽东南部、江苏南部、上海降雨量普遍在50毫米以上，福建中部沿海、浙江大部、江苏南部、上海等地达100～200毫米，部分地区超过200毫米。福建厦门、泉州、莆田、福州等地12级以上阵风持续时间有6～10小时，泉州惠安大风持续时间达14小时，厦门局地阵风达16～17级。据统计，台风"莫兰蒂"造成375.5万人受灾，38人死亡，6人失踪，直接经济损失316.5亿元，是2016年造成经济损失最重的台风。

第17号台风"鲇鱼"于9月27日14时10分前后在台湾省花莲县沿海登陆，登陆时中心附近最大风力达14级(45米/秒，强台风级)，28日4时40分在福建省泉州市惠安县沿海再次登陆，登陆时中心附近最大风力12级(33米/秒，台风级)。受其影响，福建福州、宁德、莆田和浙江温州、丽水等地累计降雨量有300～600毫米，浙江温州文成县局地雨量达814毫米，台湾宜兰太平山超过1100毫米。浙江、福建、江西多地出现内涝、泥石流、滑坡等灾害，3省共计39人死亡，1人失踪，直接经济损失103.6亿元。

9月1—14日，西北东部、黄淮、江淮、江汉等地降水稀少，部分地区气象干旱持续发展。9月14日，重旱及以上气象干旱面积达到最大，为24.1万平方千米，中旱及以上气象干旱面积为71万平方千米。9月15—30日，西北东南部、黄淮南部、江淮、江南东部及湖北西部和北部、四川、重庆等地普遍出现了25毫米以上的降水，上述地区的气象干旱得到有效缓和。

9月，西南地区大部降水量在50毫米以上，四川中部和南部、重庆西南部、云南大部、贵州西部有100～200毫米，四川中部和东部的部分地区、云南中北部超过200毫米；与常年同期相比，四川西部和南部、云南中北部、重庆西南部降水量偏多5成至1倍。西南地区降水日数普遍有12～24天，四川中部和西部、云南北部有20～24天，四川局部超过24天；与常年同期相比，四川西部和南部、云南北部降水日数偏多3～6天，四川中西部偏多6天以上。据统计，9月份四川、云南部分地区遭受的暴雨洪涝、泥石流、滑坡等灾害共造成23人死亡，19人失踪，直接经济损失10.4亿元。

9月，我国有16个省(区、市)遭受风雹灾害，主要集中在北方地区，山东、河北、吉林、内蒙古、陕西、黑龙江、新疆等省(区)的部分地区损失较大。9月4—7日，河北省石家庄、保定、张家口等市风雹造成26万人受灾，农作物受灾面积3万公顷，直接经济损失3.2亿元；9—11日，陕西省延安、榆林2市遭受风雹灾害，4.2万人受灾，农作物受灾面积6800公顷，直接经济损失6800余万元；11—12日，山东省济南、淄博、烟台等8市风雹造成34万人受灾，农作物受灾面积3.3万公顷，直接经济损失5.6亿元；14—16日，吉林省长春、吉林、四平等5市遭受风雹灾害，造成3.5万人受灾，农作物受灾面积1.3万公顷，直接经济损失1.2亿元；22—24日，内蒙古赤峰、通辽、乌兰察布等4市(盟)风雹造成2.1万人受灾，1人死亡，农作物受灾面积5300公顷，直接经济损失4200余万元；26—28日，新疆生产建设兵团因风雹灾害造成3900余人受灾，农作物受灾面积1.4万公顷，直接经济损失2.2亿元。

3.10 10月主要气候特点及气象灾害

3.10.1 主要气候特点

10月全国平均气温较常年同期偏高，平均降水量较常年同期明显偏多。月内，第21号台风"莎莉嘉"、第22号台风"海马"先后登陆我国；京津冀地区出现4次霾天气；江淮、江汉、西南东部等地出现连阴雨天气。

月降水量与常年同期相比，西北东部、内蒙古中部和东南部、东北中部、华北大部、黄淮、江淮、江南东部、华南大部及云南中部、四川西北部、西藏中北部、青海南部和东部、新疆北部等地偏多2成以上，华北大部、黄淮大部、江淮以及福建南部、广东东部、内蒙古中东部、陕西北部、吉林西部等地偏多1～2倍，部分地区偏多2倍以上；内蒙古东北部和西部、黑龙江西北部和东北部、辽宁南部、甘肃西部、青海西北部、新疆西南部、西藏南部、四川南部、云南西北部和东南部、广西东北部、湖南中部、江西中部等地偏少2～8成，部分地区偏少8成以上（图3.10.1）。

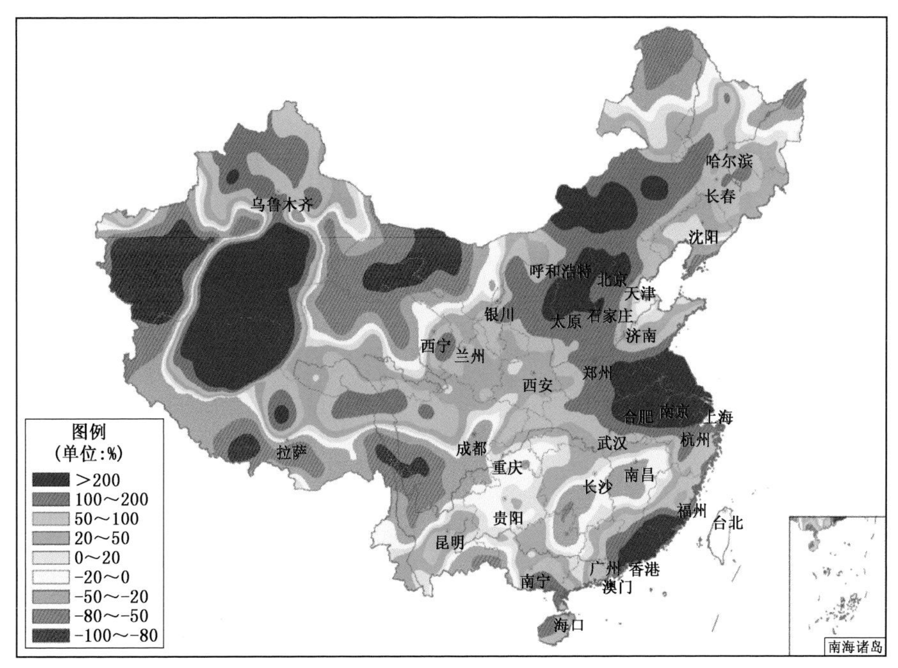

图3.10.1　2016年10月全国降水量距平百分率分布图(%)

Fig. 3. 10. 1　Distribution of precipitation anomaly percentage over China in October 2016 (unit: %)

月平均气温与常年同期相比，除东北大部及内蒙古东部、新疆北部偏低1～4℃外，全国大部地区接近常年或偏高，青藏高原大部、西北地区东北部、华北西部、江南中东部、华南大部、西南东部偏高1℃以上，福建大部、浙江南部等地偏高2～4℃（图3.10.2）。

3.10.2　主要气象灾害事记

第21号台风"莎莉嘉"于10月18日9时50分在海南省万宁市和乐镇沿海以强台风级别（中心附近最大风力13级，38米/秒）登陆；19日14时10分在广西防城港东兴市沿海再次登陆（中心附近最大风力8级，20米/秒）。受其影响，海南、广东、广西、贵州、湖南、湖北、江西等地出现强降雨，降雨量普遍在50毫米以上，海南、雷州半岛、广西东南部等地达100～300毫米，海南文昌、琼海、琼中、万宁、昌江等局地超过300毫米。海南岛沿海陆地普遍出现11～12级阵风，最大阵风为万宁市大花角14级（46.1米/秒）。广西钦州、防城港、北海、玉林、南宁、崇左、贵港等市部分地区出现6～8级大风，沿海地区10级，北部湾海面出现12级大风，最大阵风出现在斜阳岛，为36.5米/秒。"莎莉嘉"带来的强风雨造成海南、广西、广东3省（区）358.4万人受灾，1人死亡，农作物受灾面积51.5万公顷，直接经济损失52.9亿元。

第22号台风"海马"于10月21日12时40分前后在广东省汕尾市海丰县以强台风级别登陆（登陆时中心附近最大风力有13级，38米/秒）。受其影响，广东东部、福建南部、安徽东南部、浙江

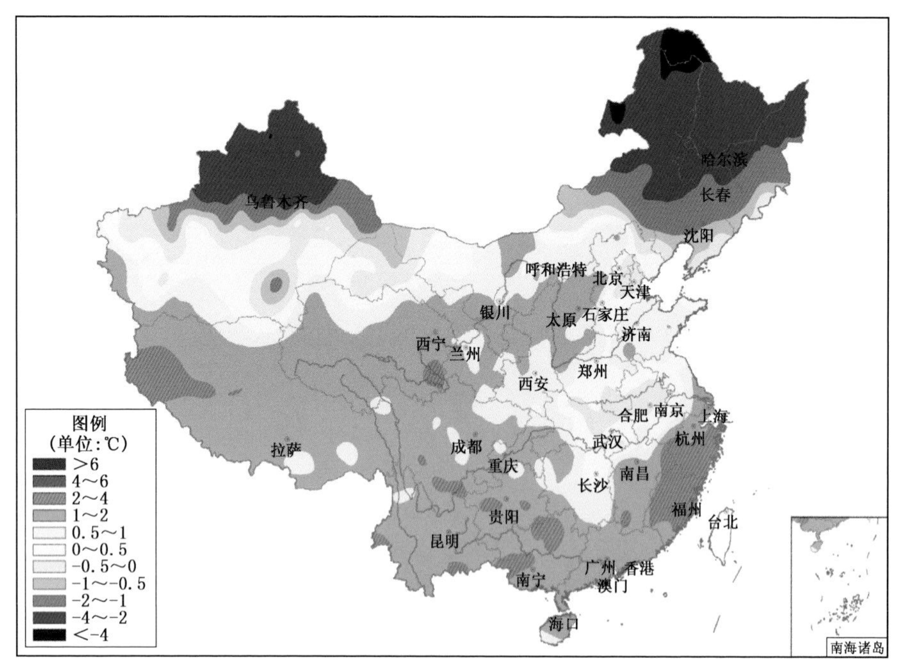

图 3.10.2　2016 年 10 月全国平均气温距平分布图(℃)

Fig. 3.10.2　Distribution of mean temperature anomaly over China in October 2016 (unit: ℃)

北部、上海、江苏南部降水量普遍在 50 毫米以上，广东东部部分地区、上海、江苏东南部等地达 100～250 毫米；广东中东部、福建东南部的部分地区出现 8～10 级阵风，广东东部沿海地区和岛屿局地 11～14 级，广东汕尾浮标站阵风达 16 级(52.9 米/秒)。“海马”带来的强风雨造成广东、福建 2 省 206.5 万人受灾，农作物受灾面积 27.4 万公顷，直接经济损失 49.1 亿元。

“莎莉嘉”和“海马”带来的降水，使江南西部、西南东部、华南西南部等地前期的气象干旱明显缓解，对农业生产有利。

10 月，华北中东部、东北东南部，以及河南、江苏、广西等地出现雾、霾天气过程。京津冀地区出现了 4 次霾天气，分别出现在 1—3 日、13—15 日、18—19 日以及 24—25 日。雾、霾天气给当地交通运输和人体健康造成一定影响。

10 月，江淮、江汉、西南东部等地降水日数超过 20 天，降水日数明显偏多。连阴雨天气给江苏、安徽、湖北，四川、陕西、重庆等地水稻、玉米、小麦、油菜等农作物的秋收秋种工作，以及作物生长造成一定影响。

3.11　11 月主要气候特点及气象灾害

3.11.1　主要气候特点

11 月，全国平均气温与常年同期持平，平均降水量较常年同期偏多。月内，新疆北部发生雪灾；中东部遭受寒潮袭击；江南及华南地区雨日多，雨量大；北方地区出现 3 次雾、霾天气过程。

月降水量与常年同期相比，东北大部、华北北部、江南南部、华南大部、西南东部大部以及湖南北部、湖北大部、安徽中部、江苏南部、河南中西部、青海中部、新疆大部、西藏中部、内蒙古东北部等地偏多 2 成至 2 倍，部分地区偏多 2 倍以上；华北中部和西南部、西北大部、黄淮东南部以及内蒙古中西部、西藏东部和西部、四川西部等地偏少 2 成以上，部分地区偏少 8 成以上(图 3.11.1)。

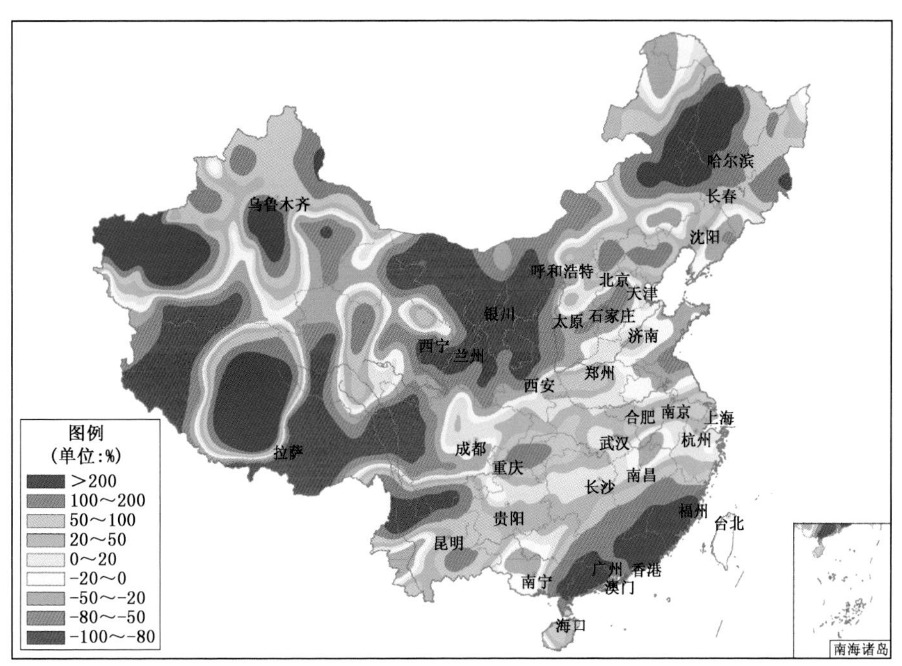

图 3.11.1　2016 年 11 月全国降水量距平百分率分布图(%)

Fig. 3.11.1　Distribution of precipitation anomaly percentage over China in November 2016 (unit: %)

月平均气温与常年同期相比，东北大部及内蒙古东部、新疆北部等地偏低 1～4℃，黑龙江及新疆北部和内蒙古东北部的部分地区偏低 4℃以上；华北西部、西北东部、青藏高原大部及四川西部、云南中部等地偏高 1℃以上，四川西北部、青海南部、西藏中部等地偏高 2～4℃；全国其余大部地区接近常年(图 3.11.2)。

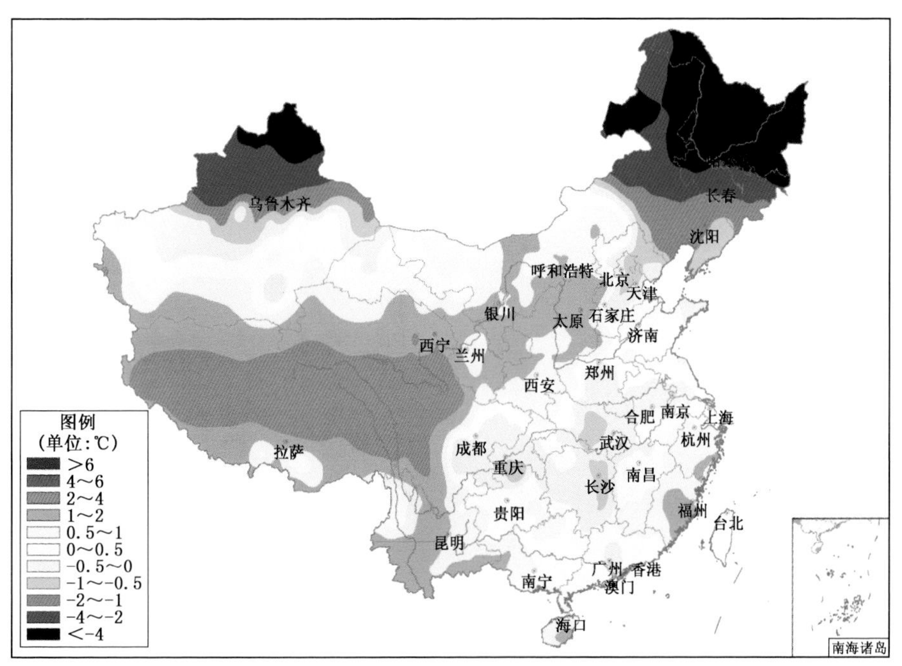

图 3.11.2　2016 年 11 月全国平均气温距平分布图(℃)

Fig. 3.11.2　Distribution of mean temperature anomaly over China in November 2016 (unit: ℃)

3.11.2 主要气象灾害事记

11月10—18日，新疆塔城、阿勒泰、伊犁河谷、昌吉州东部等地出现持续性强降雪过程。塔城、阿勒泰地区累计降雪量均在40毫米以上，裕民县降雪量77.7毫米、塔城市降雪量60.3毫米，均突破当地11月历史同期极值；塔城北部、阿勒泰大部积雪深度达20厘米以上，最大积雪出现在阿勒泰青河县(67厘米)；阿勒泰的青河县降雪持续时间达107小时、富蕴县89小时，塔城的裕民县37小时、塔城市45小时，昌吉州北塔山44小时。强降雪致使公路G216、G3014、S201和S115线部分路段实行双向交通管制，部分高速公路全线封闭；滞困人员达千余人，机动车300余辆；阿勒泰吉木乃16万头(只)未转场的牲畜陷入困境；受灾人口8400余人，损坏房屋约900间，农作物受灾600公顷，直接经济损失2500万元。

11月19—24日，受寒潮天气影响，我国大部地区出现6℃以上降温，东北东南部、华北北部、西北东北部、黄淮南部、江淮、江南大部及两广北部、内蒙古中部等地降温幅度超过16℃，陕西定边降温幅度最大，达26.1℃。最低气温0℃线南压至长江沿线。11月19日开始，东北、华北至江南北部自北向南先后出现降雪或雨夹雪天气，河南中部、陕西关中、安徽中部及河北北部等地出现暴雪。河南中部、安徽中部降水量达30～40毫米，河北北部、河南中部、安徽沿淮大部地区、陕西关中东部等地积雪深度有10～25厘米。此次寒潮降雪天气对中东部地区土壤增墒、蓄墒及冬小麦抗寒锻炼、降低病虫越冬基数较为有利，但降雪给部分地区交通运输、居民生活、农业生产等带来不利影响。

11月，我国北方地区出现了3次明显的雾、霾天气过程，分别发生在11月3—6日、17—19日、28—30日。3—6日，东北、华北、黄淮及陕西、江苏南部等地出现雾、霾天气过程，北京$PM_{2.5}$日均值超过300微克/米^3，哈尔滨局地$PM_{2.5}$日均值超过1000微克/米^3，山东烟台、潍坊、青岛、日照、枣庄5市出现重度以上污染；17—19日，华北、黄淮及陕西、辽宁等地出现雾、霾天气过程，北京$PM_{2.5}$日均值超过200微克/米^3，太原、临汾超过400微克/米^3；28—30日，北京、天津、河北、河南、山东、山西、安徽北部、江苏北部等地出现中至重度霾，北京$PM_{2.5}$浓度超过150微克/米^3，河北中南部局地超过500微克/米^3。

3.12 12月主要气候特点及气象灾害

3.12.1 主要气候特点

12月，全国平均气温较常年同期明显偏高，平均降水量较常年同期偏多。月内，我国霾天气过程频繁，16—21日出现2016年范围最广、持续时间最长、污染程度最重的霾天气；北方部分地区遭受雪灾。

月降水量与常年同期相比，东北中部、华北大部、黄淮大部、江淮、江汉东部、江南北部以及四川中北部、青海中部和西北部、甘肃西部、新疆东部和北部、内蒙古东南部等地偏多2成至2倍，局部地区偏多2倍以上；江南南部、华南大部、西南大部、华北地区东北部以及新疆西南部、青海南部和东北部、甘肃大部、陕西南部、宁夏、内蒙古西部和东部部分地区、黑龙江东部和西南部、吉林西部等地偏少2～8成，部分地区偏少8成以上(图3.12.1)。

月平均气温与常年同期相比，除东北北部接近常年外，全国大部地区偏高1℃以上，西北、华北西部、黄淮西部、江南东部以及西藏大部、四川西北部、广西西部、广东北部、福建等地偏高2～4℃，部分地区偏高4℃以上(图3.12.2)。

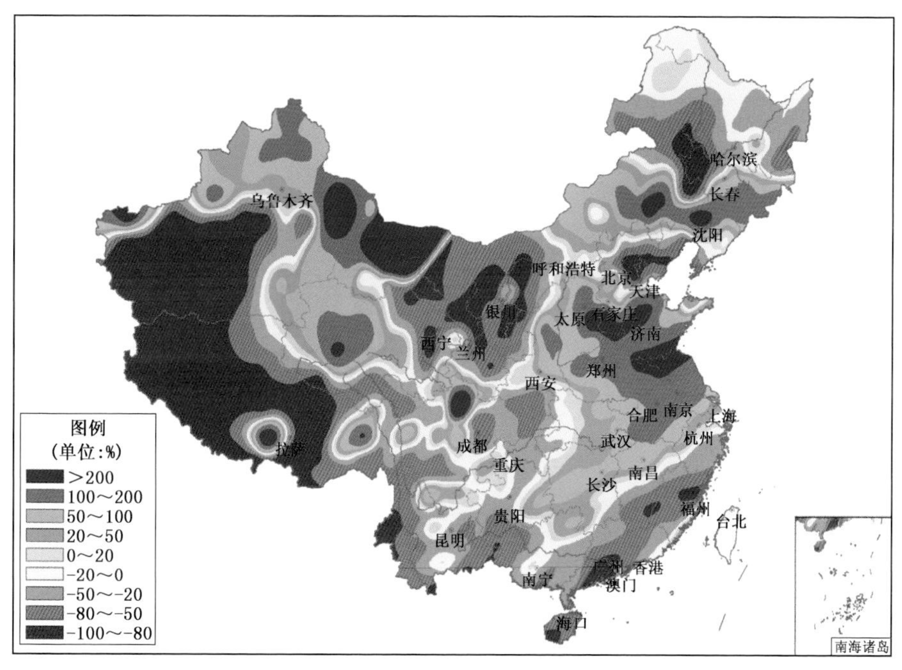

图 3.12.1 2016 年 12 月全国降水量距平百分率分布图(%)

Fig. 3.12.1 Distribution of precipitation anomaly percentage over China in December 2016 (unit: %)

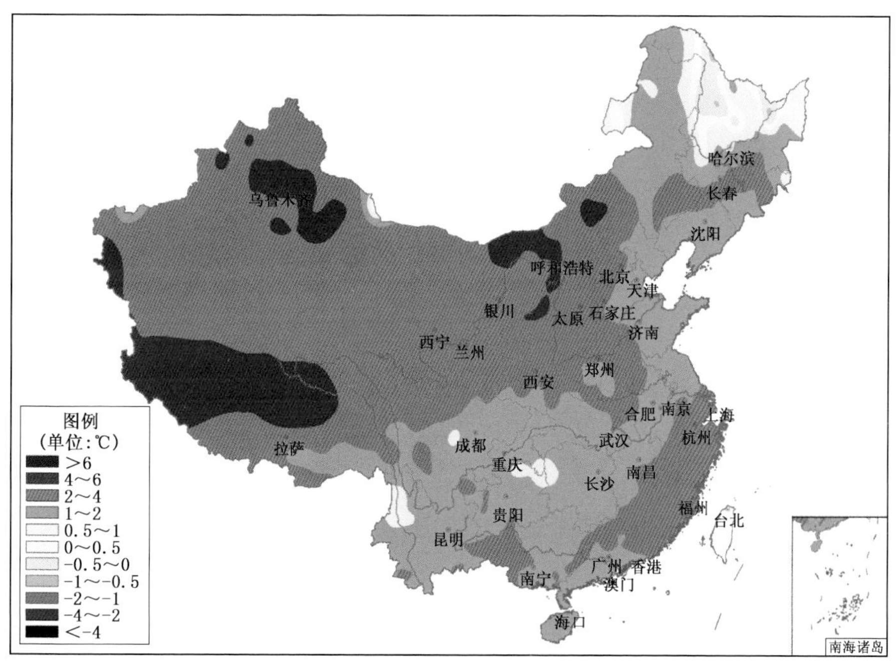

图 3.12.2 2016 年 12 月全国平均气温距平分布图(℃)

Fig. 3.12.2 Distribution of mean temperature anomaly over China in December 2016 (unit: ℃)

3.12.2 主要气象灾害事记

12 月，我国北方地区分别于 2—4 日、10—13 日、16—21 日出现 3 次大范围霾天气过程。16—21 日的霾天气过程影响了东北地区中南部、华北、西北地区东部、黄淮、江淮、江汉、江南北部、四川盆地等地约 268 万平方千米国土面积，重度霾影响面积超过 71 万平方千米。此次过程为 2016 年影响范围最广、持续时间最长、污染程度最重的霾天气过程。受其影响，北京、天津、石家庄等 27 个城市中小学和幼儿园停课放假，北京、天津、石家庄、郑州、济南、青岛等多个机场出现航班大量延误和取消，多条高速公路关闭，呼吸道疾病患者增多。

12月，受冷空气影响，东北、华北北部和西部以及内蒙古中东部、新疆北部等地出现降雪天气，东北大部及内蒙古中东部、山西中部、新疆北部降雪日数有3～10天，新疆北部部分地区超过10天。新疆阿勒泰、塔城等地普遍出现小到中雪，局地大雪或暴雪，哈巴河8日14时积雪深度达42厘米，打破12月积雪深度极值记录；7日晚，玛依塔斯风区遭到大风袭击，风力8级，能见度不足5米，风吹雪造成3015国道车辆滞困。21—22日，吉林省有9县(市)出现暴雪，6县(市)出现大雪，22日延吉市发往各(市)的客运班线全部停运，延吉机场也临时关闭。

第4章 分省气象灾害概述

4.1 北京市主要气象灾害概述

4.1.1 主要气候特点及重大气候事件

2016年北京市年平均气温为12.1℃，比常年偏高0.6℃（见图4.1.1）；年平均降水量为680.6毫米，比常年（541.7毫米）偏多26%（见图4.1.2）。年内，春季、夏季气温偏高，冬季和秋季的气温接近常年。春季降水偏少，冬季、夏季、秋季降水偏多。2016年7月19—20日夜间，北京地区普降大暴雨、部分地区达到特大暴雨量级，20日城区、南部地区以及西部地区有9个国家级气象观测站日降水量突破历史最大日降水量极值。

2016年北京市霾日数为55天，70%以上发生在秋冬季，特别是10月11—16日、11月16—19日、12月16—21日多次出现持续时间长、污染程度重、分布范围广的霾天气过程。

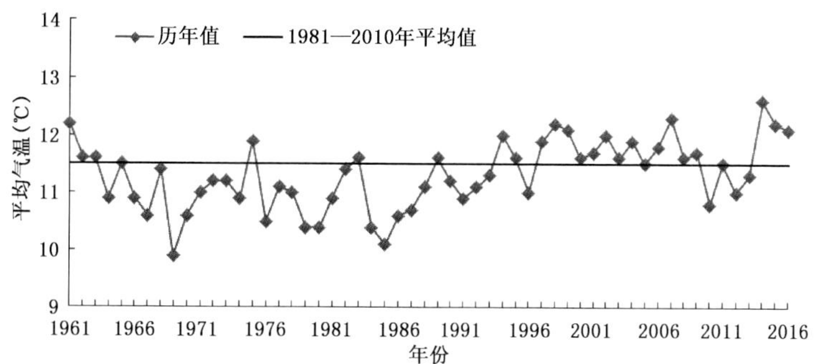

图4.1.1 1961—2016年北京市平均气温变化

Fig. 4.1.1 Annual average temperature variation in Beijing during 1961—2016 (unit: ℃)

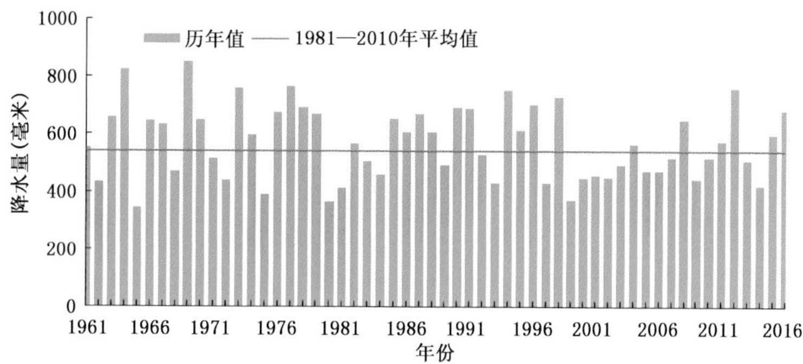

图4.1.2 1961—2016年北京市年降水量变化

Fig. 4.1.2 Annual rainfall variation in Beijing during 1961—2016 (unit: mm)

2016 年北京市出现多次大风、冰雹、暴雨洪涝等局地强对流天气，造成一定程度的损失。据不完全统计，2016 年北京市因气象灾害造成 24.8 万人次受灾，农作物受灾面积 3.5 万公顷，直接经济损失达 16.7 亿元。总的来看，属气象灾害较重年景。

4.1.2 主要气象灾害及影响

1. 暴雨洪涝

2016 年北京市暴雨洪涝主要集中在 7、8 月，农作物受灾面积 1.6 万公顷，绝收面积 1500 公顷；受灾人口 13.6 万人；直接经济损失 11.7 万元。

2016 年 7 月 19 日至 20 日夜间，北京市房山区、大兴区、怀柔区、延庆区、门头沟区、密云区、昌平区、石景山区遭受暴雨袭击，局部洪涝灾情较重。共造成北京市 10.8 万人受灾，1.5 万人转移安置；农作物受灾面积 1.6 万公顷；直接经济损失 5.8 亿元。

8 月 11—12 日，密云区 8 个乡镇 59 个村遭到暴雨袭击，造成局部地区道路、桥梁中断，房屋、耕地、农业设施损坏，粮食作物和经济作物损失较重。据统计，密云区受灾人口 1.9 万人，转移安置 3649 人；农作物受灾面积 500 多公顷；直接经济损失 5.9 亿元。

2. 局地强对流

2016 年北京市局地强对流主要集中在 6 月份，农作物受灾面积 1.9 万公顷，绝收 5100 公顷；受灾人口 11.2 万人次；直接经济损失约 5 亿元。

6 月 10 日，密云区水库北山区遭受短时风雹袭击，造成 1500 公顷农作物受灾，农业直接经济损失 1800 万元。

6 月 22 日，密云区高岭镇、冯家峪镇、不老屯镇遭受短时冰雹袭击，造成 2500 公顷农作物受灾，农业直接经济损失 2400 万元。

6 月 29—30 日，延庆区、房山区、大兴区局地遭受风雹灾害，造成 3000 公顷农作物受灾，直接经济损失 4.5 亿元。

4.2 天津市主要气象灾害概述

4.2.1 主要气候特点及重大气候事件

2016 年，天津市年平均气温 13.7℃，较常年偏高 1.1℃（图 4.2.1），为 1961 年以来历史第二高值；年平均降水量 654.0 毫米，较常年（538.1 毫米）偏多 21.5%（图 4.2.2）；年总日照时数 2411.4 小时，较常年少 87.5 小时。全年各季平均气温均较常年同期不同程度偏高，春季偏高最显著；冬季降水显著偏多，春季偏少，夏季偏多，秋季接近常年略偏多；冬季日照接近常年略偏多，春季偏多，夏季、秋季偏少。

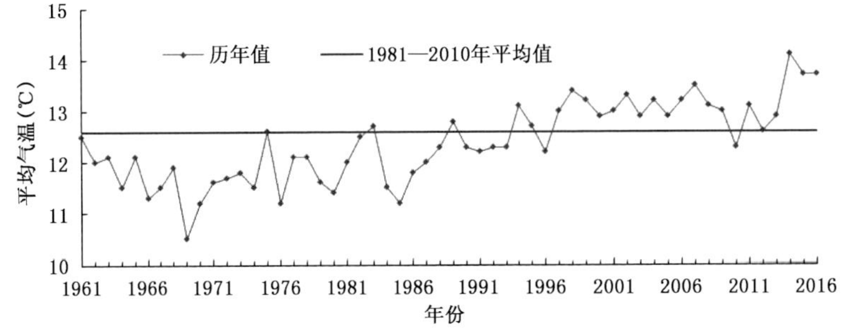

图 4.2.1 1961—2016 年天津市年平均气温变化

Fig. 4.2.1 Annual average temperature variation in Tianjin during 1961—2016 (unit: ℃)

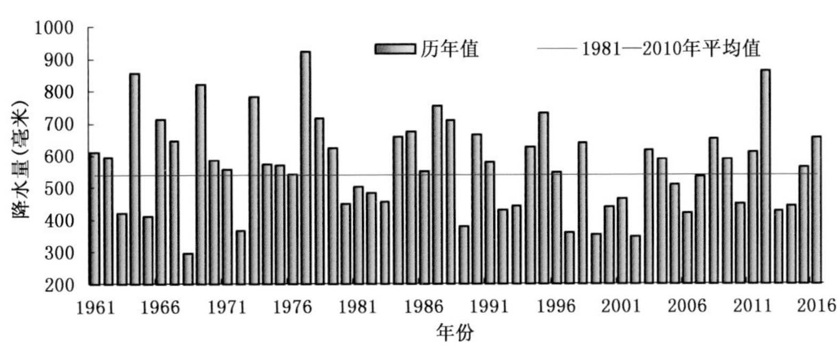

图 4.2.2　1961—2016 年天津市年降水量历年变化

Fig. 4.2.2　Annual rainfall variation in Tianjin during 1961－2016 (unit: mm)

2016 年，天津市主要出现了暴雨、雾、霾、高温、寒潮以及大风、冰雹等灾害性天气气候事件。因气象灾害造成直接经济损失 2.8 亿元，农业损失所占比重最大。农作物生长季内气象条件利弊参半，农作物为平产年景。

4.2.2　主要气象灾害及影响

1. 暴雨

2016 年暴雨洪涝灾害给天津市农业生产和人民生命财产造成了极大影响，农作物受灾面积 2.4 万公顷，绝收面积 148 公顷；受灾人口 14.3 万；房屋损坏 1.6 万间；直接经济损失 2.5 亿元。

2016 年 7 月 19—20 日天津市普降大暴雨，20 日全市平均降水量 185.9 毫米，为 1961 年以来全市日平均最大降水量，市区、东丽突破历史单日降水量极值；陆地出现 5～6 级、渤海海面出现 8～9 级东北风，沿海地区最高潮位达 5.13 米(闸下)。此次强降水及大风天气给农业生产和交通造成极大影响，部分区县大田及经济作物受灾严重；中心城区多处积水，影响交通；天津滨海国际机场 203 架次航班取消，京津城际列车晚点，部分公交线路停运，高速公路封闭。全市受灾人口 14.3 万人，农作物受灾面积 2.4 万公顷，直接经济损失 2.5 亿元，农业损失 2.2 亿元(图 4.2.3)。

图 4.2.3　2016 年 7 月 20 日天津市遭遇强降水过程和大风天气(天津市气候中心提供)

Fig. 4.2.3　Tianjin experienced heavy rainfall and strong wind on July 20, 2016 (Provided by Tianjin Climate Center)

2. 雾和霾

2016 年天津市平均雾日数 24 天，集中出现在 11 月和 12 月，分别为 5.4 天和 8.2 天。平均霾日数 35.7 天，春季最多 15.5 天，冬季和秋季分别有 13.5 天和 10 天。

12 月 17—21 日天津市出现大范围的雾、霾天气。受其影响，12 月 16 日 20 时启动重污染天气红色预警，并于 16 日 20 时起至 21 日 24 时止实施包括机动车限行、中小学停课、企事业单位实行弹性工作制等在内的重污染天气一级响应措施。

3. 强对流

2016 年强对流天气过程给天津市农业生产带来较大危害，直接经济损失达 2840 万元。

6 月 10 日，滨海新区出现冰雹天气过程，导致滨海新区 2100 万人口、366 公顷农作物及少数农房受灾。同日，武清区崔黄口镇出现短时大风、短时强降水并伴随冰雹，小时雨量达到 30 毫米，瞬时最大风力达到 8 级，强对流天气造成该镇冬小麦倒伏面积约 1333 公顷，树木倒折 3000 棵（图 4.2.4）。

图 4.2.4　2016 年 6 月 10 日天津市滨海新区大风过程造成临建房屋倒塌（天津市气候中心提供）
Fig. 4.2.4　Strong wind process caused the collapse of temporary buildings in Binhai New Area of Tianjin on June 10, 2016 (By Tianjin Climate Center)

4. 高温

2016 年天津市平均高温日数（最高温度≥35℃）6.7 天。6 月 26 日全市 13 个区均出现高温天气，7 月 10 日 8 个区出现高温天气，7 月 11 日 10 个区出现高温天气，8 月 11—12 日 9 个区出现高温天气。8 月 11—12 日，受持续高温高湿天气影响，天津电网最高负荷连续 3 次刷新历史最高纪录。

4.3 河北省主要气象灾害概述

4.3.1 主要气候特点及重大气候事件

2016 年河北省年平均气温为 12.6℃，与常年相比偏高 0.8℃（图 4.3.1）。2016 年冬季、春季、夏季、秋季气温均偏高，春季偏高 1.5℃，夏季、秋季和冬季偏高 0.5℃。2016 年河北省年平均降水量为 608.9 毫米（图 4.3.2），较常年偏多 20.9%。冬季偏多 36.8%，春季偏少 37.3%，夏季偏多 34.6%，秋季偏多 9.4%。

2016 年河北省主要遭受了暴雨、强对流性天气、雾和霾等气象灾害。据统计，因气象灾害造成 1428.2 万人次受灾，因灾死亡 193 人，失踪 89 人；农作物受灾面积 144.7 万公顷，绝收面积 11.8 万公顷；直接经济损失约 609.5 亿元。总体来看，与近 10 年相比属重灾年份，其中以“7.19”暴雨洪涝致灾最为严重。

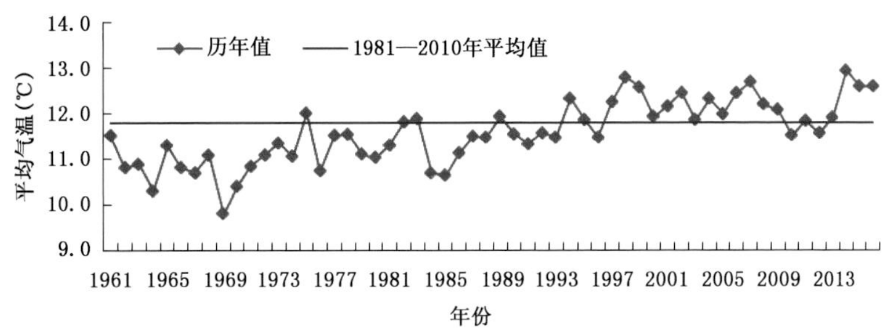

图 4.3.1 1961—2016 年河北省年平均气温历年变化

Fig. 4.3.1 Annual mean temperature variation in Hebei during 1971—2016(unit: ℃)

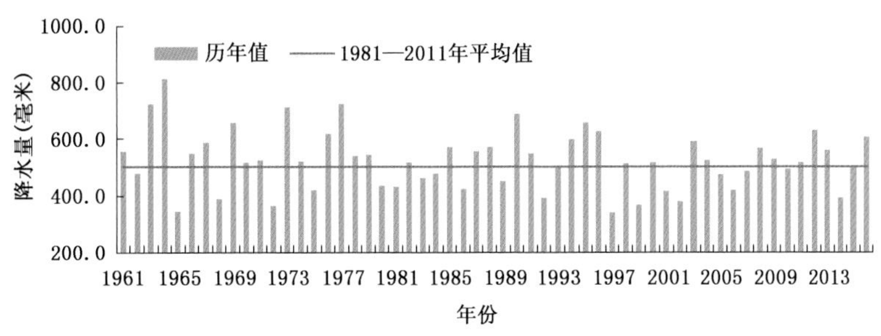

图 4.3.2 1961—2016 年河北省年降水量历年变化

Fig. 4.3.2 Annual precipitation variation in Hebei during 1971—2016(unit: mm)

4.3.2 主要气象灾害及影响

1. 暴雨洪涝

2016 年，河北省出现暴雨 282 站日，较常年偏多 40.6%，造成 1112.0 万人次受灾，因灾死亡 187 人，失踪 89 人，紧急转移安置人口 44.7 万人；农作物受灾面积 95.4 万公顷，绝收面积 10.3 万公顷；倒塌房屋 10.2 万间；直接经济损失 580.5 亿元。

7 月 18—21 日河北省出现自"63·8"以来最严重的一次暴雨洪涝灾害(图 4.3.3)。全省有 84 个县(市)过程降水量超过 100 毫米，有 6 个县过程降水量超过 500 毫米，最大过程降水量 783.5 毫米(邯郸磁县)。100 毫米以上强降水影响面积达 11.5 万平方千米，占全省总面积的 60.9%。受强降水影响，石家庄、邢台和邯郸西部的太行山山区和唐山、秦皇岛北部的燕山山区暴发山洪。河北省境内漳卫南运河系、子牙河系、大清河系水势普遍上涨。18 座大中型水库因超汛限水位而提闸放水，126 座小型水库蓄满溢流。宁晋泊、大陆泽、永年洼 3 处蓄滞洪区被启用。受暴雨洪涝影响，34 座小型水库不同程度受损，13 处河流支流决口，发生 24 起小型地质灾害，城市内涝严重。据统计，此次特大暴雨洪涝灾害共造成河北省 152 个县(市、区)的 1043.6 万人受灾，因灾死亡 187 人，失踪 89 人，紧急转移安置 41.8 万人；倒塌房屋 10.2 万间，严重损坏房屋 12.3 万间；农作物受灾面积 89 万公顷；直接经济损失 574.6 亿元。

2. 局地强对流

2016 年河北省主要出现 10 次风雹灾害，共造成 279.1 万人受灾，6 人死亡，紧急转移安置 2.7 万人；农作物受灾面积 26.2 万公顷；直接经济损失约 27.9 亿元。

6 月 21—23 日，河北省有 37 个县(市)出现 8 级以上大风，最大风力 12 级(隆化县)，有 6 个县

图 4.3.3 (a)7 月 22 日邢台市大面积玉米被淹;(b)"7·19"后井陉县小作镇一片狼藉(河北省气象局提供)
Fig. 4.3.3 (a) A large area of corn was flooded in Xingtai City on July 22, 2016 (b) Xiaozuo Town of Jingxing County was in a mess after "7·19" flood water (By Hebei Meteorological Bureau)

(市)出现冰雹,2 个县(市)出现暴雨,造成河北省 10 个区(市)19.9 万人受灾,6 人死亡,直接经济损失 2.5 亿元。7 月 23—25 日,河北省有 15 个县(市)出现 8 级以上大风,有 35 个县(市)过程降水量超过 100 毫米。由于之前"7·19"全省大部分地区出现暴雨到特大暴雨,土壤已处于饱和状态,水库也是高位运行,承灾能力明显减弱。短时间内风雨交加再次来袭,造成局部地区山洪暴发、水库泄洪、桥梁被毁,河北省 7 个区(市)91.8 万人受灾,紧急转移 4.3 万人,直接经济损失 10.6 亿元。

3. 雾和霾

2016 年河北省雾和霾天气较常年明显偏多,出现 12 次持续性雾和霾天气。12 月 18—22 日河北省连续 5 天有 100 多个县(市)出现雾和霾(图 4.3.4),过程强度历史罕见。期间,能见度明显降低,河北省多条高速公路长时间关闭;国道、省道车行缓慢。空气污染明显加重,$PM_{2.5}$浓度最高超过 1000 微克/米^3;多个城市发布幼儿园和小学停课通知。

图 4.3.4 2016 年 12 月 21 日石家庄市被雾和霾淹没(河北省气象局提供)
Fig. 4.3.4 Shijiazhuang was shrouded by heavy fog and haze on December 21, 2016 (By Hebei Meteorological Bureau)

4.4 山西省主要气象灾害概述

4.4.1 主要气候特点及重大气候事件

2016 年，山西省年平均气温为 10.6℃，较常年(9.9℃)偏高 0.7℃，为近 10 年来第三高值(图 4.4.1)。年平均降水量为 581.9 毫米，较常年(468.3 毫米)偏多 24%，为近 10 年最多(图 4.4.2)。冬季和夏季平均气温接近常年同期，春季和秋季气温偏高，秋季气温为近 10 年最高；夏季降水较常年同期显著偏多，为近 20 年次多，春季和秋季降水偏多，冬季偏少，年内最大日降水量出现在 7 月 9 日交口县，达到 176.8 毫米。

年内，山西省主要气象灾害有暴雨、冰雹、干旱、霜冻、大风、高温、寒潮等，给工农业生产及人民生活造成了一定影响，暴雨、冰雹、干旱和低温冷冻害造成的影响较为严重。气象灾害共造成农作物受灾面积 50.4 万公顷，绝收面积 3.2 万公顷；受灾人口 647.8 万人，死亡 25 人，失踪 3 人；直接经济损失 108.7 亿元。

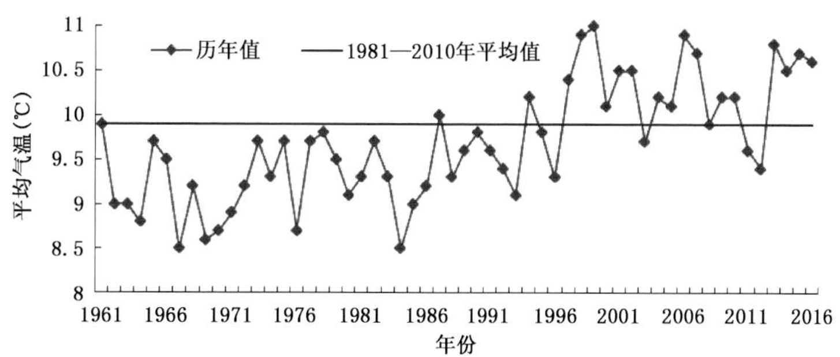

图 4.4.1 1961—2016 年山西省年平均气温历年变化

Fig. 4.4.1 Annual mean temperature variation in Shanxi during 1961—2016(unit: ℃)

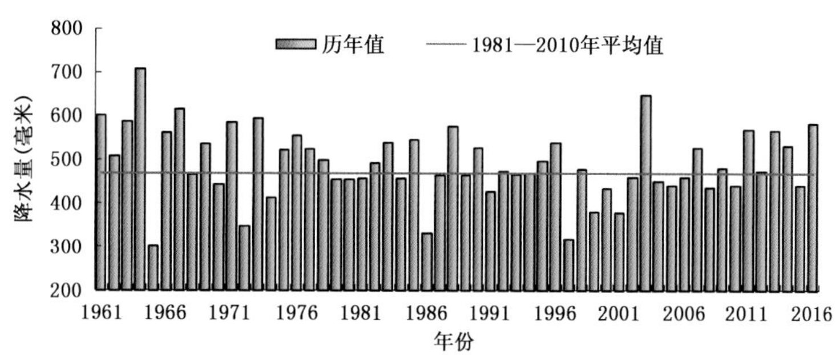

图 4.4.2 1961—2016 年山西省年降水量历年变化

Fig. 4.4.2 Annual precipitation variation in Shanxi during 1961—2016(unit: mm)

4.4.2 主要气象灾害及影响

1. 暴雨洪涝

2016 年，暴雨天气主要集中在 6—8 月，7 月有 109 站次出现暴雨，为 1961 年以来第二多值。山西省全年因暴雨洪涝造成 283.8 万人受灾，死亡 21 人；倒塌房屋 2.9 万间，损坏房屋 16.2 万间；农作物受灾面积 25.7 万公顷，绝收面积 1.7 万公顷；直接经济损失 70.8 亿元。

7 月 18—20 日，太原市出现大范围暴雨到大暴雨，尤以清徐县、尖草坪区和阳曲县最为严重，3

县区直接经济损失约 2.9 亿元。太原全市农作物受灾面积 1.7 万公顷；受灾人口约 17.5 万人，紧急转移安置 950 人；倒塌房屋 22 间，损坏房屋 4080 间（图 4.4.3）。

图 4.4.3 2016 年 7 月 19 日太原市城区因暴雨导致严重内涝（太原市气象局提供）
Fig. 4.4.3 Waterlogging by strong rainfall in Taiyuan on July 19, 2016(By Taiyuan Meteorological Service)

2. 局地强对流

2016 年，山西省共有 89 站次出现冰雹。局地强对流天气共造成山西省 10.5 万公顷农作物受灾，绝收面积 1.1 万公顷；受灾人口 269.9 万人，死亡 4 人，其中雷击死亡 1 人；倒塌房屋 0.1 万间，损坏房屋 2.8 万间；直接经济损失 32.9 亿元。

6 月 12—14 日，长治市、大同市、晋中市、晋城市、阳泉市、忻州市、临汾市、吕梁市 8 市受强对流天气影响，出现短时强降水、冰雹或大风天气，致使 44 个县（市、区）168 个乡镇遭受风雹灾害。风雹灾害造成 55.1 万人受灾；农作物受灾面积 5 万公顷，绝收面积 3470 公顷；倒塌房屋 144 间，损坏房屋 1.8 万间；直接经济损失 3.9 亿元。长治市受灾严重，冰雹还导致大量露天车辆玻璃破损、车体被砸，居民太阳能设施损坏（图 4.4.4）。

图 4.4.4 2016 年 6 月 13 日山西省长治县遭受冰雹灾害（长治县气象局提供）
Fig. 4.4.4 Hail occurred in Changzhi County of Shanxi Province on June 13, 2016
(By Changzhi Meteorological Service)

3. 干旱

2016年，由于降水时空分布不均，造成山西省发生区域性、阶段性干旱。年内山西省因旱造成75.1万人受灾，饮水困难0.3万人次；农作物受灾面积7.7万公顷，绝收面积4000公顷；直接经济损失4.2亿元。

7月末至8月上旬，大同市晴热少雨，8月上旬多地平均气温甚至突破历史极值，土壤失墒迅速，大部分地区出现明显气象干旱，对需水关键期作物生长非常不利。广灵县6998公顷农作物因旱受灾，成灾面积6607公顷。

4. 低温冷冻害

2016年，山西省因低温冷冻害造成19万人受灾，农作物受灾面积6.6万公顷，直接经济损失8000万元。

5月13日、15日凌晨，五寨县境内出现低温冻害天气，全县受灾人口6.9万人；农作物主要以玉米、谷子受灾为主，玉米受灾面积3.9万公顷，谷子受灾面积1.8万公顷；直接经济损失3562万元。

4.5 内蒙古自治区主要气象灾害概述

4.5.1 主要气候特点及重大气候事件

2016年，内蒙古年平均气温5.6℃，较常年偏高0.5℃，为1961年以来第十高值(图4.5.1)；年降水量359.4毫米，较常年偏多13%(图4.5.2)。春季气温偏高，为1961年以来同期第四高值，冬季、夏季、秋季气温接近常年同期；冬季、秋季降水偏多，秋季降水量为1961年以来第三多值，春季、夏季降水接近常年同期。

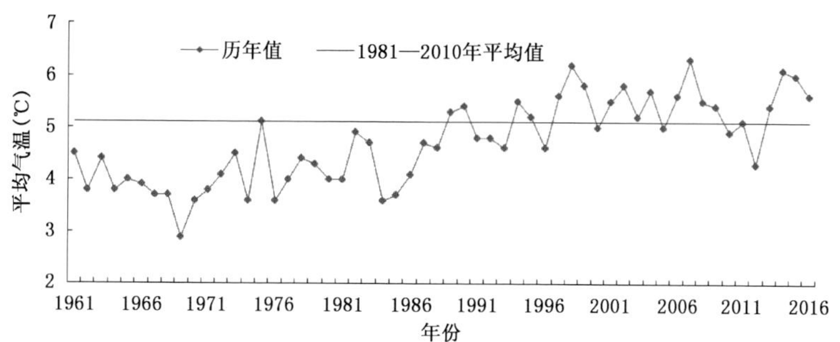

图4.5.1 1961—2016年内蒙古年平均气温历年变化

Fig. 4.5.1 Annual mean temperature variation in Inner Mongolia during 1961 to 2016

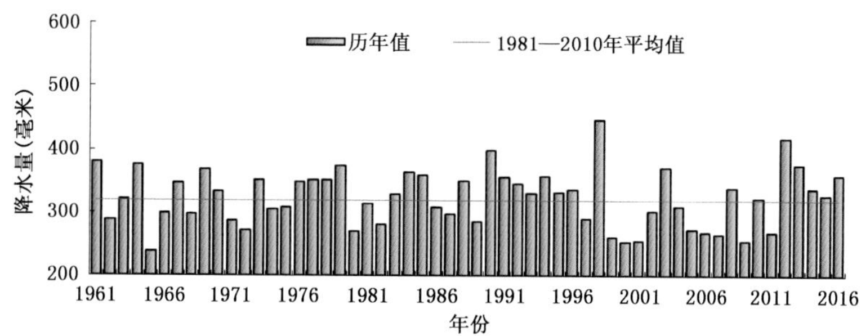

图4.5.2 1961—2016年内蒙古年降水量历年变化

Fig. 4.5.2 Annual precipitation variation in Inner Mongolia during 1961 to 2016

2016年，内蒙古春季沙尘暴过程少，首次出现时间偏晚；夏季多地发生暴雨洪涝、风雹灾害，中东部大部地区发生旱灾；秋末东部出现极端降雪事件，部分地区遭受雪灾。气象灾害造成596.2万人受灾，因灾死亡17人，其中洪涝灾害死亡9人，风雹灾害死亡8人(含雷电死亡1人)；直接经济损失179.8亿元，以旱灾损失最为严重，直接经济损失达139.2亿元。总体来看，2016年内蒙古气象灾害属偏轻年份。

4.5.2 主要气象灾害及影响

1. 干旱

2016年夏季，内蒙古中东部大部地区受降水偏少、温度偏高影响，多地出现旱灾，共造成赤峰、兴安、通辽、锡林郭勒、呼伦贝尔等9个盟市55个县(市、区、旗)410.8万人受灾，62.8万人饮水困难，农作物受灾面积277.1万公顷，绝收面积48.9万公顷；直接经济损失139.2亿元。乌兰察布市四子王旗旱情严重，受灾人口达3.5万人，草场受灾74万公顷，直接经济损失达1000万元。旱情对牧草生长、人畜饮水和旱作农区的作物生长等产生较为严重的影响(图4.5.3)。

图4.5.3 2016年7月赤峰市巴林右旗遭受旱灾(赤峰市气象局提供)

Fig. 4.5.3 The drought disaster in Chifeng city on July, 2016 (By Chifeng Meteorological Service)

2. 暴雨洪涝

入汛后，内蒙古出现大范围暴雨洪涝灾害，受灾较重地区包括巴彦淖尔市临河区，兴安盟扎赉特旗，乌兰察布市四子王旗、商都县，呼伦贝尔市扎兰屯市，通辽市库伦旗，鄂尔多斯市杭锦旗、伊金霍洛旗等地(图4.5.4)，洪涝灾害集中发生在6月中下旬，7月上旬、下旬和8月中旬，共造成76.1万人受灾，因灾死亡9人，直接经济损失13.6亿元。

3. 局地强对流

2016年夏季，内蒙古多次发生局地强对流天气，主要集中在6—7月。风雹灾害共造成103.6万人受灾，8人死亡；农作物受灾面积41.9万公顷，绝收面积2.3万公顷；直接经济损失22.8亿元。

6月13日，巴彦淖尔市临河区部分乡镇遭受冰雹袭击。据统计，乌兰图克镇、双河镇等5个乡镇，1.5万人受灾，受灾面积7700公顷，直接经济损失3400多万元。

4. 低温冷冻害和雪灾

2016年，内蒙古受低温冷冻害和雪灾影响，共造成5.7万人受灾；农作物受灾面积18.5万公顷，绝收面积2万公顷；直接经济损失4.2亿元。

8月29日，呼伦贝尔市东北部地区出现明显降温过程，部分地区最低气温降至0℃以下，遭受霜

图 4.5.4　2016 年 6 月 30 日通辽市库伦旗遭受暴雨洪涝灾害(通辽市气象局提供)
Fig. 4.5.4　The flood disaster in Tongliao City on June 30, 2016 (By Tongliao Meteorological Service)

冻灾害。灾害造成鄂伦春自治旗 5 个乡镇大豆、玉米秧苗被冻死,受灾人口 5800 多人,受灾面积 1.8 万公顷,农业经济损失约 5000 万元。

5. 高温

2016 年夏季,内蒙古出现大范围高温天气过程,主要影响西部大部、锡林郭勒盟中东部及东部大部地区。高温过程持续时间长、影响范围广、高温事件强度强,致使多地遭受干旱灾害,呼伦贝尔市西部大部分草原过早黄枯,草原蝗虫迅速发展、蔓延,对牲畜健康影响较大。此外,中暑等高温疾病发生率增加,交通、用水、用电等方面也受到严重影响。

4.6　辽宁省主要气象灾害概述

4.6.1　主要气候特点及重大气候事件

2016 年,辽宁省年平均气温为 9.3℃,比常年(8.8℃)偏高 0.5℃(图 4.6.1);平均年降水量为 734.2 毫米,比常年(648.2 毫米)偏多 1 成(图 4.6.2);年日照时数为 2478 小时,比常年(2543 小时)偏少 65 小时。与常年同期相比,春季平均气温显著偏高,冬季、夏季较常年偏高,秋季接近常年同期。冬季、春季降水比常年同期偏多,夏季、秋季降水接近常年同期。

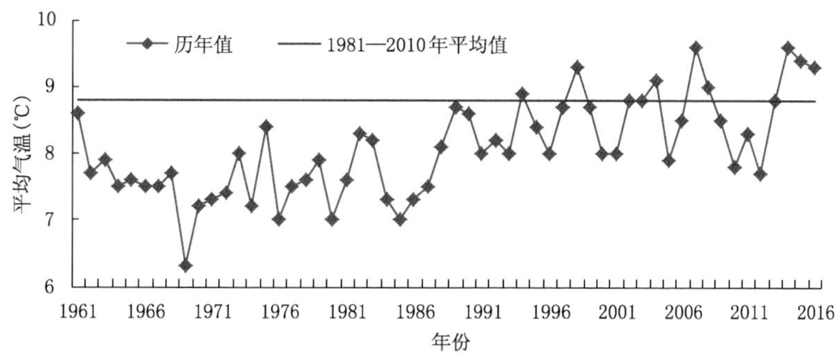

图 4.6.1　1961－2016 年辽宁年平均气温历年变化
Fig. 4.6.1　Annual mean temperature variation in Liaoning Province during 1961－2016 (unit: ℃)

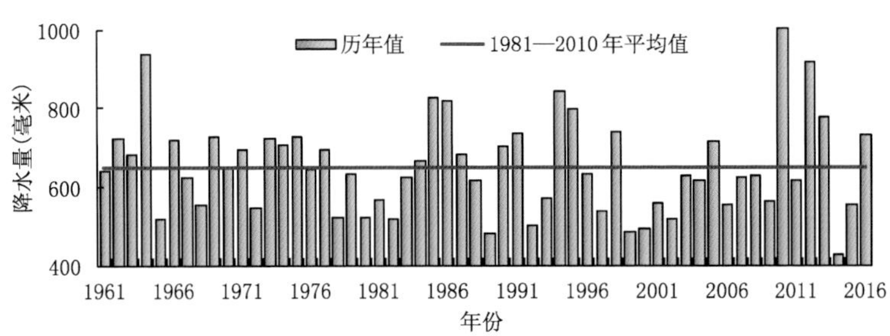

图 4.6.2 1961—2016 年辽宁平均年降水量历年变化

Fig. 4.6.2 Annual precipitation variation in Liaoning Province during 1961—2016 (unit: mm)

2016 年,辽宁省主要气象灾害有干旱、暴雨洪涝、台风和局地强对流,暴雨造成了严重的城市内涝等问题,影响较为严重。灾害共造成农作物受灾面积 58.2 万公顷,绝收面积 1.9 万公顷;受灾人口 156.5 万人,死亡 2 人;直接经济损失 45.4 亿元。

4.6.2 主要气象灾害及影响

1. 干旱

2016 年,辽宁省出现夏旱,造成农作物受灾面积 40.1 万公顷,绝收面积 5300 公顷。

7 月 1—20 日,辽宁平均降水量为 27.7 毫米,比常年(104.4 毫米)偏少 7 成,为 1951 年以来历史同期第三少值。大连市、抚顺市和阜新市受高温少雨影响,土壤失墒严重,农作物受灾面积较往年偏小,灾害对粮食产量影响较小。

2. 暴雨洪涝

2016 年,辽宁省共出现 6 次暴雨过程,造成农作物受灾面积 9.6 万公顷,绝收面积 1.0 万公顷;受灾人口 78.2 万人,紧急转移安置人口 7.2 万人;倒塌房屋 1150 间,严重损坏房屋 5269 间,一般损坏房屋 1.4 万间;直接经济损失 33.9 亿元。

7 月 20—23 日,受江淮气旋影响,辽宁省自西南向东北出现了近五年最大的暴雨到特大暴雨天气过程。过程平均降水量 103.5 毫米,最大降水量 411.0 毫米,出现在绥中县明水乡。葫芦岛全地区出现特大暴雨,为 1951 年以来最大值,突破历史极值。此次强降水过程造成葫芦岛市农业、渔业、交通、水利电力、通信及城市基础设施等不同程度的严重灾害,葫芦岛市连山区转移安置 1.6 万人,直接经济损失 9094 万元;葫芦岛市绥中县转移安置 1.3 万人,直接经济损失 7.0 亿元(见图 4.6.3)。

图 4.6.3 辽宁省 7 月多场暴雨造成严重城市内涝(辽宁省气象服务中心提供)

Fig. 4.6.3 Heavy rain caused severe urban waterlogging in July in Liaoning (By Liaoning Meteorological Service Center)

3. 台风

2016年8月29日至9月1日，受第10号台风"狮子山"影响，辽宁省出现强风雨天气。共造成5个市7个县(市)40.9万人受灾；农作物受灾面积4.6万公顷，绝收面积480公顷；直接经济损失2.4亿元。

4. 局地强对流

2016年，辽宁省共有14个市48个县(市、区)出现局地强对流天气。造成37.4万人受灾，死亡2人；农作物受灾面积3.9万公顷，绝收面积3200公顷；损坏房屋3.9万间；直接经济损失9.1亿元。

5月3日，锦州市黑山县遭受大风灾害，造成20个乡镇出现灾情，直接经济损失1.5亿元。

4.7 吉林省主要气象灾害概述

4.7.1 主要气候特点及重大气候事件

2016年吉林省年平均气温5.8℃，比常年偏高0.4℃(图4.7.1)；年平均降水量775.2毫米，比常年明显偏多27%，为1961年以来第三多值(图4.7.2)。春季气温明显偏高，冷暖波动大，降水明显偏多。夏季气温偏高，降水略偏少，对作物生长发育不利。秋季气温略偏低，季内冷暖空气交替明显；降水明显偏多，影响粮食收获、晾晒。

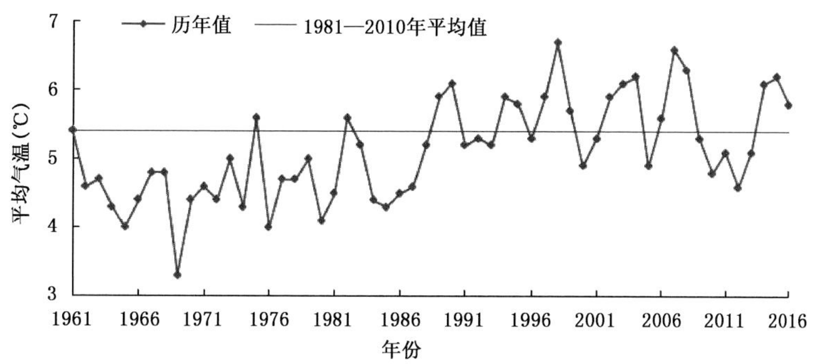

图4.7.1 1961—2016年吉林省年平均气温历年变化

Fig. 4.7.1 Annual average temperature variation in Jilin Province during 1961—2016 (unit: ℃)

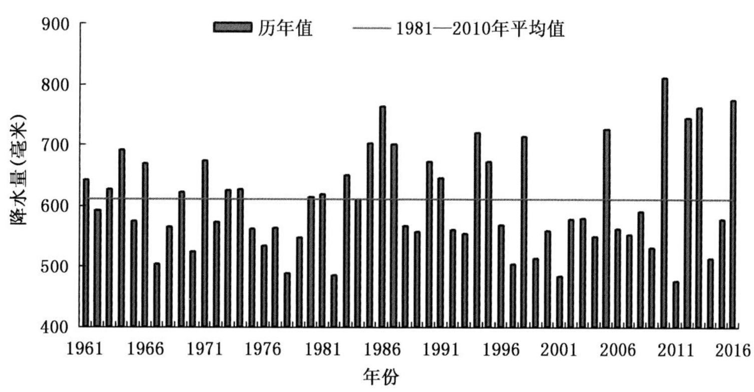

图4.7.2 1961—2016年吉林省年平均降水量历年变化

Fig. 4.7.2 Annual precipitation variation in Jilin Province during 1961—2016(unit: mm)

2016 年吉林省因气象灾害造成 259.9 万人受灾；农作物受灾面积 74.8 万公顷，绝收面积 9.0 万公顷；直接经济损失 98.7 亿元。2016 年为气象灾害偏重年。

4.7.2 主要气象灾害及影响

1. 干旱

2016 年 7 月 1 日至 8 月 28 日吉林省平均降水量 177.9 毫米，比常年少 38%，居历史少雨第三位，松原地区突破历史少雨极值，白城、长春、白山和延边地区分别居历史少雨第三至第五位。受长时间高温少雨天气影响，通化、白城和松原 3 个地区出现旱情，171.3 万人受灾；农作物受灾面积 52.4 万公顷，绝收面积 5.2 万公顷；直接经济损失 42.2 亿元。

7 月 1 日至 8 月 28 日，扶余市持续高温少雨，16 天日最高气温超过 30℃，连续 6 天日最高气温超过 31℃，降雨量分布不均，连续 12 天无明显降水过程，各乡镇出现不同程度旱灾。异常高温少雨导致 16 个乡镇 208 个行政村部分岗地、风沙地和沙岗地旱田农作物打绺。据统计，此次灾害 11.5 万人受灾；玉米作物和花生等作物受灾面积 9.6 万公顷，成灾面积 7.5 万公顷，绝收面积 8100 公顷；直接经济损失 6.2 亿元(图 4.7.3)。

图 4.7.3　2016 年 8 月 22 日吉林省扶余市干旱灾害(扶余市气象局提供)
Fig. 4.7.3　Drought disaster in Fuyu City of Jilin on August 22, 2016 (By Fuyu Meteorological Service)

2. 暴雨洪涝

2016 年因暴雨洪涝等影响，有 26 县市(次)26.1 万人受灾；损坏房屋 4289 间；农作物受灾面积 7.1 万公顷，绝收面积 8800 公顷；直接经济损失 4.4 亿元。

7 月 25—26 日，伊通县 11 个乡镇出现暴雨洪涝，营城子镇出现大暴雨天气，降水量达到 113.6 毫米。受其影响，伊通县境内 110 座桥涵受损，毁坏道路 56.7 千米，农作物受灾面积 1300 公顷，直接经济损失 6680 万元(图 4.7.4)。

3. 台风

2016 年受第 10 号台风“狮子山”影响，8 月 29 日至 9 月 1 日吉林省出现明显的暴雨、大暴雨天气过程，中东部地区降雨量较大，特别是延边地区普降暴雨、大暴雨，出现 50 站大暴雨、370 站暴雨。吉林省过程平均降雨量 83.2 毫米，突破历史极值，图们等 14 站过程降雨量均突破历史极值，过程降水量最大为天池本站，达 249.9 毫米。此次暴雨天气过程具有降雨量大、范围广、持续时间长、影响重等特点，导致中东部地区出现洪涝、山洪等灾害，对农业、交通、水利、电力、工矿行业有较大影响。

图 4.7.4　2016 年 7 月 25 日吉林省伊通县暴雨洪涝灾害(伊通县气象局提供)
Fig. 4.7.4　Heavy rain and flood disaster in Yitong City of Jilin on June 25,2016 (By Yitong Meteorological Service)

此次灾害共造成 7 县市(次)31.2 万人受灾,紧急转移安置 5 万人;倒塌房屋 1000 间;农作物受灾面积 7.3 万公顷,绝收面积 1.3 万公顷直接经济损失 46.7 亿元。

4. 局地强对流

2016 年 6—8 月吉林省部分地方出现雷雨大风、冰雹、弱龙卷等局地强对流天气,共有 13 县市(次)出现大风,辽源市出现弱龙卷,17 县市(次)出现冰雹,11 县市(次)遭受雷击。总受灾人口 17.3 万人;损坏房屋 1129 间;农作物受灾面积 6.1 万公顷,绝收面积 8100 公顷;直接经济损失 3.5 亿元,雷电灾害造成直接经济损失 193.1 万元。

4.8　黑龙江省主要气象灾害概述

4.8.1　主要气候特点及重大气候事件

2016 年黑龙江省年平均气温为 2.9℃,比常年低 0.1℃(图 4.8.1);年平均降水量为 587.8 毫米,比常年多 12%(图 4.8.2)。冬季(2015 年 12 月至 2016 年 2 月)降水特多,为 1961 年以来历史第三位;秋季气温特低,为 1961 年以来历史第三位;年日照时数偏少,为 1961 年以来历史第二位。全年因气象灾害共造成 589.1 万人受灾,死亡 4 人;农作物受灾面积 422.4 万公顷;绝收面积 26.4 万公顷,直接经济损失 160.4 亿元。总体评价,2016 年属气象灾害较重年份。

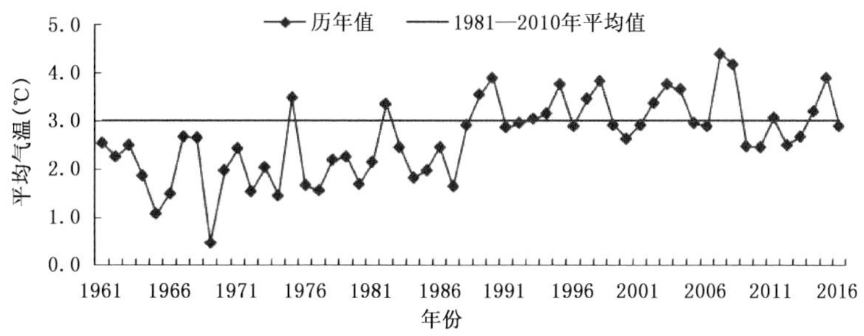

图 4.8.1　1961—2016 年黑龙江省年平均气温历年变化
Fig. 4.8.1　Annual mean temperature variation in Heilongjiang during 1961—2016(unit:℃)

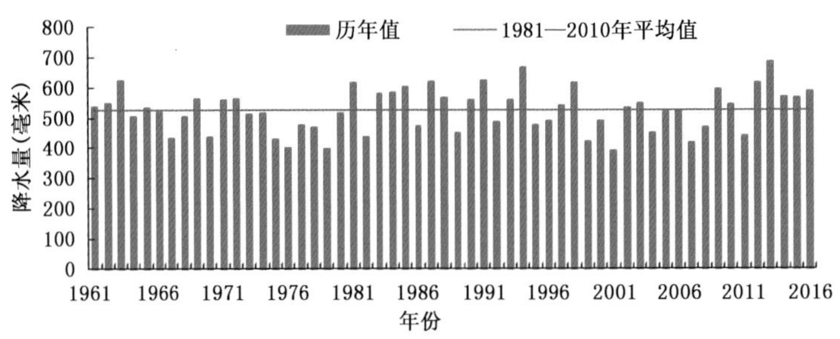

图 4.8.2 1961—2016 年黑龙江省年降水量历年变化

Fig. 4.8.2 Annual precipitation variation in Heilongjiang during 1961—2016(unit:mm)

4.8.2 主要气象灾害及影响

1. 干旱

2016 年因干旱共造成 384.9 万人受灾;农作物受灾面积 295.5 万公顷,绝收面积 17.2 万公顷;直接经济损失 111.6 亿元。

7—8 月黑龙江省持续气温偏高、降水偏少,7 月中旬开始松嫩平原西部出现旱情,8 月受持续高温少雨影响,旱区范围向东向南扩展。截至 8 月 31 日,黑河大部、齐齐哈尔、大庆、绥化及哈尔滨东部市县均出现中等程度以上旱情,黑河南部、齐齐哈尔地区出现重旱(图 4.8.3)。

图 4.8.3 2016 年 8 月 24 日,干旱导致黑龙江省杜尔伯特县农田受灾(黑龙江省气候中心提供)

Fig. 4.8.3 Affected farmland by drought disaster on August 24, 2016 in Dorbod County (By Heilongjiang Climate Center)

2. 暴雨洪涝

2016 年黑龙江省暴雨洪涝频发,共有 13 市(地)63 个县(市、区)发生洪涝灾害,受灾人口 52 万人,死亡 1 人,农作物受灾面积 28.4 万公顷,损坏房屋 4000 间,直接经济损失达 11.4 亿元。

暴雨时段主要集中在 6 月中下旬、7 月下旬及 8 月底。6 月降水特多,为 1961 年以来历史第二位,暴雨主要分布在松嫩平原大部、三江平原北部,黑龙江省有 10 个台站达到暴雨量级,6 月 22 日,延寿县遭受大暴雨袭击,降雨过程持续 1 小时,最大降雨量 50 毫米,造成 3.5 万人受灾,农作物受灾面积 1.4 万公顷，直接经济损失 0.3 亿元。

3. 局地强对流

2016 年黑龙江省 13 市(地)76 个县(市、区)发生局地强对流天气，受灾人口 74 万人，死亡 3 人，农作物受灾面积 21.1 万公顷，直接经济损失 12.2 亿元。

8 月 29—31 日，黑龙江东部地区出现大风、暴雨天气。同江阵风达 10 级，抚远、绥滨、富锦、桦川阵风 9 级，通河、东宁等 13 个县市 8 级，绥芬河、依兰等 30 个县市 7 级，大风造成水稻、玉米农作物出现部分倒伏，9 市 41 个县及 2 个农垦管理局、2 个森工林业局共 45 万人受灾，农作物受灾面积 400 公顷，损坏房屋 180 间，直接经济损失 11 亿元(图 4.8.4)。

图 4.8.4　2016 年 9 月 3 日，大风导致黑龙江省东宁市农田大面积倒伏(黑龙江省气候中心提供)

Fig. 4.8.4　Farmland lodging by strong wind on September 3, 2016 in Dongning City (By Heilongjiang Climate Center)

4. 霾

11—12 月黑龙江省出现多次霾天气。11 月 4—5 日，多个地区出现霾天气，大庆、哈尔滨、绥化为严重污染，七台河、齐齐哈尔为重度污染，牡丹江、鸡西为中度污染，鹤岗为轻度污染。受霾天气影响，多条高速公路封闭，机场航班延误或取消。

5. 雪灾

2016 年黑龙江省因雪灾影响，农作物受灾面积 4000 公顷，直接经济损失 3000 万元。11 月多次出现暴雪天气，11 月 30 日，黑龙江省出现大范围降雪天气，哈尔滨市区、尚志降暴雪。暴雪天气导致省内多条高速封闭，长途客运停发，对交通造成不利影响。

4.9　上海市 2016 年气象灾害概述

4.9.1　主要气候特点及重大气候事件

2016 年上海市年平均气温为 17.5℃，比常年偏高 1.2℃，已连续第 17 年高于常年平均值(图 4.9.1)，中心城区气温最高，年平均气温 18.1℃，比常年偏高 1.2℃，是有气象记录 144 年以来的第三个高值年，郊区为 16.5～17.9℃，崇明最低；冬季气温略高，春季、夏季和秋季气温偏高。年平均降水量为 1593.9 毫米，比常年偏多 34.9%，为 1961 年以来仅次于 1999 年和 2015 年的第三个高值年(图4.9.2)，各区年降水量为1451.1～1899.9毫米，浦东最多，奉贤和青浦相对较少；冬季降水略多，春季降水偏多，夏季降水与常年持平，秋季降水异常偏多。2016年上海市主要气象灾害有台风、暴雨、雷电、低温冷冻害、高温和大雾。全年因气象灾害造成4580人受灾，1人死亡；农作物受灾面积3110公顷，绝收面积630公顷；直接经济损失2388万元。总体评价，2016年属气象灾害偏轻年份。

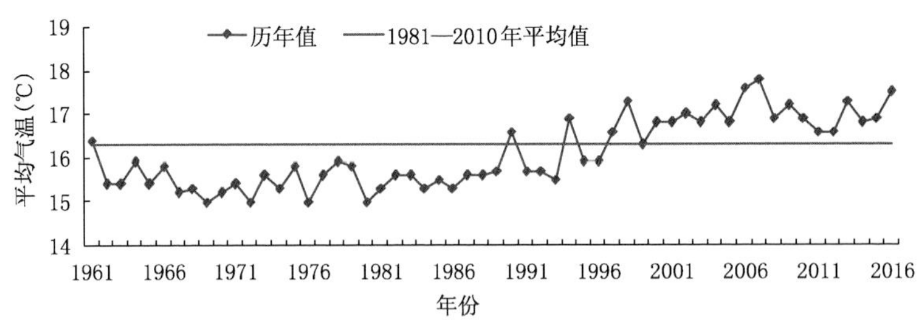

图4.9.1 1961—2016年上海市年平均气温历年变化图(℃)
Fig. 4.9.1 Annual mean temperature variation in Shanghai during 1961—2016 (unit: ℃)

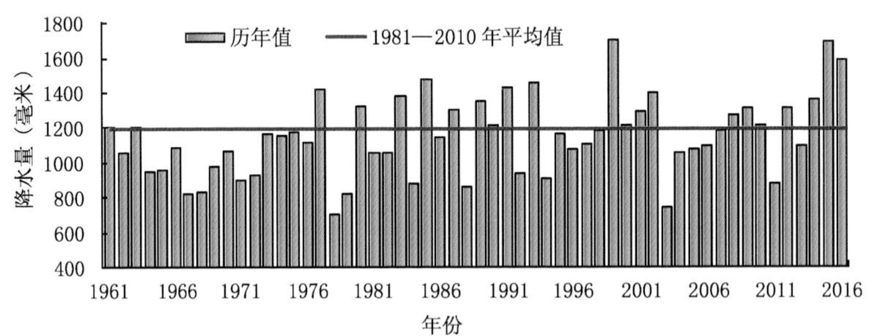

图4.9.2 1961—2016年上海市年降水量历年变化
Fig. 4.9.2 Annual precipitation variation in Shanghai during 1961—2016 (unit: mm)

4.9.2 主要气象灾害及影响

1. 暴雨洪涝

2016年上海市平均暴雨日数(11站平均)有5天，比常年偏多2天。暴雨洪涝主要出现在6—9月，以局地性强降水为主，并伴有雷电大风。暴雨造成一些街道和小区积水，雷电和暴雨还使上海虹桥和浦东两大机场900多个航班延误或取消或备降其他机场。

2. 热带气旋

2016年9月15—16日受台风“莫兰蒂”外围环流和北方弱冷空气的共同影响，上海市普降暴雨到大暴雨。受其影响，崇明区受灾人口4579人；农作物受灾面积3110公顷，绝收面积630公顷；房屋进水约4000多间(图4.9.3)；直接经济损失2389万元。

3. 局地强对流

2016年上海市发生雷击致灾事件1起。2016年8月20日上海松江区午后出现强雷暴天气，西部泄洪通道洙桥村段建设工地1名工人遭雷击死亡。

4. 低温冷冻害

受北方超强冷空气影响，1月23—26日上海地区出现了近年来罕见的低温冰冻雨雪和大风天气，期间最低气温降至−8.5～−6.9℃，郊区普遍出现7～8级阵风。此次低温冰冻雨雪和大风天气造成农田蔬菜冻坏1830公顷，大棚变形和薄膜破损至少210个；水上轮渡一度停驶，长途班次取消

图 4.9.3　2016 年 9 月 15—16 日台风“莫兰蒂”外围环流和冷空气共同影响造成上海崇明区农田受淹（左图）和居民家中进水（右图）（上海市崇明区气象局提供）

Fig. 4.9.3　The flooding in the farmland (left) and the water-logging in the house (right) in Chongming area of Shanghai by mutual influence of cold air and peripheral circulation of typhoon Meranti on Sept. 15－16, 2016(By Chongming Meteorological Service)

约 500 班；水管冻裂漏水至少 2000 处，水表冻裂至少 2261 件；呼吸道、心脑血管系统疾病急诊患者增加 2 成以上。

5. 高温

2016 年 7 月 13 日至 8 月 2 日，受副热带高压加强影响，市区出现 14 个高温日，极端最高气温达 40.3℃，7 月 20—30 日连续 11 天出现日最高气温大于 35℃的高温。持续高温使上海地区出现用电新高峰，上海日最高用电负荷达到 3138.4 万千瓦（7 月 28 日），创造上海最高用电负荷新纪录。

6. 大雾

2016 年 1—2 月、4 月和 10—11 月，上海市共出现 5 次大雾，造成上海虹桥和浦东两大机场至少 269 个航班延误或取消或备降其他机场，水上轮渡一度停驶，多条高速公路一度临时封闭或限行。

4.10　江苏省主要气象灾害概述

4.10.1　主要气候特点及重大气候事件

2016 年，江苏省年平均气温 16.2℃，较常年偏高 0.9℃（图 4.10.1）。年平均降水量为 1528.5 毫米，较常年偏多近 5 成（图 4.10.2），为 1961 年以来最多值，降水时空分布不均，除冬季降水偏少外，其他三季均偏多，秋季偏多近 2 倍。

2016 年主要气象灾害有暴雨洪涝、强对流、连阴雨、干旱、台风、高温热浪等灾害性天气。据不完全统计，江苏省共有 237.7 万人次不同程度受灾，因灾死亡 101 人；农作物受灾面积约 30.1 万公顷；直接经济损失约 120.5 亿元。从灾情分析来看，因暴雨洪涝、强对流、低温冻害等造成的农业经济损失和直接经济损失较重。2016 年多灾害性天气过程，对江苏主要农作物、水资源、人体健康、旅游、海盐生产、特色农业、水环境及交通等行业均有不利影响，气候年景较差。

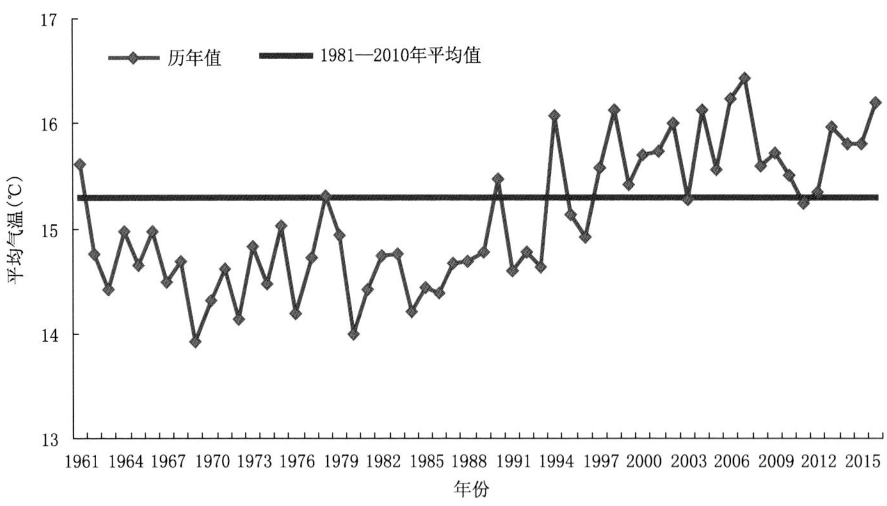

图 4.10.1 1961—2016 年江苏省年平均气温历年变化

Fig. 4.10.1 Annual mean temperature variation in Jiangsu during 1961—2016 (unit: ℃)

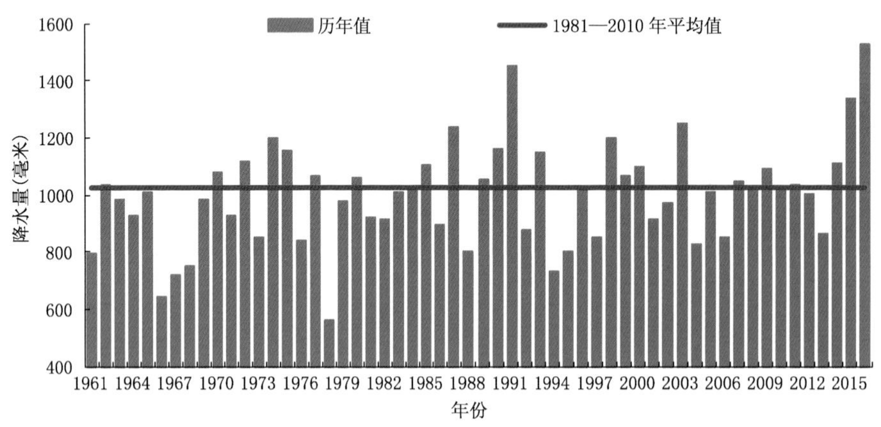

图 4.10.2 1961—2016 年江苏省年降水量变化

Fig. 4.10.2 Annual precipitation variation in Jiangsu during 1961—2016(unit: mm)

4.10.2 主要气象灾害及影响

1. 局地强对流

2016 年江苏省出现雷暴、雷雨大风、冰雹和龙卷等强对流天气，共造成 136.4 万人受灾，死亡 101 人，受伤数万人；农作物受灾面积 7.0 万公顷；直接经济损失 114.2 亿元。

6 月 23 日 14 —16 时，江苏盐城发生历史罕见的龙卷、冰雹、暴雨等极端天气，阜宁县西南部出现了 8 级以上短时大风，最大为阜宁新沟镇 34.6 米/秒，突破有气象记录以来的历史极值。同日 15—16 时，射阳县海河镇发生龙卷、冰雹灾情。本次强对流影响范围之大、强度之强、持续时间之长是阜宁、射阳有气象观测记录以来 60 年内最严重的一次。“6·23”强对流天气，造成阜宁、射阳 1.2 万人受灾，99 人遇难；损坏房屋 2.8 万间，倒塌房屋 2000 间；直接经济损失 49.8 亿元(图 4.10.3 和图 4.10.4)。

2. 暴雨洪涝

江苏省 2016 年因暴雨洪涝共造成 62.1 万人受灾，转移安置 7.0 万人；房屋损坏 1000 间；农作物受灾面积 9.3 万公顷；直接经济损失 4.6 亿元。

6 月 30 日至 7 月 7 日的暴雨过程，降水量之大、影响范围之广为历史同期最强。最大累计雨量

图 4.10.3 “6·23”阜宁县通信电力设备受损情况

Fig. 4.10.3 Damage of communication power equipment in Funing County on June 23,2016

图 4.10.4 “6·23”射阳县受灾情况

Fig. 4.10.4 Disaster situation in Sheyang County

出现在溧水(480.4 毫米),共有 18 站日降水量创历史同期极值,期间出现 116 个暴雨站日,超过 7 月常年平均值,其中包括 27 个大暴雨站日。此次暴雨影响强度为历史同期罕见,暴雨过程造成多地江河湖水位超警戒、圩坝漫水溃坝、城市内涝、交通受阻等。

3. 干旱

2016 年,受干旱影响,江苏省共 30.8 万人次受灾,农作物受灾面积 13.4 万公顷,直接经济损失 1.4 亿元。

7 月下旬开始江苏省降水持续偏少,截至 9 月 4 日,沿淮以南大部分地区偏少 5 成以上,部分地区偏少 8 成以上。淮北地区及江淮之间北部出现大范围中等以上气象干旱,邳州、响水、滨海及涟水达到重旱等级,沿江苏南大部分地区旱情露头,部分地区出现中旱。持续高温少雨导致用水量不断增加,淮北“三湖一库”水位下降较快,蓄水较常年明显偏少。江苏省大部分地区遭受不同程度的干旱,苏南部分丘陵山地以及灌溉条件较差的旱作农田旱情较重,早栽的迟熟中粳稻、茶树、果树以及大豆、玉米、棉花等旱地作物受灾较重。

4.11 浙江省主要气象灾害概述

4.11.1 主要气候特点及重大气候事件

2016 年浙江省气温异常偏高，降水明显偏多，日照显著偏少，气象灾害较重。

2016 年，浙江省平均气温 18.3℃，比常年偏高 1.0℃，为 1961 年以来历史第二高值（图 4.11.1）；年平均降水量 1826.0 毫米，比常年偏多 22%（图 4.11.2）。

2016 年，浙江省气候异常多变。1 月出现大范围霾和冰冻雨雪天气；3 月寒潮自北向南影响浙江省，过程降温最高达 17.5℃，春茶明显受损；4 月出现连阴雨过程；5 月强对流天气频发；6 月梅雨引发城市内涝和地质灾害；7 月迎来 2 次大范围的晴热少雨天气，多地最高气温超过 40℃；8 月气象干旱有所发展；9 月先后受到台风“莫兰蒂”“马勒卡”“鲇鱼”影响，地质灾害大面积暴发，遂昌滑坡造成 27 人死亡；10 月受到暴雨洪涝和连阴雨影响，日照时数破历史同期最少纪录；11—12 月冷空气频发，伴有雨雪大风天气，年末雾、霾影响较重，部分地区能见度不足 100 米。全年浙江省累计受灾人口 436.9 万人，因灾死亡 54 人；农作物受灾面积 45.6 万公顷，绝收面积 2 万公顷；直接经济损失 167.3 亿元。

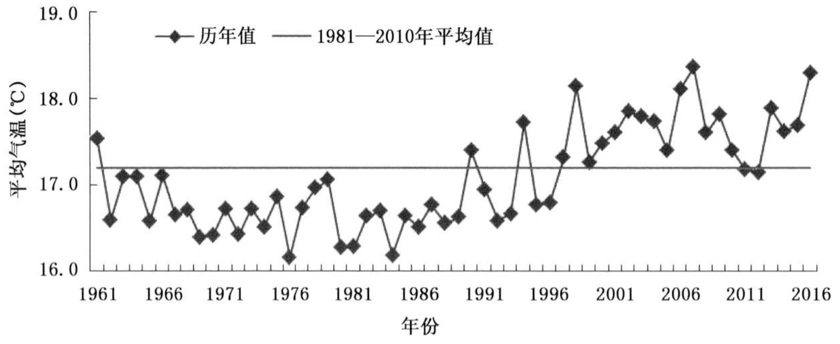

图 4.11.1 1961—2016 年浙江省年平均气温历年变化

Fig. 4.11.1 Annual mean temperature variation in Zhejiang Province during 1961—2016 (unit: ℃)

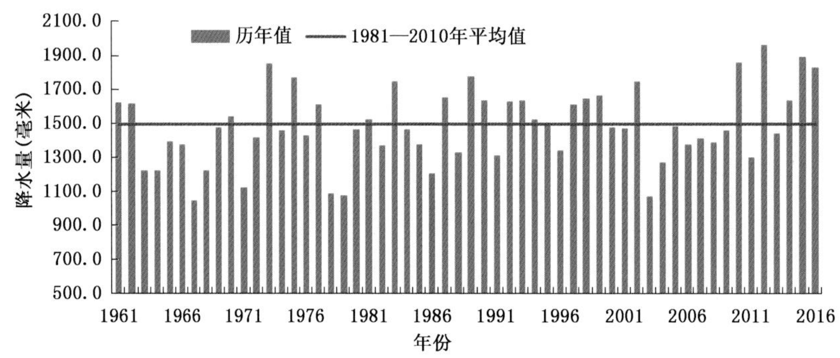

图 4.11.2 1961—2016 年浙江省平均年降水量历年变化

Fig. 4.11.2 Annual precipitation variation in Zhejiang Province during 1961—2016 (unit: mm)

4.11.2 主要气象灾害及影响

1. 暴雨洪涝

2016 年，暴雨洪涝造成浙江省 59.5 万人受灾，死亡 4 人；农作物受灾面积 7.6 万公顷，绝收面积 5600 公顷；直接经济损失 24.1 亿元，其中农业损失 12.9 亿元。

受强对流云团影响，5 月 28 日 14 时至 29 日 9 时建德市出现暴雨天气，面雨量 81.9 毫米。新安江街道丰产村横路自然村发生突发性山体滑坡，受灾人口 4.6 万余人，死亡失踪多人；直接经济损失 3.3 亿元。

2. 热带气旋

2016 年对浙江省造成影响的台风有 5 个，其中“莫兰蒂”“鲇鱼”对浙江影响较大。浙江省受灾人口 250.4 万人，死亡 46 人，失踪 3 人，转移人口 43.5 万人；倒塌房屋 3000 余间；农作物受灾面积 11.4 万公顷，绝收面积 9540 公顷；直接经济损失 113 亿元，其中农业损失 30.8 亿元。

受台风“莫兰蒂”影响，9 月 14 日 08 时至 17 日 08 时浙江省面雨量 149 毫米，黄岩区屿头乡后岙村 534 毫米、文成县珊溪镇三垟村 482 毫米，有 157 个站次 1 小时降雨量超过 50 毫米，最大为临海市尤溪镇岭脚金村 118 毫米，沿海出现 8～10 级大风。台风“英兰蒂”影响造成浙江省因灾死亡 13 人，失踪 2 人，受灾人口 110.1 万人，转移人口 16.4 万人；倒塌房屋 2000 余间；农作物受灾面积 4.6 万公顷，绝收面积 4000 多公顷；直接经济损失 54.3 亿元(图 4.11.3)。

图 4.11.3　2016 年 9 月 15 日“莫兰蒂”期间泰顺廊桥被毁前后

Fig. 4.11.3　Before and after the destruction of Taishun bridges on September 15 during the event of typhoon “Meranti”

9 月 27 日，受台风“鲇鱼”影响，浙江省有 68 个乡镇累计雨量超过 300 毫米，26 个超过 500 毫米，最大为文成县周山乡 814 毫米，文成、泰顺、景宁的过程雨量破当地历史最大纪录。东南沿海和浙南地区 10 级以上大风持续时间近 20 个小时。受强降雨影响，遂昌县北界镇苏村发生山体塌方。台风“鲇鱼”影响造成浙江省因灾死亡 33 人，受灾人口 140.3 万人，失踪 1 人，转移人口 27.1 万人；农作物受灾面积 6.8 万公顷，绝收面积 5000 多公顷；直接经济损失 58.7 亿元。

3. 低温冷冻害和雪灾

2016 年浙江省因低温冰冻害和雪灾造成 126 万人受灾；农作物受灾面积 26.6 万公顷，绝收面积 4366 公顷；直接经济损失 30.1 亿元。

受强冷空气影响，1月20—23日，浙江省大部地区出现大雪天气，浙北、浙中地区最大积雪深度达5～20厘米，局部山区20～30厘米，桐庐、常山、平阳等近20个县市最低气温和日平均气温突破或接近历史纪录。此次过程受灾人口56.2万人，紧急转移安置5.2万人；农作物受灾面积7.5万公顷；直接经济损失3.8亿元（图4.11.4）。

图4.11.4　2016年1月22日，云和县紧水滩镇梅山村给毛竹除雪

Fig. 4.11.4　Snow removal to Mao bamboo in Meishan village in Yunhe County on January 22, 2016

4.12　安徽省主要气象灾害概述

4.12.1　主要气候特点及重大气候事件

2016年，安徽省年平均气温16.5℃，较常年偏高0.6℃，为1961年以来第四高值（图4.12.1），四季气温连续偏高；年平均降水量1662毫米，较常年偏多近4成，为1961年以来最多（图4.12.2），冬季降水偏少近2成，春季、夏季、秋季三季连续偏多，秋季为1961年以来最多。

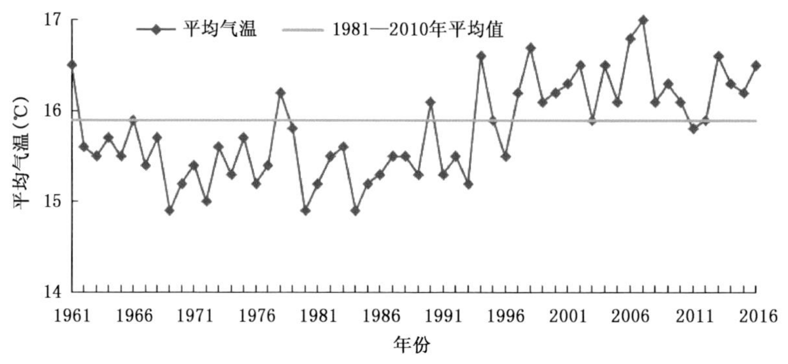

图4.12.1　1961—2016年安徽省年平均气温历年变化

Fig. 4.12.1　Annual mean temperature variation in Anhui Province during 1961—2016 (unit: ℃)

2016年，安徽省主要气象灾害有暴雨洪涝、干旱、低温冷冻、雪灾和风雹等。全年气象灾害造成安徽省1487.8万人受灾，35人死亡；农作物受灾面积134.1万公顷，绝收面积40.9万公顷；直接经济损失564亿元。总体来看，2016年安徽省气候年景差。

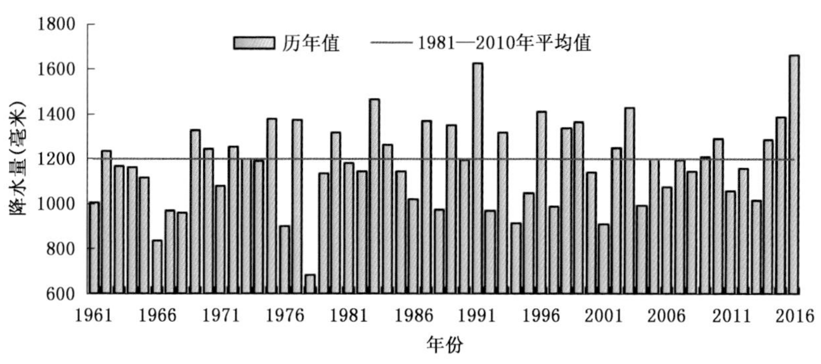

图 4.12.2　1961—2016 年安徽省年降水量历年变化

Fig. 4.12.2　Annual precipitation variation in Anhui Province during 1961—2016 (unit: mm)

4.12.2　主要气象灾害及影响

1. 暴雨洪涝

2016 年，安徽省平均暴雨日数 7 天，比常年偏多 3 天；平均暴雨量 571 毫米，比常年偏多 8 成，为 1961 年以来第二多值，仅少于 1991 年。暴雨洪涝灾害主要发生在 4—7 月。全年因暴雨洪涝灾害造成 1277.7 万人受灾，34 人死亡；农作物受灾面积 110.7 万公顷；直接经济损失 546.2 亿元。受灾地区主要位于淮河以南，安庆、六安、宣城、芜湖和马鞍山等地灾情较重。

7 月 1—7 日，淮河以南出现 2016 年最强暴雨过程，降雨集中区位于大别山区、江淮之间南部和沿江江南，累计雨量有 52 个国家站超过 100 毫米，37 个在 250 毫米以上，最大天柱山 641.9 毫米。1—4 日连续 4 天出现大暴雨，大暴雨持续天数与 1969 年、1991 年和 1996 年并列历史第一；合肥以南至江南中部 4 天累计雨量超过 300 毫米，巢湖(523.7 毫米)、怀宁(500.0 毫米)等 11 个市县突破本站 4 天累计雨量极值。此次过程有 6 个国家站出现特大暴雨，最大桐城 322.8 毫米。巢湖(291 毫米，1 日)、芜湖县(165.3 毫米，2 日)、东至(253.2 毫米，3 日)和郎溪(168.2 毫米，2 日)4 个市县日雨量突破本站历史极值。安徽省累计有 96 个区域站出现特大暴雨，最大为金寨果子园(356.9 毫米，1 日)。受此影响，多地山洪暴发，江淮之间及沿江江南中小河流水位迅猛上涨，4—25 日长江干流安徽段全线超警，造成农作物受灾和人员伤亡(图 4.12.3)。

图 4.12.3　2016 年 7 月 3 日安庆市宿松县因连续暴雨致圩堤漫顶(宿松县气象局提供)

Fig. 4.12.3　Dyke overtopping due to continuous heavy rain in Susong County, Anqing City on July 3, 2016 (By Susong Meteorological Service)

2. 干旱

2016年，安徽省遭遇夏秋旱。干旱共造成农作物受灾面积18.0万公顷，受灾人口111.4万人，直接经济损失14.2亿元。与常年相比，干旱受灾程度总体较轻，主要受灾地区为滁州、合肥和宣城。

7月20日至8月25日，安徽省出现大范围晴热高温天气，平均气温30.2℃，较常年同期偏高2.4℃，为1961年以来同期第二高值；极端最高气温淮北及沿淮大部36.1～38.0℃，江淮之间38.0～39.0℃，沿江江南普遍在39.0℃以上，当涂、马鞍山及绩溪达39.9℃。平均降水量91毫米，较常年同期偏少近5成；大部地区偏少3～9成，淮河以南大部偏少超过5成。受温高雨少天气影响，盛夏起气象干旱发生发展，至9月14日干旱范围最广、程度最重：江北大部及江南西南部为中旱及以上，淮北西北部、沿淮、江淮之间中部及北部达重旱及以上。随后受台风"莫兰蒂"和"鲇鱼"外围云系带来的降水影响，至10月初干旱解除。持续的干旱对处于产量形成关键期的一季稻和秋收旱作物的正常生长不利，影响产量的形成，同时也不利于秋种工作的顺利开展。

3. 连阴雨

2016年秋季，安徽省平均降水量414毫米，较常年同期偏多1.1倍，为1961年以来最多。有46个市县降水量排在同期偏多年前三位，郎溪(703毫米)等16个市县创同期极值。9月25日至10月31日及11月中下旬出现两段连阴雨天气。

9月25日至10月31日，安徽省平均降水量306毫米，较常年同期偏多3.2倍，54个市县为历史同期最多；平均降水日数22天，较常年同期偏多13天，51个市县为历史同期最多；降水量和降水日数均为1961年以来同期最多。9月29日和10月26日出现大范围暴雨，降水强度大，分别有30个和23个市县出现暴雨以上降水。安徽省平均日照时数为66小时，较常年同期偏少126小时，为1961年以来最少，所有市县均排在1961年以来同期偏少年前五位，61个市县为最少。根据安徽省连阴雨强度等级划分，淮北中西部、江淮之间中南部、沿江和江南中东部有59个市县达5级(最强)，5个市县为4级(较强)。

连阴雨天气导致淮南和滁州部分县区低洼地农田、蔬菜大棚受淹。受雨水浸泡，倒伏的水稻变质发霉或发芽。

4.13 福建省主要气象灾害概述

4.13.1 主要气候特点及重大气候事件

2016年，福建省年平均气温20.3℃，较常年偏高0.8℃，为历史第二高值(图4.13.1)；四季气温均高于常年，秋季气温并列历史最高。年平均降水量2432.6毫米，较常年偏多47%，为历史最多(图4.13.2)；四季降水量均多于常年，秋季和冬季降水量分列历史同期第一、二位。

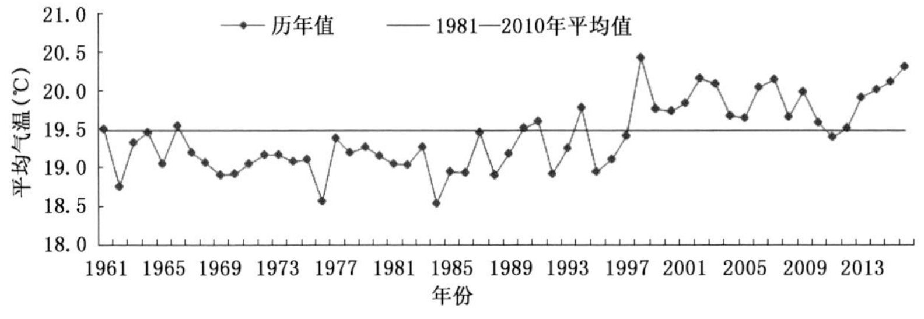

图4.13.1 1961—2016年福建省年平均气温历年变化
Fig. 4.13.1 Annual mean temperature variation in Fujian Province during 1961－2016 (unit: ℃)

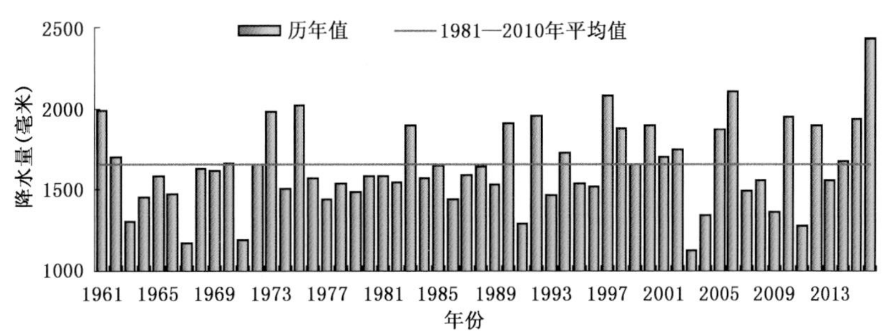

图 4.13.2 1961—2016 年福建省平均年降水量历年变化

Fig. 4.13.2 Annual precipitation variation in Fujian Province during 1961—2016 (unit: mm)

2016 年福建省气候异常，极端天气气候事件频发，气象灾害造成的损失重，气候年景差。主要气象灾害是夏秋季登陆台风和汛期暴雨洪涝，以台风及其伴随的暴雨洪涝灾害影响最重。全省因气象灾害造成 562.3 万人受灾，直接经济损失 473.5 亿元。

4.13.2 主要气象灾害及影响

1. 暴雨洪涝

2016 年，福建省出现罕见冬汛，春季雨多又强。洪涝灾害共导致福建省 84.4 万人受灾，农作物受灾面积 5 万公顷，直接经济损失 38.4 亿元。

5 月 5—10 日暴雨过程持续时间长、强降水落区集中、雨量大、致灾严重。5 月 8 日日降水量多地破纪录，其中泰宁、将乐破历史最高纪录，建宁、建阳、邵武破 5 月历史同期纪录。强降水集中的三明、南平致灾严重，泰宁县池潭水电厂扩建工程工地突发泥石流灾害，造成重大人员伤亡(图 4.13.3)。

图 4.13.3 2016 年 5 月 8 日强降水致泰宁县池潭水电厂扩建工程工地突发泥石流(三明市气象局提供)

Fig. 4.13.3 Heavy rainfall caused debris flow at the site of the expansion project of Chitan Hydropower Station in Taining County(By Sanming Meteorological Service)

2. 热带气旋

2016 年福建共有 7 个台风登陆或影响，接近常年。3 个登陆台风分别为 1 号台风“尼伯特”(超强台风级)、14 号台风“莫兰蒂”(超强台风级)和 17 号台风“鲇鱼”(超强台风级)，登陆个数偏多；4 个影响台风分别为 4 号台风“妮姐”、16 号台风“马勒卡”(热带风暴级)、19 号台风“艾利”(强热带风暴级)和 22 号台风“海马”(强台风级)。2016 年台风共造成福建省直接经济损失 433.7 亿元，3 个登陆台风均造成严重影响，以“莫兰蒂”灾害损失最为严重。

“莫兰蒂”是新中国成立以来登陆闽南的最强台风，对福建风雨影响并重。福建沿海各地市普遍出现8级以上大风，76个站风力达12级以上，厦门附近出现超17级阵风，厦门湖里区滨海街道最大阵风达66.1米/秒。福建省出现大范围暴雨到大暴雨，局部特大暴雨；南安、仙游、德化日降水量破9月历史同期纪录。“莫兰蒂”对福建造成的危害主要位于人口最集中的闽南地区，特别是厦门全城电力供应基本瘫痪、全面停水，泉州、漳州大面积停电，经济损失极为严重。

“鲇鱼”台风造成的暴雨范围之广和雨势之强历史罕见。11个县(市)日降水量破9月历史同期纪录，寿宁、屏南刷新本站有气象记录以来日降水量历史极值，柘荣9月28日降水量为1961年以来福建省日降水量第二大值。

3. 局地强对流

2016年，福建省共经历24次强对流天气，主要过程出现在4月7—9日、4月24—26日和5月4—7日。4月24—26日过程强风最强，浦城水北达54.9米/秒。

4. 低温冷冻害和雪灾

2016年，福建省分别于1月22—26日、2月13—16日、3月8—12日、11月23—25日、12月13—17日和12月26—28日出现6次寒潮过程。1月22—26日寒潮过程低温最低，6个县(市)极端最低气温破当地历史纪录，亚热带果树和蔬菜冻害严重(图4.13.4)。2月13—16日寒潮过程气温降幅最大，三明局部最低气温过程降幅超过19℃。11月下旬至12月出现3次寒潮过程历史少见。

图4.13.4　2016年1月22—26日低温雨雪冰冻过程致香蕉遭受冻害(福建省气象科学研究所提供)

Fig. 4.13.4　Bananas suffered freeze injury from freezing process of rain and snow under low temperature (By Fujian Institute of Meteorological Sciences)

5. 高温热浪

2016年，福建省共出现8次高温过程。最强过程出现在7月21—30日，该过程的持续时间、范围、高温极值及综合强度均为本年度最大值。

4.14 江西省主要气象灾害概述

4.14.1 主要气候特点及重大气候事件

2016 年，江西省年平均气温 18.9℃，较常年偏高 0.9℃，位居历史第二高位（图 4.14.1），有 16 个县（市、区）创历史新高；平均年降水量 1996 毫米，较常年偏多 19%（图 4.14.2），有 6 个县（市、区）创历史新高。受史上最长厄尔尼诺事件影响，江西省天气气候反常，入春时间早，入汛早，暴雨过程多；盛夏高温日数多，阶段性高温持续时间长、强度大；秋季气温高、降水多、湿度大，各地出现罕见“回南天”；秋冬季节雾和霾范围广、强度强；冬季气温异常偏高，出现明显暖冬。

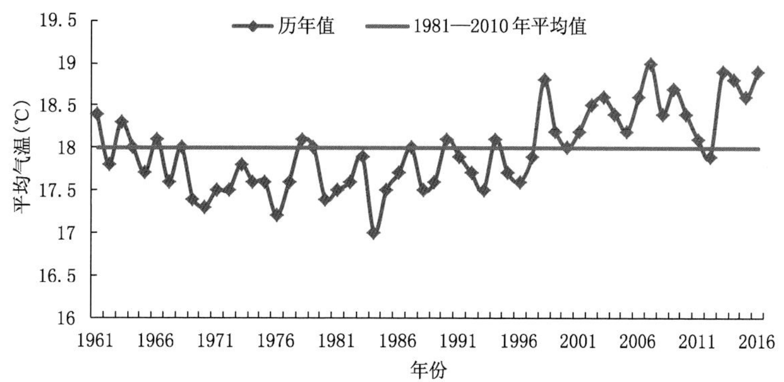

图 4.14.1 1961—2016 年江西省年平均气温变化

Fig. 4.14.1 Annual mean temperature variation in Jiangxi Province during 1961—2016 (unit: ℃)

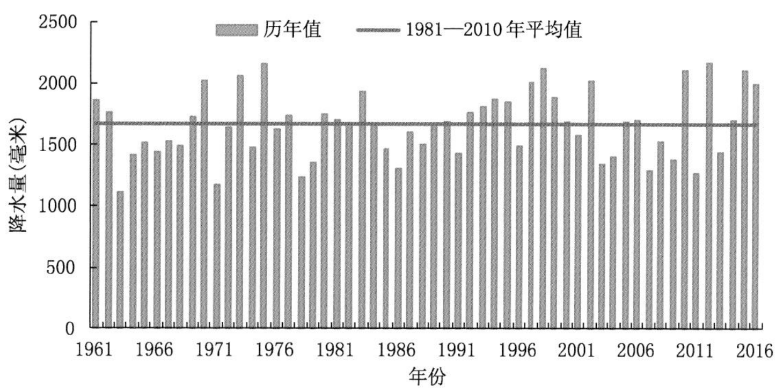

图 4.14.2 1961—2016 年江西省平均年降水量变化

Fig. 4.14.2 Annual precipitation variation in Jiangxi Province during 1961—2016 (unit: mm)

年内，江西省主要气象灾害有暴雨洪涝、风雹、雷电、干旱、台风、寒潮、大雾和霾等，暴雨洪涝和风雹灾害经济损失最大。全年因气象灾害或由气象灾害引发的次生灾害，导致江西省 805.1 万人次受灾，因灾死亡 41 人，2 人失踪；农作物受灾面积 78.6 万公顷，绝收面积 7.3 万公顷；直接经济损失 106 亿元，其中农业损失 50.2 亿元。总体来看，2016 年气象灾害属于偏重年份，对农业的影响总体弊大于利，属略偏差年份。

4.14.2 主要气象灾害及影响

1. 暴雨洪涝

2016 年，洪涝灾害(含山体崩塌、滑坡、泥石流)共造成江西省 661.7 万人受灾，死亡 22 人，紧急转移安置 70.6 万人；农作物受灾面积 41.7 万公顷，绝收面积 5.5 万公顷；倒塌房屋 1.1 万间，损坏房屋 4.6 万间；直接经济损失 91.3 亿元。年内致灾的暴雨过程主要集中在 3 月下旬至 7 月中旬。

6 月中旬，年内最强降水过程影响赣北，鄱阳向阳圩出现溃口。6 月 18—19 日，赣北北部出现强暴雨过程，九江、景德镇 2 市和宜春、南昌、上饶 3 市北部普降暴雨到大暴雨，局部特大暴雨，以湖口县武山镇 389.7 毫米为最大，期间短时雨强特别大，1 小时最大雨量达 118.7 毫米，3 小时最大雨量达 216.3 毫米，日雨量、1 小时和 3 小时雨强均为 2016 年江西省降水最大值。昌江出现 20 年一遇洪水，鄱阳向阳圩发生溃口，导致万亩农田受淹，作物绝收(图 4.14.3)。

图 4.14.3 2016 年 6 月 20 日，上饶市鄱阳县向阳圩出现溃口(江西省应急预警中心提供)
Fig. 4.14.3 Levee collapse in Poyang County, Shangrao on June 20, 2016 (By Jiangxi Emergency Warning Center)

2. 台风

2016 年，有 3 个台风给江西带来灾情，分别是“尼伯特”“莫兰蒂”和“鲇鱼”。第 17 号台风“鲇鱼”和冷空气给江西带来的风雨为近 19 年以来最强，10 月 18—22 日相继有 2 个台风影响江西，时间间隔之短，同期少见。年内台风共造成江西省 12.9 万人受灾，农作物受灾面积 8200 公顷，直接经济损失约 8200 万元。台风“鲇鱼”导致江西省 9.3 万人受灾，农作物受灾面积 6900 公顷，直接经济损失 6000 万元。

3. 局地强对流

2016 年，风雹灾害造成江西省 76.5 万人受灾，19 人死亡；农作物受灾面积 3.5 万公顷，绝收面积 3800 多公顷；直接经济损失 10.6 亿元。年内有 73 个县(市、区)532 次出现短时 8 级以上雷雨大风，为近 28 年以来最多(图 4.14.4)；35 个县(市、区)62 次出现了冰雹，与 1969 年并列历史第一高位。

4. 高温干旱

2016 年，江西省干旱总体偏轻，伏秋期间中北部出现了阶段性的轻到中度干旱。年内因旱造成 49.3 万人受灾；农作物受灾面积 3.5 万公顷，绝收面积 6500 公顷；直接经济损失 3 亿元。

7 月下旬至 8 月下旬，江西省出现了范围广、强度大、持续时间长的晴热高温天气，大部分地区持续高温天数达 20～30 天，赣东北达 30～38 天，期间平均气温和平均最高气温均创历史同期新高。此外，7 月下旬至 9 月上旬江西省平均降水量 137 毫米，偏少 4.1 成。受持续高温和降水偏少影响，

图 4.14.4　2016 年 4 月 16 日，吉安市吉水县大风致大量树木折断(吉水县气象局提供)
Fig. 4.14.4　A large number of trees broken caused by strong wind in Jishui County, Ji'an on April 16, 2016 (By Jishui Meteorological Service)

8 月中旬至 9 月中旬，中北部出现了轻到中度干旱，之后受台风“莫兰蒂”影响，旱情逐渐缓解，于 9 月底江西省旱情基本解除。

4.15　山东省主要气象灾害概述

4.15.1　主要气候特点及重大气候事件

2016 年，山东省年平均气温为 14.4℃，较常年偏高 1.0℃，与 2014 年并列为 1951 年以来最高值(图 4.15.1)，四季平均气温均偏高，春季、秋季明显偏高；年平均降水量 679.5 毫米，较常年偏多 5.9%(图 4.15.2)，春季平均降水量偏少，冬季偏多，夏季、秋季略偏多。年初强寒潮降温，10 个测站最低气温突破历史极值；春季少雨干旱，部分水库干涸；6 月和 9 月强对流天气频发，风雹灾害损失重；10 月多雨改善墒情；年初、年末雾和霾频繁。2016 年主要气象灾害有低温冷冻害、风雹、洪涝、干旱等，共造成山东省 544.2 万人受灾，4 人死亡；农作物受灾面积 55.2 万公顷，绝收面积 3.5 万公顷；直接经济损失 70.2 亿元。总体来看，山东省气象灾情较常年偏轻，部分地区风雹灾害损失较重。

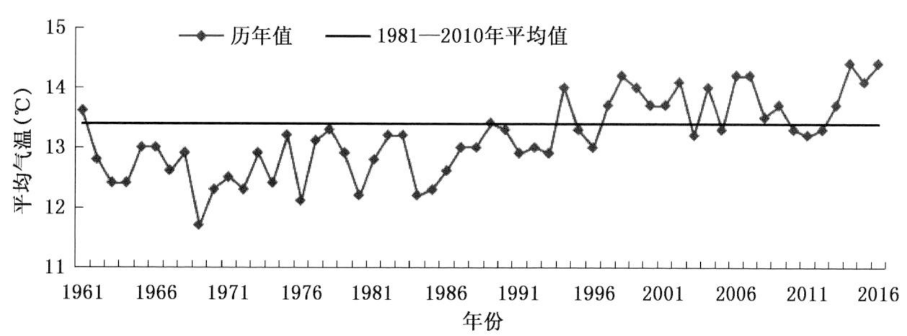

图 4.15.1　1961—2016 年山东省年平均气温历年变化
Fig. 4.15.1　Annual mean temperature variation in Shandong Province during 1961—2016(unit: ℃)

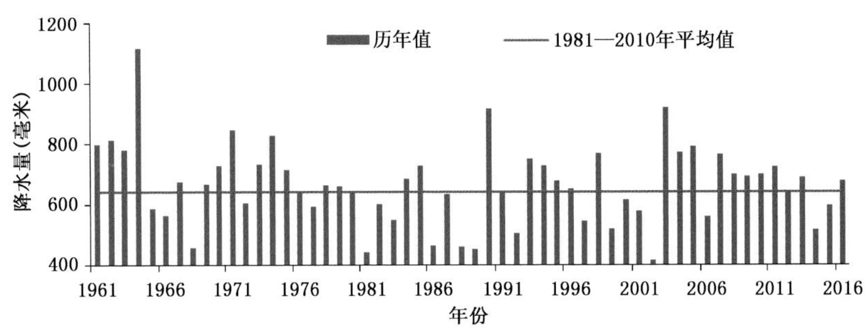

图 4.15.2　1961—2016 年山东省平均年降水量历年变化

Fig. 4.15.2　Annual precipitation variation in Shandong Province during 1961－2016(unit: mm)

4.15.2　主要气象灾害及影响

1. 局地强对流

2016 年，山东省强对流天气总体呈现发生范围广、频率高、损失重的特点，风雹灾害造成 245.2 万人受灾，3 人死亡；农作物受灾面积 20.9 万公顷，绝收面积 1.2 万公顷；倒塌房屋 451 间，一般损坏房屋 2.7 万间；直接经济损失 36.2 亿元。6 月 13—15 日，山东大部地区出现冰雹、大风、暴雨(图 4.15.3)，潍坊昌乐冰雹最大直径达 7 厘米。风雹造成潍坊、菏泽、泰安、济南、青岛、淄博、枣庄、德州、聊城、济宁、日照、临沂等 12 市 60 个县(市、区)的 330 个乡镇(街道)小麦、春玉米，水果、蔬菜等不同程度受灾，受灾人口 168 万人，直接经济损失 23.5 亿元。潍坊市灾情最为严重，直接经济损失 11.7 亿元。

图 4.15.3　2016 年 6 月 14 日，潍坊安丘强对流天气受损蔬菜和大棚(山东省气象局提供)

Fig. 4.15.3　The attacked vegetables and greenhouses by hailstorm in Anqiu on June 14, 2016 (By Shandong Meteorological Bureau)

2. 低温冷冻害

2016 年 1 月和 3 月，山东省出现 2 次强寒潮大风天气。低温冷冻灾害受灾人口 31.4 万人；农作物受灾面积 2.7 万公顷，绝收面积 1200 公顷；直接经济损失 18.4 亿元。3 月 8—10 日，山东大部地区最低气温由4℃左右降到-4℃以下，汶上10日最低气温为-8.8℃。此时正值蒜苗、樱桃等作物生长期，萌芽受冻，作物受灾严重，造成大面积减产，泰安、莱芜大蒜遭受较大损失。

3. 干旱

2016年，山东省因旱受灾人口113.4万人，因旱饮水困难需救助人口4.9万人；农作物受灾面积21.2万公顷，绝收面积1.5万公顷；直接经济损失8亿元。山东半岛地区降水普遍偏少，干旱造成地下水位持续下降，大中小水库普遍蓄水不足，部分河道处于断流状态。2月14日至4月15日，山东省平均降水量仅为5.0毫米，较常年同期偏少86.1%，为1951年以来历史同期最少值。旱情涉及威海、青岛、烟台、枣庄等4市11个县(市、区)的135个乡镇(街道)，部分山区群众饮水困难，玉米、花生等作物因干旱少水导致大面积减产甚至绝收，干旱给农业生产及群众生活造成严重影响。

4. 暴雨洪涝

2016年，暴雨洪涝灾害造成山东省154.2万人受灾，死亡1人；农作物受灾面积10.6万公顷，绝收面积6100公顷；直接经济损失7.6亿元。8月7—8日，山东出现大范围强降水过程，造成潍坊、淄博、临沂、莱芜、日照等地农作物受淹，部分房屋和蔬菜大棚倒损，个别乡镇道路、桥梁、河道等被冲毁(图4.15.4)，造成11.4万人受灾，紧急转移安置1535人，直接经济损失1.3亿元。

图4.15.4　2016年8月7日，日照市五莲县桥梁被冲毁(五莲气象局提供)

Fig. 4.15.4　The Bridge attacked by flood in Wulian County, Rizhao City on August 7, 2016 (By Wulian Meteorological Service)

4.16　河南省主要气象灾害概述

4.16.1　主要气候特点及重大气候事件

2016年，河南省年平均气温较常年偏高1.0℃，为1961年以来最高值(图4.16.1)；四季气温均偏高，春季气温偏高1.4℃，为1961年以来同期第四高值。年平均降水量较常年偏多5%(图4.16.2)，属于正常年份；冬季、春季降水偏少，夏季正常，秋季偏多。年内，部分地区出现了阶段性干旱；汛期安阳、新乡及信阳等地出现罕见特大暴雨，"7·19"林州东马鞍日降水量仅次于"75·8"驻马店罕见特大暴雨，10月下旬出现连阴雨天气；初夏强对流天气频发；夏季高温天气多，影响范围广；1月下旬和11月下旬出现寒潮、暴雪天气；秋冬季雾、霾天气频繁。

2016年河南省农作物受灾面积51.9万公顷，成灾面积23.8万公顷，绝收面积6.3万公顷；受灾人口712.2万人次，因灾死亡44人，失踪10人；直接经济损失124.6亿元。总体来看，2016年河南省气候年景正常，气象灾害为偏轻年份。

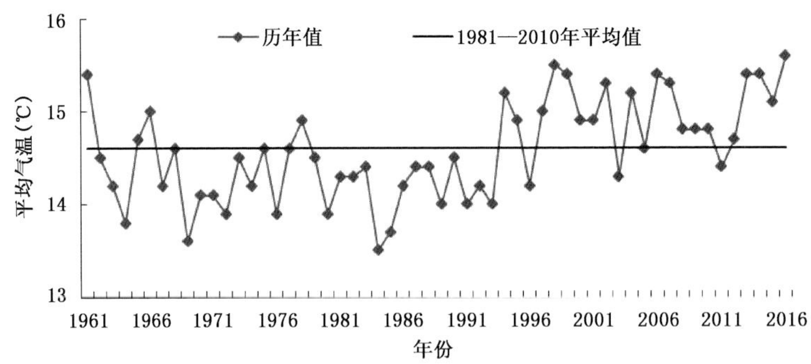

图 4.16.1　1961—2016 年河南省年平均气温历年变化

Fig. 4.16.1　Annual mean temperature variation in Henan Province during 1961—2016 (unit：℃)

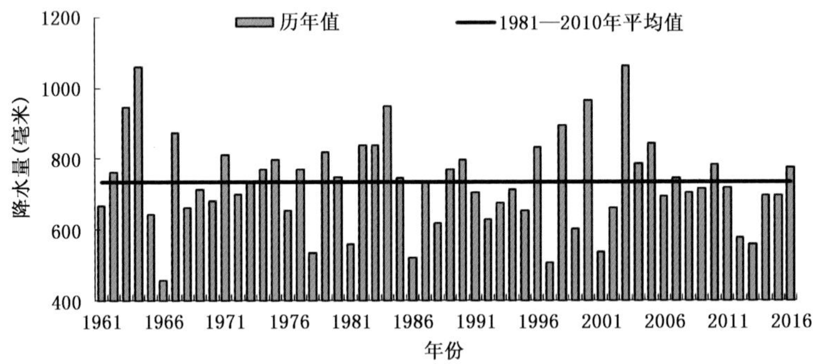

图 4.16.2　1961—2016 年河南省年平均降水量历年变化

Fig. 4.16.2　Annual precipitation variation in Henan Province during 1961—2016 (unit：mm)

4.16.2　主要气象灾害及影响

1. 干旱

2016 年春季和 8—9 月，河南省降水偏少，部分地区出现气象干旱，以夏秋干旱较为严重，全年河南省农作物受旱面积为 17.3 万公顷，成灾面积 7.4 万公顷，绝收面积 1.9 万公顷；受灾人口 206.9 万人次，饮水困难人口 0.9 万人次；直接经济损失为 5.4 亿元。与常年相比，干旱灾害为偏轻年份。春季河南省平均降水量偏少 12%，3 月降水偏少 63%；7 月下旬至 9 月中旬，平均降水量偏少 54%，为 1961 年以来同期最少值，高温少雨造成焦作、洛阳、平顶山、南阳、开封、信阳 6 市部分地区土壤干旱，农作物受灾严重。

2. 暴雨洪涝

年内强降水主要集中在 6 月底至 7 月，安阳、新乡及信阳淮南山区遭受罕见特大暴雨袭击。河南省因暴雨洪涝造成农作物受灾面积 20.7 万公顷，成灾面积 12.5 万公顷，绝收面积 3.8 万公顷；倒塌房屋 4.1 万间，损坏房屋 9.1 万间；受灾人口 316.9 万人次，因灾死亡 32 人，失踪 9 人；直接经济损失 108.1 亿元。

6 月 30 日至 7 月 1 日，信阳市淮南山区普降大到暴雨，新县站日降水量为 225.7 毫米，突破建站以来历史极值，强降水造成新县局部地区山洪暴发，部分乡镇交通、电力、通信中断，因灾死亡 6 人，直接经济损失 8.7 亿元。7 月 8 日夜至 9 日，豫北出现区域性暴雨过程，辉县和新乡 2 站日降水量分别为439.9毫米和414.0毫米，均突破建站以来历史极值，造成严重城市内涝和农田渍涝，因灾死亡2人，直接经济损失17.3亿元。7月19—20日，河南省出现年内范围最大的强降水过程，安阳市出现罕见特大暴雨，林州、宜阳2站日降水量分别为208.6毫米和128.9毫米，均突破建站以来7月历史同期极值，林州站还刷新了建站以来历史次极值；降水量最大出现在林州市东马鞍，日降水量达703毫米，仅次于“75·8”驻马店罕见特大暴雨，因灾死亡22人，直接经济损失73亿元（图4.16.3）。

图4.16.3 7月19日辉县（左）和林州（右）暴雨受灾情况（河南省气象局提供）

Fig. 4.16.3 Disaster condition suffered from rainstorm in Hui County (left) and Linzhou (right) (By Henan Meteorological Bureau)

3. 局地强对流

2016年风雹灾害主要集中在6月，以6月4—6日和6月13—15日2次过程范围最大。河南省因风雹灾害造成农作物受灾面积13.9万公顷，成灾面积3.9万公顷，绝收面积6000公顷；倒塌房屋1000余间，损坏房屋7000多间，因灾死亡12人，失踪1人；直接经济损失10.8亿元。与常年相比，风雹灾害为偏轻年份。6月4—6日，10市33个县（市、区）出现雷雨大风、冰雹等强对流天气（图4.16.4），辉县最大降雹直径3厘米，西峡县瞬时风力达12级。6月13—15日，豫北和中东部地区9市27个县（市、区）出现雷雨大风冰雹天气，濮阳市最大降水量61.9毫米，瞬时最大风速22.5米/秒（图4.16.5）。

图4.16.4 6月4日焦作大风冰雹（左）和6月5日唐河雷雨大风灾情（右）

Fig. 4.16.4 Disaster condition of strong wind and hail in Jiaozuo on June 4 (left) and thunderstorm in Tanghe on June 5 (right)

图 4.16.5　6 月 14 日濮阳(左)和临颍(右)树木被大风刮倒

Fig. 4.16.5　Trees blown down by strong wind in Puyang (left) and Linying (right) on June 14

4.17　湖北省主要气象灾害概述

4.17.1　主要气候特点及重大气候事件

2016 年湖北省年平均气温 17.1℃，比常年偏高 0.7℃(图 4.17.1)，排历史同期第五高值。年平均降水量 1548.9 毫米，比常年偏多 29%，排历史同期第二高值，仅次于 1983 年(图 4.17.2)。1 月出现 2 次大范围低温雨雪过程；春季气温起伏大，出现 5 月寒，入夏推迟；夏季高温日数多，出现 2 段高温天气，梅雨期入梅、出梅晚，梅雨期长，强度大，33 站次出现极端日降水事件；秋季连阴雨过程多，季末出现强寒潮；12 月气温偏高，为历史同期第二高位。

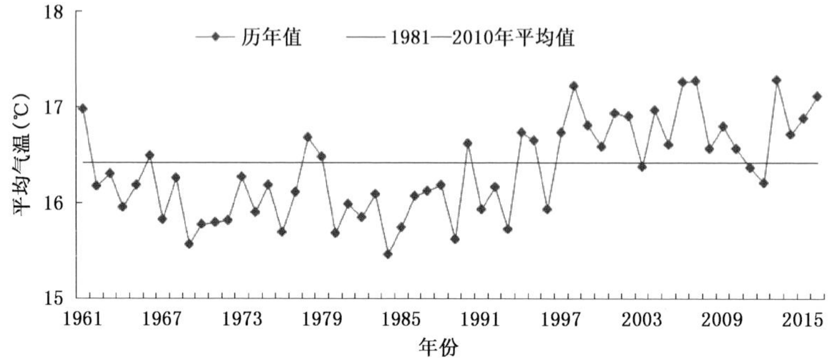

图 4.17.1　1961—2016 年湖北省年平均气温历年变化

Fig. 4.17.1　Annual precipitation variation in Hubei Province during 1961－2016(unit：℃)

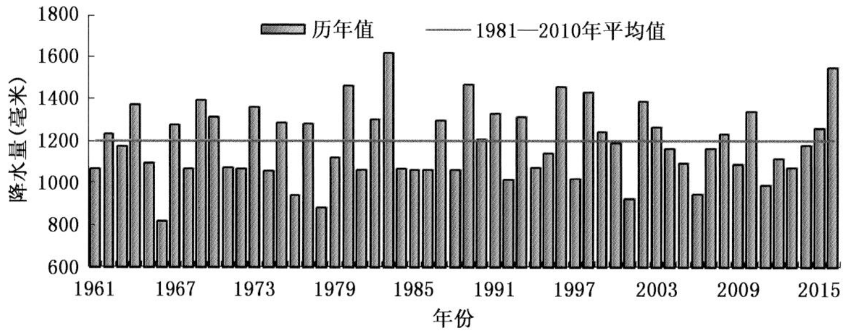

图 4.17.2　1961—2016 年湖北省年降水量历年变化

Fig. 4.17.2　Annual precipitation variation in Hubei Province during 1961－2016(unit：mm)

年内主要气象灾害为暴雨洪涝、局地强对流、低温雨雪和干旱。气象灾害共造成湖北省 2331 万人受灾，死亡 117 人，失踪 16 人；农作物受灾面积 274.1 万公顷，绝收面积 36.9 万公顷；直接经济损失 837.7 亿元。总体评价属气象灾害偏重年份。

4.17.2 主要气象灾害及影响

1. 暴雨洪涝

2016 年湖北省先后出现 10 次较明显的区域性暴雨过程，6 月 18—20 日、6 月 23—25 日、6 月 27—28 日、6 月 30 日至 7 月 6 日、7 月 12—15 日、7 月 17—20 日 6 次过程发生在梅雨期。暴雨洪涝共造成湖北省 2080.5 万人受灾，死亡 110 人，失踪 16 人；农作物受灾面积 187.0 万公顷，绝收面积 31.9 万公顷；倒塌房屋 7.9 万间，损坏房屋 25.1 万间；直接经济损失 816.1 亿元。

2016 年梅雨期降雨强度、范围、总量等方面屡创极值，尤其是第一轮、第四轮和第六轮过程的极值性较为突出。造成湖北省 11 条河流超警戒水位、8 条河流超保证水位、7 条河流屡创历史纪录，五大湖泊全面超警戒水位且持续时间长，梁子湖和长湖均刷新了各自的历史水位纪录。6 月 30 日至 7 月 6 日，9 站过程雨量突破历史极值，16 站次出现极端日降水事件，3 站突破 3 日降水历史极值，5 县市日降水量突破历史极值，江夏 7 天降水量 733.7 毫米，为湖北省有观测记录以来最大值。此次过程湖北省内大部地区出现严重河流洪涝、山洪、滑坡等灾害，长江中游出现历史第五位洪水，1894 座大中小型水库超汛限，1357.4 万人受灾，死亡 53 人。省内 60 个市(县、区)发生 1730 处内涝渍水，城市道路损毁 802.4 千米，城市桥梁损毁 58 座。7 月 6 日武汉市因渍水导致车辆无法通行的路段共计 187 处，过江的汽轮、汽渡停航。同时受连日暴雨影响，南湖水位持续上涨，周边十几个小区发生严重的渍水现象。7 月 17—20 日，降雨强度大，且持续稳定，连续两天出现区域性大暴雨，降水中心位于江汉平原北部和鄂东北西部、鄂西南，3 站 3 日累计降水量突破历史极值；19 日沙洋马良出现了 2016 年 3 小时、6 小时、12 小时、32 小时的降雨极值，分别为 298、520、653、875 毫米，其 6 小时、12 小时、32 小时累计雨量均突破了湖北省有气象记录以来的历史极值(图 4.17.3)。

图 4.17.3 2016 年 7 月 20 日沙洋县遭受洪涝灾害(武汉区域气候中心提供)
Fig. 4.17.3 Flood disaster in Shayang County on July 20, 2016(By Wuhan Regional Climate Center)

2. 局地强对流

2016 年，湖北省发生了 10 次较明显的强对流天气过程。局地强对流天气共造成湖北省 42.7 万人受灾，死亡 7 人(含雷击 5 人)；农作物受灾面积 3.7 万公顷；直接经济损失 3.2 亿元。5 月 4—7 日，湖北省出现较大范围的强对流天气，部分地区出现雷暴大风、冰雹及局地强降水，神农架林区、十堰和宜昌等地出现冰雹，最大冰雹直径 20 毫米，11 个国家站出现致灾性大风。

3. 低温冷冻害和雪灾

2016 年，湖北省低温冷冻害和雪灾共造成 43.1 万人受灾；农作物受灾面积 49.2 万公顷，绝收面积 5000 多公顷；直接经济损失 4.3 亿元。1 月 20—22 日，鄂西南、江汉平原南部以及鄂东南出现 12 站大雪。积雪范围广，共 59 县市出现积雪，积雪深度 1～13 厘米。受冷空气持续影响，23—25 日湖北省大部最低气温－12.4～－1℃。25 日共 30 站最低气温达到年极端天气气候事件标准。

4. 干旱

2016 年，鄂西部分地区夏秋 2 次阶段性干旱导致湖北省 164.7 万人受灾，饮水困难 38.4 万人；农作物受灾面积 34.2 万公顷，绝收面积 3.9 万公顷；直接经济损失 14.1 亿元。7 月 21 日至 9 月 23 日湖北省大部降水偏少 3～9 成，鄂西北、鄂东大部、江汉平原中南部、鄂西南部分地区偏少 5～9 成，至 23 日干旱范围达最大，鄂西北大部达重到特旱级别，鄂西南中北部达中到重旱级别。

4.18 湖南省主要气象灾害概述

4.18.1 主要气候特点及重大气候事件

2016 年湖南省年平均气温为 18.1℃，较常年偏高 0.7℃，为 1961 年以来第四高值(图 4.18.1)；年平均降水量 1607.5 毫米，较常年偏多 14.6%，为 1961 年以来第四高值，道县、株洲、韶山年降水总量突破历史极值(图 4.18.2)；受超强厄尔尼诺影响，湖南省极端气候事件频发，49 县市达极端日降水事件标准，桃源、湘阴、宁乡和株洲日最大降水量突破历史极值；强降水过程频繁，局部暴雨强度大，洪涝和地质灾害多发，城乡积涝明显。年内出现的低温雨雪冰冻、连阴雨、“五月低温”、强降水及强对流等灾害性天气过程给人民群众和社会生活造成一定影响。各类气象灾害共造成湖南省 1660.1 万人次受灾，因灾死亡 47 人，失踪 4 人；农作物受灾面积 137.6 万公顷，绝收面积 9.6 万公顷；直接经济损失 265.5 亿元。各类灾害中，洪涝灾情最重，部分地区因洪涝反复受灾，其他灾害相对往年较轻。

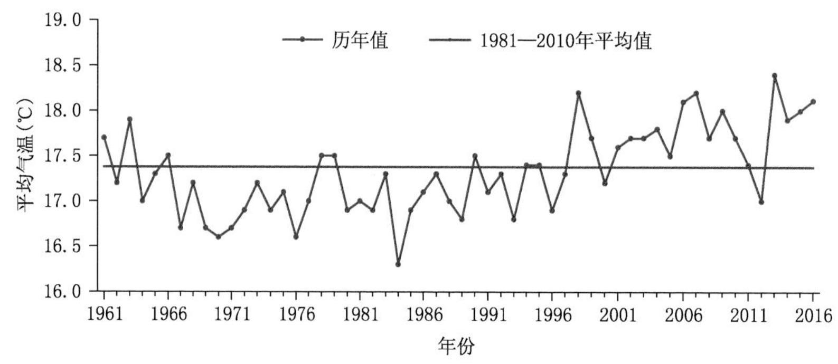

图 4.18.1 1961—2016 年湖南省年平均气温变化

Fig. 4.18.1 Annual mean temperature variation in Hunan Province during 1961—2016 (unit: ℃)

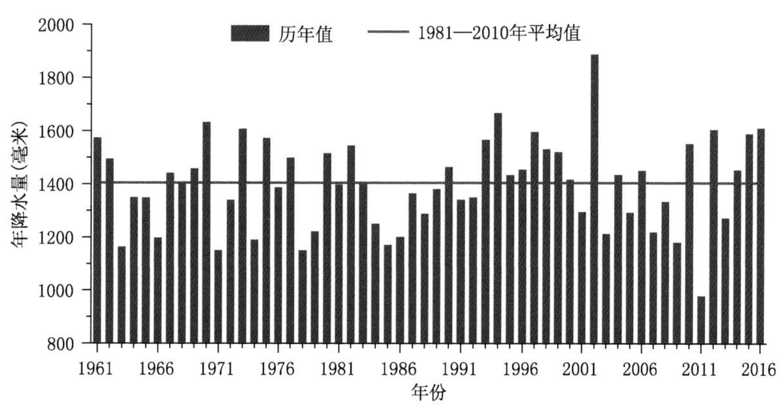

图 4.18.2 1961—2016 年湖南省平均年降水量变化

Fig. 4.18.2 Annual precipitation variation in Hunan Province during 1961—2016 (unit: mm)

4.18.2 主要气象灾害及影响

1. 暴雨洪涝

2016 年湖南省共经历 28 次强降水天气过程，其中 15 次造成暴雨洪涝灾害，四水干支流及洞庭湖区水位超警，多个支流出现超历史洪水，为 2002 年以来又一个大水年。洪涝及其引发的地质灾害共造成湖南省 1525.8 万人次受灾，死亡 40 人，失踪 4 人；农作物受灾面积 114.25 万公顷，绝收面积 8.5 万公顷；倒塌房屋 4 万间，房屋受损 24.6 万间；直接经济损失 256.6 亿元。

7 月 1—5 日为年内最强降水过程，湖南省平均降水量为 115.8 毫米，强降水落区主要集中在湘中以北及湘西南，发生暴雨 49 站次，大暴雨 19 站次，特大暴雨 3 站次，20 县市达到极端日降水事件标准，4 县市累积降水量超 300 毫米。湘资沅澧及洞庭湖区共有 34 站超警戒水位。岳阳、娄底、常德、益阳、张家界、邵阳、怀化、长沙、湘西 10 市(州)70 个县(市、区)636.8 万人受灾，因灾死亡 12 人，紧急转移安置 39.2 万人，需紧急生活救助人口 19.3 万人；农作物受灾 48.7 万公顷，绝收面积 8.7 万公顷；直接经济损失 140.6 亿元。

2. 局地强对流

2016 年湖南省共发生 7 次风雹灾害，共造成 91 万人受灾，因灾死亡 7 人；农作物受灾面积 4.5 万公顷，绝收面积 5400 公顷；倒塌房屋 1700 余间，损房 4.2 万间；直接经济损失 8.2 亿元。

4 月 14—18 日风雹灾情影响最大，永兴、郴州、常德等 22 县市出现大风。本次灾害过程以风雹为主，部分地区洪涝，造成部分地区道路中断、房屋损坏、农田被淹，尤其是冰雹灾害造成衡南、衡东、通道、靖州、麻阳、桂阳、泸溪等地大面积农作物受损，大量屋面被击穿，树木被连根拔起，损失较大。此次风雹过程共造成 47.5 万人受灾，因灾死亡 4 人；农作物受灾面积 2.5 万公顷；倒塌房屋 406 间，损坏房屋 1.9 万间；因灾直接经济损失 3.9 亿元。

4.19 广东省主要气象灾害概述

4.19.1 主要气候特点及重大气候事件

2016 年，广东省年平均气温 22.3℃，较常年偏高 0.4℃(图 4.19.1)；年平均降水量 2321.0 毫米，较常年显著偏多 30%，创历史新高(图 4.19.2)。年高温日数 28 天，仅次于 2014 年，为历史次多。1 月出现连续大范围冬季暴雨，月雨量和单日暴雨分布范围破记录；1 月强寒潮致降雪范围突破了 1951 年以来降雪的最南界；3 月 21 日开汛，较常年偏早 16 天，汛期长达 215 天，为有气象记录以来第二长汛期；汛期暴雨多，强对流频繁，局部洪涝重。台风生成时间为 1949 年以来第二晚，有 5 个热带气旋登陆或严重影响广东；广东平均霾日数为 1989 年以来最少。

2016 年广东各种气象灾害共造成受灾人口 618.5 万人次，死亡 43 人，失踪 4 人；农作物受灾面积 63.1 万公顷，绝收面积 3.9 万公顷；直接经济损失 146.5 亿元。属一般偏差气候年景。

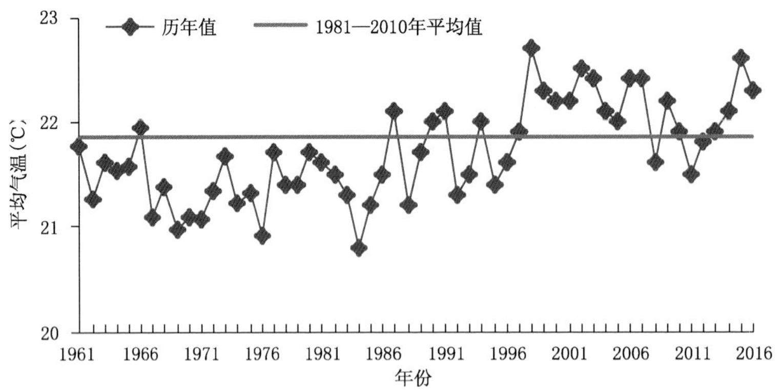

图 4.19.1　1961—2016 年广东省年平均气温历年变化

Fig. 4.19.1　Annual mean temperature variation in Guangdong Province during 1961－2016 (unit: ℃)

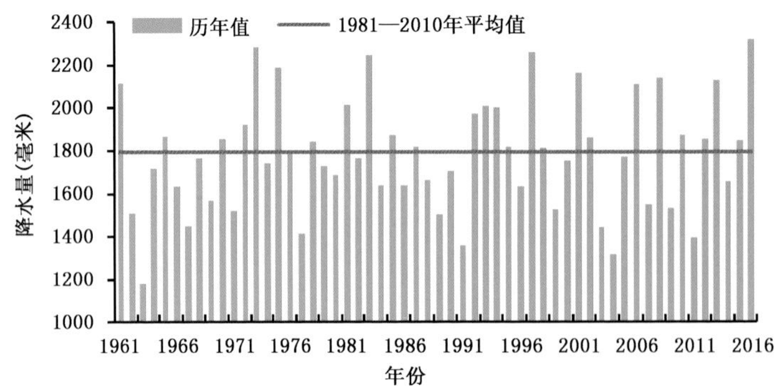

图 4.19.2　1961—2016 年广东省年降水量历年变化

Fig. 4.19.2　Annual precipitation variation in Guangdong Province during 1961－2016(unit: mm)

4.19.2　主要气象灾害及影响

1. 低温冷冻害

2016 年 1 月 22—26 日，受强寒潮天气影响，广东出现全省性低温和大范围冰冻天气，茂名、湛江、珠海等 24 个县(市)最低气温跌破历史极值(图 4.19.3)，过程降温幅度达 7.0～14.0℃。粤北大部出现雨雪冰冻现象，京珠北高速公路云岩路段积雪厚度达 4 厘米；24 日，珠江三角洲和南部部分县(市)出现了历史罕见的雨夹雪或霰(小冰粒)，降雪范围突破了 1951 年以来降雪的最南界，广州市区出现降雪奇观。这次过程造成东部、西南部的作物、果蔬及养殖业不同程度受灾。这次强寒潮共造成 163.9 万人受灾；农作物受灾面积 14.9 万公顷，绝收面积 1.4 万公顷；直接经济损失 61.0 亿元。总体而言，2016 年广东低温冷冻灾害损失仅次于 2008 年，为近 10 年第二重年份。

2. 热带气旋

2016 年台风导致广东省农作物受灾面积 40.7 万公顷，绝收面积 1.9 万公顷；295.4 万人次受灾，紧急转移安置 24.2 万人次；倒塌房屋 2000 多间；直接经济损失 59.4 亿元。与近 10 年平均值相

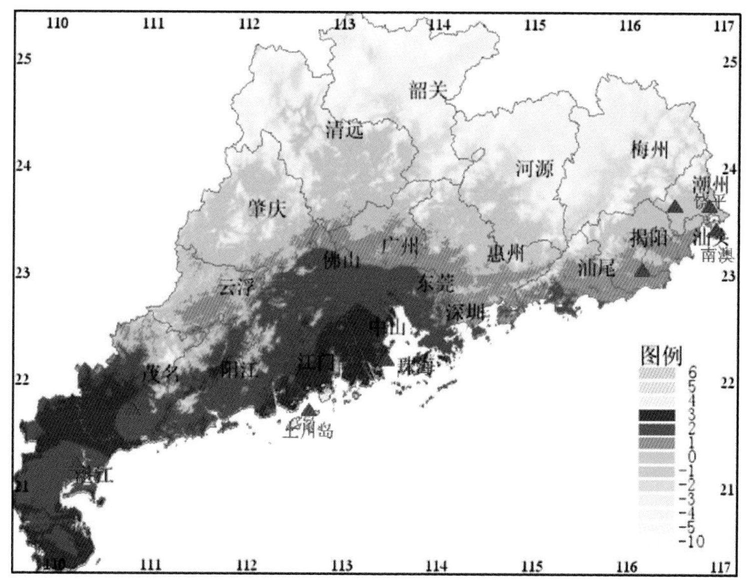

图 4.19.3　2016 年 1 月 22—26 日极端最低气温分布(℃)及破纪录站点(▲)
Fig. 4.19.3　Distribution of extreme lowest temperature and stations(▲) with break the record during January 22 to 26, 2016

比,2016 年广东台风直接经济损失明显偏轻。

第 22 号台风"海马"于 10 月 21 日在汕尾市沿海地区登陆,为有气象记录以来在 10 月下旬以后登陆广东的最强台风。受其影响,21—22 日,广东有 24 县(市)出现暴雨以上量级降水,粤东、深圳、惠州等沿海县(市)出现了 10～13 级大风(图 4.19.4)。据统计,受台风"海马"影响,广东受灾人口 202.2 万人,紧急转移安置 10.6 万人;农作物受灾面积 24.4 万公顷;直接经济损失 46.0 亿元。

图 4.19.4　2016 年 10 月 21 日,强台风"海马"登陆造成惠州风雨交加(广东省气候中心提供)
Fig. 4.19.4　Super typhoon "Haima" landed Huizhou bringing heavy rain and strong wind on October 21,2016 (By Guangdong Climate Center)

3. 暴雨洪涝

2016 年,广东暴雨多,局部洪涝重,共出现暴雨 871 站日,比常年偏多 35.5%,仅次于 2001 年,为历史次多年份。全年暴雨洪涝共造成农作物受灾面积7.3万公顷，绝收面积5200公顷；受灾人口156万人，24人死亡；直接经济损失25.2亿元。与近10年暴雨洪涝损失的平均值相比，2016年广东暴雨洪涝灾害总体偏轻。

汛期共出现25次强降水天气过程，有16次出现在前汛期。5月20—21日，粤北、粤西、珠江三角洲和汕尾市出现暴雨到大暴雨，茂名、阳江等地还出现特大暴雨，茂名信宜、高州等地出现严重的山洪地质灾害，造成8人死亡，4人失踪，直接经济损失13.2亿元。

4. 局地强对流

2016年，广东共发生雷雨大风、冰雹、飑线、局地龙卷等18次强对流天气过程，共造成3.2万人受灾，19人死亡；农作物受灾面积2300公顷；直接经济损失9000万元。雷击事故共发生406宗，造成12人死亡，11人受伤；直接经济损失1590余万元。4月强对流天气异常多，13日和22日出现强飑线，13日5时40分至7时，强飑线自西向东袭击广东，东莞市出现强雷电、最强11级的瞬时大风和短时强降水等强对流天气，多处大树被连根拔起或拦腰折断，造成东莞5万户居民停电，泥洲轮渡停航，还导致东莞市麻涌镇龙门吊发生移动倒塌事故，造成严重人员伤亡。

4.20 广西壮族自治区主要气象灾害概述

4.20.1 主要气候特点及重大气候事件

2016年广西年平均气温21.4℃，比常年偏高0.7℃（图4.20.1）；年平均降水量1647.7毫米，比常年偏多7%（图4.20.2）。年内主要气象灾害有暴雨洪涝、台风、强对流天气、干旱等，1月出现罕见冬汛及罕见大范围降雪，雪线为有气象记录以来最南；春季强对流天气频繁、强度偏强，春末夏初

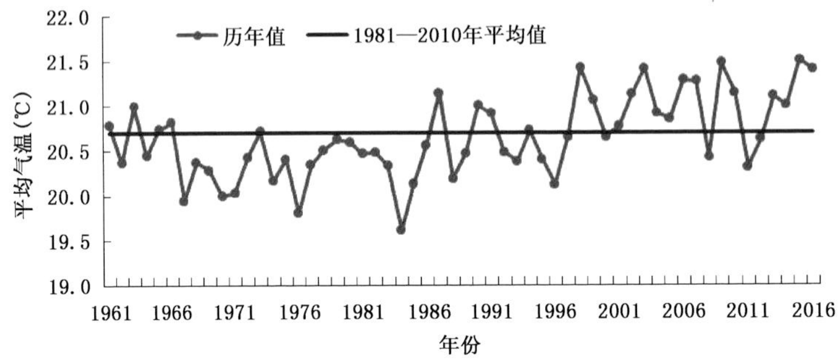

图4.20.1 1961—2016年广西年平均气温历年变化

Fig. 4.20.1 Annual mean temperature variation in Guangxi during 1961—2016 (unit:℃)

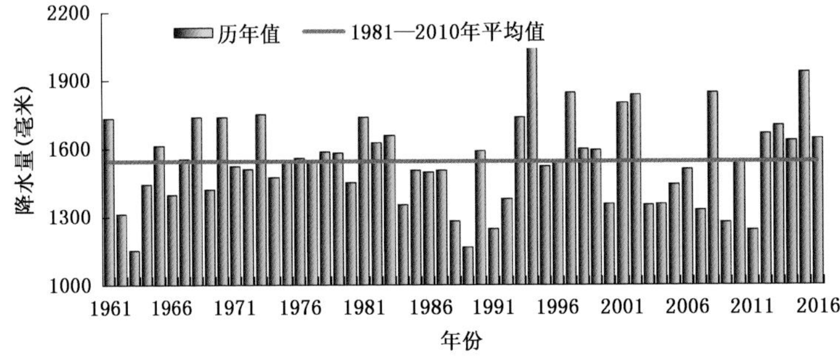

图4.20.2 1961—2016年广西年降水量历年变化

Fig. 4.20.2 Annual Precipitation variation in Guangxi during 1961—2016 (unit:mm)

强降水频繁；夏季高温过程多、持续时间长；秋末出现寒潮，强度为1961年以来同期第四位；全年影响广西的台风偏少，初台“银河”出现在7月下旬，比常年偏晚一个月。

全年因气象灾害共造成299万人次受灾，死亡51人，失踪10人；农作物受灾面积30.1万公顷，绝收面积1.2万公顷；直接经济损失27.5亿元。总的来看，2016年广西气象灾害属偏轻年份。

4.20.2 主要气象灾害及影响

1. 暴雨洪涝

2016年广西暴雨总站日为613站日，比常年偏多94站日。除热带气旋引起的暴雨洪涝外，由其他天气系统引起的暴雨洪涝主要出现在1月、4—7月和11月，5月上、中旬和6月中旬强降雨过程引发的洪涝及地质灾害造成的经济损失和人员伤亡最大(图4.20.3)。全年暴雨洪涝共造成农作物受灾面积8.9万公顷，绝收面积7500公顷；130.8万人受灾，死亡31人；倒塌房屋5000多间，损坏房屋1.3万间；直接经济损失14.3亿元。

5月3日20时至10日20时，桂北部分地区及梧州、南宁等市出现强降雨和大风、冰雹天气。过程雨量超过300毫米有26个乡镇，最大为柳州市三江县丹洲镇459.5毫米；过程小时雨强超过50毫米的有138站，最大的河池市罗城县宝坛乡四堡村小时雨强达87.5毫米；共造成农作物受灾面积3.7万公顷，44.3万人受灾，死亡9人，直接经济损失6.3亿元。

图4.20.3 2016年6月4日广西桂林市恭城县水文测量站点被淹(桂林市气象局提供)

Fig. 4.20.3 The flooded hydrological station in Gongcheng county of Guilin City during the rainstorm on June 4th, 2016 (By Guilin Meteorological Service)

2. 强对流天气

2016年广西多次出现冰雹、雷雨大风等强对流天气，主要出现在3月、4月、7月和8月，4月的强对流天气最频繁，强度强。全年风雹灾害共造成农作物受灾面积5.1万公顷，绝收面积1700公顷；76万人受灾，死亡18人；损坏房屋4.2万间；直接经济损失8.5亿元。

4月16—18日，广西普遍发生雷暴，63县(市、区)出现8级以上大风，35县(市、区)出现冰雹，造成农作物受灾面积5200公顷；11.7万人受灾，死亡3人，失踪3人；直接经济损失9253万元。

3. 热带气旋

2016年，进入广西影响区的热带气旋有4个，均为台风级别，较常年偏少1个，初台“银河”7月下旬影响广西，比常年偏晚一个月，“妮妲”和“莎莉嘉”影响较重。全年台风灾害共造成农作物受灾面积3.5万公顷，绝收面积1000多公顷；受灾人口58.5万人，死亡2人；直接经济损失3.8亿元。

21 号台风"莎莉嘉"10 月 19 日在防城港沿海登陆。期间广西过程雨量超过 300 毫米的有 7 个乡镇，超过 200 毫米的有 46 个乡镇，最大雨量出现在防城港市上思县十万大山森林公园(422 毫米)；7 市部分乡镇出现 6～8 级、沿海乡镇出现 10 级大风，北部湾海面出现 12 级大风，最大风速为斜阳岛 36.5 米/秒。共造成农作物受灾面积 2.4 万公顷；受灾人口 35.7 万人次，死亡 1 人；直接经济损失 2.3 亿元。

4.21 海南省主要气象灾害概述

4.21.1 主要气候特点及重大气候事件

2016 年海南省年平均气温 25.1℃，比常年偏高 0.6℃，为 1961 年以来的第五高值(图 4.21.1)，2 月气温偏低，2 月上旬后期部分市县最低气温降到 8℃以下，6 个市县的月平均温度创当地 2 月历史新低；年降水量 2176.7 毫米，较常年偏多 20.7%，为 1961 年以来的第五位偏多年份(图 4.21.2)；年日照时数为 1662.6 小时，较常年偏少 406.5 小时，为 1961 年以来第五位偏少年份。年内遭受了台风、暴雨、高温、大雾等气象灾害，全年因气象灾害造成 457.3 万人次受灾，死亡 11 人，失踪 3 人；农作物受灾面积 50.9 万公顷，绝收面积 3.1 万公顷；直接经济损失 77.1 亿元。总体而言，2016 年气象灾害偏重，气候对各行业影响弊大于利，气候年景属偏差年景。

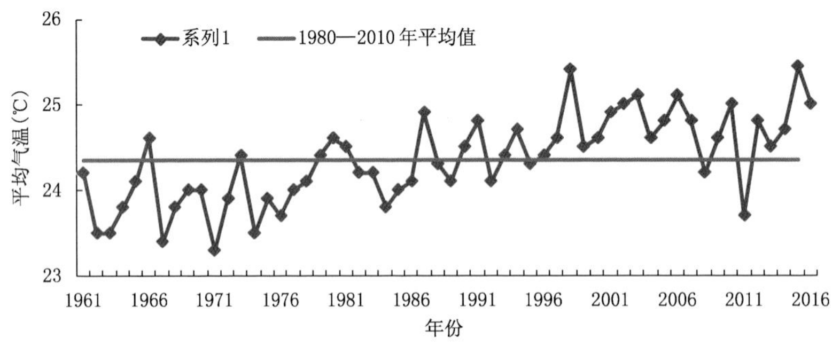

图 4.21.1 1961—2016 年海南省年平均气温历年变化

Fig. 4.21.1 Annual mean temperature in Hainan Province during 1961－2016(℃)

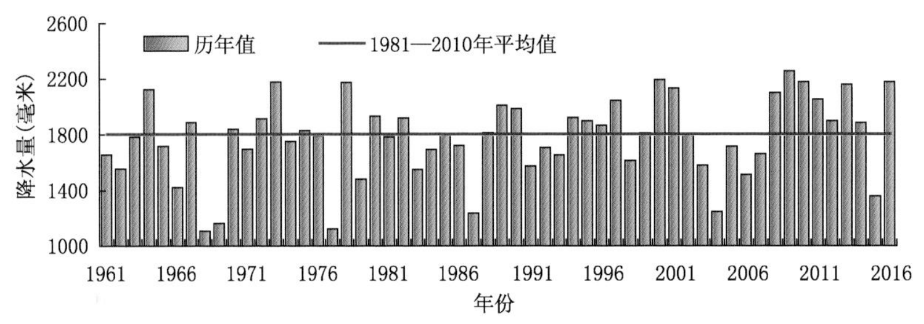

图 4.21.2 1961—2016 年海南省年降水量历年变化

Fig. 4.21.2 Annual precipitation in Hainan Province during 1961－2016 (mm)

4.21.2 主要气象灾害及影响

1. 干旱

2016 年 1 月海南降水量较常年异常偏多，抑制了气象干旱的发生和发展。2—7 月，随着各月降水量持续偏少，4 月开始海南大部分地区出现了不同程度的阶段性气象干旱，8 月气象干旱解除。全年海南省农作物因旱受灾面积 1.6 万公顷，绝收面积 1300 公顷。气象干旱较常年总体偏轻。

2. 热带气旋

海南 2016 年先后受 9 个热带气旋影响，比常年偏少 1 个。登陆海南的热带气旋个数为 2 个，接近常年。影响较重的是 10 月登陆台风"莎莉嘉"。年内台风共造成 456.5 万人受灾，死亡 5 人，紧急转移安置 63.9 万人；农作物受灾面积 45.9 万公顷，绝收面积 2.7 万公顷；直接经济损失 76.7 亿元。

第 21 号台风"莎莉嘉"于 2016 年 10 月 13 日在菲律宾以东洋面上生成，15 日晚加强为超强台风，于 16 日凌晨 2 时 20 分前后在菲律宾吕宋岛东部沿海登陆，登陆时中心附近最大风力 16 级(55 米/秒)，登陆后"莎莉嘉"减弱为强台风，于 16 日 9 时前后移入南海东部海面，强度继续加强，18 日 9 时 50 分在万宁市和乐镇登陆，登陆时中心附近最大风力 14 级(45 米/秒)，"莎莉嘉"是 1970 年以后 10 月份登陆海南的最强台风。之后，18 日 20 时减弱为强热带风暴，19 日凌晨 0 时前后从儋州移入北部湾海面。19 日 14 时 10 分前后在广西壮族自治区防城港东兴市沿海再次登陆，登陆时中心附近最大风力有 10 级(25 米/秒)。受其影响，17 日 08 时至 19 日 08 时，在海南岛北部、东部、中部和西部地区出现强降雨，共有 93 个乡镇雨量超过 200 毫米，10 个乡镇雨量超过 300 毫米，最大为文昌重兴镇 377.0 毫米。另外，海南岛四周沿海陆地普遍出现 11～12 级阵风，万宁、东方和文昌 3 个市县共有 4 个乡镇阵风达 13 级以上(图 4.21.3)，最大为万宁万城镇 14 级(46.1 米/秒)。

据海南省三防办统计，"莎莉嘉"共造成海南省 19 个县(市、区含农垦)228 个乡镇受灾，受灾人口 299.29 万人，转移人口 65.95 万人；倒塌房屋 837 间；农作物受灾面积 38.07 万公顷；直接经济损失 45.59 亿元(图 4.21.3)。

图 4.21.3　2016 年 10 月 22 日，万宁市山根镇橡胶树受台风"莎莉嘉"影响倒伏

Fig. 4.21.3　Lodging rubber trees affected by typhoon "Sarika" in Shangen Town of Wanning City on October 22, 2016

3. 大雾

1 月大雾出现频繁，21 日的大雾天气对海南交通运输影响较大。海口港自 21 日 01 时 20 分停航，直至当日 18 时 40 分恢复通航，停航时间长达 17 个小时。此次大雾天气持续时间长，且停航时间与该港春运前的运输小高峰碰头，对离岛交通造成严重影响。2 月琼州海峡和海口地区出现多起

大雾天气影响交通事件。23 日受大雾影响，秀英港、新海港、粤海铁南港能见度低于通航安全标准，琼州海峡全线停航；海口美兰机场截至 08 时进港航班延误 8 架次。

4.22 重庆市主要气象灾害概述

4.22.1 主要气候特点及重大气候事件

2016 年，重庆市年平均气温为 17.9℃，较常年偏高 0.4℃（图 4.22.1）；年降水量 1284 毫米，较常年偏多 14%（图 4.22.2）。年内发生区域暴雨天气过程 8 次；高温日数显著偏多，总体强度偏强，35℃以上高温日数平均为 34.8 天，显著偏多 10.3 天；气象干旱总体偏轻，伏旱较明显；连阴雨接近常年，出现了 7 段区域连阴雨过程，主要集中在秋季；强降温站次偏多 4 成，年初出现一次大范围降温降雪天气过程；低温总体偏轻，霜冻接近常年。

2016 年重庆市发生的气象灾害主要有暴雨洪涝、干旱及低温冷冻害和雪灾。年内，1 月中旬出现了一次历史罕见的大范围降雪天气，造成部分地区出现低温冷冻害和雪灾；5—7 月暴雨、强降水、强对流天气频繁出现，造成严重的暴雨洪涝灾害；盛夏出现 4 段阶段性高温天气，部分地区发生了干旱；9 月、11 月局地出现暴雨灾害。2016 年重庆市的气象灾害表现为暴雨突出、雪灾较重，与 2001 年以来相比，灾情属中等程度。2016 年重庆市气象灾害造成 371.5 万人受灾，死亡 56 人，失踪 5 人；农作物受灾面积 19.0 万公顷，绝收面积 2.4 万公顷；直接经济损失 47.8 亿元。

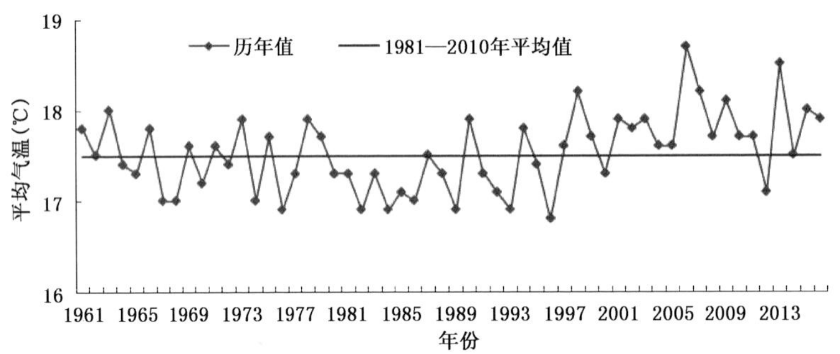

图 4.22.1 1961—2016 年重庆市年平均气温变化

Fig. 4.22.1 Annual mean temperature variation in Chongqing during 1961 to 2016(unit: ℃)

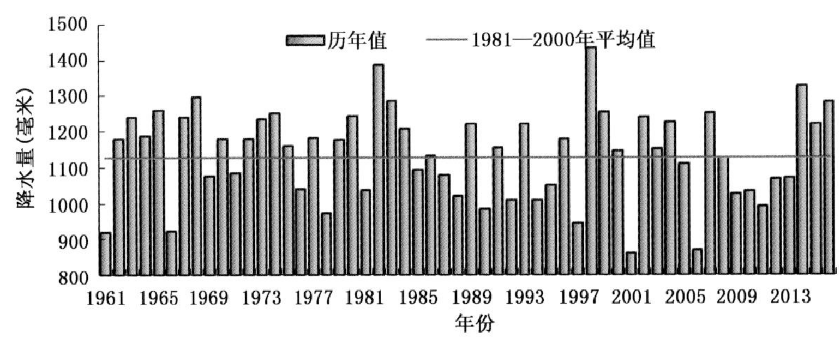

图 4.22.2 1961—2016 年重庆市平均年降水量变化

Fig. 4.22.2 Annual precipitation variation in Chongqing during 1961 to 2016(unit: mm)

4.22.2 主要气象灾害及影响

1. 干旱

2016 年重庆市气象干旱总体偏轻，夏末秋初出现一段轻度气象干旱。受 7 月下旬至 8 月中旬持续高温少雨天气影响，8 月中旬重庆市部分地区出现轻度气象干旱；8 月末出现 2 次一般性降水过程，对中西部地区气象干旱有一定的缓解，但部分地区气象干旱仍持续到 9 月上旬。干旱造成 68.3 万人受灾，12.5 万人饮水困难；农作物受灾面积 4.7 万公顷，绝收面积 5500 公顷；直接经济损失 4.7 亿元。

2. 暴雨洪涝（滑坡、泥石流）

2016 年重庆市暴雨天气频繁，暴雨洪涝灾害偏重。年内有 34 个区县发生了 137 个站次的暴雨洪涝灾害，造成 271.5 万人受灾，死亡 50 人，失踪 5 人；农作物受灾面积 12.8 万公顷，绝收面积 1.7 万公顷；房屋损坏 5 万间，倒塌 1.1 万间；直接经济损失 41.3 亿元。

6 月 30 日凌晨至 7 月 1 日上午，重庆市出现了年内影响范围最广、综合强度排名第二的区域暴雨天气过程，重庆市普降大雨到暴雨，开州、万州、云阳（图 4.22.3）、巫溪、荣昌等 5 个区县大暴雨，最大雨量 276.7 毫米（忠县松岭村）。

图 4.22.3 2016 年 6 月 30 日重庆市云阳县暴雨造成街道进水（云阳县气象局提供）
Fig. 4.22.3 Streets were flooded by rainstorm in Yunyang County on June 30, 2016
(By YunYang Meteorological Service)

3. 低温冷冻害和雪灾

2016 年 1 月 19 日夜间至 24 日，重庆市出现了一次明显的降温降雨（雪）天气过程，中西部普降中雪到大雪，局地暴雪，东南部出现小雪到中雪。15 个区县出现积雪，最大雪深为 11 厘米（璧山和南川）。31 个区县最低气温突破 0℃，其程度为 1951 年以来第三低值，仅次于 1977 年和 1991 年，极端最低气温出现在城口（−9.5℃）。

此次雪灾共造成 25.9 万人受灾，死亡 2 人；农作物受灾面积 1.4 万公顷，绝收面积 1200 公顷；直接经济损失 1.2 亿元（图 4.22.4）。

图 4.22.4　2016 年 1 月 23 日重庆市巴南区出现雪灾（巴南区气象局提供）
Fig. 4.22.4　Snow disaster occurred in Banan County on January 23, 2016
(By Banan Meteorological Service)

4.23　四川省主要气象灾害概述

4.23.1　主要气候特点及重大气候事件

2016 年四川省年平均气温 15.7℃，比常年偏高 0.8℃，位居历史同期第四高位（图 4.23.1）；年降水量 982.1 毫米，比常年偏多 25.3 毫米，偏多 3%（图 4.23.2）。四川省冬季气温接近常年略偏高，春季、夏季和秋季平均气温均偏高，尤其夏季气温位居历史同期第三高位；四川省冬季、春季和秋季降水均偏多，夏季降水偏少。暴雨来得早去得晚，暴雨偏少偏弱，区域性暴雨少，多局地、分散性强降水，属暴雨总体偏轻年；气象干旱总体不明显，春旱弱、夏旱轻、伏旱略重于常年；夏季高温偏重，8 月中下旬出现大范围持续高温晴热天气；秋绵雨偏轻；春夏季多局地强对流天气，灾情损失较重；受局地强降雨影响，部分地方地质灾害损失较重。

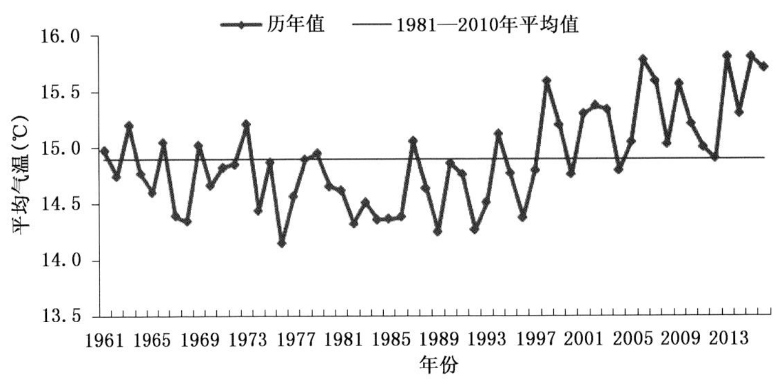

图 4.23.1　1961—2016 年四川省年平均气温变化
Fig. 4.23.1　Annual mean temperature variation in Sichuan Province during 1961－2016

2016 年各种气象灾害共造成四川省 738.1 万人不同程度受灾，因灾死亡 65 人，失踪 14 人；农作物受灾面积 41.1 万公顷，绝收面积 6.1 万公顷；直接经济损失 76.6 亿元。2016 年四川省农业气象条件总体是利大于弊；洪涝、大雾和强对流等气象灾害对交通运输造成一定影响。经综合分析，2016 年四川省气候条件为偏好年份。

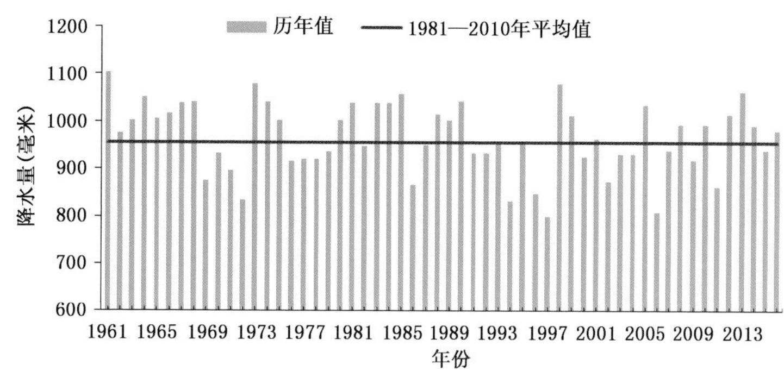

图 4.23.2 1961—2016 年四川省年降水量变化

Fig. 4.23.2 Annual precipitation variation in Sichuan Province during 1961—2016

4.23.2 主要气象灾害及影响

1. 暴雨洪涝

2016 年四川省暴雨来得早去得晚，暴雨偏少偏弱，区域性暴雨少，属暴雨偏轻年。年内因暴雨洪涝灾害共造成 327.6 万人受灾，因灾死亡 58 人；农作物受灾面积 13.9 万公顷，绝收面积 2.4 万公顷；倒塌房屋 7000 多间，损坏 7.8 万间；直接经济损失 55.4 亿元。

7 月 4—9 日，四川省出现大范围暴雨天气，共有 10 市(州)39 个站出现了暴雨过程，26.9 万人受灾，3 人死亡，农作物受灾面积 1.18 万公顷，直接经济损失 3.1 亿元。

2. 干旱

2016 年四川省气象干旱总体不明显，春旱弱、夏旱轻、伏旱略重于常年，阿坝州东南和西南部、南充南部等地有重度以上伏旱发生。2016 年四川省因干旱灾害造成 176 万人受灾，12.7 万人饮水困难；农作物受灾面积 11.3 万公顷，绝收面积 1.5 万公顷；直接经济损失 5.7 亿元。

3. 局地强对流(雷电)

2016 年春夏季，四川省遭受多次局地强对流天气过程袭击，损失较重。年内因局地强对流共造成 101.6 万人受灾，死亡 7 人；农作物受灾面积 7.2 万公顷，绝收面积 1.3 万公顷；倒塌房屋 0.1 万间，损坏 3.7 万间；直接经济损失 10 亿元。

2016 年四川省雷电灾害共造成 4 人死亡。

6 月 4 日，凉山州出现一次强对流雷雨天气过程，昭觉等 11 个县市遭受冰雹、大风灾害袭击，因灾死亡 1 人，农作物成灾面积 1.57 万公顷，绝收面积 0.65 万公顷，经济损失达 2.9 亿元。

4. 低温冷冻害和雪灾

2016 年 1—3 月川西高原和攀西地区日最低气温低于 0℃日数平均为 47.6 天，川西高原大部超过 66 天，攀西地区北部大于 28 天，盆地大部不足 15 天。年内因低温冷冻害和雪灾共造成 132.9 万人受灾；农作物受灾面积 8.7 万公顷，绝收面积 9000 公顷；损坏房屋 2000 多间；直接经济损失 5.5 亿元。

2 月 21—24 日，雅安市、甘孜藏族自治州出现降雪天气，6 万人受灾，农作物受灾面积 0.26 万公顷，直接经济损失 5100 余万元。

5. 高温热浪

2016 年四川省夏季高温为偏重年份。8 月 11—25 日，出现一段大范围的持续高温晴热天气。持续高温天气期间，四川省有 119 站出现日最高气温≥35℃的高温天气，平均高温日数 8 天，位居历史同期第一多位。

6. 雾或霾

2016 年四川省雾或霾天气日数平均为 67.8 天，为近几年最多，四川盆地雾或霾天气日数平均为 86.8 天，主要分布在四川盆地南、西南和东北部。

4 月 10 日，成都遭遇大雾天气袭击，能见度不足 50 米，机场被迫关闭，造成 130 多个出港航班延误，11 个航班被取消，1 万多名出港旅客受困于机场。

4.24 贵州省主要气象灾害概述

4.24.1 主要气候特点及重大气候事件

2016 年贵州省年平均气温为 16.4℃，较常年偏高 0.9℃（图 4.24.1）；年降水量为 1264.4 毫米，较常年略多 7.4%，降水时空分布不均，各地在 811.4～1815.6 毫米之间（图 4.24.2）；年平均日照时数为 1214.5 小时，较常年略多 2.7%。2016 年，贵州各地遭受了干旱、暴雨洪涝、大风冰雹、低温雨雪冰冻、台风等气象灾害及其诱发的次生灾害，给经济社会发展和人民生活生产造成不利影响，部分地区受灾严重。

2016 年贵州省有 85 个县（市、区）不同程度受到多种自然灾害影响，受灾人口 661.7 万人（次），因灾死亡 103 人，失踪 12 人；农作物受灾面积 33.1 万公顷，绝收面积 5.2 万公顷；直接经济损失 173.3 亿元。2016 年全年农业气象条件属于较好年景。

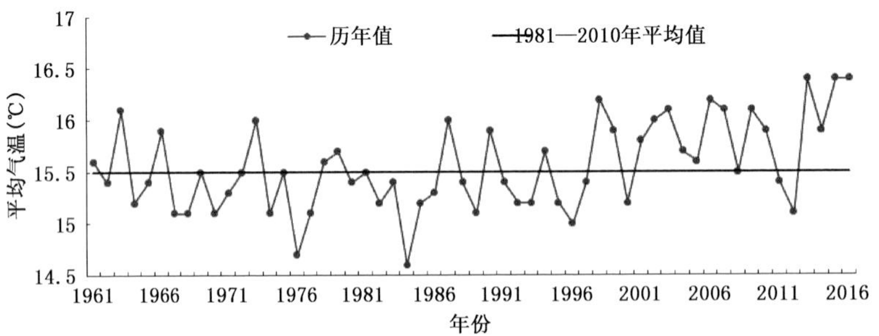

图 4.24.1 1961—2016 年贵州省年平均气温历年变化

Fig. 4.24.1 Annual mean temperature variation in Guizhou Province during 1961—2016(unit: ℃)

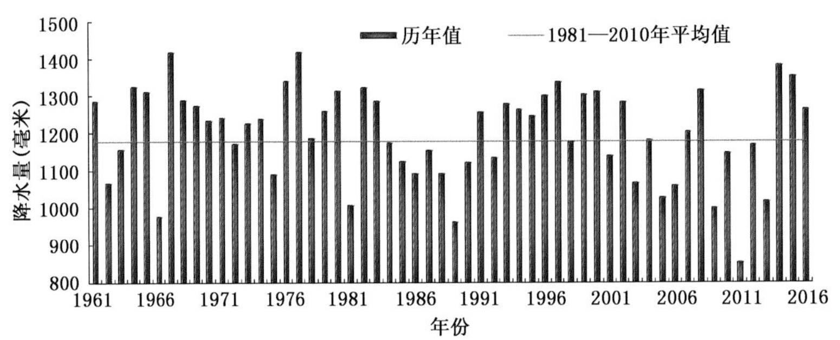

图 4.24.2 1961—2016 年贵州省年降水量历年变化

Fig. 4.24.2 Annual precipitation variation in Guizhou Province during 1961—2016 (unit:mm)

4.24.2 主要气象灾害及影响

1. 干旱

2016 年 9 月，贵州省中部和东部局地气温偏高、降水偏少，中部以东出现中到特重度气象干旱，贵阳市、铜仁市、黔东南自治州共计 4 个县 49 个乡镇因干旱出现农作物受灾及临时性饮水困难。灾害造成约 15.8 万人受灾，约 7.6 万人饮水困难；农作物受灾面积 6600 公顷；直接经济损失 5000 万元。

2. 暴雨洪涝

2016 年贵州省共出现 17 次区域性暴雨过程，全年单站日降水量达暴雨等级共计 253 站(次)。汛期，贵州省共 217 站(次)出现暴雨及以上天气过程；2016 年因暴雨洪涝造成 385.2 万人受灾，因灾死亡 95 人，失踪 12 人，紧急转移安置 29.2 万人；农作物受灾面积约 19.8 万公顷，绝收面积约 3.2 万公顷；房屋倒塌 1.7 万间，损坏房屋 13.5 万间；直接经济损失约 160.4 亿元。

暴雨范围最大为 6 月 1—15 日的 21 县城暴雨；13 县(市、区)出现 5 次以上暴雨，黎平、榕江 2 县城出现 7 次暴雨过程。汛期共出现 14 次极端日降水事件，万山(7 月 4 日)突破历史极值，织金、道真县 6 月各出现 2 次极端日降水事件(图 4.24.3)。7 月 1 日，因持续强降雨导致大方县理化乡偏坡村金星组发生山体滑坡，造成 11 户 23 人死亡，7 人受伤。

图 4.24.3　2016 年 6 月 28 日贵州省织金县遭受暴雨洪涝(织金县气象局提供)

Fig. 4.24.3　Rainstorm and flood attacked Zhijin County, Guizhou on June 28, 2016(By Zhijin Meteorological Service)

3. 局地强对流

2016 年 1—9 月贵州省均有风雹灾害出现，共有 625 个乡镇因灾造成损失。贵州省共有 232.2 万人受灾，因灾死亡 8 人；农作物受灾面积 11.1 万公顷，绝收面积 1.9 万公顷；房屋倒塌 1000 余间；损坏房屋 11.4 万间；直接经济损失约 11 亿元(图 4.24.4)。

图 4.24.4　2016 年 4 月 3 日贵州省安龙县遭受冰雹灾害(贵州省气象局提供)

Fig. 4.24.4　Hail disaster attacked Anlong County, Guizhou on April 3, 2016(By Guizhou Meteorological Bureau)

4. 低温冷冻害和雪灾

2016 年 1—3 月贵州省共出现 4 次低温雨雪冰冻天气过程，1 月 21—25 日出现大范围低温雨雪冰冻灾害性天气过程，贵州省共有 84 个县(市、区)出现降雪，56 县(市、区)出现积雪，36 县(市、区)出现电线积冰，75 县(市、区)最低气温降至 0℃以下。全年因灾造成贵州省 155 个乡镇 21.4 万人受灾，农作物受灾面积 1.2 万公顷，损坏房屋 1000 余间，直接经济损失 8000 万元。

4.25 云南省主要气象灾害概述

4.25.1 主要气候特点及重大气候事件

2016 年云南省为降水偏多、平均气温偏高、日照略少的年份。年平均气温较常年偏高 0.6℃，为 1961 年以来第六高值年份(图 4.25.1)，1 月、2 月气温略偏低，10 月、12 月气温为 1961 年以来的同期最高值。年平均降水量较常年偏多 6.3%，是 2009 年以来降水最多的一年(图 4.25.2)，且时空分布较均匀。年平均日照时数较常年偏少 55 小时。

年内出现冬季极强寒潮、仲春大风肆虐、滇西北春汛降水量创历史新高、汛期强降水事件频发、秋季暴雨多等极端天气气候事件，造成低温冻害、雪灾、暴雨洪涝、气象地质灾害及大风冰雹等灾害频繁发生。暴雨洪涝是 2016 年云南最主要的气象灾害，其次是低温冻害和雪灾。

灾害共造成 1159.5 万人受灾，104 人死亡，26 人失踪；农作物受灾面积 86.9 万公顷，绝收面积 10.7 万公顷；直接经济损失 136.7 亿元。总体上，2016 年气象灾害造成的直接经济损失、死亡人口和失踪人口低于近 10 年的平均值，气候年景偏好。

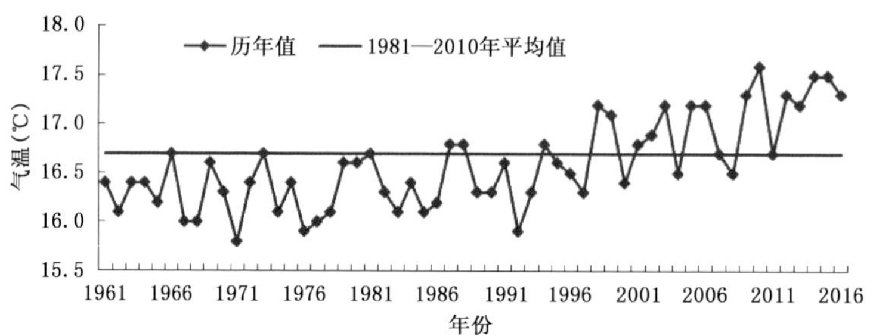

图 4.25.1 1961—2016 年云南省年平均气温历年变化

Fig. 4.25.1 Annual mean temperature variation in Yunnan during 1961—2016 (unit: ℃)

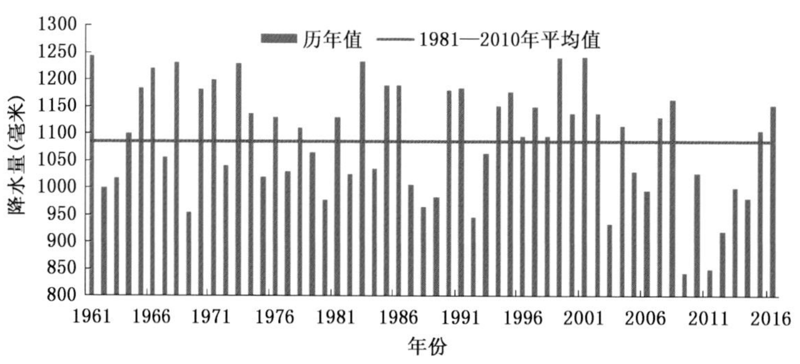

图 4.25.2 1961—2016 年云南省平均年降水量历年变化

Fig. 4.25.2 Annual precipitation variation in Yunnan during 1961—2016 (unit: mm)

4.25.2 主要气象灾害及影响

1. 低温冷冻害和雪灾

2016年冬季强寒潮造成的雪灾、低温冻害突出。1月22日晚至26日，强冷空气自东向西影响云南，云南中东部大部地区最低气温普遍降至－10.2～0℃，有40个站的日最高气温降到0℃以下，昆明主城区气温连续52小时低于0℃。这是20世纪80年代以来1月最大的低温范围。云南省有74个县出现降雪，海拔1400米以上大部分区域出现积雪，气象站观测的最大积雪深度9厘米(威信)。此次强寒潮天气给农林牧业、交通、电力，水管和绿化植物等带来了严重影响，农业损失严重(图4.25.3)。昆明主城区516条城市主次干道，135个公园、小游园、街头绿地的15.4万株乔木、11.2万个灌木球、160余万平方米灌木地共129个品种受冻。

灾害共造成474.3万人次受灾；农作物受灾面积41.8万公顷，绝收面积3.5万公顷；房屋损坏2000余间；直接经济损失28.6亿元(图4.25.3)。灾害损失在近10年中属偏重的年份。

图4.25.3　勐海县1月下旬低温冰冻造成茶叶受灾(勐海县气象局提供)

Fig. 4.25.3　Tea was suffered from cryogenic freezing in late January of Menghai County (By Menghai Meteorological Service)

2. 暴雨洪涝和滑坡、泥石流

2016年2—4月滇西北“桃花汛”核心区(贡山、福贡、维西)平均降雨805.4毫米，较常年同期偏多65.7%，打破1961年以来的历史纪录；暴雨站次较常年同期偏多1倍，引发严重地质灾害。5月下旬至8月中旬，强降水引发了局地洪涝、地质灾害，滇东北、滇西、滇中西部等地受灾较重。秋季(9—11月)云南省共出现暴雨89站次，较常年偏多36站次，列1961年以来第二位。9月中旬至10月上旬初，怒江州、楚雄州等地秋季暴雨引发的洪涝、地质灾害成灾重。

洪涝和地质灾害造成460.1万人受灾，80人死亡，25人失踪，紧急转移安置4.7万人；房屋受损14.2万间，倒塌房屋8000余间；农作物受灾面积22.6万公顷，绝收面积3.9万公顷；直接经济损失81.3亿元，明显高于近10年平均值。

9月16日，元谋县普降大到暴雨，黄瓜园镇降雨96.1毫米。造成5个乡镇发生洪涝、泥石流灾害，因灾 1 人失踪，成昆铁路红江至黄瓜园段 K839+545 线路中断 7 天，并形成堰塞湖（图 4.25.4）。

图 4.25.4　元谋县“9.16”山洪泥石流灾害（元谋县气象局提供）
Fig. 4.25.4　Mountain flood and debris flow disaster in Yuanmou County on September 16 (By Yuanmou Meteorological Service)

3. 局地强对流

2016 年春夏季冰雹、大风和雷电灾害频繁发生，成灾重。4 月，南支槽活动频繁，强对流天气造成人员、农作物、房屋受灾。4 月 19 日，滇西、滇中及以东以南地区出现 8～10 级阵风，局地达 11～12 级。5 月上旬至 9 月下旬初，冰雹、大风灾害造成滇西、滇东北、滇中及以东以南地区的烤烟等农作物、房屋受损严重（图 4.25.5）。

图 4.25.5　景洪市 8 月 19 日大风灾害（景洪市民政局提供）
Fig. 4.25.5　Gale disaster in Jinghong City on August 19 (By Jinghong Civil Affairs Bureau)

灾害造成 199.8 万人受灾，23 人死亡(其中雷电灾害 16 人)；房屋受损 9.5 万间，倒塌房屋 1000 余间；农作物受灾面积 15.8 万公顷，绝收面积 2.6 万公顷；直接经济损失 21.0 亿元，高于近 10 年来的平均值。

4. 热带气旋

7 月 28—29 日、8 月 3—4 日、8 月 19—20 日，台风“银河”“妮妲”“电母”登陆后减弱的低压密集影响云南中南部地区，但持续时间和影响范围有限。共造成 21.8 万人受灾，1 人死亡，1 人失踪，紧急转移安置 3000 余人；农作物受灾面积 1.9 万公顷，绝收面积 5500 公顷；直接经济损失 5.7 亿元。

4.26 西藏自治区主要气象灾害概述

4.26.1 主要气候特点及重大气候事件

2016 年，西藏地区年平均气温为 5.8℃，较常年偏高 1.1℃(图 4.26.1)。四季气温均偏高。年内多地气温突破历史极值，拉萨、日喀则、改则等 43 站次月平均气温，贡嘎等 35 站次日最高气温创历史同期新高或持平；隆子和南木林日最低气温连续刷新历史同期最低值；狮泉河、改则等 12 个站点年平均气温创历史最高值。西藏年平均降水量为 517.8 毫米，较常年偏多 57.6 毫米(图 4.26.2)，属正常年份。冬季降水正常，但时空分布极不均匀；春季、夏季、秋季降水偏多，汛期西藏大部雨季开始期偏早，降水过程频繁，强度大，降水总量明显偏多。年内极端降水事件较为频繁，泽当、林芝、隆子等 8 个站点月降水量和 9 个站点日降水量创历史同期新高，安多站日降水量创有气象记录以来最大值。

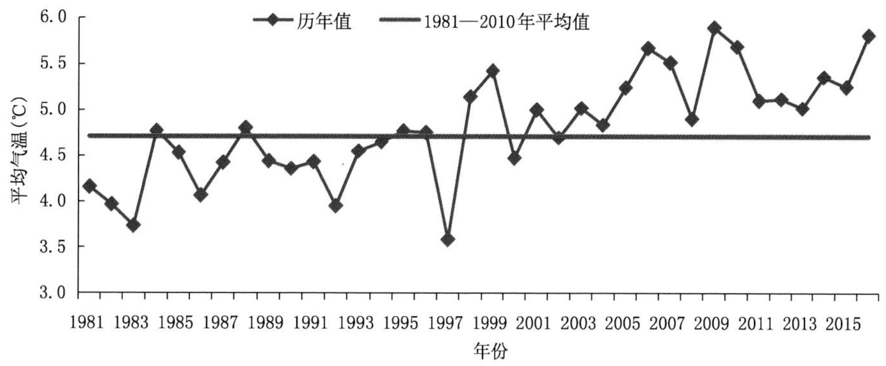

图 4.26.1 1981—2016 年西藏自治区年平均气温历年变化

Fig. 4.26.1 Annual mean temperature variation in Tibet during 1981—2016 (unit: ℃)

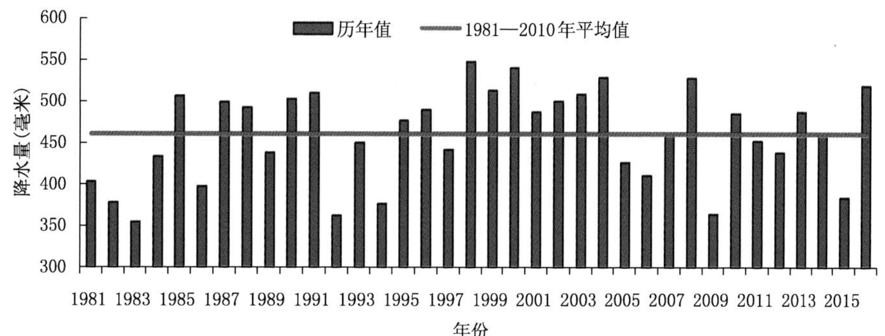

图 4.26.2 1981—2016 年西藏自治区年降水量历年变化

Fig. 4.26.2 Annual precipitation variation in Tibet during 1981—2016 (unit: mm)

2016 年西藏气象灾害以及气象因素引发的次生灾害共造成 38.3 万人受灾，因灾死亡 7 人，失踪 17 人；农作物受灾面积 1.5 万公顷，绝收面积 6700 公顷；牲畜死亡 3.5 万头(只、匹)；直接经济损失 15.1 亿元。

4.26.2 主要气象灾害及影响

1. 暴雨洪涝(滑坡、泥石流)

2016 年暴雨洪涝造成 28.8 万人受灾，死亡 2 人，失踪 8 人，紧急转移安置 5.3 万人；倒塌房屋 7000 多间，损坏房屋 3.7 万间；农作物受灾面积 1.3 万公顷，绝收面积 6000 多公顷；毁坏草场和耕地 2100 多公顷；因灾死亡牲畜 1.3 万头(只、匹)，饮水困难牲畜 4.6 万头(只、匹)；直接经济损失 14.2 亿元。

2. 局地强对流

2016 年大风、冰雹造成 6000 多人受灾，死亡 5 人；倒塌房屋 134 间，损坏房屋 185 间；农作物受灾面积 532 公顷，绝收面积 155 公顷；因灾死亡牲畜 115 头(只、匹)；直接经济损失 504 万元。

3. 雪灾

2016 年雪灾造成 8.5 万人受灾，失踪 9 人，紧急转移安置 9586 人；倒塌房屋 6900 余间，损坏房屋 1.1 间；农作物受灾面积 249 公顷，绝收面积 134 公顷；因灾死亡牲畜 2.1 万头(只、匹)；直接经济损失 7917 万元。

4.27 陕西省主要气象灾害概述

4.27.1 主要气候特点及重大气候事件

2016 年陕西年平均气温 13.2℃，较常年偏高 1.1℃，属偏高年份，是 1961 年以来年平均气温第二偏高年(图 4.27.1)。年平均降水量 575.9 毫米，较常年偏少 9%，属略偏少年份(图 4.27.2)。

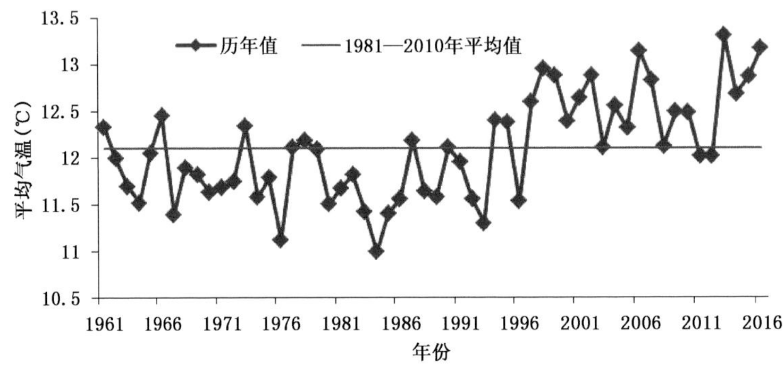

图 4.27.1 1961—2016 年陕西省年平均气温历年变化

Fig. 4.27.1 Annual mean temperature variation in Shaanxi Province during 1961—2016 (unit: ℃)

2016 年四季均以温高雨少为主，夏季平均气温是 1961 年以来最高年份，秋季平均气温是 1961 年以来第三高值年份。

2016 年，陕西极端灾害性天气事件频发，共发生洪涝、干旱、风雹等 7 类自然灾害 418 次，10 市 111 个县(区、市)961 个乡镇(街办)543.9 万人次受灾，24 人因灾死亡；农作物受灾面积 63.3 万公顷，绝收面积 7 万公顷；直接经济损失 78.4 亿元。综合分析认为，2016 年属于灾害一般年份。

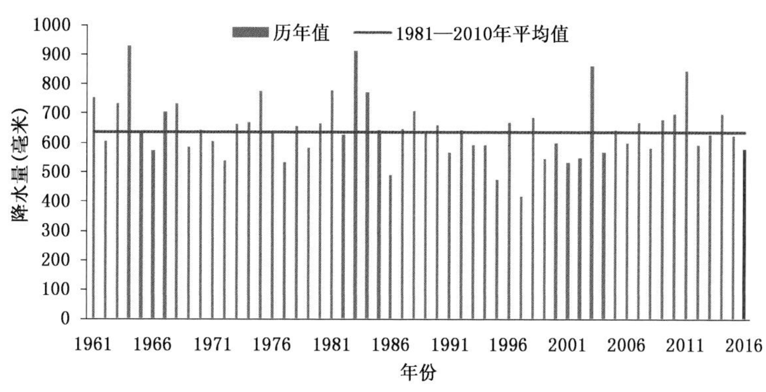

图 4.27.2 1961—2016 年陕西省年降水量历年变化
Fig. 4.27.2 Annual precipitation variation in Shaanxi Province during 1961—2016 (unit: mm)

4.27.2 主要气象灾害及影响

1. 干旱

2016 年,干旱灾害共造成 10 市 59 个县(市、区)524 个乡镇(街办)239.8 万人次受灾,20.9 万人次需生活救助,16 万人次饮水困难;农作物受灾面积 24 万公顷,绝收面积 2.3 万公顷;直接经济损失 10.4 亿元。

2. 暴雨洪涝

2016 年陕西因暴雨洪涝灾害共造成 10 市 81 个县(市、区)541 个乡镇(街办)99.2 万人次受灾,24 人死亡,4.8 万人次紧急转移安置和需生活救助;农作物受灾面积 9.8 万公顷,绝收面积 1.7 万公顷;倒塌房屋 2000 多间,损坏房屋 3.2 万间;直接经济损失 25.3 亿元。

7 月 18—19 日,陕西部分地区出现强降雨过程,陕西中部和南部部分地区最大降雨 99.2~118.9 毫米,强降雨致陕西多地发生洪涝灾害,对群众生命财产和生产生活影响严重。铜川、宝鸡、咸阳等 7 市 24 个县(区)12.8 万人受灾,2 人因房屋倒塌死亡;近 100 间房屋倒塌,3900 余间不同程度损坏;农作物受灾面积 9700 公顷;直接经济损失 3.2 亿元(图 4.27.3)。

图 4.27.3 2016 年 7 月 19 日铜川大暴雨和 10 月 28 日安康市岚皋县山体滑坡(陕西省气象局提供)
Fig. 4.27.3 Heavy rainstorm in Tongchuan City on July 19 and Landslides damage in Langao County, Ankang City on October 28, 2016 (By Shaanxi Meteorological Bureau)

3. 局地强对流

2016 年,风雹灾害共造成 10 市 70 个县(市、区)452 个乡镇(街办)200 万人次受灾,1.1 万人需紧急转移安置和生活救助;农作物受灾面积 28.7 万公顷,绝收面积 3 万公顷;1400 多头(只)大牲畜和羊只死亡；8000 多间房屋不同程度受损；直接经济损失 42.1 亿元。

6 月 11 日咸阳市旬邑县突降冰雹，并伴有短时暴雨，县城街道积水达到 1 米深。共 8 个镇(办)受灾，受灾人口达 7.7 万人，房屋倒塌 57 间，7800 多公顷农作物受灾，直接经济损失 2.5 亿元。

4. 低温冷冻害和雪灾

2016 年因低温冻害和雪灾共造成 6 市 18 个县(区)47 个镇(街办)4.9 万人受灾；农作物受灾面积 7700 公顷，绝收面积 1100 公顷；直接经济损失 6000 多万元。

4.28 甘肃省主要气象灾害概述

4.28.1 主要气候特点及重大气候事件

2016 年，甘肃省年平均气温 9.3℃，比常年偏高 1.2℃，为 1961 年以来最高值(图 4.28.1)。年平均降水量 380.7 毫米，比常年偏少 5%(图 4.28.2)。暴雨日数较常年偏多，共出现 4 次区域性暴雨，影响和损失较重；甘肃省东南部出现严重春旱、伏旱和秋旱，局地旱灾较重；冰雹较常年偏少，但局地受灾严重；连阴雨次数偏多，5 月中下旬出现了一次大范围连阴雨，利弊皆有；大风日数偏多，沙尘暴、扬沙和浮尘日数均偏少，利于生态环境改善和空气质量改善；高温日数和干热风次数偏多；霜冻次数偏少，晚霜冻影响较大，局地受灾较重；寒潮和强降温次数偏多。

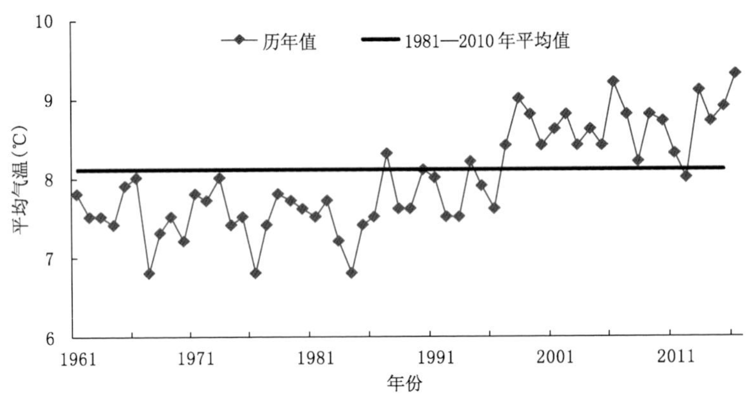

图 4.28.1 1961—2016 年甘肃省年平均气温历年变化

Fig. 4.28.1 Annual mean temperature variation in Gansu Province during 1961—2016 (unit: ℃)

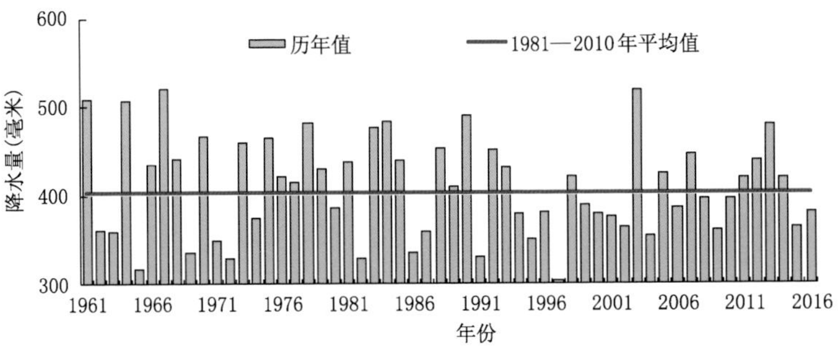

图 4.28.2 1961—2016 年甘肃省年降水量历年变化

Fig. 4.28.2 Annual precipitation variation in Gansu Province during 1961—2016 (unit: mm)

2016 年因气象灾害共造成 996.2 万人(次)受灾，死亡 7 人；农作物受灾面积 134.3 万公顷，绝收面积 13.2 万公顷；直接经济损失 89.5 亿元。总体评估，2016 年属于气候条件较好年景。

4.28.2 主要气象灾害及影响

1. 干旱

2016 年因干旱造成 638.2 万人受灾，39.6 万人出现饮水困难；农作物受灾面积 99.8 万公顷，绝收面积 10 万公顷；直接经济损失 41.2 亿元。

2. 暴雨洪涝

2016 年因暴雨洪涝灾害造成 86.9 万人受灾，死亡 7 人；农作物受灾面积 10.4 万公顷，绝收面积 1.9 万公顷；损坏房屋 2 万间，倒塌房屋 2000 多间；直接经济损失 21.1 亿元。

年内共出现 4 次区域性暴雨。8 月 23—25 日，天水、白银、定西、甘南、平凉、庆阳等市州的部分地方出现短时强对流天气，有 120 个乡镇累积降水量超过 50 毫米，16 个乡镇超过 100 毫米，最大小时雨强出现在武山温泉，达 79.1 毫米(24 日 22 时)。此次过程共造成 32.3 万人受灾，2 人死亡，1 人失踪；农作物受灾面积 3.7 万公顷；房屋损坏 5900 间，房屋倒塌 500 间；直接经济损失 5.8 亿元。

3. 局地强对流

2016 年因大风、冰雹、雷电等强对流天气共造成 147.6 万人受灾；农作物受灾面积 7.7 万公顷，绝收面积 6200 公顷；损坏房屋 7000 多间；直接经济损失 16.9 亿元。

6 月 9—13 日，天水、平凉、庆阳等 6 市(自治州)18 个县(区)出现雷阵雨、局地冰雹天气。13 日天水市秦安县 8 个乡镇先后出现雷阵雨夹冰雹，降雹时间长达 20 分钟左右，普遍冰雹直径 15 毫米，最大直径达 25 毫米，最大堆积厚度 50 毫米。清水县 4 个乡镇出现冰雹，持续时间 3～15 分钟，最大直径 40 毫米。9—13 日的强对流天气造成 19.1 万人受灾；农作物受灾面积 2.4 万公顷，绝收面积 2000 多公顷；直接经济损失 1.4 亿元(图 4.28.3)。

图 4.28.3　2016 年 6 月 13 日天水市清水县冰雹灾情(清水县气象局提供)

Fig. 4.28.3　Hail disaster in Qingshui County, Tianshui on June 13, 2016 (By Qingshui Meteorological Service)

4. 低温冷冻害和雪灾

2016 年因低温冷冻害和雪灾造成 123.5 万人受灾；农作物受灾面积 16.4 万公顷，绝收面积 6800 公顷；直接经济损失 10.3 亿元。

4 月 16 日，甘肃省自西向东气温明显下降，张掖市甘州、高台、山丹等区县境内出现雨夹雪，并伴有 5～6 级阵性大风，部分地方降冰雹(冰雹直径 3～5 毫米)，最低气温骤降到 −4℃ 以下。酒泉、张掖、临夏、平凉等市州的部分地方 17—18 日相继出现霜冻，致使上述地区 22.2 万人受灾，农作物受灾面积 1.6 万公顷，直接经济损失 1.7 亿元。

4.29 青海省主要气象灾害概述

4.29.1 主要气候特点及重大气候事件

2016 年青海省年平均气温 3.7℃，较常年偏高 1.4℃（图 4.29.1），创 1961 年以来历史新高，冬季、春季气温偏高，夏季、秋季气温特高，夏季列 1961 年以来历史极值，秋季列 1961 年以来历史次高。年平均降水量 414.6 毫米，较常年偏多 1 成（图 4.29.2），各季降水量除夏季接近常年外，其余季节偏多，春季偏多 4 成，列 1961 年以来历史第二位。

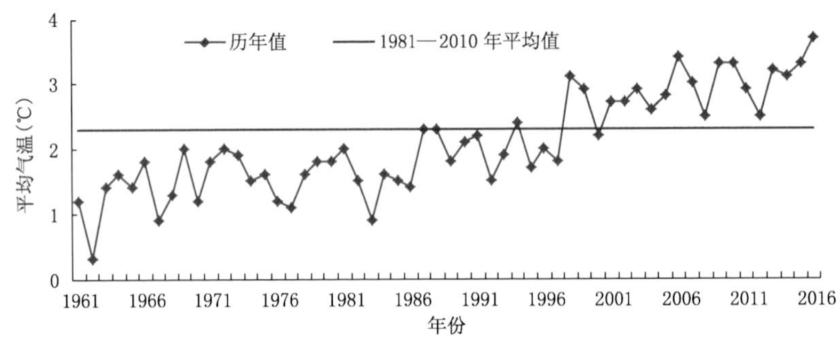

图 4.29.1 1961—2016 年青海省年平均气温历年变化

Fig. 4.29.1 Annual mean temperature variation in Qinghai Province during 1961—2016 (unit: ℃)

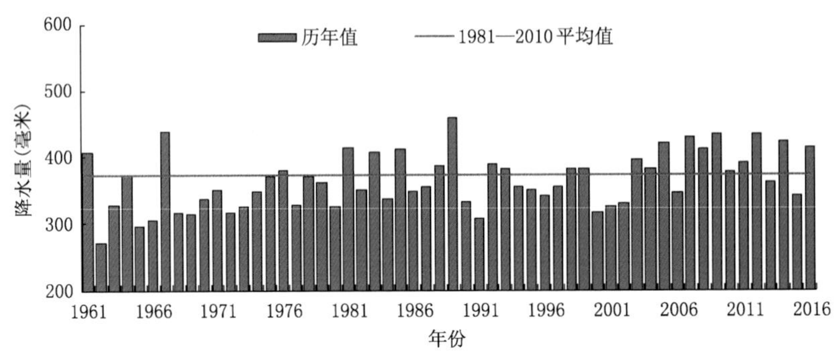

图 4.29.2 1961—2016 年青海省年降水量历年变化

Fig. 4.29.2 Annual precipitation variation in Qinghai Province during 1961—2016 (unit: mm)

2016 年发生的暴雨洪涝、冰雹、霜冻、低温冷害、干旱、大风、雪灾、气象地质灾害、雷电等灾害造成 111.4 万人受灾，死亡 15 人；死亡大牲畜约 1.8 万头（只）；农作物受灾面积约 13.5 万公顷，绝收面积 9800 公顷；直接经济损失约 17.1 亿元。年内农业区遭受了干旱、寒潮、低温冻害、霜冻、冰雹、暴雨洪涝等灾害，暴雨洪涝灾害为近 5 年同期最重，农业气候年景属于“平偏歉年”；牧草生长季气象条件总体上不利于牧草的生长发育，牧草长势年景综合评价为“平偏歉年”。年内黄河上游水资源属特枯年份，水资源总体上处于严重匮乏的态势，对农业、电力生产及下游地区供水不利。

4.29.2 主要气象灾害及影响

1. 干旱

青海省年平均气温创 56 年来最高，气温偏高时段主要集中在夏季，8 月气温为历史同期最高。受高温影响，各地出现不同程度土壤干旱，部分地区牧草提前枯黄甚至枯死。受气温偏高、夏季黄河上游主要产流区降水量偏少共同影响，黄河上游来水量为1956年以来历史同期第二少值，对沿河农业生产、居民生活用水及大型水电厂蓄水发电造成较大影响。全年因干旱受灾人口35.9万人，农作物受灾面积3.8万公顷，直接经济损失3.7亿元。

2. 暴雨洪涝(滑坡、泥石流)

2016年5—10月暴雨洪涝灾害共发生82起，引发的地质灾害6起。夏季连续性强降水天气多发，多地日最大降水量突破历史极值，洪涝灾害频发，为近5年同期最重。全年暴雨洪涝灾害造成10.9万人受灾，死亡11人；农作物受灾面积1.4万公顷，绝收面积1500公顷；直接经济损失6.2亿元(图4.29.3)。

图4.29.3　2016年7月10—12日贵德县暴雨冲毁河床(贵德县气象局提供)
Fig. 4.29.3　Riverbed was destroyed by rainstorm in Guide County during July 10 to 12, 2016
(By Guide Meteorological Service)

3. 局地强对流

2016年5—9月青海省冰雹共发生24起，雷电2起，大风4起。共造成48.5万人受灾，死亡4人；农作物受灾面积6.7万公顷，绝收面积8300公顷；直接经济损失6.5亿元(图4.29.4)。

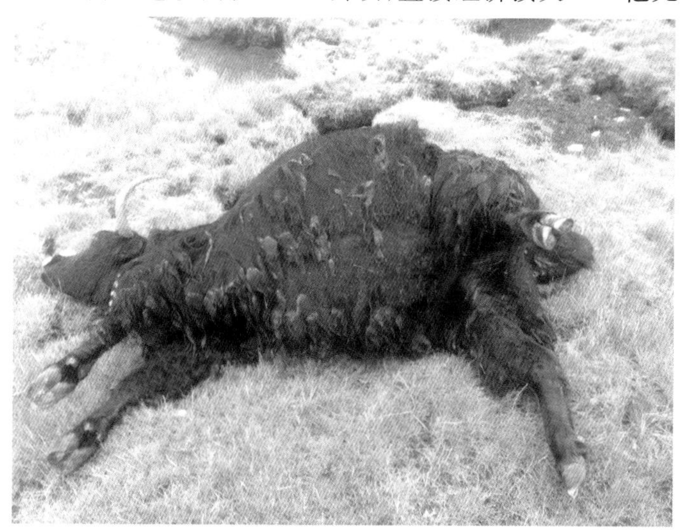

图4.29.4　2016年9月3日称多县中卡村雷击造成31头牦牛死亡(称多县气象局提供)
Fig. 4.29.4　31 yaks died from lightning strike at the Zhongka village in Chindu County on September 3, 2016
(By Chindu Meteorological Service)

4.30 宁夏回族自治区主要气象灾害概述

4.30.1 主要气候特点及重大气候事件

2016年宁夏年平均气温为9.5℃，较常年偏高1.1℃(图4.30.1)，为1961年以来第四高值。四季气温除冬季略偏低外，其他各季气温均偏高，夏季为1961年以来同期最高。年平均降水量为294.8毫米，比常年偏多10%(图4.30.2)。冬春季降水偏多，夏季北多南少，秋季接近常年。属气象条件正常年份。

年内气象灾害以干旱、暴雨洪涝、雷电、冰雹、大风、冰冻等为主。全年因气象灾害造成186.1万人受灾，3人死亡；农作物受灾面积39万公顷，绝收面积6.2万公顷；直接经济损失17.4亿元。

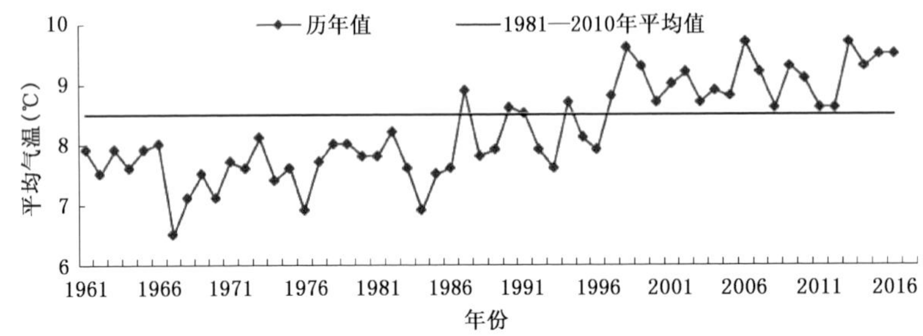

图4.30.1 1961—2016年宁夏年平均气温变化

Fig. 4.30.1 Annual mean temperature variation in Ningxia during 1961－2016 (unit: ℃)

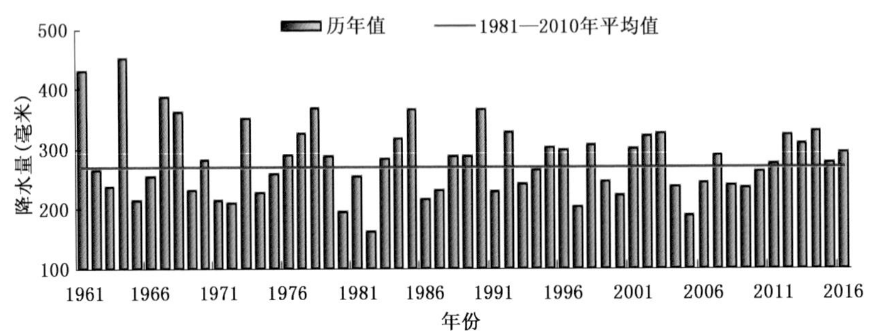

图4.30.2 1961—2016年宁夏平均年降水量变化

Fig. 4.30.2 Annual precipitation variation in Ningxia during 1961－2016 (unit: mm)

4.30.2 主要气象灾害及影响

1. 干旱

2016年宁夏中南部部分地区遭受夏季阶段性干旱，给当地农业生产和人民群众生活造成一定程度的损失。干旱造成吴忠市同心县、国家农业科技园区，中卫市海原县，固原市原州区、西吉县和隆德县等部分地区不同程度受灾，受灾人口116.4万人，农作物受灾面积27.9万公顷，直接经济损失6.5亿元。

2. 暴雨洪涝

2016年夏季，宁夏共出现7次暴雨洪涝灾害天气过程，分别出现在6月22日、7月3—4日、7月9—10日、7月24日、8月13—15日、8月16—17日、8月20—22日。暴雨造成银川市，石嘴山市大武口区、平罗县，吴忠市利通区、红寺堡区、青铜峡市、同心县、盐池县，中卫市沙坡头区及固原市原州区和泾源县等地不同程度受灾。年内，暴雨共造成3人死亡，7.2万人受灾；农作物受灾面积1.2万公顷；直接经济损失3.9亿元。

8月21日夜间，贺兰山沿山银川、石嘴山段出现50年一遇的特大暴雨。暴雨中心出现在苏峪口一带，累计降水量银川市西夏区贺兰山滑雪场239.5毫米，西夏区拜寺口沟219.1毫米；最大小时雨强贺兰山滑雪场(西夏区)82.5毫米/小时。银川市贺兰县、西夏区、永宁县发生洪灾，贺兰山沿山拜寺口至苏峪口一线出现山洪，为历史罕见。

3. 局地强对流

2016年夏季，宁夏共出现局地强对流天气8次，分别出现在5月4日、5月19日、6月9日、6月11日、6月12日、6月29日、6月30日、7月3日。年内，局地强对流共造成31.2万人受灾，农作物受灾面积3.3万公顷，直接经济损失6亿元。

6月9日、11日固原市彭阳县出现了2次强对流天气过程，4乡镇24个行政村遭遇强降水、冰雹等袭击，冰雹持续时间最长达30分钟，最大冰雹直径20毫米，积雹厚度3厘米，影响严重。

4. 低温冻害

5月，宁夏中卫市沙坡头区和固原市隆德县、西吉县遭受霜冻灾害。5月15日，中卫市环香山一带、固原市隆德县及西吉县的部分乡镇最低气温−3.8～−1.5℃，出现霜冻天气，霜冻造成上述地区农作物及经济林果受灾面积6.6万公顷，受灾人口31.3万人，直接经济损失1.0亿元。

4.31 新疆维吾尔自治区主要气象灾害概述

4.31.1 主要气候特点及重大气候事件

2016年新疆区域年平均气温为9.2℃，较常年偏高1.0℃(图4.31.1)；年降水量为249.3毫米，较常年偏多近5成(图4.31.2)，为1961年以来历史同期最多。开春期北疆及天山山区大部地区较常年偏早，南疆大部地区偏晚。全疆大部地区终霜期、入冬期偏早，初霜期偏晚，冬季最大积雪深度偏厚。

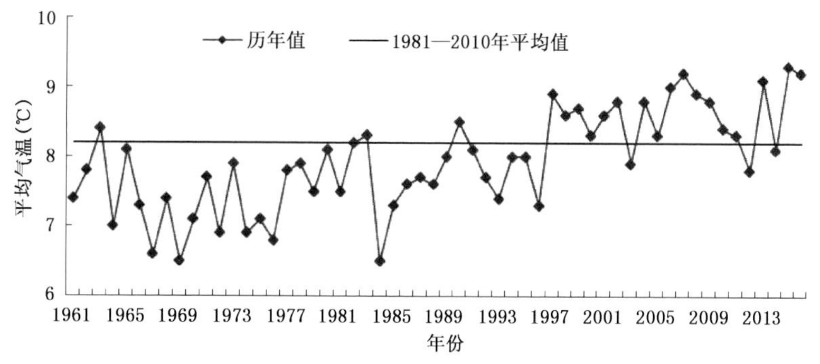

图4.31.1　1961—2016年新疆平均年平均气温历年变化

Fig. 4.31.1　Annual mean temperature variation in Xinjiang during 1961−2016 (unit: ℃)

年内出现的主要气象灾害有暴雨洪涝、大风沙尘、冰雹、雪灾、雷电、高温、大雾等，给农牧业及林果业生产、交通运输、人民生命及财产安全等造成危害。各类气象灾害造成的直接经济损失约106.9亿元，因灾死亡47人，农作物受灾面积80.8万公顷。属于气象灾害偏重年份，其中暴雨洪涝、冰雹和大风沙尘的灾害影响最重。

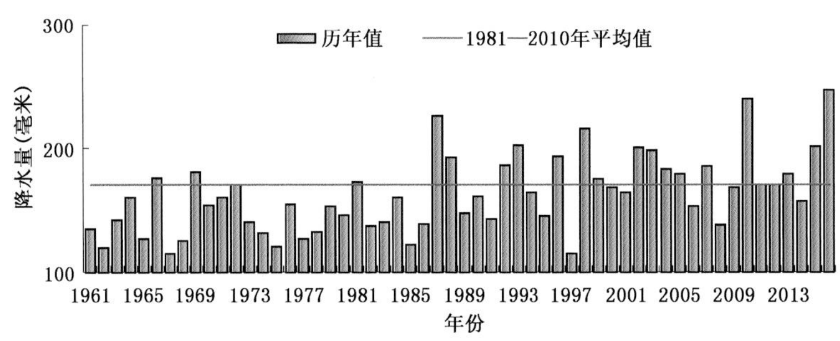

图 4.31.2　1961—2016 年新疆平均年降水量历年变化

Fig. 4.31.2　Annual precipitation variation in Xinjiang during 1961—2016 (unit: mm)

4.31.2　主要气象灾害及影响

1. 暴雨洪涝

2016 年，新疆局地暴雨洪涝及其衍生的地质灾害偏重，主要发生在 6—7 月。共造成 111.8 万人受灾，45 人死亡；农作物受灾面积 41.9 万公顷；直接经济损失 64 亿元。全疆 13 地(州、市)共计 128 县次出现暴雨洪涝灾害，喀什、克州、塔城等 6 地(州)7 县(市)共发生 9 次泥石流及山体滑坡。6 月 16—19 日伊犁州尼勒克县发生暴雨洪涝灾害，造成 2.1 万人受灾，农作物受灾面积 1.3 万公顷，水利设施、交通及通信设施损毁，直接经济损失约 1.5 亿元(图 4.31.3)。

图 4.31.3　2016 年 6 月 16—19 日暴雨侵袭伊犁州尼勒克县(尼勒克县气象局提供)

Fig. 4.31.3　Rainstorm invaded Nilka County of Ili during June 16 to 19, 2016 (By Nilka Meteorological Service)

2. 局地强对流

2016 年新疆 9 地(州、市)共 47 县次出现冰雹灾害，造成农作物受灾面积 28.7 万公顷。5 月 30 日阿克苏地区阿瓦提县出现冰雹天气、造成农作物受灾面积 4127 公顷，直接经济损失约 1.4 亿元(图 4.31.4)。

2016 年 4 月 29 日伊犁州霍城县发生雷电灾害 1 起，造成 1 人死亡。

3. 沙尘暴

2016 年新疆大风、沙尘暴灾害具有发生频次多、强度大的特点，主要集中在 4—5 月发生。全疆

图 4.31.4　2016 年 5 月 30 日阿克苏地区阿瓦提县因冰雹受灾的农作物(阿瓦提县气象局提供)
Fig. 4.31.4　Crops affected by hail in Awat County of Aksu on May 30, 2016 (By Awat Meteorological Service)

共遭受大风及沙尘暴灾害 43 县次,造成 10.6 万人受灾,农作物受灾面积约 7.3 万公顷。4 月 30 日乌鲁木齐市出现东南大风,造成在建工地塔吊(40 米)倒塌,洛宾路双向四车道堵死,压坏部分路政设施与植被(图 4.31.5)。11 月 17 日,和田地区出现 5～6 级大风,和田市、洛浦、策勒、墨玉极大风速为 12.8～14.4 米/秒,和田市伴有扬沙,洛浦、策勒出现沙尘暴,墨玉出现能见度不足 500 米的强沙尘暴,这是墨玉及洛浦近 30 年来出现的最晚沙尘暴。

图 4.31.5　2016 年 4 月 30 日乌鲁木齐市因大风倒塌的塔吊(乌鲁木齐市气象局提供)
Fig. 4.31.5　Collapsed tower crane in Urumqi City on April 30, 2016 (By Urumqi Meteorological Service)

4. 雪灾

2016 年,新疆雪灾共造成 7.2 万人受灾,1 人死亡,直接经济损失 1.4 亿元;致使交通受阻、人员被困、农业受灾。3 月 2—3 日,乌鲁木齐市发生雪灾,造成乌鲁木齐国际机场关闭,导致进出港航班延误,旅客滞留,公路实行双向交通管制,严重影响人们出行。

5. 高温热浪

2016 年 6 月 1—15 日，全疆共 71 县市出现 35℃以上的高温天气，吐鄯托盆地超过 40℃。9 县市日最高气温居历史同期第一位，9 县市居第二位，10 县市居第三位；9—15 日，每日均有 40 个以上的县市出现高温天气。此次高温过程出现时间早、强度强、范围广，历史同期罕见，给人们生活、农作物及林果生长造成不利影响。

第5章　全球重大气象灾害概述

5.1　基本概况

2016年全球温度持续上升，相比常年(1961—1990年)偏高0.83℃，超过工业化时代之前的温度1.1℃，超过2015年成为有气象记录以来最热的一年。年内，1—4月厄尔尼诺事件期间温度偏高最为明显，2月和3月的全球温度距平分别达到1.12℃和1.09℃，居历史同期第一位；5月起厄尔尼诺现象逐渐衰退，全球温度距平值也有所下降，但所有月份均大于常年平均值0.7℃以上。从整体上看，除7月份以外，1—8月全球逐月温度均创下历史同期最高纪录，9—12月逐月温度仅低于2015年同期纪录。

2016年北极海冰处于较低水平，3月和10月海冰范围创历史同期新低；南极海冰也结束了持续多年的高位，回归到常年平均水平，11月海冰范围1454万平方千米，为历史同期最低值；在南北极海冰范围共同缩减的状况下，11月全球海冰范围相比1979—2015年平均值减少了400万平方千米，同创历史同期最低纪录。此外，格陵兰冰盖在夏季的消融程度明显高于常年，北半球积雪也在年初较早开始消融，并在上半年中持续保持较低水平。

在海洋热膨胀和海冰融化的共同作用下，20世纪以来全球海平面已经上升了200毫米。受2015—2016年超强厄尔尼诺影响，全球海平面在2014年11月至2016年2月期间上升了15毫米，上升速率远超历史均值，并于2016年初创造了海平面上升最快纪录；2016年2—8月，在厄尔尼诺事件逐渐衰退的影响下，全球海平面高度保持基本稳定。

在大气环流异常和超强厄尔尼诺事件背景下，全球范围内极端天气气候事件频发，给社会经济和人民生活带来严重影响和损失。非洲、中东、北美、南亚、东南亚等地经历极端高温热浪天气；中国大部和美国东部地区年初遭遇寒潮侵袭，多地出现突破历史极值的低温和降雪；全球降水量分布不均，非洲南部、印度、南美洲北部等地持续性干旱少雨导致粮食产量减少以及水资源短缺，雨季期间欧洲西部、南亚、中国等地降水量远超常年引发严重洪涝灾害。此外，世界多地遭遇由热带气旋引发的自然灾害，造成大量人口伤亡和社会经济损失。

5.2　全球重大气象灾害分述

5.2.1　寒潮和暴雪

1月3—4日，波兰首都华沙气温骤降至－18℃，低温造成21人死亡。

1月4日，土耳其克尔谢希尔发生因暴雪导致的交通事故，造成7人死亡。

1月16日开始，受寒流影响，欧洲多国遭暴雪袭击。暴雪造成波黑境内部分村庄停电，罗马尼亚、保加利亚、乌克兰等国部分交通中断，2名乌克兰居民冻死街头，俄罗斯部分学校停课。

1月19—24日，韩国出现严寒天气，韩国南部地区出现强降雪天气，韩国济州最大积雪深度达12厘米，为近32年来最大值；最低气温－5.8℃，为当地近40年来的最低纪录。低温降雪导致济州机场暂停全部航班起降，蔚陵岛客轮停航一周。

1月22—24日，美国东部地区遭遇寒流和暴风雪侵袭，过程影响范围波及美国20个州，11个州宣布进入紧急状态，华盛顿、纽约、费城等地积雪深度达60～70厘米。共8500万人受到影响，42人因灾死亡，13200余个航班被取消。

1月24—26日，日本西部和中部地区持续发生暴雪，造成8人丧生，610多人受伤。

1月24—27日，一股罕见的寒潮席卷泰国，造成14人死亡。

11月9日，瑞典首都斯德哥尔摩迎来百年一遇大雪，导致交通瘫痪。

11月9—10日，莫斯科出现大范围降雪，人们出行及交通正常运行受到不利影响，多处发生交通事故，交通拥堵严重，近100架次航班被迫取消。

11月14日，乌克兰多个地区遭遇暴风雪，西部积雪深度达50厘米。暴风雪导致交通受阻，仅罗夫诺州就有200多辆汽车被困雪中；输电设施毁坏，近千个居民点断电。

12月17日，美国中部和东海岸大部分地区遭遇暴风雪袭击，引发数百起交通事故，导致9人死亡，157万人生活受影响。

12月22—24日，日本北海道遭遇特大暴雪，最大积雪深度达130多厘米，导致陆路、空路交通全面瘫痪，数千人滞留机场。

5.2.2 高温干旱

1月上旬，非洲南部多个地区出现突破历史纪录的高温热浪天气，南非最高气温连续数天保持在40℃以上，德班市最高气温达45℃，打破当地历史纪录。高温热浪造成11人死亡，加剧了南非已经出现的百年不遇干旱发展，1400万人面临粮食短缺。

3—4月，越南南部湄公河三角洲水位降至1926年以来最低，遭遇近一个世纪以来的最严重干旱。

3—4月，马来西亚出现持续高温天气，遭受严重干旱，20座水坝有4座水位告急。

3—4月，泰国遭遇有气象记录以来持续时间最长的高温热浪天气，多地最高气温突破历史极值，湄宏顺地区最高气温达44.6℃，全国用电量创历史新高，全国59%的地区出现干旱。

4—5月，印度遭遇持续性高温热浪天气，多地气温突破40℃，北部城市珀洛迪5月19日最高气温达51.0℃，刷新了印度60年来最高气温纪录，致160余人死亡，3.3亿人面临水资源危机。

5月上旬，加拿大阿尔伯塔省在经历了历史上最干燥的冬季和春季后，在高温和强风的作用下，发生了历史上最严重的森林大火。大火持续燃烧了近2个月，过火面积59万公顷，造成2400栋建筑被烧毁，10万居民被疏散，经济损失30亿美元。

5月，非洲南部旱情加剧，粮食严重短缺，约3200万人面临饥荒，津巴布韦、马拉维和莫桑比克是受灾最为严重的国家。

7月，高温热浪席卷中东及北非地区，科威特、伊拉克、伊朗等多国最高气温突破历史极值。7月21日，科威特西北部米特巴哈小镇(Mitribah)的气温达到54℃，为2016年全球最高气温。

7月3—10日，日本各地持续高温炎热天气，导致8人死亡。

7月下旬，美国中部和东部地区遭遇高温热浪袭击，纽约、费城和华盛顿的气温持续维持在35～38℃，25日下午气温达到百年来最高纪录，导致6人死亡。

7月下旬，美国南加州由于炎热干燥天气引发山火，过火面积达1.2万公顷。

8月，因为持续高温，日本中暑送医人数接近2万人，多人死亡。

8月中旬，高温干旱引发美国加利福尼亚州多地野火，千余名居民撤离家园。

8月中旬，由于高温天气持续，造成韩国多人死亡。

9月初，法国南部遭遇10年一遇干旱，河床干裂严重。

10月，津巴布韦遭遇自1992年以来最严重的干旱，农作物生产、畜牧业和居民用水受到严重影响，国内各水库水位已接近或处于历史最低点。

11月，受持续干旱影响，非洲肯尼亚、乌干达、布隆迪和南苏丹等地粮食减产，约有800万人口面临粮食危机，肯尼亚部分地区出现饮水困难。

11月，玻利维亚遭遇近25年来最严重的水危机，威胁到12.5万户家庭的生活以及2900平方千米农业用地的生产，该国于11月21日宣布处于紧急状态。

2016年，巴西亚马孙流域遭遇历史上最干燥的一年，流域内谷类作物产量相比近5年平均值下降了22%，数条河流的水位异常降低。

5.2.3 暴雨洪涝

1. 亚洲

3月中旬及4月上旬，巴基斯坦多地分别遭遇持续性暴雨天气，引发洪水和泥石流等严重灾害，共造成171人死亡。

4月13—15日，中东地区沙特阿拉伯和也门遭遇暴雨袭击引发洪水，造成42人死亡。

4月26日，缅甸遭暴风雨袭击，造成8人死亡。

5月中旬，斯里兰卡遭遇暴雨引发洪灾和山体滑坡，造成62万人受灾，超过200人死亡。

5月15日，印度尼西亚苏门答腊山洪暴发，导致17人死亡，多人失踪。

5月18日，阿富汗北部萨里普尔大雨引发洪灾，致24人死亡、40人失踪，200余间房屋被冲毁。

5月21日，孟加拉南部沿岸地区遭热带风暴袭击，引发水灾及土崩，造成23人死亡，50多万人紧急疏散。

5月22日，印度北阿坎德邦暴雨引发泥石流，造成10人死亡，多人受伤。

5月23日，缅甸克钦邦发生泥石流，造成12人死亡。

6月1日，巴基斯坦北部遭强暴风雨袭击，导致9人死亡，约100人受伤。

6月13日，缅甸西部因连降暴雨引发洪灾，造成12人丧生。

6月18—20日，印度尼西亚岛屿爪哇中部暴雨引发洪灾与山体滑坡灾害，导致47人死亡，15人失踪。

6月19—23日，日本九州地区的熊本、宫崎等县连降暴雨，造成6人死亡。

6月20—21日，蒙古国多地出现强降雨与洪灾，造成13人死亡。

6月30日至7月6日，中国西南至长江中下游地区遭遇多次暴雨过程，导致了1998年以来中国最严重的洪涝灾害，共造成3391万人受灾，190人死亡失踪，农作物受灾面积308万公顷，直接经济损失1061亿元。

7月1日，印度北部北安恰尔邦比托拉格尔地区暴雨引发泥石流，造成30人死亡。

7月4—8日，韩国大部分地区连降暴雨，致4人失踪。

7月中旬至8月初，印度多地受强降水影响引发严重洪涝灾害，造成100余人死亡，数百万人流离失所。

7月18—20日，中国华北地区出现强降水过程引发洪涝灾害，造成1605万人受灾，325人死亡失踪，农作物受灾面积132万公顷，直接经济损失725亿元。

7月下旬，尼泊尔多地遭遇洪水和泥石流灾害，造成58人死亡，数十人失踪。

7 月 30 日，巴基斯坦西北部因突发洪水，造成 21 人死亡。

8 月 6 日，巴基斯坦卡拉奇遭遇暴雨袭击引发洪涝，市内多条主要交通道路积水严重。洪涝导致 10 人死亡。

8 月下旬初，印度东部和中部受强降水影响，发生洪涝，造成 300 人死亡，600 多万人受灾。

9 月上旬，朝鲜北部地区普降暴雨，引发近 70 年来最大洪水，造成 528 人死亡失踪。

9 月 21 日，印度尼西亚西爪哇省遭受暴雨，暴雨引发的山洪在加鲁特县境内造成 30 人死亡、22 人失踪。

12 月 1—8 日，越南中部出现持续性强降水天气并引发洪水，导致 17 人死亡，当地基础设施、农作物和渔场遭到破坏。

12 月 6—8 日，泰国南部遭遇持续性暴雨水灾，部分地区引发泥石流，造成 14 人死亡，58 万人受灾。

2. 欧洲

2 月中旬，英国遭遇持续性降水，导致泰晤士河决堤，引发伦敦城市内涝。

2 月 14 日，葡萄牙北部和中部多地遭受洪水，1 人失踪，经济损失超过 200 万欧元。

4 月 20 日，俄罗斯多地春汛引发洪水，受灾居民超过 1.2 万人。

5 月下旬至 6 月上旬，法国北部地区降水量超过历史同期 2 倍以上，塞纳河水位暴涨至 30 年来最高水平，5 月 28—31 日巴黎地区降水量达 80～120 毫米，于 6 月初引发洪涝灾害，造成数十人死伤，数万人被紧急疏散，经济损失超过 10 亿欧元。

6 月 19 日，俄罗斯北部的卡雷利阿地区 3 艘观光船遇暴风雨翻覆，造成 14 人死亡。

6 月 30 日夜至 7 月 1 日凌晨，强风暴雨在俄罗斯顿河畔罗斯托夫引发洪灾，造成 1 人死亡。

8 月 6 日，马其顿首都斯科普里遭受暴雨，造成 20 人丧生，约 100 人受伤。

3. 美洲

1 月 16 日，美国佛罗里达州西部地区遭受暴风雨袭击，并引发洪灾，造成当地部分建筑物严重受损，2 人死亡，4 人受伤，17000 多户居民停电。

3 月初，秘鲁东南部遭遇暴雨侵袭，并引发洪水及泥石流灾害，造成数百间房屋被淹，秘鲁北部的皮乌拉河与通贝斯河水位上涨到 18 年来的最高值。

3 月 10—11 日，巴西圣保罗州遭遇暴雨天气，局地出现滑坡，造成 15 人死亡，8 人失踪。

4 月 18 日，美国德克萨斯州东南部遭遇雷暴引发洪灾，致 7 人死亡，9 个县进入紧急状态。

4 月 21 日，南美洲阿根廷、智利和乌拉圭遭遇风暴和洪水，导致 12 人遇难，上万人撤离。

4 月 30 日，美国德克萨斯州暴风雨引发洪灾，造成 6 人死亡。

5 月下旬，美国南部德克萨斯和堪萨斯州连日遭暴雨侵袭，造成 4 人死亡，4 人失踪。

6 月初，美国得克萨斯州暴雨引发洪水，造成 16 人死亡。

6 月 23—25 日，美国西弗吉尼亚州遭百年不遇洪灾，造成 24 人死亡。

8 月 9—15 日美国路易斯安那州累计降雨 500～800 毫米，12 日利文斯顿市在 15 小时内降水 432 毫米，突破当地历史极值。连日暴雨引发洪水灾害，导致 13 人死亡，超过 7 万间房屋不同程度损毁，经济损失超过 100 亿美元。

4. 大洋洲

1 月 14 日，澳大利亚悉尼遭暴风雨袭击，造成致 1 人死亡，1 人重伤。

3 月 24 日，新西兰南岛遭遇强降雨引发洪水，导致河流决堤，北岛奥克兰城大风导致约 1.8 万户居民的供电中断。

6 月 5 日，澳大利亚北部昆士兰州暴雨洪水导致 2 人死亡。

9月25日，澳大利亚新南威尔士州福布斯镇遭受近30年来最严重洪水。

5. 非洲

4月29日至5月7日，肯尼亚首都内罗毕持续暴雨导致房屋倒塌等事故，造成49人死亡，50多人失踪。

5月7日，卢旺达北部和南部地区暴雨引发泥石流，造成49人丧生、26人受伤，500多间房屋被摧毁。

5月9日，乌干达西部暴雨引发泥石流，造成12人死亡。

5月9日，受连续强降雨影响，埃塞俄比亚南部地区发生泥石流，造成41人死亡。

9月，尼日尔受强降雨天气影响引发洪涝灾害，导致38人死亡、27人受伤，近10万人流离失所。

10月27—29日，埃及持续强降雨天气引发的洪水袭击了南西奈省、红海省和索哈杰省等地，截至10月29日造成26人死亡，72人受伤。

11月9日，南非约翰内斯堡遭遇暴雨，导致4人死亡，多人失踪。

5.2.4 热带气旋和风暴

2月下旬，飓风"温斯顿"(Winston)袭击斐济，登陆时中心附近最大风力17级，为有史以来袭击南半球的最强飓风，随风伴有12米高巨浪。共造成44人死亡，5万多人流离失所，经济损失14亿美元。

7月上旬，台风"尼伯特"(Nepartak)先后在中国台湾台东和福建泉州石狮沿海登陆，登陆强度分别为16级(55 m/s)和10级(25 m/s)，为1949年以来登陆中国的最强初台。共造成105人死亡失踪，87.4万人受灾，直接经济损失124.6亿元。

8月7日，热带风暴"伯爵"在墨西哥引发暴雨和山体滑坡，造成40人死亡。

8月29日至9月2日，台风"狮子山"(Lionrock)导致朝鲜全域普降暴雨，4日内降水量超过320毫米，朝鲜图们江流域出现有记录以来规模最大的洪水。造成14万人受灾，528人死亡失踪，1.2万间房屋损毁。

9月3日，飓风"赫米纳"袭击美国佛罗里达州，狂风暴雨引发洪水，造成2人死亡。

9月中旬，台风"莫兰蒂"(Meranti)以强台风级别在中国福建省厦门沿海登陆，登陆时中心附近最大风力15级(48 m/s)。造成375.5万人受灾，44人死亡失踪，直接经济损失316.5亿元。

9月20日，台风"马勒卡"在日本九州岛鹿儿岛县大隅半岛登陆，导致2人失踪。

10月8日，台风"暹芭"袭击韩国济州岛、蔚山和釜山等南部地区，带来严重的破坏，导致7人死亡，3人失踪。

10月上旬，近十年来最强飓风"马修"(Matthew)登陆海地，重创加勒比海地区，造成海地上千人死亡，140万人急需救助；飓风同时造成美国27人死亡，近200万家庭和企业失去电力，经济损失高达150亿美元。

10月16日，台风"莎莉嘉"在菲律宾吕宋岛东南沿海登陆，造成菲律宾2人身亡，3人失踪。

10月20日，台风"莎莉嘉"引发的暴雨灾害造成越南约30人死亡，另有30人受伤。

11月24日，飓风"奥托"在尼加拉瓜东南沿海登陆，侵袭尼加拉瓜和哥斯达黎加，造成哥斯达黎加10人死亡，上万人受灾。

12月25日，超强级台风"洛坦"在菲律宾吕宋岛东南部沿海登陆，菲律宾政府紧急疏散10万多名群众。

5.2.5 强对流天气

1月17日，美国佛罗里达州西南部遭遇龙卷袭击，导致2人死亡。

1月29日，澳大利亚东海岸遭遇风暴袭击，雷电致悉尼2万户断电。

2月13日，南非夸祖鲁—纳塔尔省发生一起雷击事件，造成3人死亡，38人受伤。

2月23—24日，强风暴袭击美国南部和东部，给多地带来暴风雨、龙卷、冰雹等恶劣天气，造成至少8人死亡，30余人受伤。

3月8—14日，风暴袭击美国南方地区，部分地区出现暴风雨、雷暴、冰雹及龙卷天气，造成至少5000栋房屋受损，2500万居民遭受洪水威胁，5人丧生。

3月23—24日，强大风暴侵袭从中部平原延伸到中西部的美国广大地区，超过5700万人生活受到威胁，南部多地遭遇龙卷、冰雹，多处房屋停电受损，科罗拉多州丹佛机场因暴风雪关闭，1300多次航班取消。

3月30日，美国俄克拉荷马州遭遇龙卷袭击，造成塔尔萨市7人受伤。

4月3日，美国东北部和中西部地区遭遇强风天气，导致2人死亡，9人受伤。

5月9日，美国俄克拉荷马州等地再次遭龙卷袭击，导致2人死亡。

5月中旬，孟加拉国多地发生雷电，造成59人死亡。

5月15日，马里首都巴马科遭遇强龙卷袭击，导致2人死亡，4人受伤。

6月3日，德国西部发生雷击，导致80人受伤。

6月21—22日，印度93人遭雷击丧生，另有24人受伤。

7月13日，莫斯科夜间遭受雷电天气，导致7人受伤。

11月13日，30年不遇的风暴横扫澳大利亚昆士兰东南部，导致近3万家房屋断电，飞机受损，多处设施损坏，机场瘫痪。

11月29日至12月1日，美国南部的阿拉巴马州、田纳西州、路易斯安那州和德克萨斯州遭遇多个龙卷袭击。造成5人死亡，多人受伤。

12月4日，超强雷暴侵袭澳大利亚昆士兰州东南部，导致3.5万户家庭断电。

5.2.6 霾污染天气

11月上旬，印度首都新德里及周边地区遭遇近17年以来最严重的霾天气，5日新德里南部地区空气中细颗粒物（$PM_{2.5}$）浓度甚至超过每立方米900微克，致使1800所小学被迫停课5天。

11月中旬，伊朗首都德黑兰及周边地区遭遇严重霾天气，德黑兰幼儿园及小学宣布停课，当地心脑血管和呼吸系统疾病发病率增加，政府采取交通限号管制。

12月上旬，法国首都巴黎遭遇近十年以来历时最久、最为严重的空气污染，巴黎及其周边地区采取车辆单双号限行等紧急应对措施。

12月中旬，蒙古国首都乌兰巴托遭遇严重空气污染，12月16日巴扬霍舒区$PM_{2.5}$浓度一度飙升至每立方米1985微克，超过世界卫生组织（WHO）给出的推荐安全值标准近80倍。

12月16—21日，中国华北、黄淮等地经历持续性霾天气，重度霾覆盖面积超过70万平方千米，北京、天津、石家庄等27个城市中小学和幼儿园停课放假，多个机场出现航班大量延误和取消，多条高速公路关闭，呼吸道疾病患者增多。

2016年全球重大灾害性天气气候事件示意图

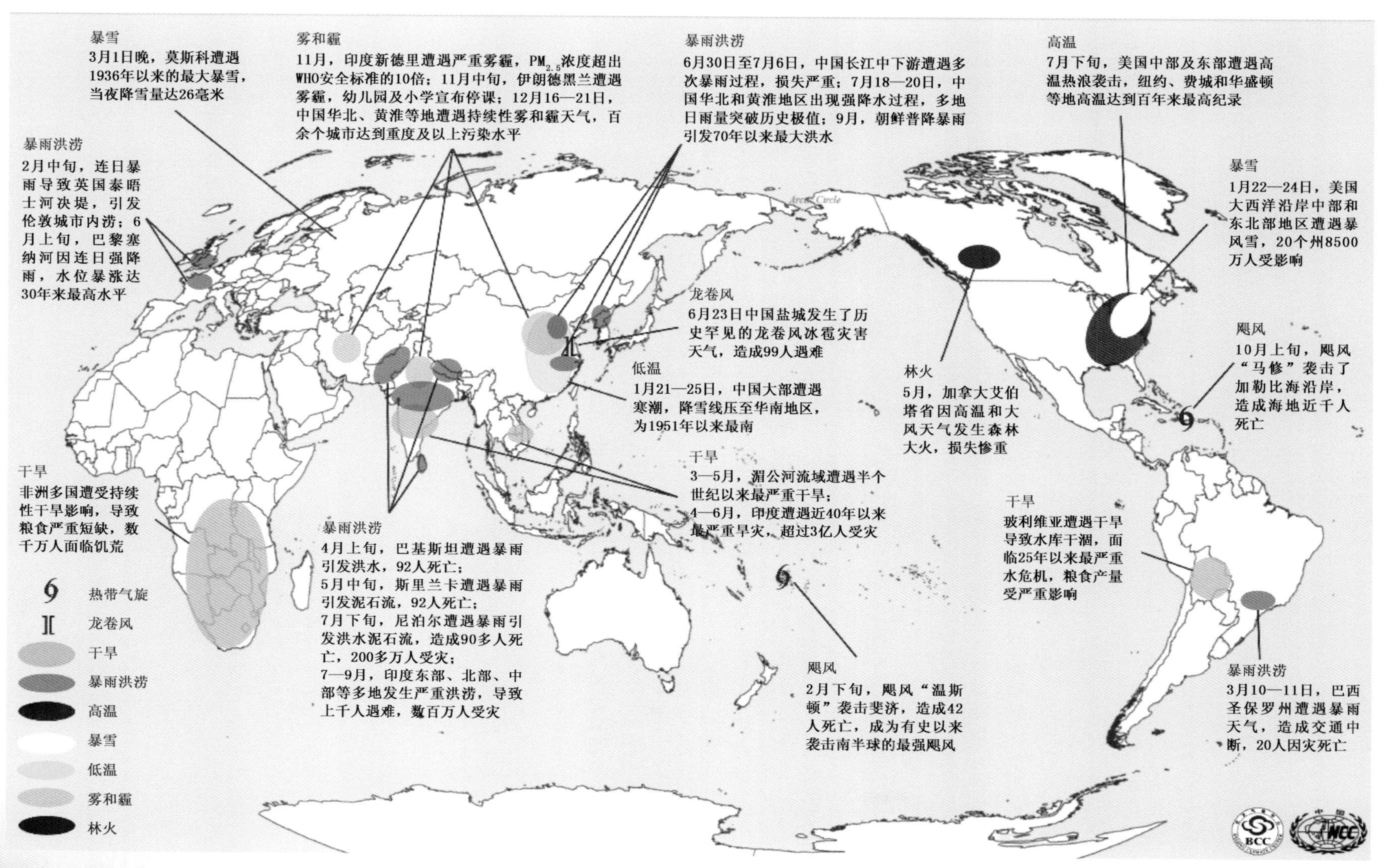

第6章　2016年重大气象服务案例

2016年，全国平均降水量较常年明显偏多，为1951年以来最多，尤其是长江中下游沿江、华南中东部及新疆等地；气温较常年偏高，极端高温事件和极端低温事件均偏多；台风登陆个数多、强度强，对福建、浙江影响重；强对流天气频繁发生。灾害主要由风雹、洪涝、台风等造成，干旱、低温、暴雪等灾害相对较轻。总体来说，2016年气象灾害较2015年偏重，气象防灾减灾工作异常繁重。在党中央、国务院的正确领导下，气象部门坚持面向民生、面向生产、面向决策，不断提升气象服务能力和水平，在重大灾害性天气过程、重大活动中，为各级党委政府和相关部门提供了重要的支撑和服务，为防灾减灾做出贡献，也得到了各方的充分肯定。

6.1　强寒潮过程气象服务

2016年1月21—25日，我国大部地区遭受强寒潮天气，气温下降剧烈，多地最低气温跌破历史极值，南方出现雨雪冰冻天气。强降温和低温雨雪冰冻给我国南方地区的交通、电力、农业和人体健康等造成较大影响。针对这次强寒潮天气可能造成的不利影响，气象部门密切监视，加强天气会商和研判、提前预报预警，各项气象服务保障工作有条不紊地开展。

6.1.1　及时启动应急响应，做好应急保障工作

针对此次强寒潮天气过程，中国气象局于1月20日启动重大气象灾害（暴雪、冰冻、寒潮）Ⅲ级应急响应，期间，中央气象台相继发布寒潮橙色、暴雪黄色和海上大风黄色预警。中央气象台和国家级气象业务单位面向国务院、各部委和中央媒体，积极做好预报预警服务工作，同时为各地气象部门提供技术支持和产品指导。各地气象部门根据灾害性天气发生发展情况随时更新预报预警，并及时通报社会公众、相关部门和单位，同时根据当地政府和部门防灾减灾的需求，提供专门气象应急保障服务。

6.1.2　加强部门间应急联动合作工作机制

根据中国气象局对此次强寒潮的预报预警，国务院应急管理办公室印发通知，要求有关地区和部门做好大范围低温雨雪冰冻天气应对工作；各级政府、相关部门、社会公众等根据气象部门发布的预报预警信息，及时采取应急联动措施，减轻了灾害性天气造成的影响。如农业部门紧急部署防范冬小麦、油菜、露地蔬菜及经济林果冻害和寒害；交通部门启动公路交通突发事件Ⅰ级预警；南方电网积极开展融冰、除冰等行动，力保春运供电安全；卫生和计划生育委员会也积极组织开展卫生应急工作。

6.1.3　提升技术支撑，为决策部门提供气象保障

面对此次强寒潮天气过程，中国气象局决策服务中心提前准备，除监测实时降水量、积雪深度、冰冻及大风、低温等常规气象信息外，还统计了最低气温以及极端低温天气情况，制作了多类图形产品。上述产品在决策服务材料、寒潮预警、天气公报以及全国天气会商中被大量使用；中央电视

台及多家新闻媒体也争相转载，体现出很好的服务效果。

6.1.4 公众服务加强科普宣传，避免不必要的恐慌

早在1月16日，“中国气象爱好者”公众微信号就发布了一条《Boss级寒潮越来越近……》的文章，引起公众和各家媒体广泛关注，对即将到来的冷空气到底有多强疑问重重。中央气象台、中国天气网、中国气象局网站充分发挥数据和资源优势，通过制作寒潮专题、发表科普文章及发布最新预报和实况监测信息等手段对公众进行天气舆论正确引导，并在微博、微信等平台与公众进行科普和互动，为公众答疑释惑，公众气象服务起到了良好的服务效果。

6.2 南方强降雨气象服务

2016年，受超强厄尔尼诺影响，我国南方地区汛期(5—9月)共出现21次暴雨过程，较2015年同期偏多3次。前期雨带南北摆动特征明显，6月中旬至7月中旬长江中下游地区进入降水集中期，湖北、湖南、江西、江苏、安徽等省多地出现严重内涝，长江中下游干支流出现超警水位，太湖地区持续多天超保证水位。针对南方多次强降雨过程及可能引发的洪水、城乡积涝及地质灾害等，气象部门密切监视，加强天气会商和研判、提前预报预警。

6.2.1 加强预报预警，做好应急保障服务

5—9月，中国气象局共启动重大气象灾害(暴雨)应急响应8次，中央气象台发布暴雨、山洪、地质灾害、渍涝等各类预警500余期，并通过国家突发预警信息发布系统发布预警25万余条，通过12379短信平台向应急决策人员发布预警短信约7382万人次，做到预警信息进农村、进学校、进社区、进企事业单位、进工地。全国气象信息员超过76.7万名，村屯覆盖率达99.7%，与涉灾部门共建共用乡镇气象信息服务站7.8万余个，提高了预警信息的覆盖面。

6.2.2 注重影响和需求，提高决策服务产品科技含量

针对每次降雨过程，中国气象局决策服务中心紧抓每次重大天气过程特点、注重影响分析，加强服务的连续性、不同时效预报的衔接以及不同类型决策材料的有机组合，为决策者防汛减灾部署提供科学依据；同时不断推进MESIS系统改进、监测分析平台建设以及影响预评估技术研发，提高决策气象服务科技含量。据统计，5—9月，共制作决策服务材料527期，其中《重大气象信息专报》41期、《气象灾害预警服务快报》85期，数十份决策服务材料获得中央领导同志批示，服务效益显著。

6.2.3 强化公众服务和科普宣传工作

中国气象局在全国组织推广精细化公众预报服务，建立面向公众的3小时分辨率气象服务和分区预警。推进中国天气网、气象频道等公众气象服务品牌化建设，向公众推出各种气象科普服务产品。围绕汛期气象服务召开新闻发布会、媒体通气会、集中采访、专家访谈158次，推出权威报道1766篇。以多种渠道不断提升群众防御气象灾害的意识和能力。

6.3 台风“莫兰蒂”气象服务

受厄尔尼诺衰减和印度洋偏暖的共同影响，2016年上半年西北太平洋和南海没有台风生成，为1949年以来首台生成第二晚的年份(最晚首台出现在1998年)。2016年下半年共有26个台风生成，有8个登陆我国。2016年第14号台风“莫兰蒂”为2016年全球最强台风，也是2016年影响我国

最严重的台风，华东地区6省(市)受到影响，福建、浙江出现严重灾害损失和人员伤亡。但由于预报准确，防御得力，“莫兰蒂”造成人员伤亡远逊于历史同等级强度的台风。

6.3.1 及时落实中央领导要求，精心部署防台服务

“莫兰蒂”于9月15日凌晨以强台风级在福建厦门沿海登陆。9月13日早晨，中国气象局即迅速传达李克强总理、汪洋副总理等中央领导同志重要指示精神，要求密切关注第14号台风“莫兰蒂”的发展趋势及风雨影响，准确预报、及时预警，毫不松懈做好各项气象服务保障工作。13日8时30分中国气象局启动了重大气象灾害(台风)Ⅲ级应急响应，当日18时又将应急响应提升为Ⅱ级，福建省气象局14日8时将应急响应提升为Ⅰ级。

6.3.2 精准预报预警，为防台减灾提供依据

台风“莫兰蒂”预报准确率再创新高。中央气象台对“莫兰蒂”24小时路径预报误差为53千米，较2015年平均预报误差减少了13千米；强降雨落区预报与实况基本吻合，暴雨评分准确率达73.6%，高于全年评分(59.7%)。9月12日中国气象局在上报的《重大气象信息专报》中明确提出，台风“莫兰蒂”将于15日登陆闽粤沿海，需防范风雨潮叠加带来的严重影响；13日又连续报送《重大气象信息专报》指出，“中秋假日闽粤浙赣等地需严防‘莫兰蒂’风雨影响”。

6.3.3 加强联动联防，发挥气象预警消息树作用

台风来袭时恰逢中秋节“小长假”，出行、旅游人员较多，气象部门加强与民政、国土资源、水利、农业、交通、林业等部门信息沟通、业务会商与联合预警，第一时间通过《气象灾害预警服务快报》、“中国气象”手机APP、气象灾害防御部际联络员平台向国家防总、减灾委各防灾减灾成员单位通报监测预报信息，提醒提示防范台风可能引发的严重灾害。联合国土、水利等部门发布地质灾害气象风险预警和山洪、渍涝预警及中小河流洪水预警。福建厦门、漳州等地根据台风预警，在全市范围施行停工、停产、停课、休市“三停一休”。此外，气象部门还加强了对气象协理员、信息员的气象信息服务，提醒做好基层台风防御准备工作。

6.3.4 及时发布信息，引导社会公众主动避灾

9月13日下午，首席预报专家团队向社会媒体召开专题新闻发布会，发布和解析“莫兰蒂”的发展趋势和可能影响，提示社会公众提前做好防御准备。13日早晨开始，中央气象台利用国家突发事件预警信息发布系统及时向决策部门和公众、媒体全网发布台风预警，其中台风红色预警4次。福建气象部门通过该系统发布台风预警信号1235次，其中红色预警信号365次，联合通信管理部门向福建省手机用户全网发布台风和暴雨红色预警信息。浙江气象部门通过电视、广播、网站、微信、微博、手机APP等各种渠道发布台风动态信息及其灾害防御建议。

6.4 “7·20”华北、黄淮超强暴雨过程气象服务

7月18—20日，华北、黄淮等地遭遇2016年北方最强降雨过程。河北赞皇县嶂石岩小时雨强达140毫米；河南林州市东马鞍日降水量达703毫米，过程降水量734毫米，超过全年平均降水量(649毫米)。北京市平均雨量213毫米，城区平均274毫米，最大门头沟东山村454毫米，强降水范围和过程总雨量超过2012年“7·21”暴雨过程。据民政部门统计，本轮强降雨导致北京、天津、河北、山西、内蒙古、辽宁、吉林、黑龙江、山东、河南10省(自治区、直辖市)受灾，200多人死亡或失踪。

6.4.1 领导亲临坐阵指挥，预报预警发布及时

中国气象局对此次强降雨过程预报服务高度重视，7月19日11时专门针对此次强降雨过程将

Ⅳ级响应提升为Ⅲ级，并专门启动风云二号F星加密观测。19日夜间、20日上午，中国气象局有关领导两次亲临华北中心气象台指导暴雨预报服务，并与北京市委领导视频连线共商此次强降雨应对工作。针对此次过程，中央气象台共发布暴雨预警13期，其中暴雨橙色预警5期；北京、河北等地气象部门根据灾害性天气发生发展情况随时更新预报预警，并及时通报社会公众、相关部门和单位，同时根据当地政府和部门防灾减灾的需求，提供专门气象应急保障服务。

6.4.2 增加会商频次，提高预报质量

中央气象台主动加强与北京、河北、河南等相关气象部门会商研判，对各地气象预报进行指导和支持。强降雨时段中央气象台与相关省局每3小时加密会商降雨强度、落区、起止时间等。滚动、细致的会商研判分析为此次强降雨过程的准确预报预警提供了有力支撑。

6.4.3 积极提供决策服务产品，加强事后总结评估工作

中国气象局积极组织制作相关决策服务材料呈报党中央、国务院及各级政府相关部门，共制作《重大气象信息专报》《气象灾害预警服务快报》《两办刊物信息》等材料10期。事后，中国气象局决策服务中心组织专家对此次超强暴雨过程进行了评估，并针对北京的降雨情况与2012年北京"7·21"强降雨过程进行了对比，形成评估产品。

6.5 江苏盐城龙卷气象服务

2016年6月23日下午，江苏省盐城市阜宁、射阳等地出现强对流天气，局地遭遇龙卷袭击，造成98人死亡，800余人受伤。

6.5.1 及时启动应急措施，全面落实党中央精神

事件发生后，国家减灾委、民政部于当日20时紧急启动国家Ⅲ级救灾应急响应，中国气象局立即进入特别工作状态，并通过会商系统视频连线江苏省气象局，传达贯彻落实党中央、国务院高度重视，中共中央总书记、国家主席、中央军委主席习近平和中共中央政治局常委、国务院总理李克强对盐城龙卷冰雹特别重大灾害作出重要批示精神和国务院有关部署要求，分析受灾地区未来天气气候形势，细化措施，指导做好救援服务保障工作。

6.5.2 实地调研灾情，制作科普专题引导舆论导向

6月24—26日，中国气象局组织专家组实地调查了阜宁县核心灾害区计桥村、新涂村、两合村等地，获取了当地居民拍摄的视频和目击描述以及房屋、车辆等损毁情况。28日上午，国家气象中心、气象科学研究院、干部培训学院、气象探测中心、北京大学、南京大学、中国科学院大气物理研究所、美国俄克拉荷马大学等单位的专家利用调查数据和雷达资料进行了翔实的论证。同时，中国气象局组织制作了事件专题、龙卷科普文章、新闻通稿等相关材料，对公众进行科普，正确引导舆论导向。

6.6 G20峰会气象保障服务

2016年9月4—5日，二十国集团中国峰会(以下简称G20峰会)在杭州召开，此次峰会是继北京APEC会议后我国承办的又一项重大国际会议。从峰会期间灾害性天气预报服务到重要活动气象保障服务，从配合开展空气质量预报到加强防雷安全及施放气球安全管理工作，气象部门全力以赴、协同用力，以现代化建设成果支撑此次任务圆满完成。

6.6.1 提前筹划,强化组织协调工作

早在2016年初,中国气象局就成立峰会气象保障协调指导小组和国家、省、市气象局一体化峰会气象保障服务工作组,印发《G20杭州峰会气象保障工作方案》《G20杭州峰会气象保障服务工作总体方案》等4个方案,成立了省、市一体化的峰会气象台,在峰会总指挥中心搭建现场气象台。

6.6.2 自上而下,领导坐阵靠前指挥

8月4—5日,中国气象局有关领导检查指导峰会气象保障服务工作并到一线进行指导及现场坐镇指挥。8月30日,中国气象局进入G20杭州峰会气象保障服务特别工作状态。中国气象局各相关直属单位和职能机构以及浙江、上海、江苏、安徽等省(市)气象局积极行动,实行负责人24小时领班、专人值班制,全力做好加密观测、滚动预报、及时预警、跟进服务等工作。

6.6.3 启动气象数据加密观测,调派专家共商天气

利用“风云”卫星、高分卫星、多普勒雷达等,气象部门进行精细化立体加密观测,提供区域中尺度模式快速同化更新与1千米分辨率的精细化数值预报,并基于移动互联网手机APP“智慧气象”进行精细定位服务。这些实践有效提升了气象监测预报的定量化、客观化、精准化水平。G20峰会气象保障服务是一项集部门之力、聚专家之智的工作。国家气象中心、国家气象信息中心、国家卫星气象中心、气象探测中心以及北京、上海、江苏、山西和安徽等省(市)气象部门,选派专家赶赴杭州共同在峰会气象台分析研判天气形势。

6.6.4 加强部门间的联动互助

G20峰会气象保障服务工作期间,中国科学院大气物理研究所、北京大学、南京大学等院校发挥人才优势,给予技术、智力援助;针对环境气象服务,浙江气象与环境部门加强联动,分析未来杭州及周边地区天气趋势和污染物大气扩散气象条件,发布G20峰会空气质量预报快报;峰会文艺演出当晚,气象部门每半小时向公安部门发送演出区域风力、风向服务材料,确保烟花燃放活动万无一失;浙江省委宣传部与浙江省气象局共同推进气象防灾减灾宣传工作,动员全社会防灾减灾力量共同保障峰会顺利进行。

附　录

附录 A　气象灾情统计年表

表 A1　2016 年气象灾害总受灾情况统计表

Table A1　Summary of total meteorological disaster in China in 2016

地区	农作物受灾情况		人口受灾情况			直接经济损失（亿元）
	受灾面积（万公顷）	绝收面积（万公顷）	受灾人口（万人次）	死亡人口（人）	失踪人口（人）	
北京	3.5	0.7	24.8	0	0	16.7
天津	2.4	0	14.5	0	0	2.8
河北	144.7	11.8	1428.2	193	89	609.5
山西	50.4	3.2	647.8	25	3	108.7
内蒙古	363.0	54.8	596.2	17	1	179.8
辽宁	58.2	1.9	156.5	2	0	45.4
吉林	74.8	9.0	259.9	0	0	98.7
黑龙江	422.4	26.4	589.1	4	0	160.4
上海	0.3	0.1	0.5	1	0	0.2
江苏	30.1	0.7	237.7	101	0	120.5
浙江	45.6	2.0	436.9	54	4	167.3
安徽	134.1	40.9	1487.8	35	1	564.0
福建	38.7	5.1	562.3	175	22	473.5
江西	78.6	7.3	805.1	41	2	106.0
山东	55.2	3.5	544.2	4	0	70.2
河南	51.9	6.3	712.2	44	10	124.6
湖北	274.1	36.9	2331.0	117	16	837.7
湖南	137.6	9.6	1660.1	47	4	265.5
广东	63.1	3.9	618.5	43	4	146.5
广西	30.1	1.2	299.0	51	10	27.5
海南	50.9	3.1	457.3	11	3	77.1
重庆	19.0	2.4	371.5	56	5	47.8
四川	41.1	6.1	738.1	65	14	76.6
贵州	33.1	5.2	661.7	103	12	173.3
云南	86.9	10.7	1159.5	104	26	136.7
西藏	1.5	0.7	38.3	7	17	15.1
陕西	63.3	7.0	543.9	24	0	78.4
甘肃	134.3	13.2	996.2	7	1	89.5
青海	13.5	1.0	111.4	15	0	17.1
宁夏	39.0	6.2	186.1	3	0	17.4
新疆	31.4	5.5	128.2	46	8	57.4
兵团	49.4	4.0	56.3	1	1	49.5
合计	2622.1	290.2	18860.8	1396	253	4961.4

表 A2 2016 年干旱灾害情况统计表

Table A2 Summary of drought disaster in China in 2016

地区	农作物受灾情况		人员受灾情况		直接经济损失（亿元）
	受灾面积（万公顷）	绝收面积（万公顷）	受灾人口（万人次）	饮水困难人口（万人次）	
北 京	0	0	0	0	0
天 津	0	0	0	0	0
河 北	21.7	0.1	27.1	0	0.4
山 西	7.7	0.4	75.1	0.3	4.2
内蒙古	277.1	48.9	410.8	62.8	139.2
辽 宁	40.1	0.5	0	0	0
吉 林	52.4	5.2	171.3	0	42.2
黑龙江	295.5	17.2	384.9	0	111.6
上 海	0	0	0	0	0
江 苏	13.4	0	30.8	0	1.4
浙 江	0	0	0	0	0
安 徽	18.0	1.8	111.4	1.6	14.2
福 建	0	0	0	0	0
江 西	3.5	0.7	49.3	2.4	3.0
山 东	21.2	1.5	113.4	4.9	8.0
河 南	17.3	1.9	206.9	0.9	5.4
湖 北	34.2	3.9	164.7	38.4	14.1
湖 南	1.2	0	1.9	1.5	0
广 东	0	0	0	0	0
广 西	3.5	0.1	12.7	0.5	0.2
海 南	1.6	0.1	0	0	0
重 庆	4.7	0.6	68.3	12.5	4.7
四 川	11.3	1.5	176	12.7	5.7
贵 州	0.7	0.1	15.8	7.6	0.5
云 南	4.8	0.2	3.5	0	0.1
西 藏	0.1	0	0.4	0	0
陕 西	24.0	2.3	239.8	16.0	10.4
甘 肃	99.8	10.0	638.2	39.6	41.2
青 海	3.8	0	35.9	0.6	3.7
宁 夏	27.9	4.7	116.4	32.2	6.5
新 疆	0.3	0.1	1.7	0	0.2
兵 团	1.7	0	0.9	0.1	1.2
合计	987.3	101.8	3057.2	234.6	418.1

表 A3 2016 年暴雨洪涝(滑坡、泥石流)灾害情况统计表

Table A3 Summary of rainstorm induced flood (landslide and mud—rock flow) disaster in China in 2016

地区	农作物受灾情况		人员受灾情况		房屋倒损情况		直接经济损失(亿元)
	受灾面积(万公顷)	绝收面积(万公顷)	受灾人口(万人次)	死亡人口(人)	倒塌房屋(万间)	损坏房屋(万间)	
北京	1.6	0.2	13.6	0	0.1	0.7	11.7
天津	2.4	0	14.3	0	0	1.6	2.5
河北	95.4	10.3	1112	187	10.2	40.8	580.5
山西	25.7	1.7	283.8	21	2.9	16.2	70.8
内蒙古	25.6	1.5	76.1	9	0	0.8	13.6
辽宁	9.6	1.0	78.2	0	0.1	1.9	33.9
吉林	7.1	0.9	26.1	0	0	0.4	4.4
黑龙江	28.4	0.9	52.0	1	0	0.4	11.4
上海	0	0	0	0	0	0	0
江苏	9.3	0.5	62.1	0	0	0.1	4.6
浙江	7.6	0.6	59.5	4	0.1	0.5	24.1
安徽	110.7	39.1	1277.7	34	5.2	16.8	546.2
福建	5.0	0.7	84.4	51	0.2	3.3	38.4
江西	41.7	5.5	661.7	22	1.1	4.6	91.3
山东	10.6	0.6	154.2	1	0.1	0.4	7.6
河南	20.7	3.8	316.9	32	4.1	9.1	108.1
湖北	187.0	31.9	2080.5	110	7.9	25.1	816.1
湖南	114.3	8.5	1525.8	40	4.0	24.6	256.6
广东	7.3	0.5	156.0	24	0.4	0.8	25.2
广西	8.6	0.8	130.8	31	0.5	1.3	14.3
海南	0	0	0	0	0	0	0
重庆	12.8	1.7	271.5	50	1.1	5.0	41.3
四川	13.9	2.4	327.6	58	0.7	7.8	55.4
贵州	19.8	3.2	385.2	95	1.7	13.5	160.4
云南	22.6	3.9	460.1	80	0.8	14.2	81.3
西藏	1.3	0.6	28.8	2	0.7	3.7	14.2
陕西	9.8	1.7	99.2	24	0.2	3.2	25.3
甘肃	10.4	1.9	86.9	7	0.2	2.0	21.1
青海	1.4	0.2	10.9	11	0.1	0.3	6.2
宁夏	1.2	0.4	7.2	3	0	0.9	3.9
新疆	17.1	3.0	88.0	44	1.6	14.9	44.0
兵团	24.8	2.0	23.8	1	0.1	0.6	20.0
合计	853.1	129.7	9954.9	942	44.1	215.5	3134.4

表 A4　2016 年风雹灾害情况统计表

Table A4　Summary of gale, hail and lightning disaster in China in 2016

地区	农作物受灾情况		人员受灾情况		房屋倒损情况		直接经济损失（亿元）
	受灾面积（万公顷）	绝收面积（万公顷）	受灾人口（万人次）	死亡人口（人）	倒塌房屋（万间）	损坏房屋（万间）	
北京	1.9	0.5	11.2	0	0	0	5.0
天津	0	0	0.2	0	0	0	0.3
河北	26.2	1.3	279.1	6	0.2	2.7	27.9
山西	10.5	1.1	269.9	4	0.1	2.8	32.9
内蒙古	41.9	2.3	103.6	8	0	0.8	22.8
辽宁	3.9	0.3	37.4	2	0	3.9	9.1
吉林	6.1	0.8	17.3	0	0	0.1	3.5
黑龙江	21.1	2.0	74.0	3	0	0.5	12.2
上海	0	0	0	1	0	0	0
江苏	7.0	0.2	136.4	101	1.9	6.6	114.2
浙江	0	0	1.0	4	0	0.1	0.1
安徽	3.5	0	42.8	1	0	0.5	2.1
福建	0.2	0	1.7	4	0.1	0.6	0.7
江西	3.5	0.4	76.5	19	0.1	0.7	10.6
山东	20.9	1.2	245.2	3	0.1	2.7	36.2
河南	13.9	0.6	187.9	12	0.1	0.7	10.8
湖北	3.7	0.6	42.7	7	0	2.4	3.2
湖南	4.5	0.5	91.0	7	0.2	4.2	8.2
广东	0.2	0	3.2	19	0.1	0.1	0.9
广西	5.1	0.2	76.0	18	0.2	4.2	8.5
海南	0.1	0	0.8	6	0	0	0.4
重庆	0.2	0	5.8	4	0	0.5	0.6
四川	7.2	1.3	101.6	7	0.1	3.7	10.0
贵州	11.1	1.9	232.2	8	0.1	11.4	11.0
云南	15.8	2.6	199.8	23	0.1	9.5	21.0
西藏	0.1	0	0.6	5	0	0	0.1
陕西	28.7	3.0	200.0	0	0	0.8	42.1
甘肃	7.7	0.6	147.6	0	0	0.7	16.9
青海	6.7	0.8	48.5	4	0.1	7.3	6.5
宁夏	3.3	0.3	31.2	0	0	0.2	6.0
新疆	13.9	2.4	33.6	1	0	0.1	12.4
兵团	22.1	1.9	29.3	0	0	0	27.7
合计	290.8	26.9	2728.1	277	3.5	67.8	463.9

表 A5 2016 年台风灾害情况统计表

Table A5 Summary of typhoon disaster in China in 2016

地区	农作物受灾情况		人口受灾情况			倒塌房屋（万间）	直接经济损失（亿元）
	受灾面积（万公顷）	绝收面积（万公顷）	受灾人口（万人次）	死亡人口（人）	紧急转移安置人口（万人次）		
北京	0	0	0	0	0	0	0
天津	0	0	0	0	0	0	0
河北	0	0	0	0	0	0	0
山西	0	0	0	0	0	0	0
内蒙古	0	0	0	0	0	0	0
辽宁	4.6	0.1	40.9	0	0	0	2.4
吉林	7.3	1.3	31.2	0	5	0.1	46.7
黑龙江	67.4	4.9	72.8	0	0	0	23.1
上海	0.3	0.1	0.5	0	0	0	0.2
江苏	0	0	0	0	0	0	0
浙江	11.4	1.0	250.4	46	43.5	0.3	113.0
安徽	0	0	0	0	0	0	0
福建	17.9	1.9	468.1	120	119.0	2.8	433.7
江西	0.8	0	12.9	0	0.5	0	0.8
山东	0	0	0	0	0	0	0
河南	0	0	0	0	0	0	0
湖北	0	0	0	0	0	0	0
湖南	0.3	0.1	5.1	0	0.1	0	0.3
广东	40.7	1.9	295.4	0	24.2	0.2	59.4
广西	3.5	0.1	58.5	2	3	0.1	3.8
海南	45.9	2.7	456.5	5	63.9	0.2	76.7
重庆	0	0	0	0	0	0	0
四川	0	0	0	0	0	0	0
贵州	0.4	0	7.1	0	1.1	0	0.6
云南	1.9	0.6	21.8	1	0.3	0	5.7
西藏	0	0	0	0	0	0	0
陕西	0	0	0	0	0	0	0
甘肃	0	0	0	0	0	0	0
青海	0	0	0	0	0	0	0
宁夏	0	0	0	0	0	0	0
新疆	0	0	0	0	0	0	0
兵团	0	0	0	0	0	0	0
合计	202.4	14.5	1721.2	174	260.6	3.7	766.4

表 A6 2016 年雪灾和低温冷冻灾害情况统计表

Table A6 Summary of snow, low—temperature and frost disaster in China in 2016

地区	农作物受灾情况		人员受灾情况		房屋倒损情况		直接经济损失（亿元）
	受灾面积（万公顷）	绝收面积（万公顷）	受灾人口（万人次）	死亡人口（人）	倒塌房屋（万间）	损坏房屋（万间）	
北京	0	0	0	0	0	0	0
天津	0	0	0	0	0	0	0
河北	1.5	0.1	10	0	0	0	0.7
山西	6.6	0	19.0	0	0	0	0.8
内蒙古	18.5	2.0	5.7	0	0	0	4.2
辽宁	0	0	0	0	0	0	0
吉林	1.9	0.8	14.0	0	0	0	1.9
黑龙江	10.1	1.5	5.4	0	0	0	2.1
上海	0	0	0	0	0	0	0
江苏	0.4	0	8.4	0	0	0	0.3
浙江	26.6	0.4	126.0	0	0	0	30.1
安徽	1.9	0.1	55.9	0	0	0	1.5
福建	15.6	2.5	8.1	0	0	0	0.7
江西	29.1	0.7	4.7	0	0	0	0.3
山东	2.7	0.1	31.4	0	0	0	18.4
河南	0	0	0.5	0	0	0	0.3
湖北	49.2	0.5	43.1	0	0	0.3	4.3
湖南	17.3	0.5	36.3	0	0	0.1	0.4
广东	14.9	1.4	163.9	0	0	0	61.0
广西	9.4	0	21.0	0	0	0	0.7
海南	3.4	0.3	0	0	0	0	0
重庆	1.4	0.1	25.9	2	0	0	1.2
四川	8.7	0.9	132.9	0	0	0.2	5.5
贵州	1.2	0	21.4	0	0	0.1	0.8
云南	41.8	3.5	474.3	0	0	0.2	28.6
西藏	0	0	8.5	0	0.7	1.1	0.8
陕西	0.8	0.1	4.9	0	0	0	0.6
甘肃	16.4	0.7	123.5	0	0	0	10.3
青海	1.6	0	16.1	0	0	0	0.7
宁夏	6.6	0.8	31.3	0	0	0	1.0
新疆	0.2	0.1	4.9	1	0	0	0.8
兵团	0.8	0	2.3	0	0	0	0.6
合计	288.5	17.3	1399.4	3	0.7	2.0	178.6

附录 B　主要气象灾害分布图

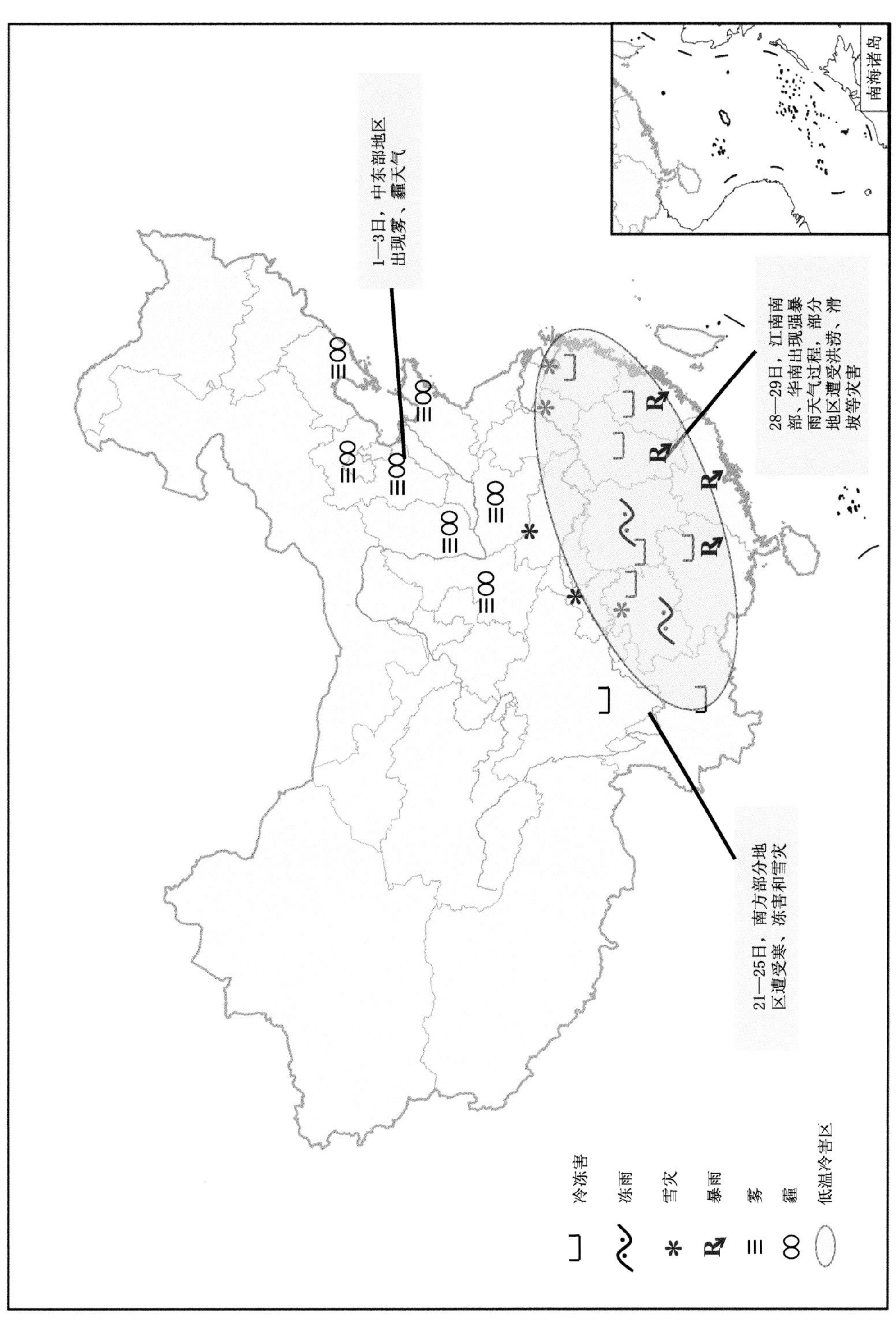

图 B1　2016 年 1 月全国主要气象灾害分布图

Fig. B1　The distribution of major meteorological disasters over China in January 2016

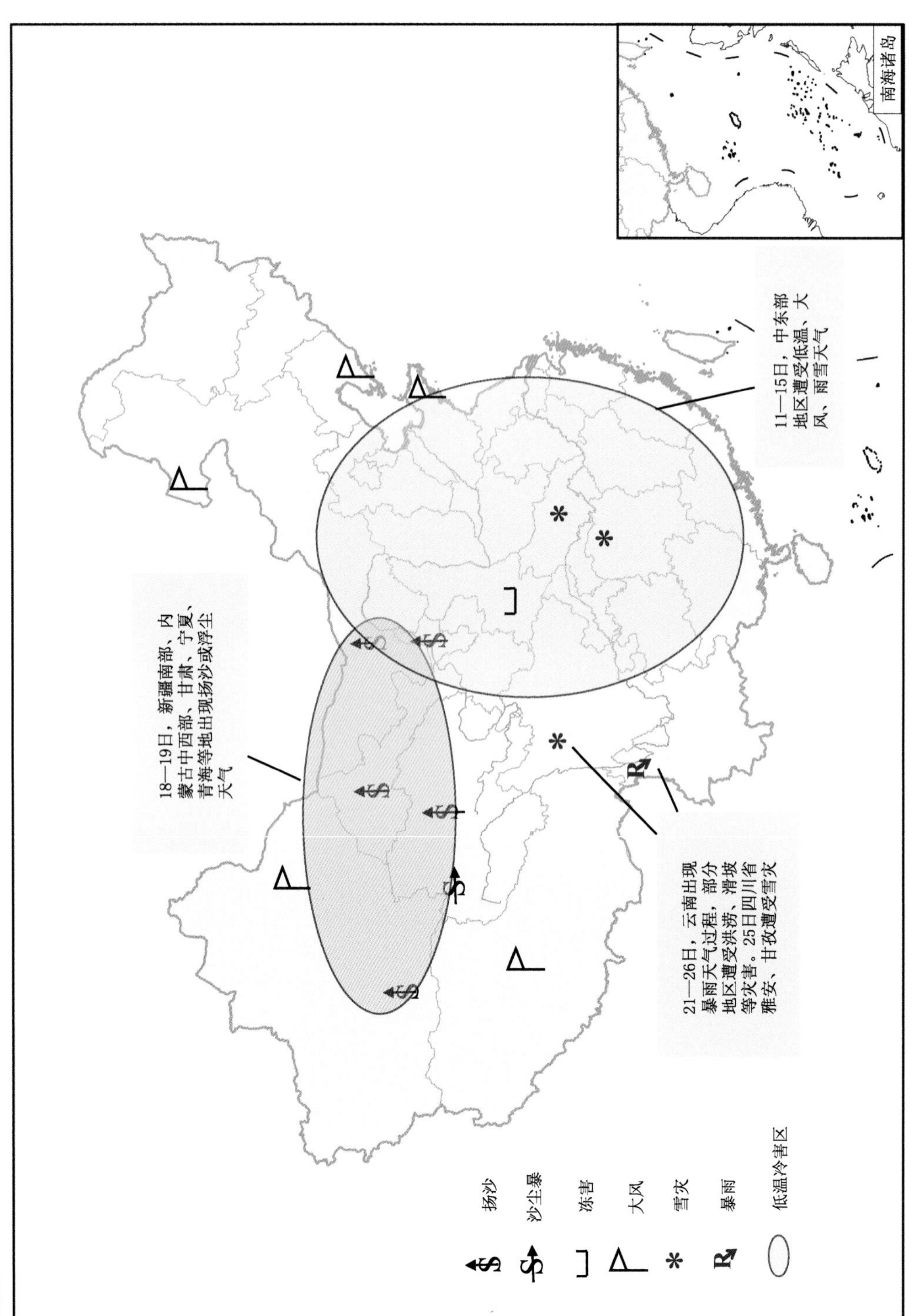

图 B2　2016 年 2 月全国主要气象灾害分布图

Fig. B2　The distribution of major meteorological disasters over China in February 2016

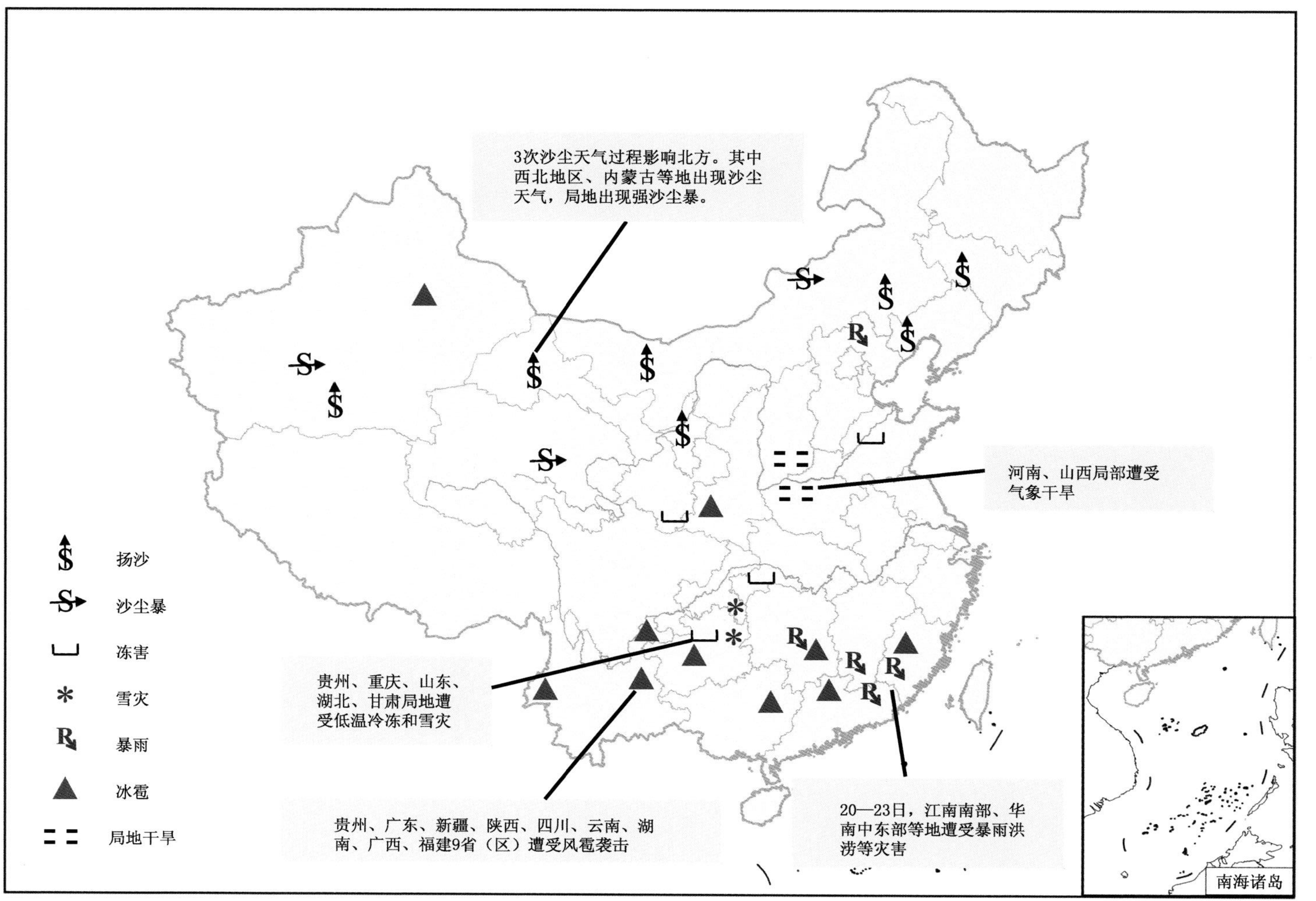

图 B3　2016 年 3 月全国主要气象灾害分布图
Fig. B3　The distribution of major meteorological disasters over China in March 2016

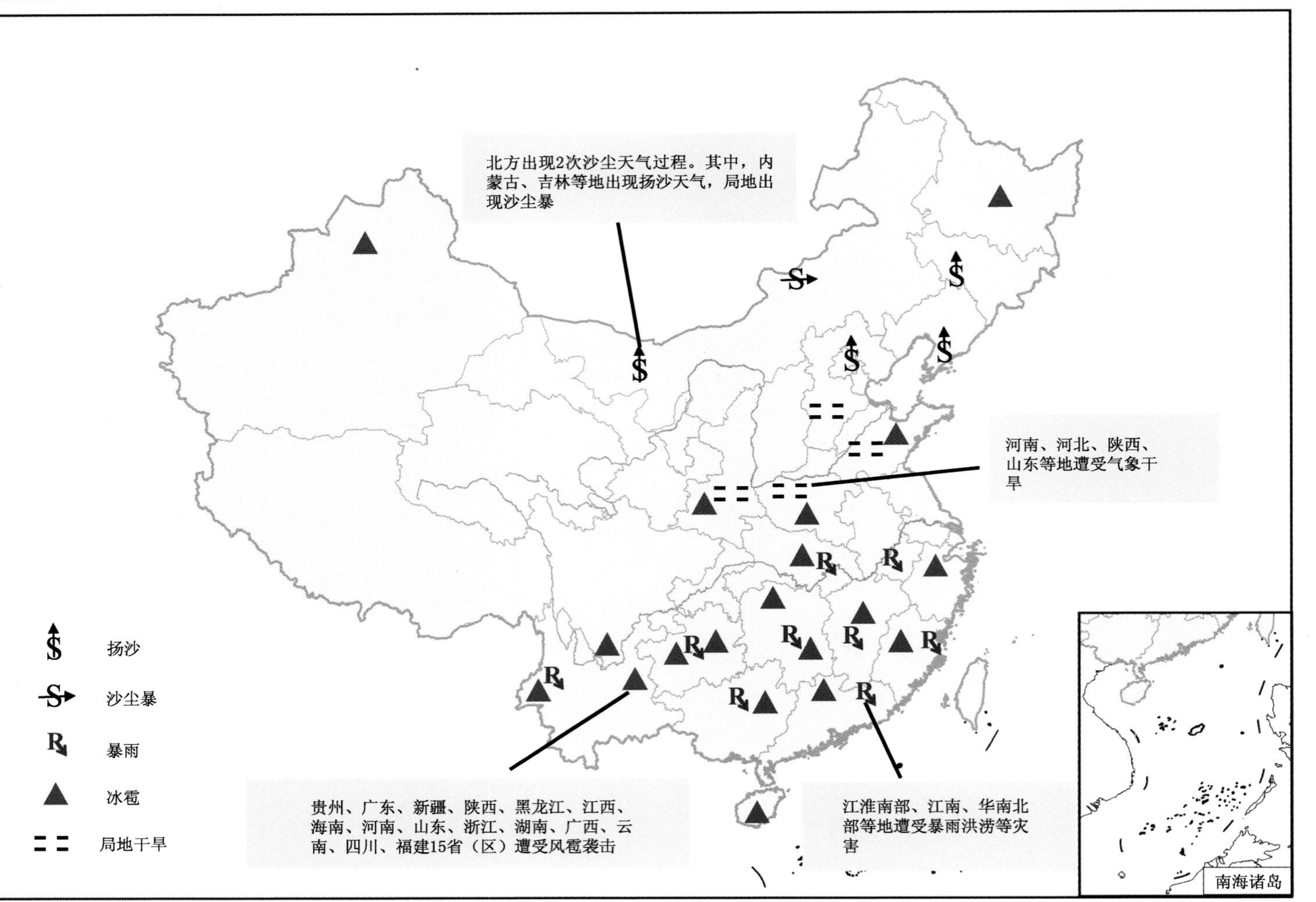

图 B4　2016 年 4 月全国主要气象灾害分布图

Fig. B4　The distribution of major meteorological disasters over China in April 2016

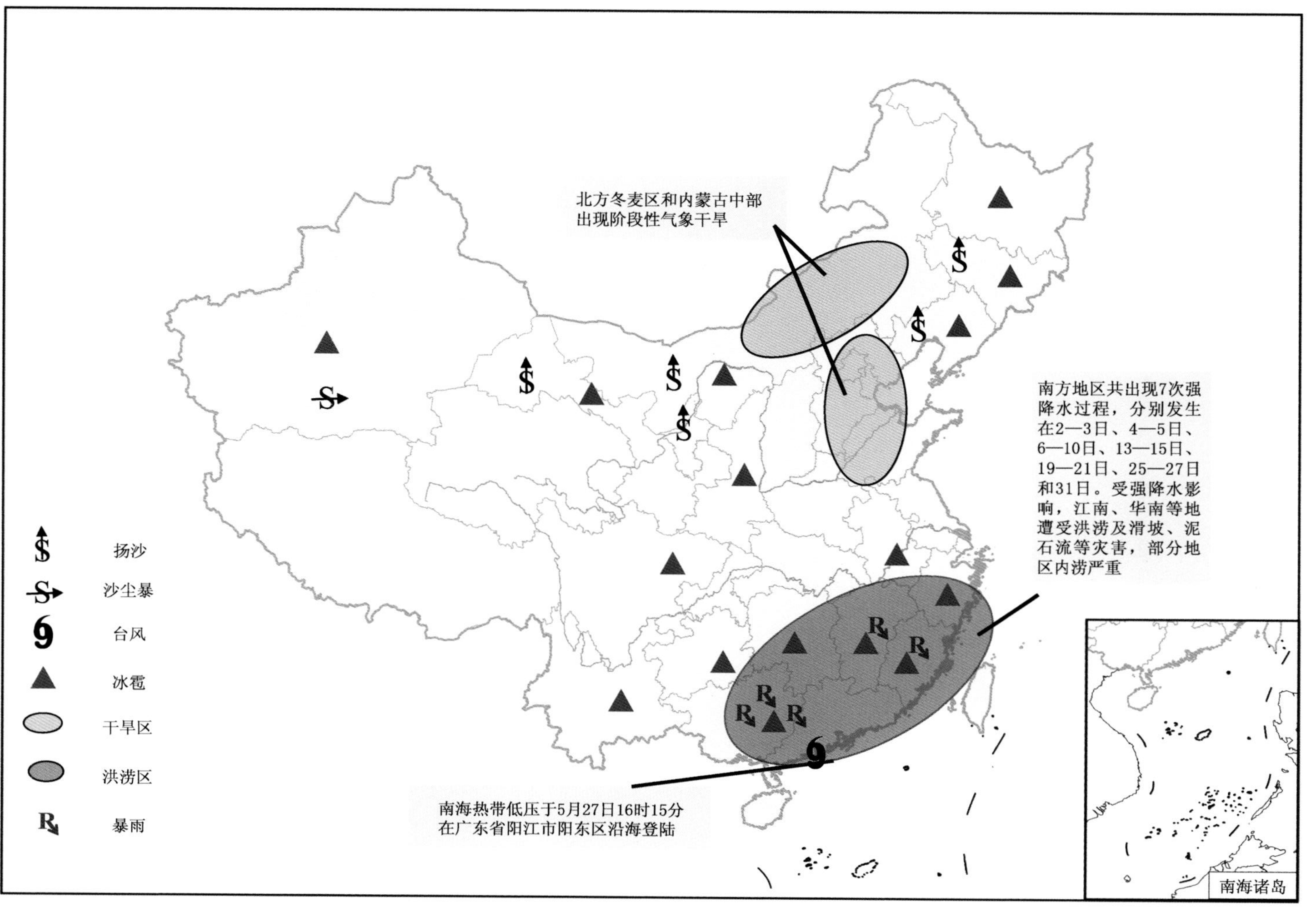

图 B5　2016 年 5 月全国主要气象灾害分布图

Fig. B5　The distribution of major meteorological disasters over China in May 2016

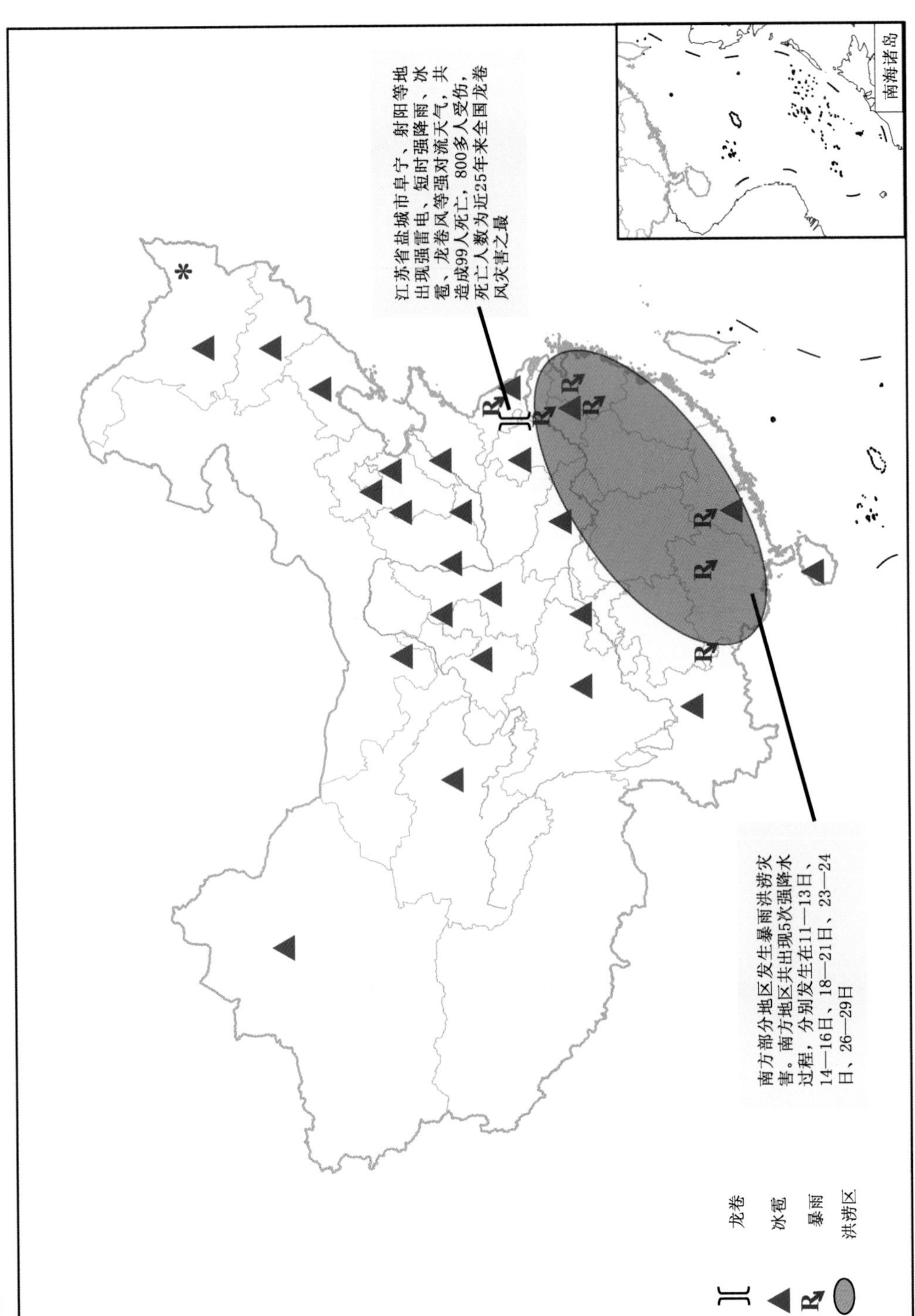

图 B6 2016 年 6 月全国主要气象灾害分布图

Fig. B6 The distribution of major meteorological disasters over China in June 2016

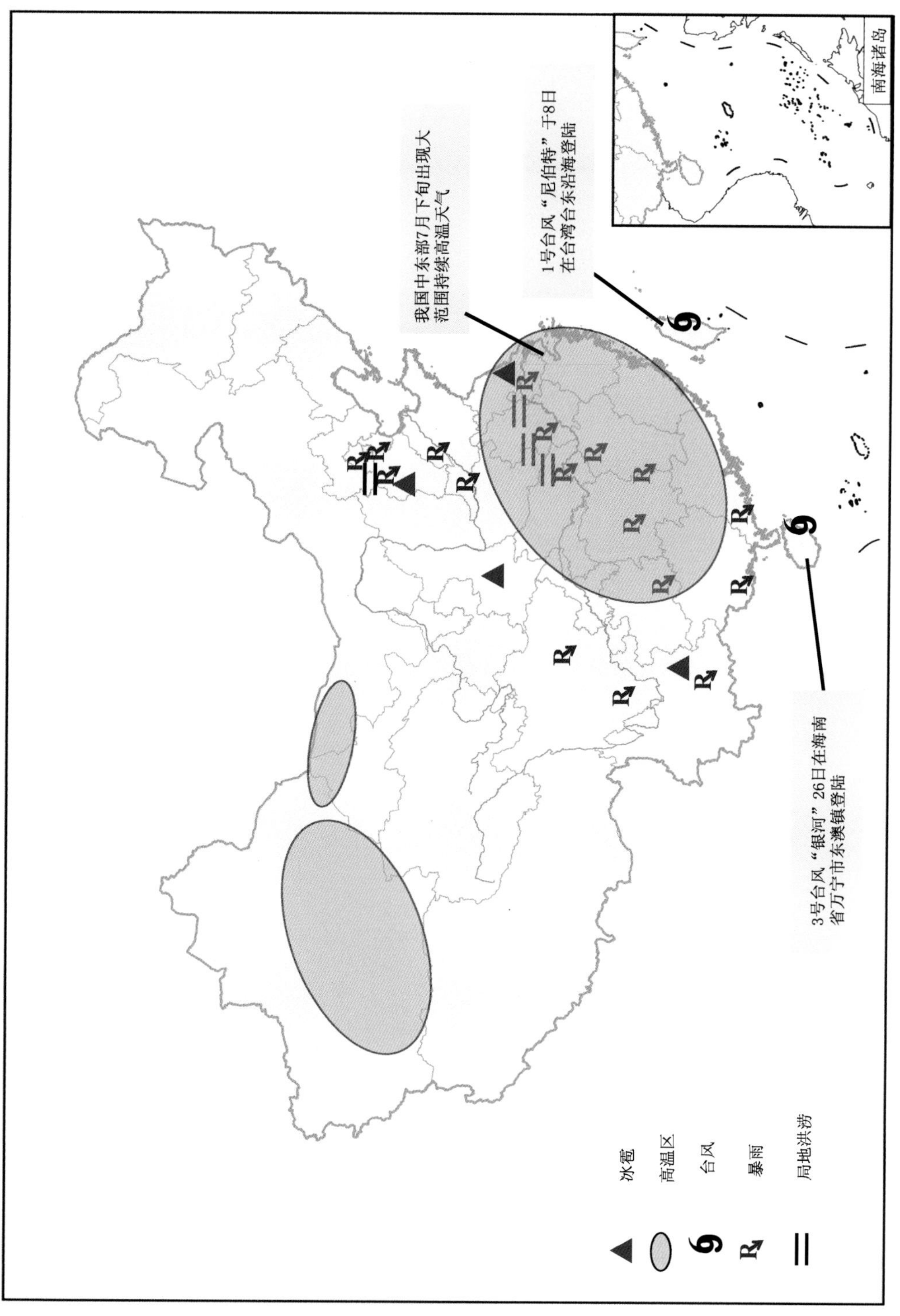

图 B7 2016 年 7 月全国主要气象灾害分布图

Fig. B7 The distribution of major meteorological disasters over China in July 2016

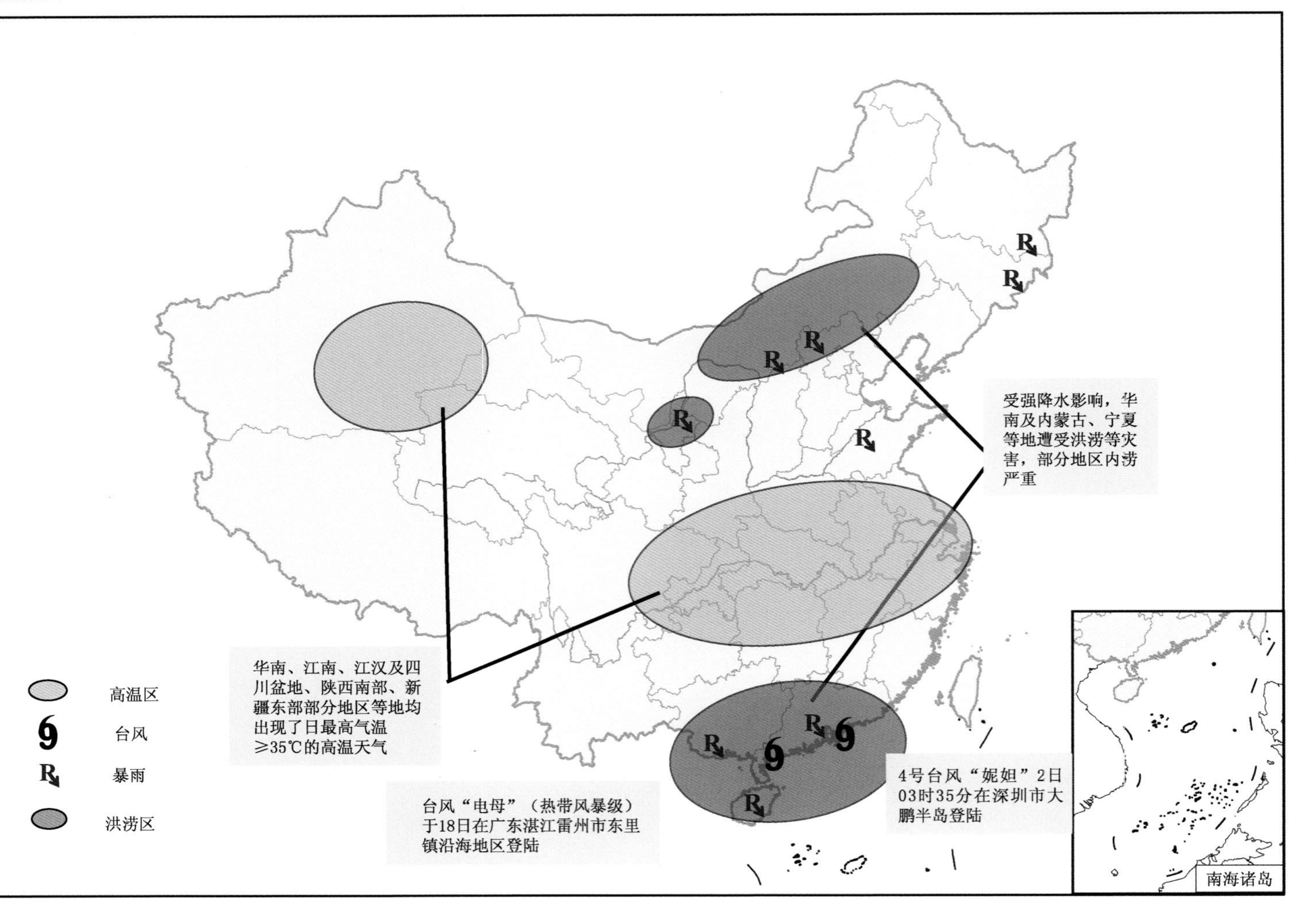

图 B8 2016 年 8 月全国主要气象灾害分布图

Fig. B8 The distribution of major meteorological disasters over China in August 2016

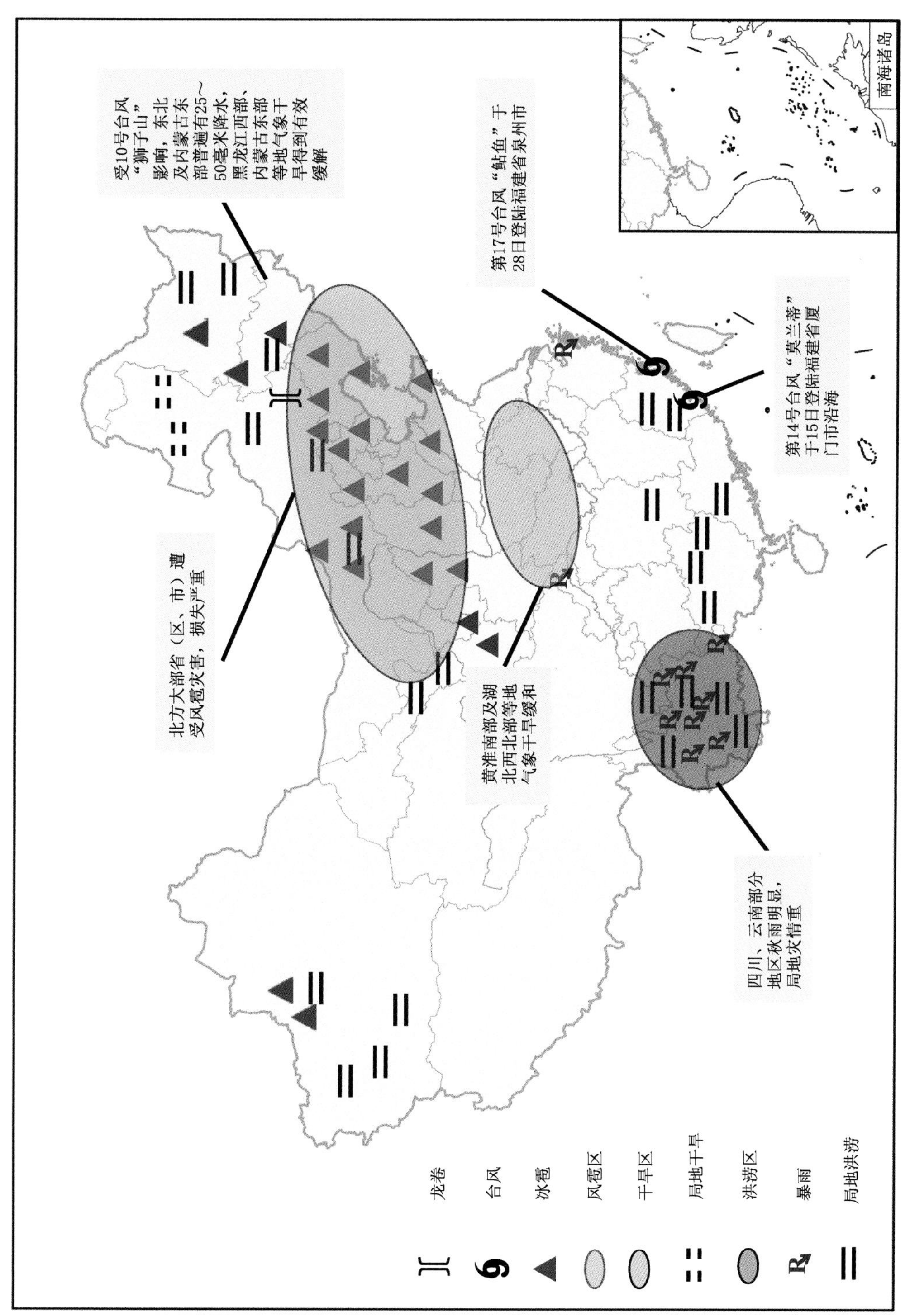

图 B9　2016 年 9 月全国主要气象灾害分布图

Fig. B9　The distribution of major meteorological disasters over China in September 2016

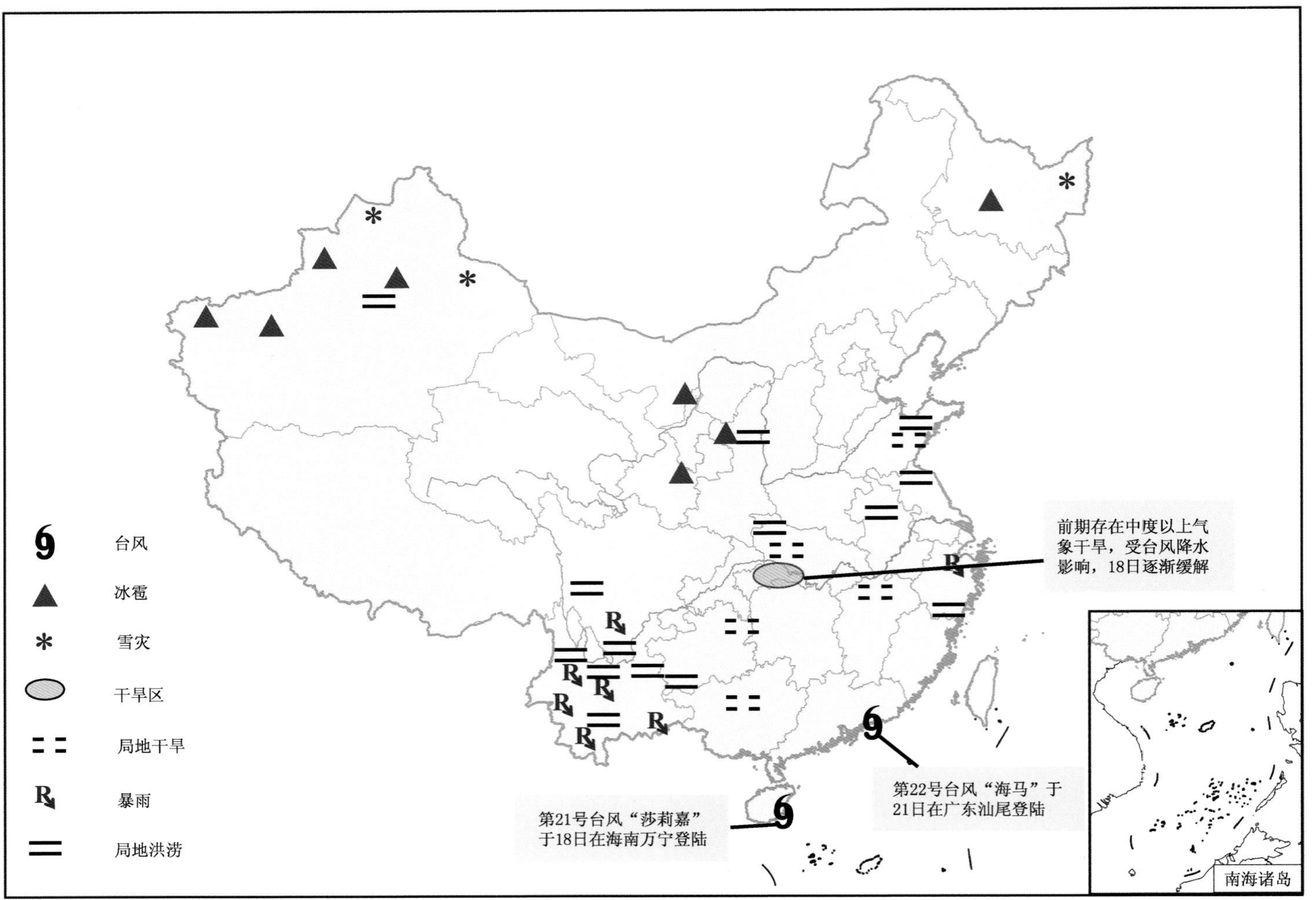

图 B10 2016 年 10 月全国主要气象灾害分布图

Fig. B10 The distribution of major meteorological disasters over China in October 2016

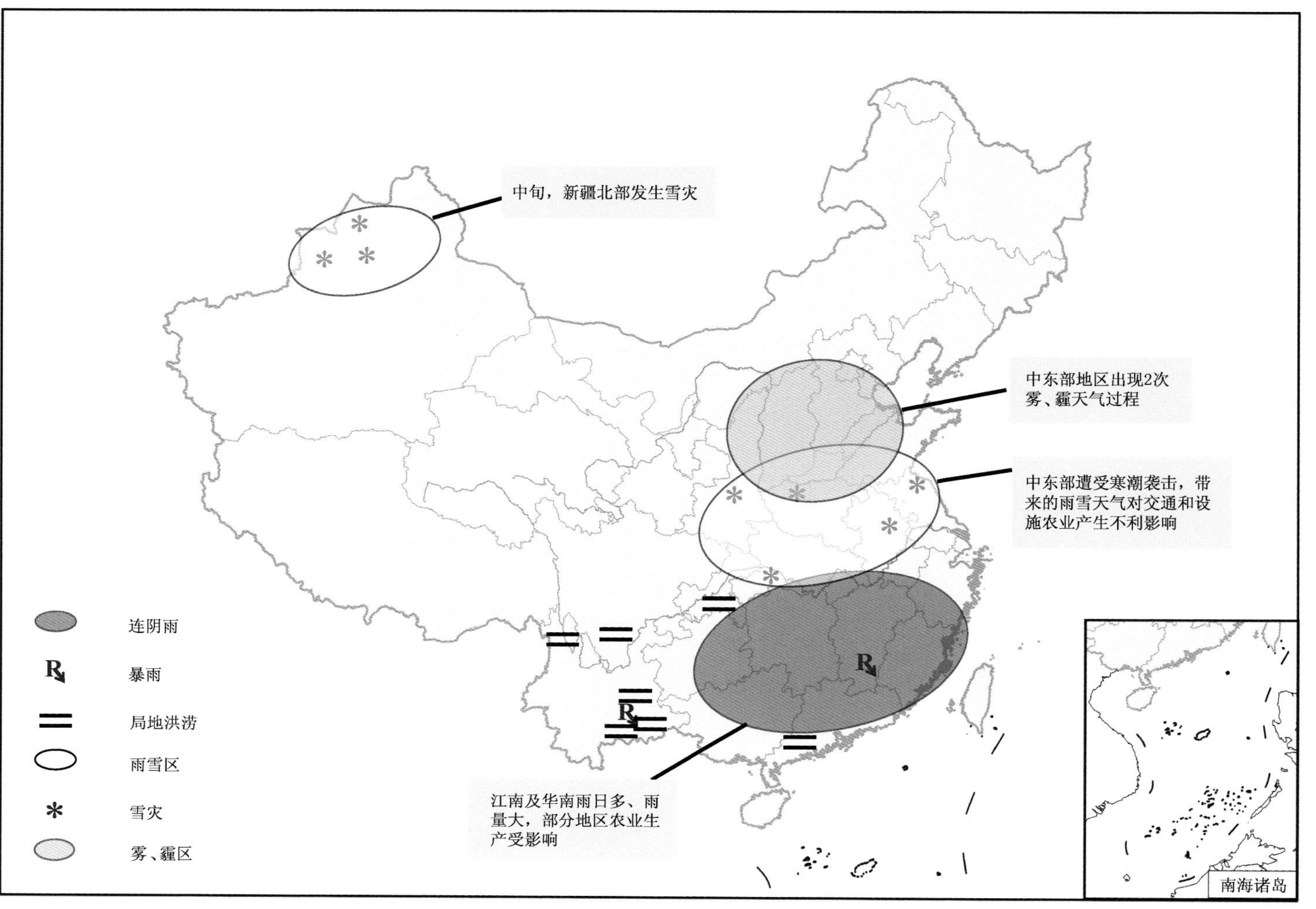

图 B11　2016 年 11 月全国主要气象灾害分布图

Fig. B11　The distribution of major meteorological disasters over China in November 2016

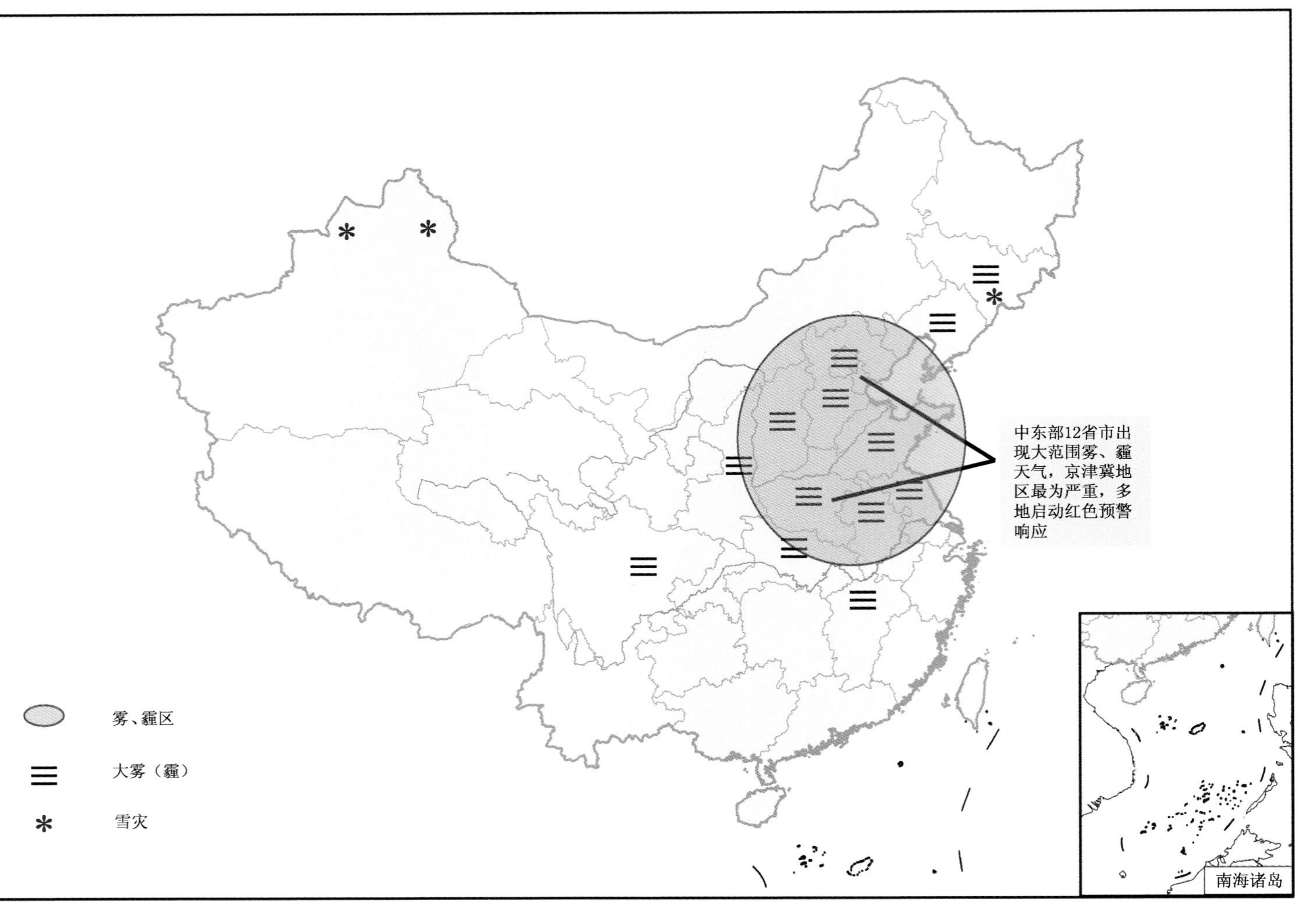

图 B12　2016 年 12 月全国主要气象灾害分布图

Fig. B12　The distribution of major meteorological disasters over China in December 2016

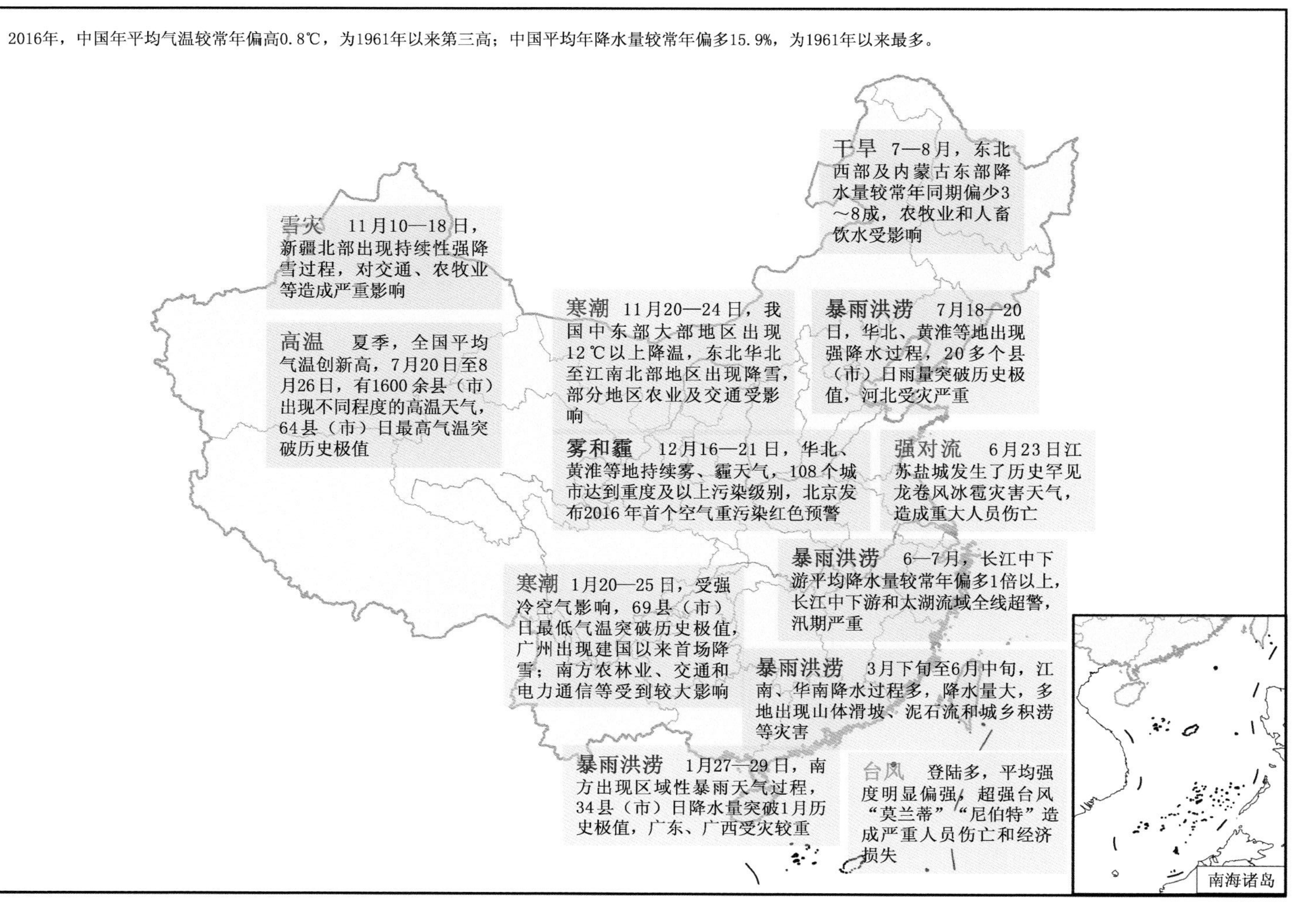

图 B13　2016 年全国主要气象灾害分布图

Fig. B13　The distribution of major meteorological disasters over China in 2016

附录 C　气温特征分布图

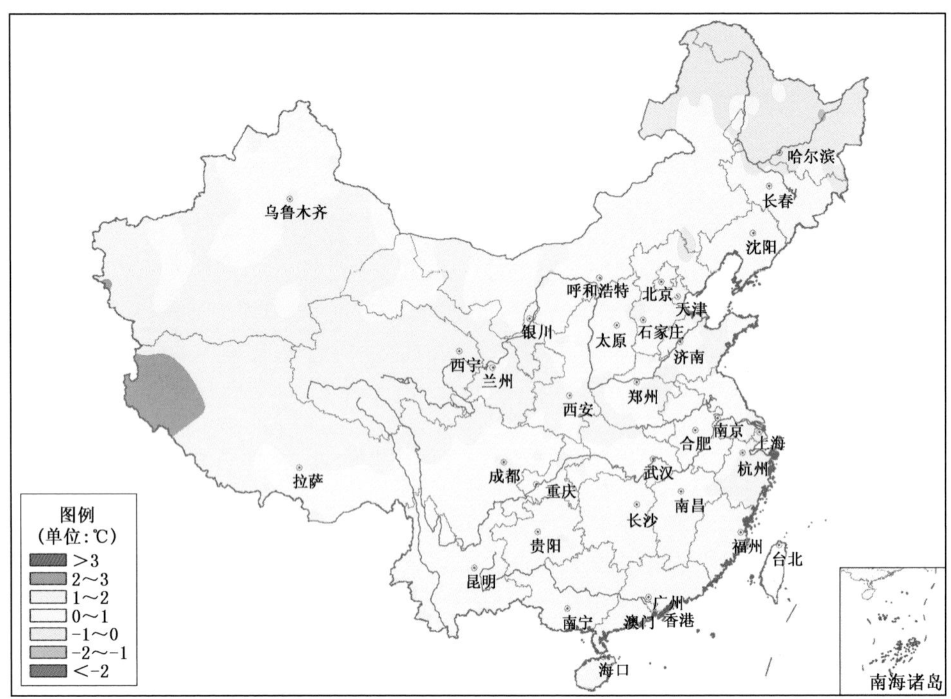

图 C1　2016 年全国年平均气温距平分布

Fig. C1　Distribution of annual mean temperature anomalies over China in 2016 (unit:℃)

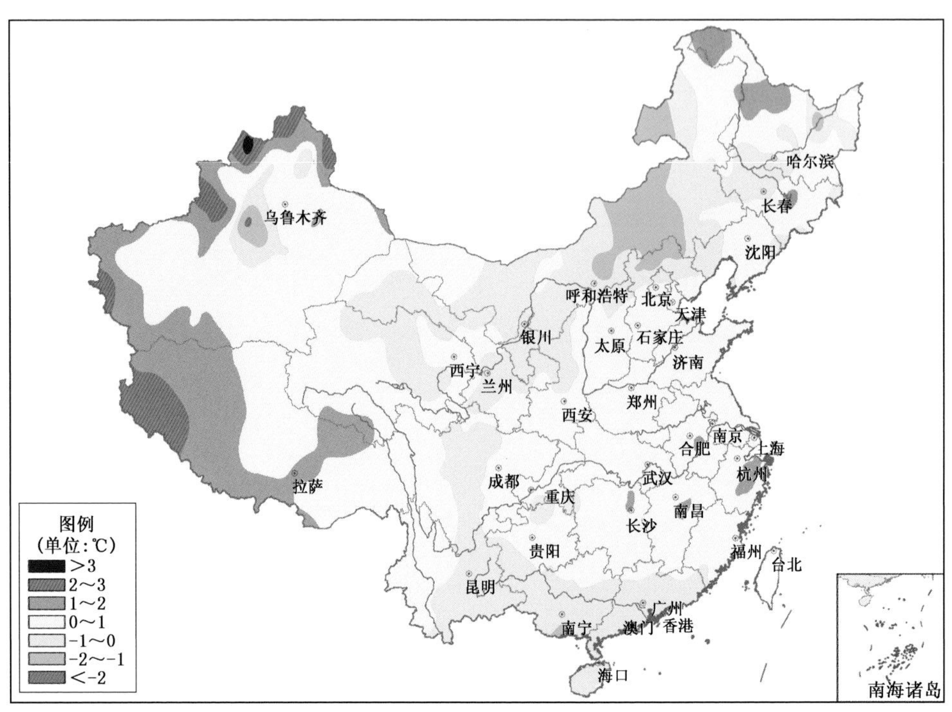

图 C2　2016 年全国冬季平均气温距平分布

Fig. C2　Distribution of annual mean temperature anomalies over China in winter of 2016 (unit:℃)

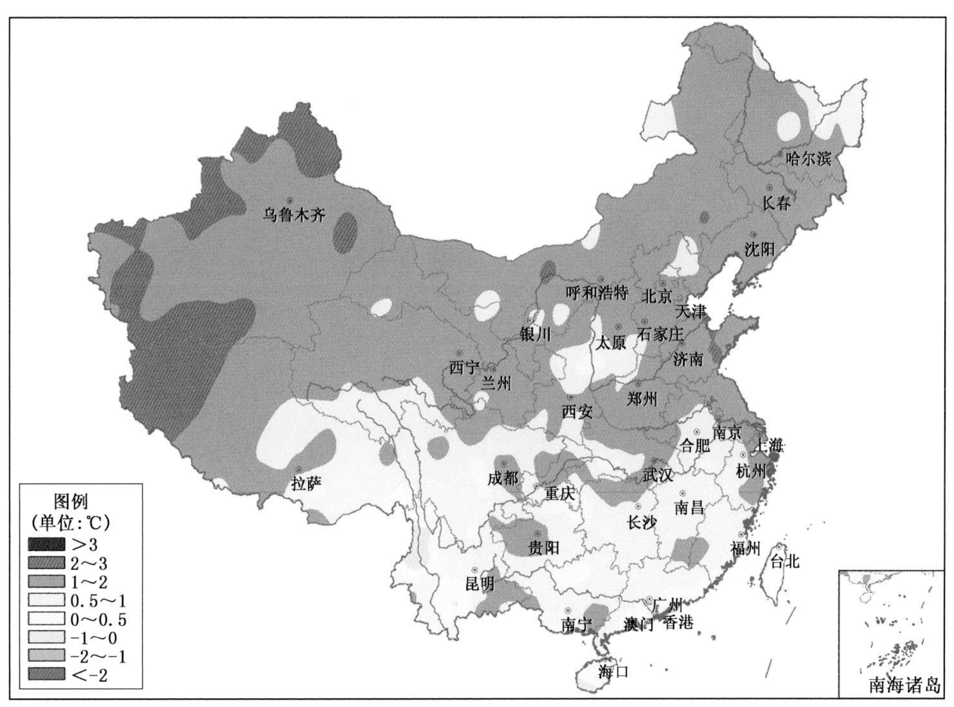

图 C3 2016 年全国春季平均气温距平分布

Fig. C3 Distribution of annual mean temperature anomalies over China in spring of 2016 (unit:℃)

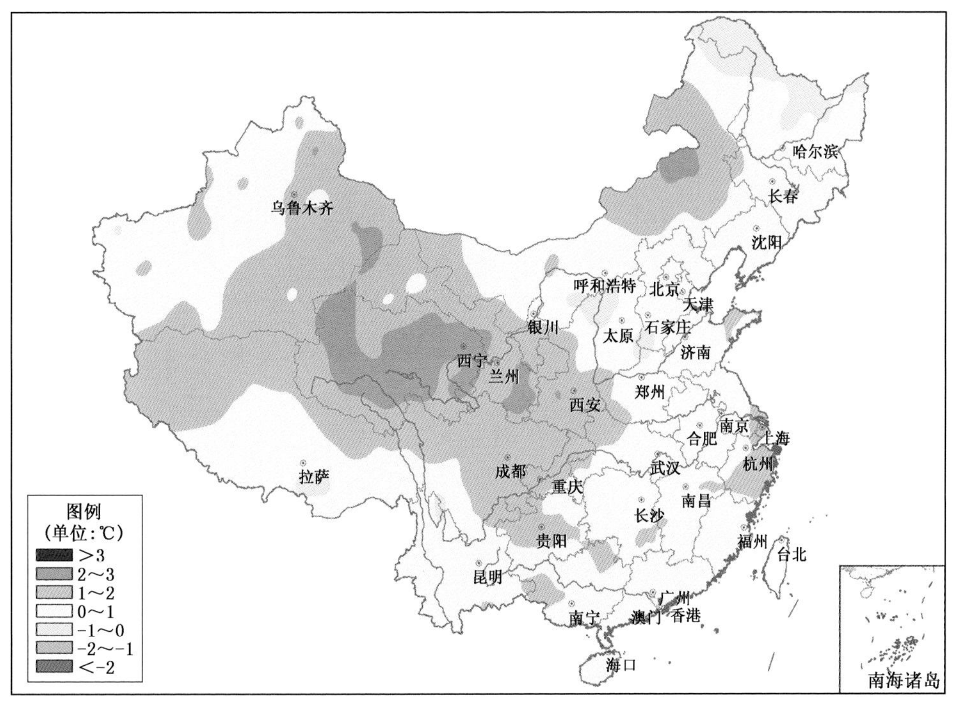

图 C4 2016 年全国夏季平均气温距平分布

Fig. C4 Distribution of annual mean temperature anomalies over China in summer of 2016 (unit:℃)

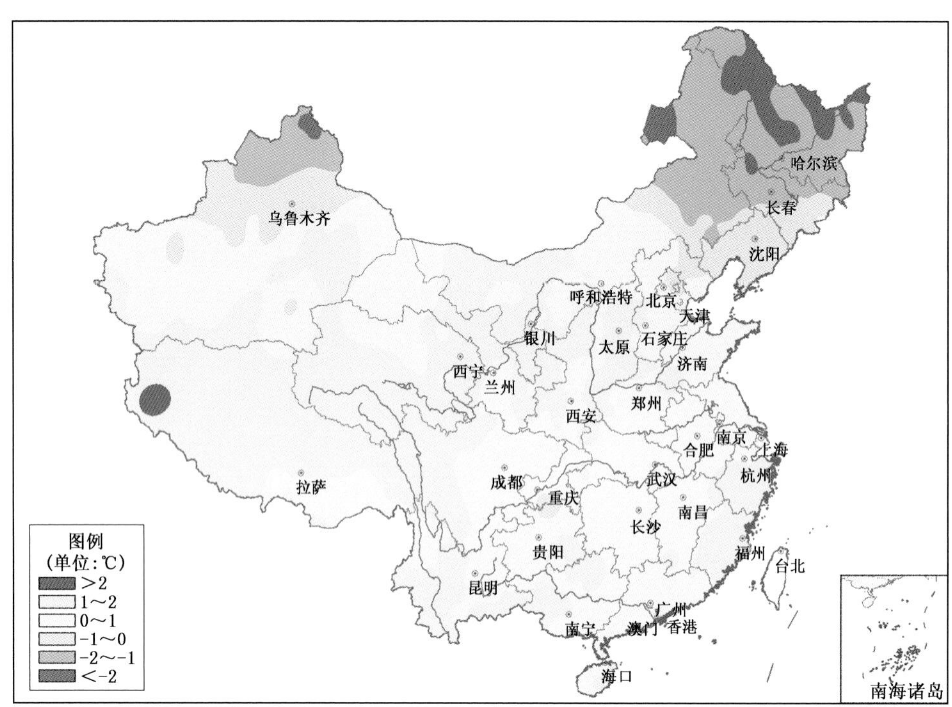

图 C5 2016 年全国秋季平均气温距平分布

Fig. C5 Distribution of annual mean temperature anomalies over China in autumn of 2016 (unit: ℃)

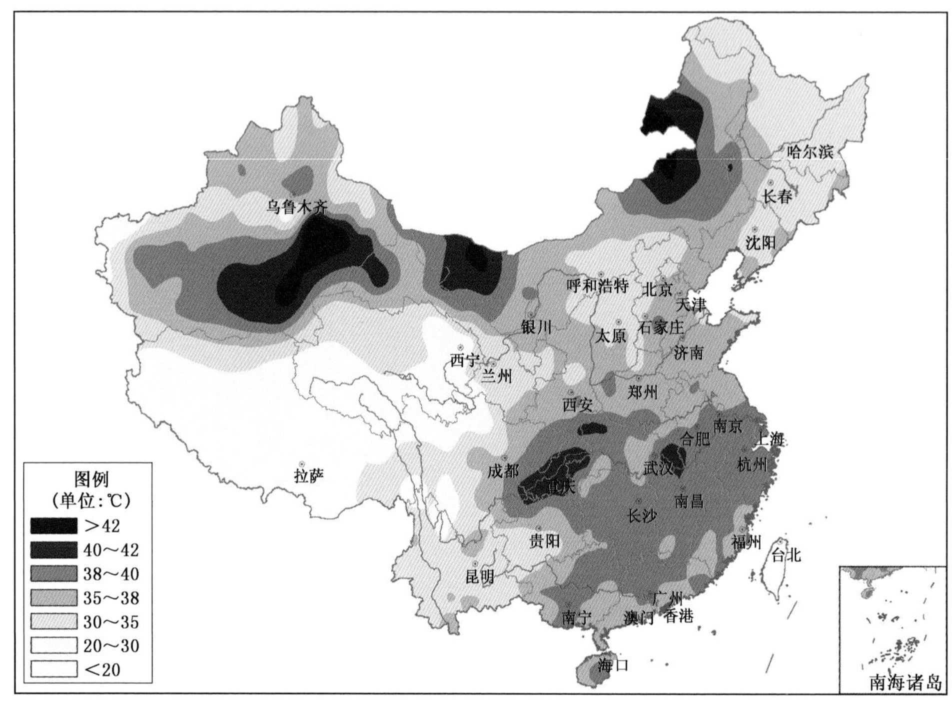

图 C6 2016 年全国极端最高气温分布

Fig. C6 Distribution of annual extreme maximum temperature over China in 2016 (unit: ℃)

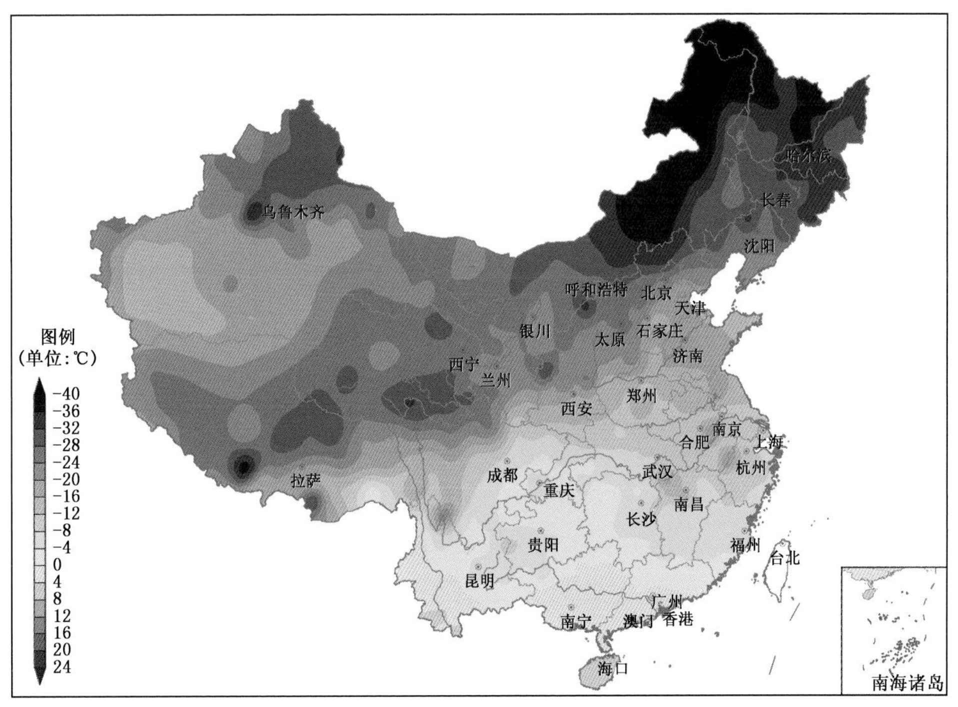

图 C7　2016 年全国极端最低气温分布

Fig. C7　Distribution of annual extreme minimum temperature over China in 2016 (unit:℃)

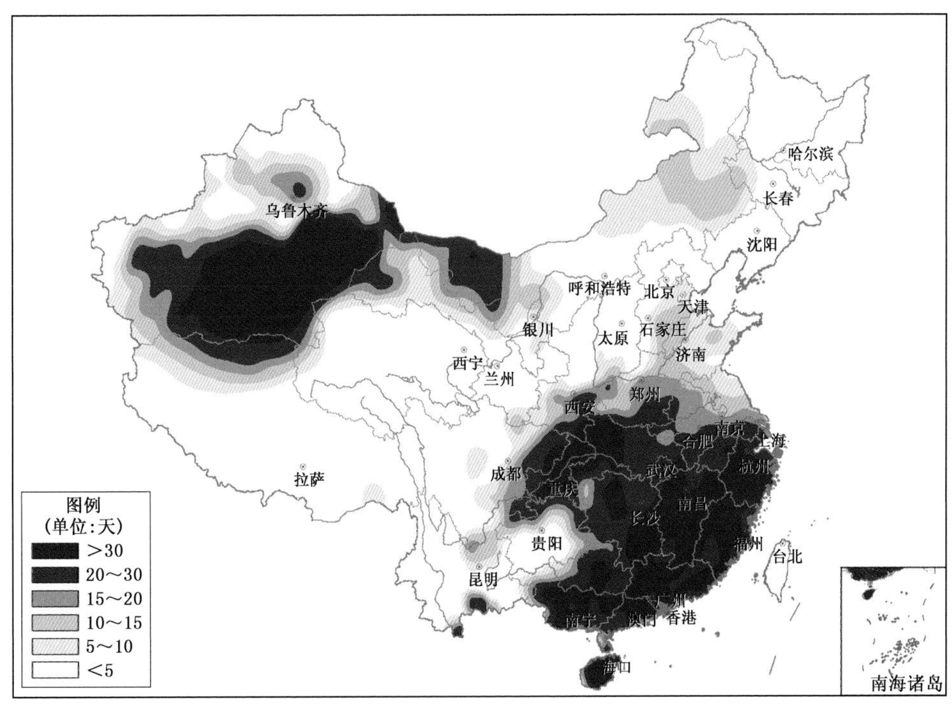

图 C8　2016 年全国高温(日最高气温≥35℃)日数分布

Fig. C8　Distribution of hot days (daily maximum temperature ≥35℃) over China in 2016 (unit:d)

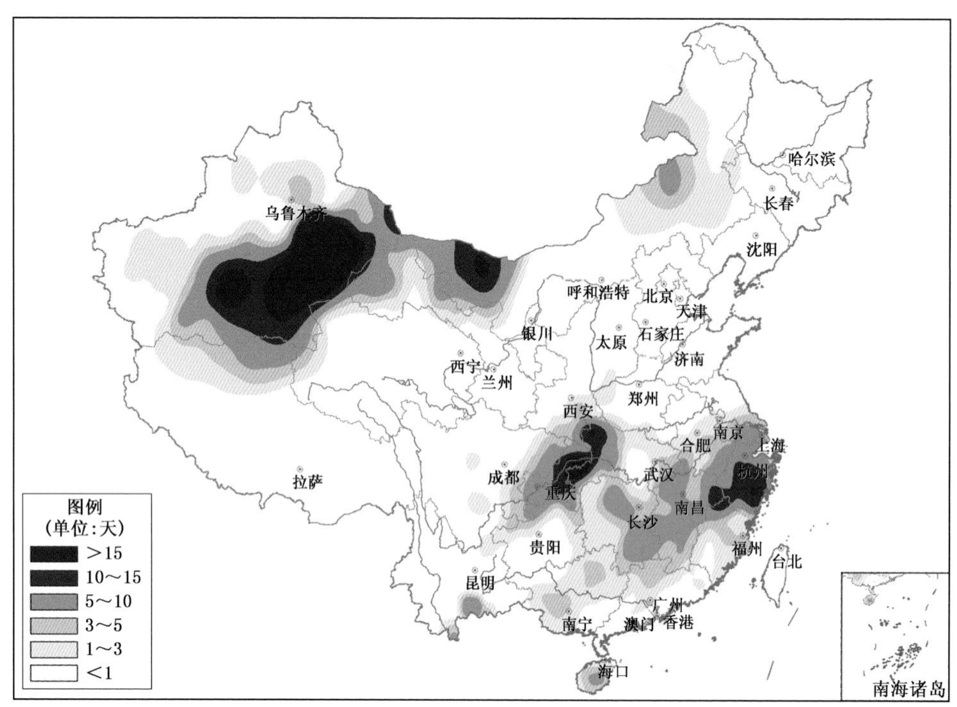

图 C9　2016 年全国高温(日最高气温≥38℃)日数分布

Fig. C9　Distribution of hot days (daily maximum temperature ≥38℃) over China in 2016 unit:d)

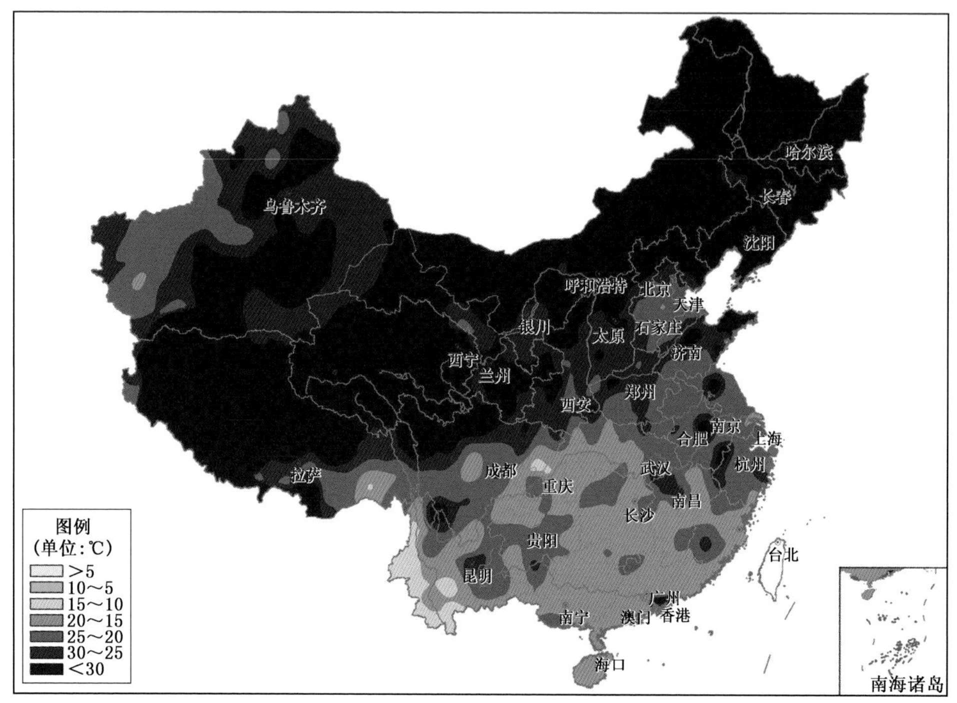

图 C10　2016 年全国最大过程降温幅度分布

Fig. C10　Distribution of the maximum amplitude of temperature dropping over China in 2016 (unit:℃)

附录 D　降水特征分布图

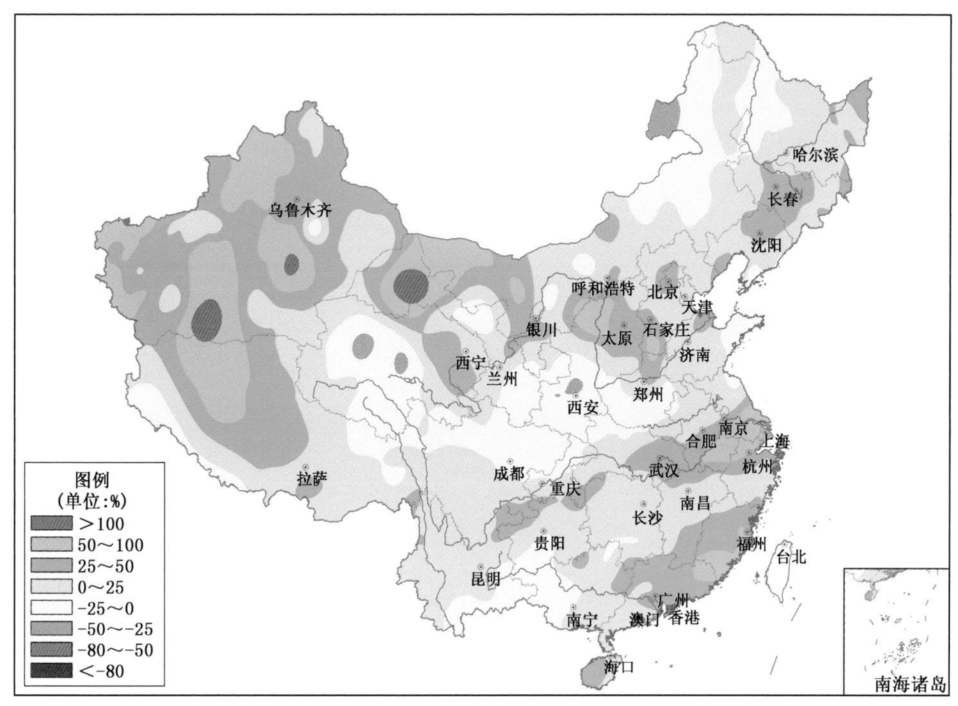

图 D1　2016 年全国降水量距平百分率分布

Fig. D1　Distribution of annual precipitation anomalies over China in 2016 (unit: %)

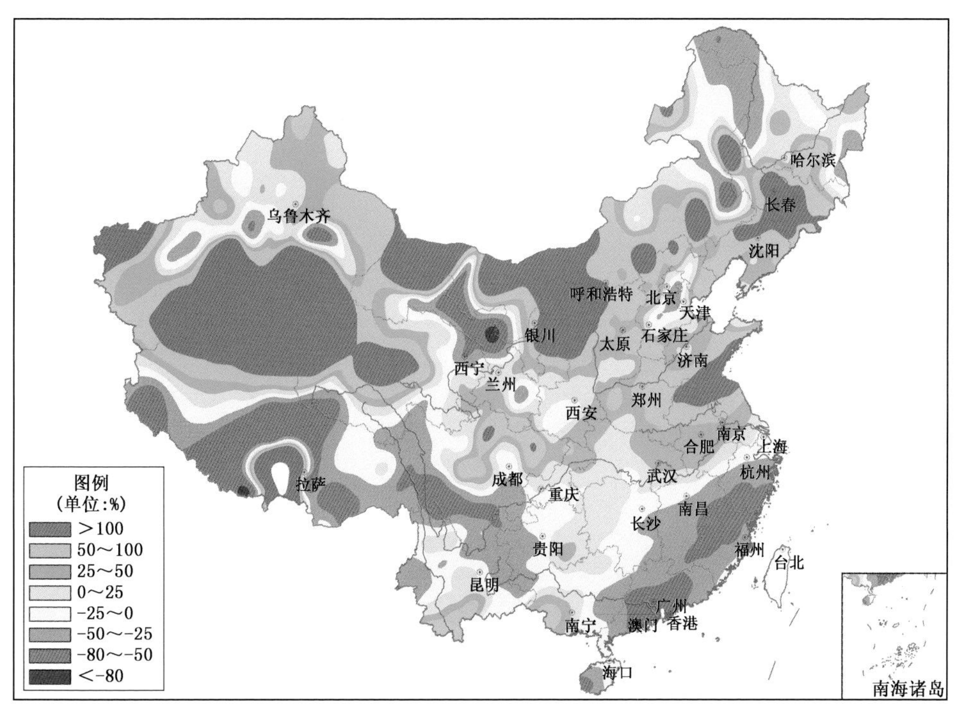

图 D2　2016 年全国冬季降水量距平百分率分布

Fig. D2　Distribution of precipitation anomalies over China in winter of 2016 (unit: %)

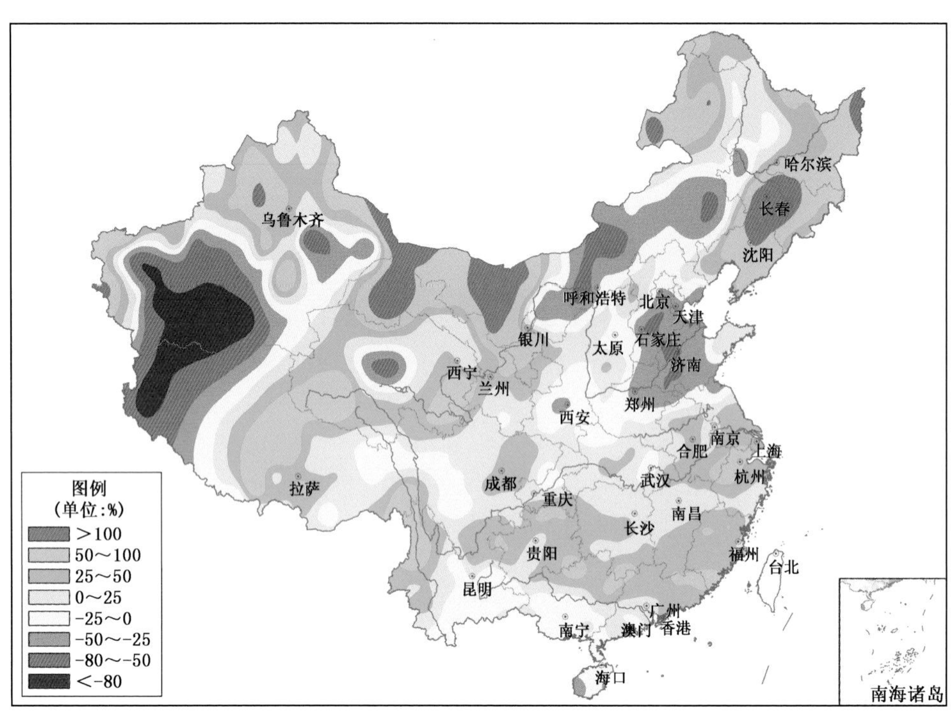

图 D3　2016 年全国春季降水量距平百分率分布

Fig. D3　Distribution of precipitation anomalies over China in spring of 2016 (unit: %)

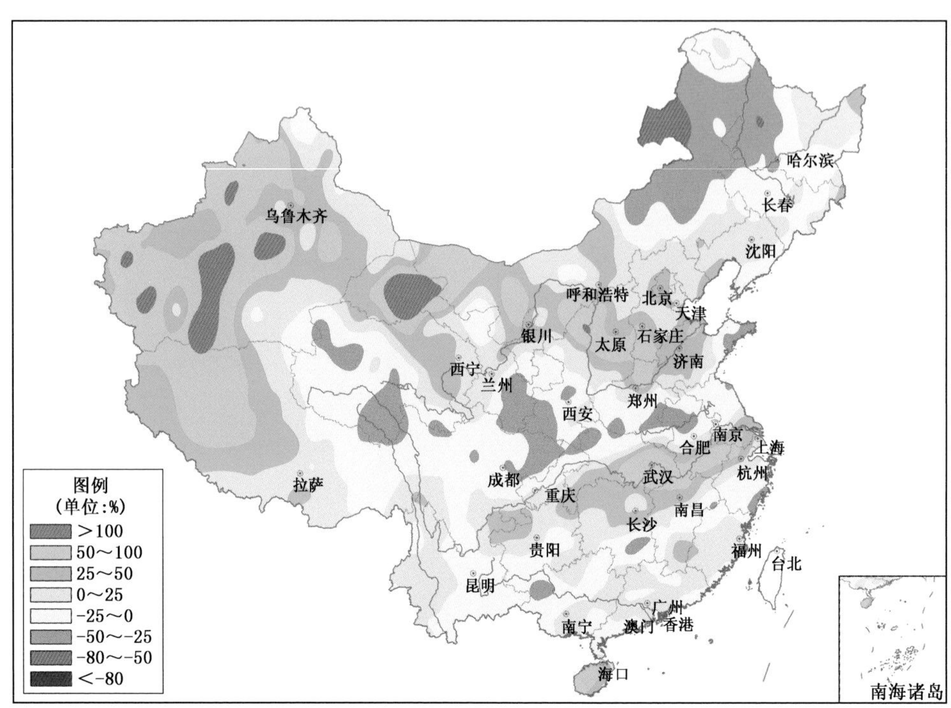

图 D4　2016 年全国夏季降水量距平百分率分布

Fig. D4　Distribution of precipitation anomalies over China in summer of 2016 (unit: %)

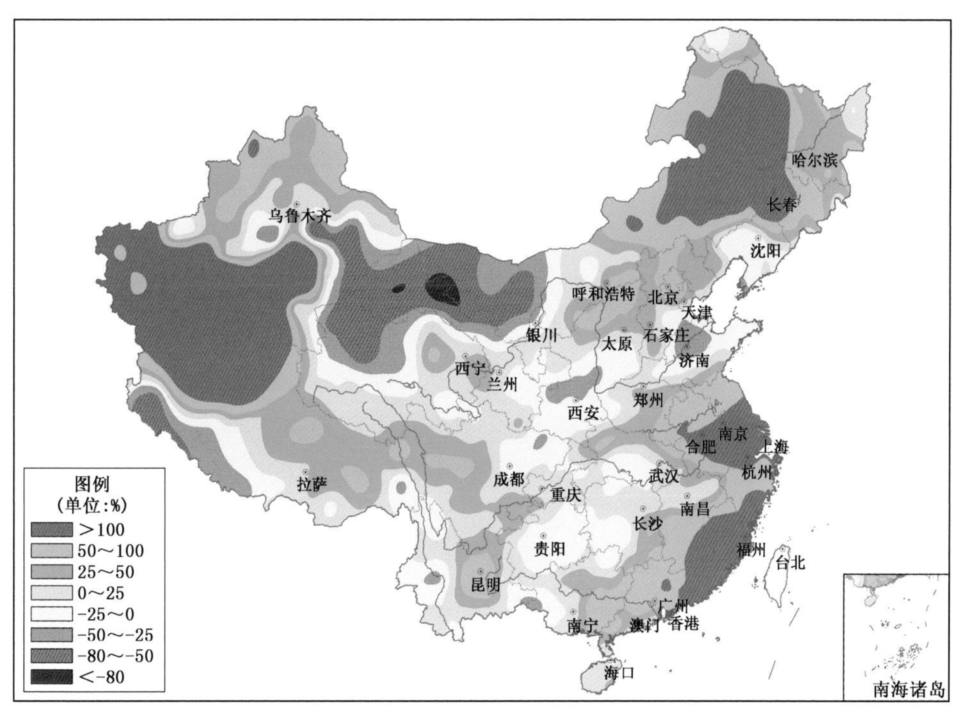

图 D5　2016 年全国秋季降水量距平百分率分布

Fig. D5　Distribution of precipitation anomalies over China in autumn of 2016 (unit: %)

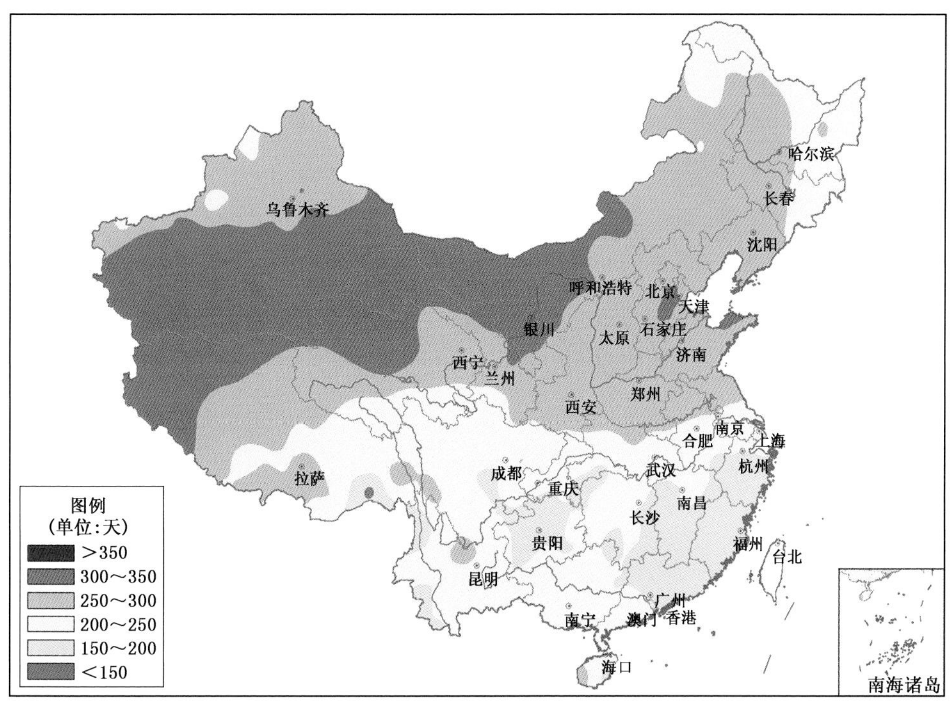

图 D6　2016 年全国无降水日数分布

Fig. D6　Distribution of non-precipitation days over China in 2016 (unit: d)

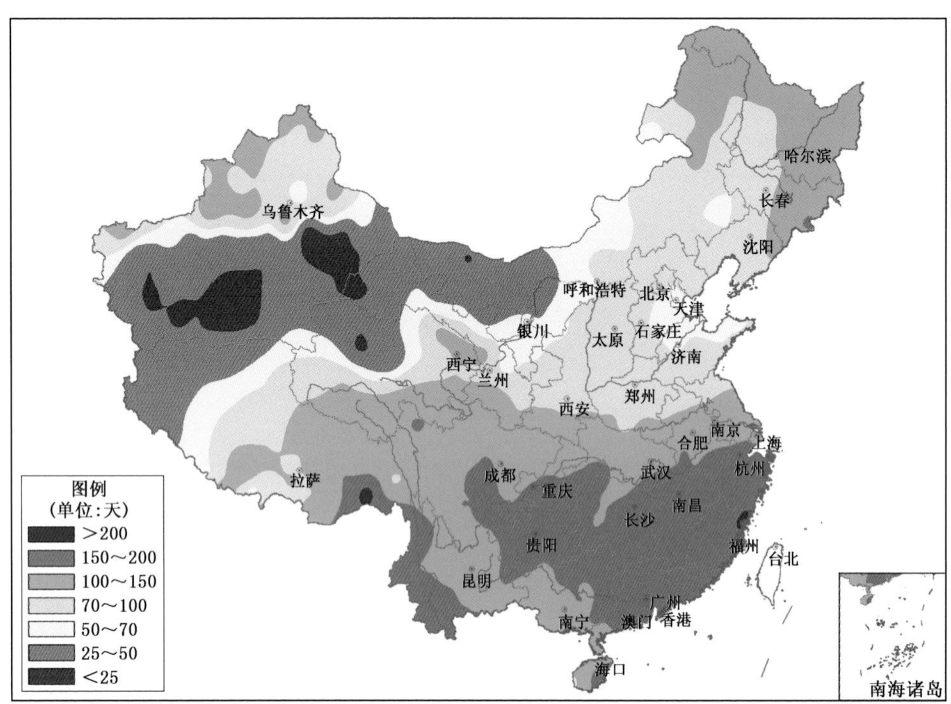

图 D7　2016 年全国降水(日降水量≥0.1 毫米)日数分布

Fig. D7　Distribution of the number of days with daily precipitation ≥0.1 mm over China in 2016 (unit:d)

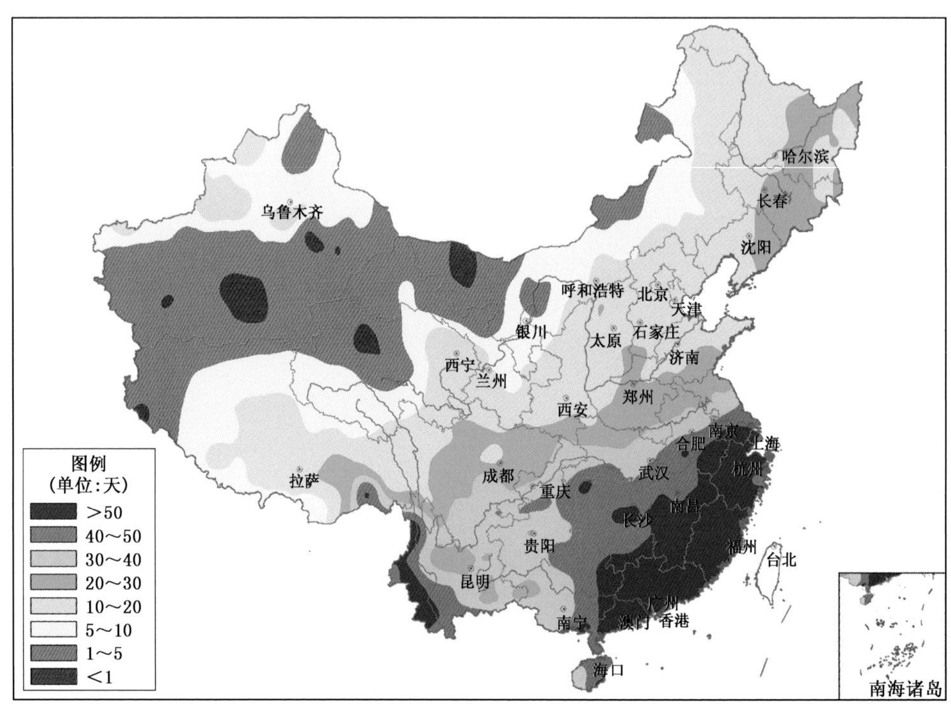

图 D8　2016 年全国降水(日降水量≥10.0 毫米)日数分布

Fig. D8　Distribution of the number of days with daily precipitation ≥10.0 mm over China in 2016 (unit:d)

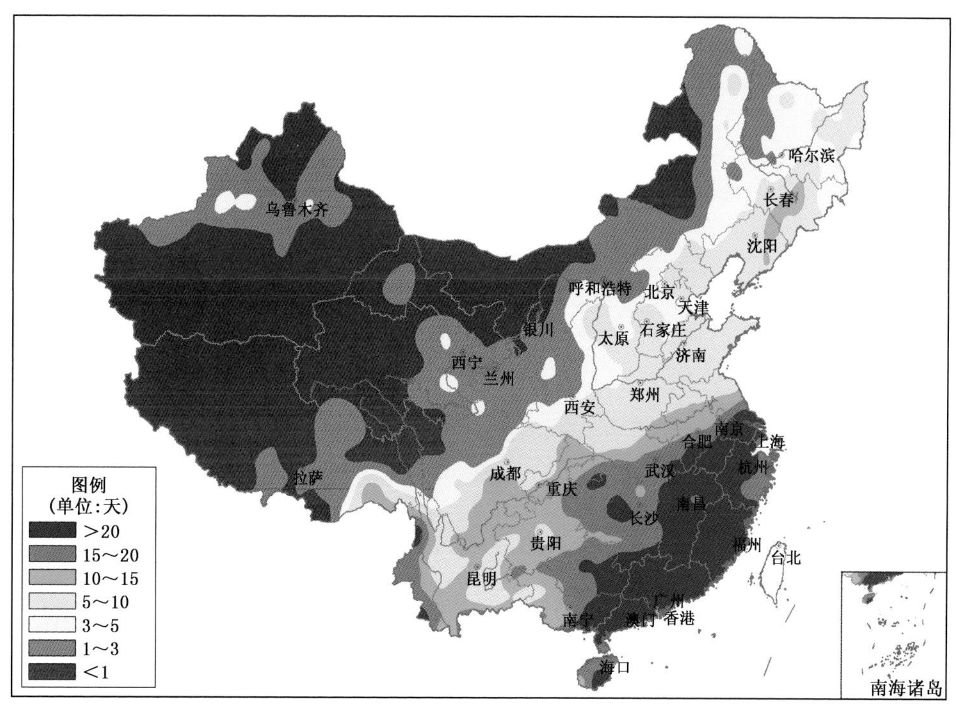

图 D9　2016 年全国降水(日降水量≥25.0 毫米)日数分布

Fig. D9　Distribution of the number of days with daily precipitation ≥25.0 mm over China in 2016 (unit:d)

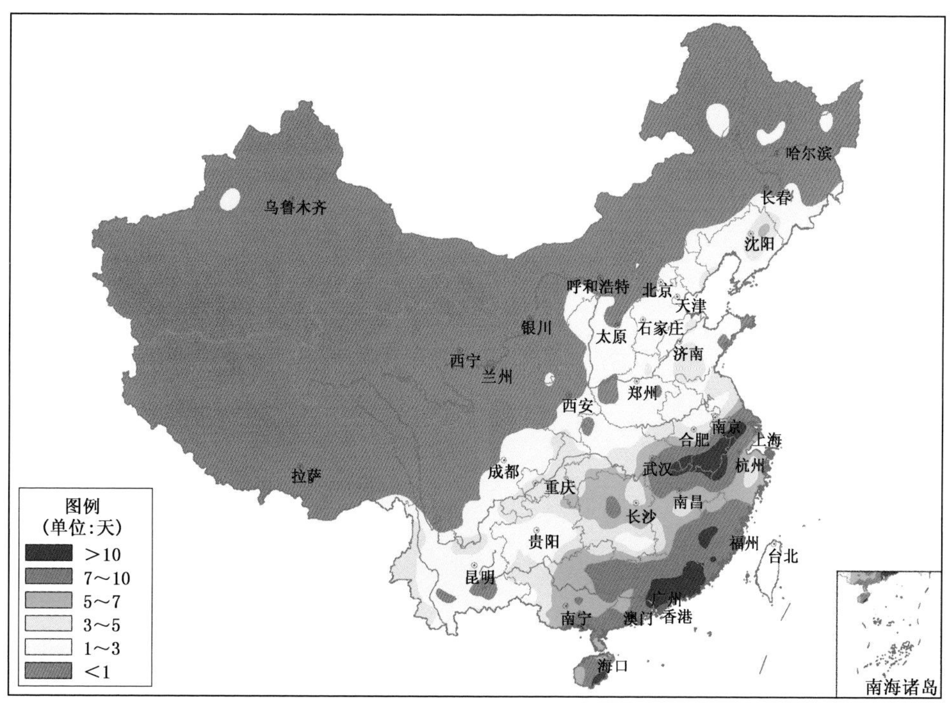

图 D10　2016 年全国降水(日降水量≥50.0 毫米)日数分布

Fig. D10　Distribution of the number of days with daily precipitation ≥50.0 mm over China in 2016 (unit:d)

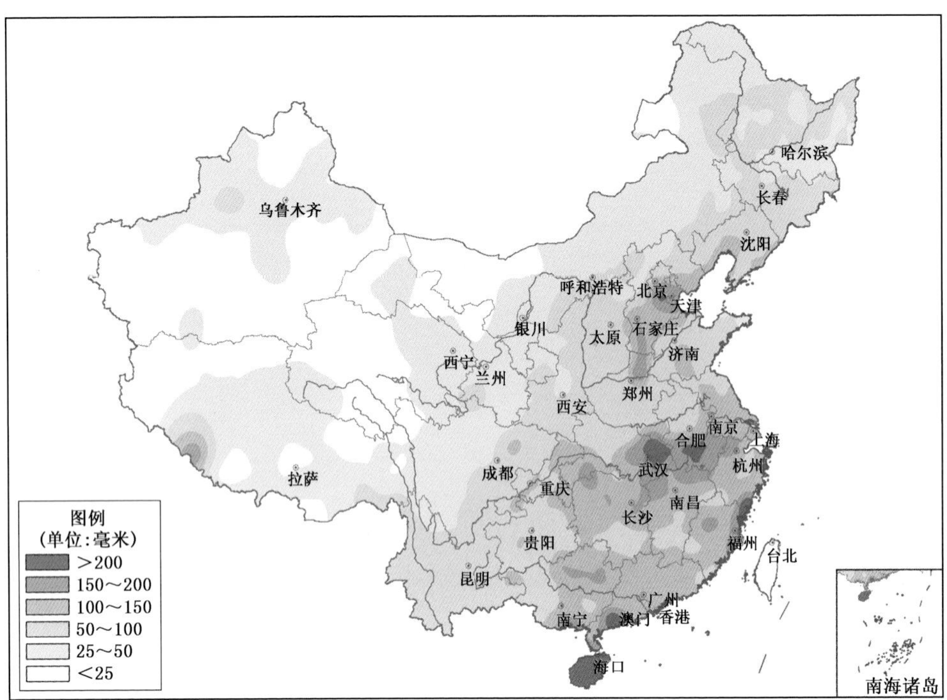

图 D11 2016 年全国日最大降水量分布

Fig. D11 Distribution of maximum daily precipitation amount over China in 2016 (unit:mm)

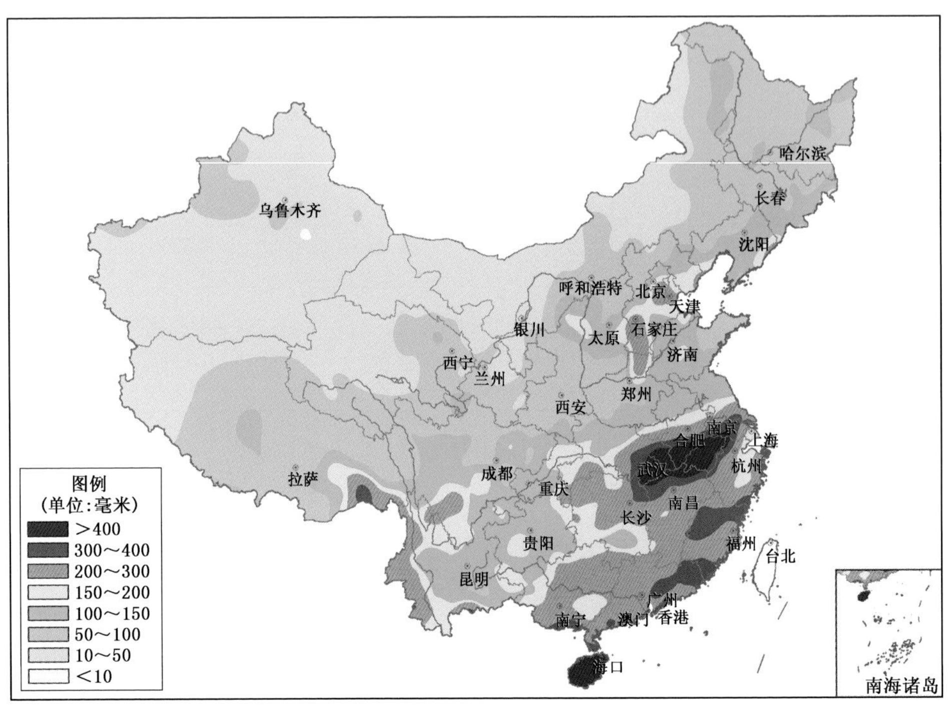

图 D12 2016 年全国最大连续降水量分布

Fig. D12 Distribution of maximum consecutive precipitation amount over China in 2016 (unit: mm)

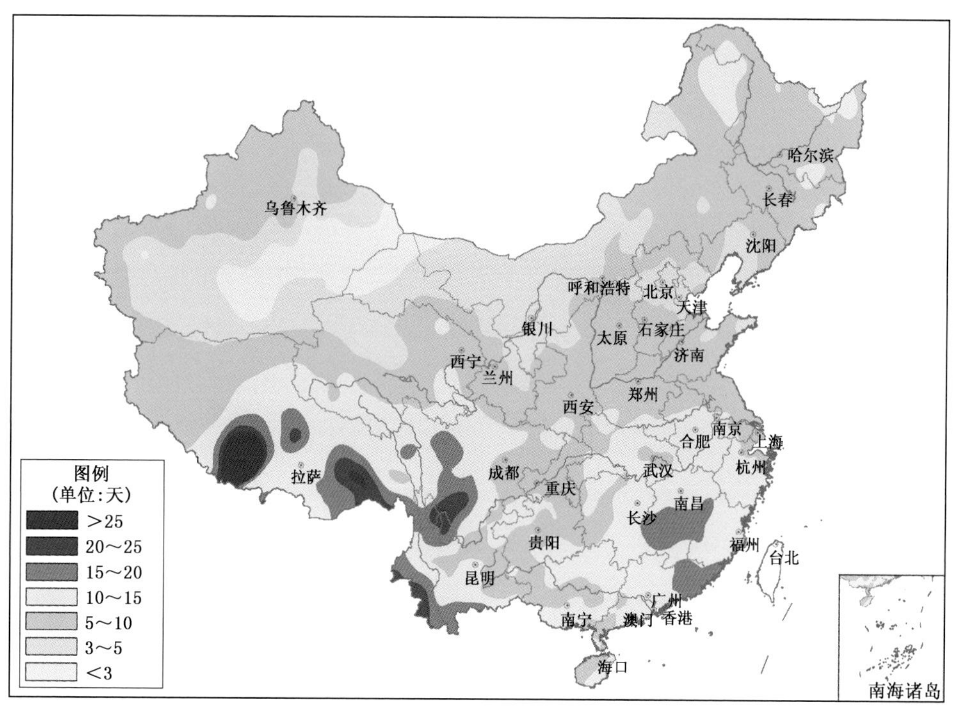

图 D13　2016 年全国最长连续降水日数分布

Fig. D13　Distribution of the maximum consecutive precipitation days over China in 2016 (unit:d)

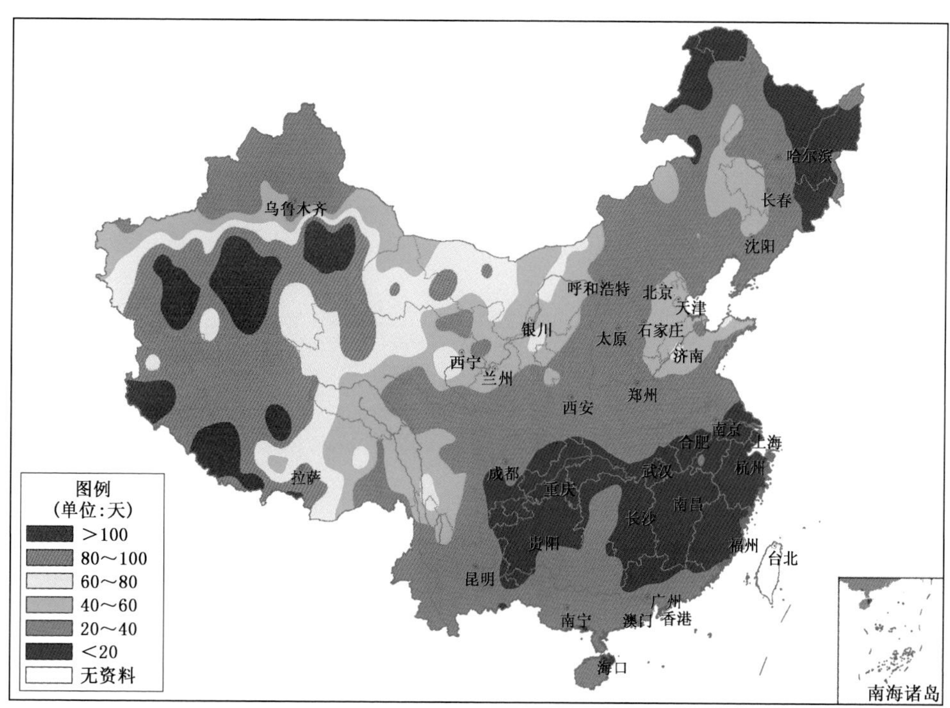

图 D14　2016 年全国最长连续无降水日数分布

Fig. D14　Distribution of the maximum consecutive non-precipitation days over China in 2016 (unit:d)

附录 E 天气现象特征分布图

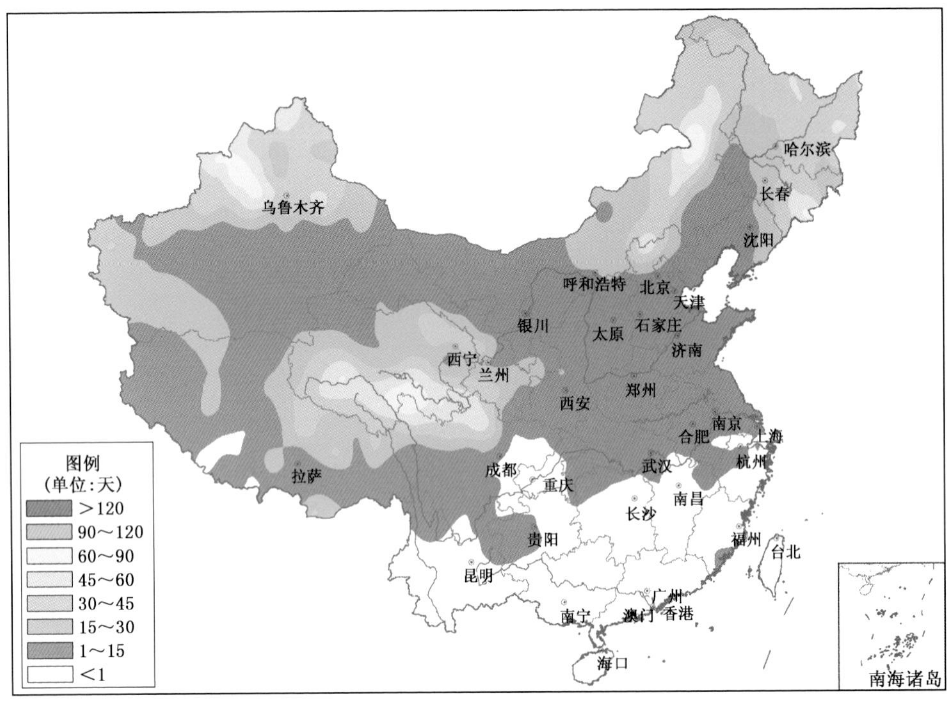

图 E1 2016 年全国降雪日数分布

Fig. E1 Distribution of snow days over China in 2016 (unit:d)

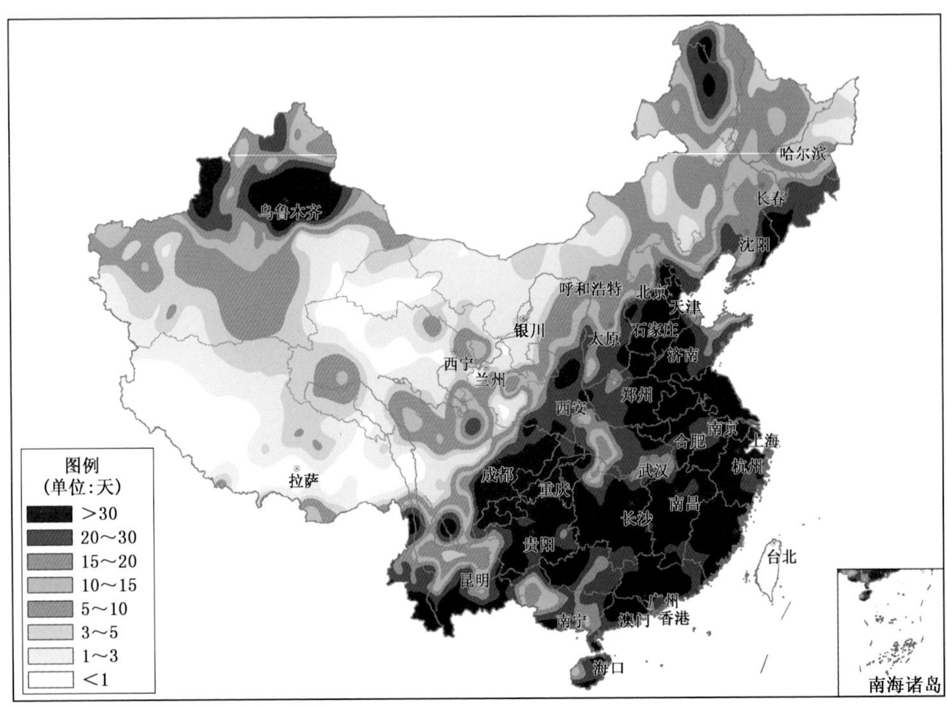

图 E2 2016 年全国雾日数分布

Fig. E2 Distribution of fog days over China in 2016 (unit:d)

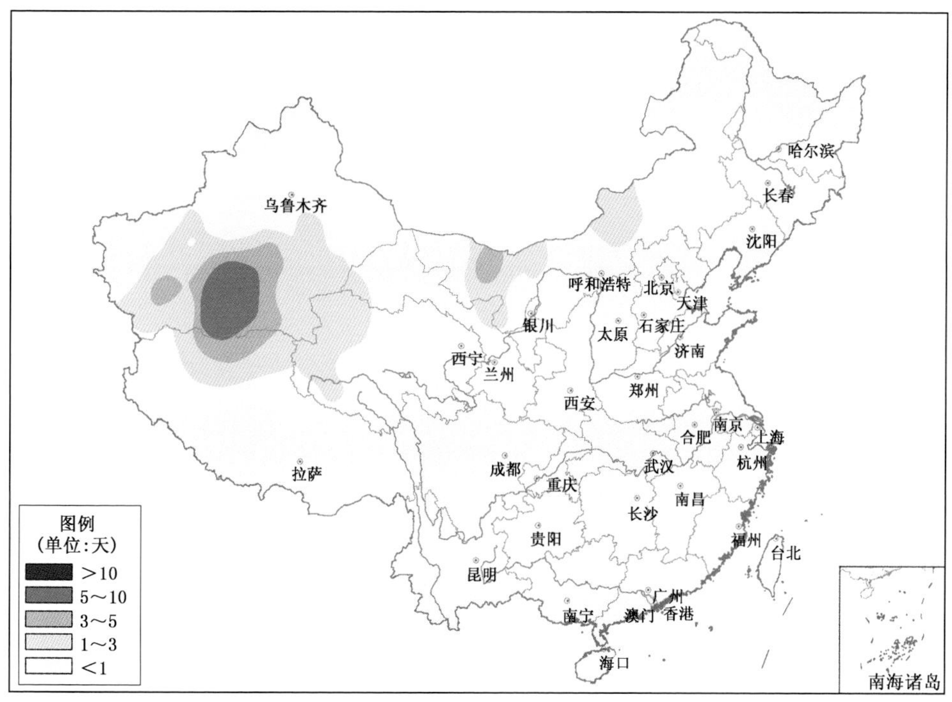

图 E3　2016 年全国沙尘暴日数分布

Fig. E3　Distribution of sand and dust storm days over China in 2016 (unit:d)

附录 F　2016 年香港澳门台湾气象灾害选编

香港

● 1 月下旬，受强寒潮天气影响，香港地区出现罕见低温。1 月 24 日香港市区最低气温 3.1℃，为近 59 年来最低值；香港高地气温普遍在 0℃以下，并出现冻雨和结冰现象。海拔最高的大帽山最低气温达到 −5.7℃，吸引大批市民上山看“雪”及体验冰冻环境。因低温或道路结霜，24 日参加香港越野比赛的 85 名选手扭伤、撞伤，一度被困大帽山，飞鹅山也有 130 多人被困。天气寒冷导致不少人冻病入院，香港各医院内科病房几乎爆满；全港幼儿园及小学 25 日停课；约 300 公顷新界农地受到严寒天气影响。另外，市内多项免费文娱节目取消，包括原定举行的现代舞或爵士舞表演及中国传统木偶表演。

● 3 月 18—19 日，香港出现大雾天气。18 日，西贡火石洲附近的横澜岛海面能见度仅约 100 米，一艘快艇与一艘渔船发生相撞后翻覆，艇上 6 人全部堕海，造成 1 人死亡。19 日，多班从香港开往内地和澳门的航船因大雾被迫延误或取消；一艘由香港屯门客运码头开往澳门的高速客船行经在建的港珠澳大桥时，疑因浓雾弥漫与港珠澳大桥防撞钢管桩相撞，致使客船船头轻微受损。

● 8 月 2 日，香港遭受台风“妮妲”袭击，其间狂风暴雨，阵风时速高达 133 千米，新界北八乡及锦田一带 3 小时内降雨逾 90 毫米，屯门多地出现大面积水浸，水深及膝。“妮妲”袭港期间正遇天文大潮，导致沿岸多区海水暴涨 0.5～1 米，鲤鱼门三家村及大屿山大澳出现海水倒灌。受“妮妲”影响，港内多条道路临时封闭；航空交通一度瘫痪，截至 2 日凌晨 3 时，共有 156 班航班取消及 290 班航班延误；香港往来内地珠三角与澳门的渡轮、香港铁路有限公司城际直通车也暂停服务。同时，香港升旗仪式取消，所有日校停课，银行停止办公，股市及金银业贸易场停市。此外，立法会综合大楼公众服务暂停，政府普通科门诊诊所暂停服务。香港多个热门旅游景点暂停开放。“妮妲”影响期间，全港发生 400 多宗塌树以及水浸、山泥倾泻灾情，多条道路临时封闭，交通受阻，共有 12 人因灾受伤送院，262 人入住民政事务总署的临时庇护场所。

● 10 月 18 日，受强台风“莎莉嘉”外围影响，香港出现强风雨天气。当日下午，在香港西贡横洲对开海面有一艘内河船被强风巨浪击翻，造成 13 名船员全部堕海，1 人遭巨浪吞噬失踪，获救送院的 12 名船员中有 2 人伤势严重。另外，港九新界发生逾 10 宗塌树、塌棚及围墙坍塌意外事故，造成至少 2 人受伤。

● 10 月 21 日，受台风“海马”影响，香港发生 197 起塌树事故，共有 13 人受伤，219 人入住民政事务总署的临时庇护站。市内许多商铺暂停营业；所有学校停课；社会福利署下辖所有幼儿中心、长者服务中心等服务暂停；股市、金市及银行暂停交易；所有法院及审裁处聆讯因天气延期，入境事务处、运输署、工业贸易署等暂停服务；迪斯尼乐园及湿地公园等暂停开放；湾仔金紫荆广场举行的升旗仪式取消。受“海马”影响，当日绝大部分海陆空交通和公共服务暂停，共有 741 航班因台风取消或延误；大多数公交巴士线路停运，电车和山顶缆车暂停；全港多处码头关闭，渡轮港内外线服务停航。

澳门

● 1 月下旬，澳门遭受寒潮袭击，24 日 14 时 15 分气温为 1.6℃，是当地自 1949 年以来 1 月份记录到的最低气温。同日 14 时许，大潭山气象站观测到雨夹小冰粒，这是澳门有气象记载以来首次记录到这一天气现象。由于天气寒冷，24 日位于青洲的避寒中心已有超过 20 人入住，澳门两大综合医院仁伯爵医院及镜湖医院，共接诊 3 名低温症病例患者。24 日晚，澳门教育暨青年局宣布，澳门幼儿园、小学及特殊教育班级 25 日停课一天。

● 3 月 18—19 日，大雾笼罩澳门，给交通造成较大影响。因能见度最低至 0 海里，航道实施单向航行管制，外港及凼仔两个码头18日共有150多个船班延误，19日又有115班船延误。澳门国际机场18日有超过70个出入境航班取消、延误或转飞，19日又有82个进出港航班取消、延误或需要转飞其他地区。

●8月初，受台风“妮妲”影响，澳门出现32宗清除堕下物、26宗塌树、1宗铁皮屋倒塌、3宗水浸、1宗清洗地面、1宗火警和7宗交通事故，有4人需送院治疗。与此同时，澳门水路和航空交通大多取消或延误，8月2日澳门国际机场有59个出港航班取消、更改或延误。

●10月21日，受台风“海马”影响，澳门海上交通受阻，对外海上客运陆续暂停服务，所有出入澳门船班均被取消。澳门国际机场大部分往来航班也被取消，截至21日下午，共有92架次进出港航班被取消。

台湾

●1月22日晚起至26日清晨，台湾遭受强寒潮袭击。受其影响，各地气温骤降，24日清晨，台北出现4℃低温，为近44年来最冷纪录，桃园新屋、宜兰苏澳等地观测站创造了设站以来低温纪录；25日凌晨阿里山出现−0.1℃低温，为本年入冬以来的最低值。与此同时，全台几乎遍地降雪，不仅台北阳明山、南投合欢山、桃园拉拉山、新竹尖石山、宜兰太平山、新北乌来地区及岛内最高山峰玉山均出现降雪，甚至连位于亚热带地区的高雄山区、屏东北大武山都飘下雪花，有的公路路段积雪达30厘米。桃园、宜兰、新竹、台中等山区12所学校，因寒流威力强大，区域积雪严重，史无前例停班停课。此次强寒潮天气使台湾农林渔牧业遭受重创。据台“农委会”2月4日统计，全台损失42.31亿元新台币，超越1999年12月损失19亿元的纪录，创下历史新高。以县市损失来看，台南市损失最多，达18.95亿元，占全台损失45%；高雄市损失居次，为9.01亿元，占全台损失的21%；嘉义县损失位列第三，为5.71亿元，占全台损失的13%；屏东县损失2.34亿元，占全台损失的6%，位列第四；云林县损失1.52亿元，占全台损失的4%，位列第五。若以各产业损失来看，渔产损失最重，累计损失32.58亿元，主要是虱目鱼、石斑、吴郭鱼、文蛤及鲈鱼等受损所致；其次是农产损失，累计9.68亿元，农作物受害面积1.86万公顷，损害程度20%，换算无收获面积3648公顷。受损作物主要为莲雾，其次为巨峰葡萄、高接梨穗、食用西红柿等。另据台湾《联合报》报道，全台至少有60人因低温引发心血管疾病猝死，台北市猝死21人，最年轻者仅39岁；新北市猝死12人，年纪最大是86岁；台南市猝死15人；桃园、苗栗、台中、南投、台东也有民众疑因天冷不适猝死。

●2月12—13日，金门持续浓雾，位于低洼地带的尚义机场能见度只有100～200米。海雾弥漫，严重打乱联外交通，台金线班机取消8.5成，造成逾8000人次滞留，金门与厦门五通、泉州石井码头之间的“小三通”也全天停航。

●入夏以后，台湾遭受高温热浪袭击。6月1日下午，台北最高气温达到38.7℃，创设站120年以来6月最高气温记录。7月29日，台北高温又飙升至38℃，这是本年台北第16天出现37℃以上高温，超越2003年全年台北14天37℃以上高温纪录。由于夏日炎热，气温飙高，5月至7月14日短短2个半月全台因热伤害就医人数达1073人。

●6月上半月，台湾阴雨连绵，大雨暴雨不断。1日上午，新北市普降大雨，市区多处积水。2日，桃园机场遭受37年来最惨重水灾，3个小时累积降雨量153毫米，造成机场内外以及联外道路严重淹水，机场俨然变成浴场，航厦部分停电，机场营运严重瘫痪，219架次班机、3万旅客受到影响。5日，台湾北部包括新北、宜兰、桃园出现强降水，新北市坪林山区1小时内降雨超过100毫米，溪水暴涨造成3名游客遇难，3名游客失踪。11日，屏东地区有20个乡镇累积雨量超过200毫米，雾台乡桥梁被冲毁，交通中断；台南地区多处淹水，部分路段水淹到半个轮胎高。14日，高雄市和新竹县有人失足被湍急溪水冲走；新北市和桃园市多处道路淹水、积水；台铁新竹北湖至湖口间部分路段因积水淹过轨面，造成双线不通；桃园机场第一航厦、第二航厦多处天花板再次漏水，并造成短时停电。另外，连日强降水造成果菜市场均价上扬，高雄市空心菜涨近 2 倍、小白菜涨约 7 成。据台“农委会”截至 17 日 11 时统计，暴雨造成全台湾水稻、玉米、西红柿、洋香瓜等农作物受灾面积 2942 公顷，无收面积 315 公顷，农业及民间设施损失达 4127 万元新台币，高雄市损失最重，其次是屏东县、嘉义县、台南市。

● 7 月 8 日清晨，超强台风“尼伯特”在台东县太麻里登陆，登陆时近中心瞬间最大阵风超过 17 级，刷新 60 年纪录。由于台风威力惊人，台东整夜狂风暴雨，有的百年老榕树，原本枝叶茂盛，一觉醒来变成光秃秃，市区满目疮痍；全县 9 成以上树木被剃光头或拦腰折断，鸟巢毁灭殆尽，鸟蛋、雏鸟无一幸免；兰屿岛大停电，整个岛漆黑一片。“尼伯特”带来的强风豪雨给台湾东部及南部造成较重损失，台东县受灾最为严重，其次是屏东县和高雄市。据台湾有关部门统计，全台农、林、渔、牧业产物及民间设施损失约 10.08 亿元新台币，其中农产损失 8.38 亿元，农作物受害面积 9963 公顷，损害程度 28%，受损农作物主要是水果番荔枝。灾害中共有 3 人死亡，311 人受伤。受台风影响，台 7、台 7 甲线等 13 条省道共 19 处预警性封闭；高铁、台铁对号列车全面停驶；海运全面停驶，闽台海上客运直航全面停止；岛内航线取消 254 班次，国际航线延误 174 班次、取消 302 班次。“尼伯特”台风袭台造成屏东、台东等地超过 54 万户停电，2.4 万户停水。除金门县及连江县外，台湾各县市 8 日都放台风假，股汇市也休市。

● 9 月 14—18 日，超强台风“莫兰蒂”和强台风“马勒卡”相继袭扰台湾，导致农林渔牧业遭受重创，相关损失超过 8 亿元新台币。此外，台风还导致 694 所学校及馆所受灾，损失 5.51 亿元。以高雄市 312 所学校、灾损 2.76 亿余元最多；其次是屏东县灾损 1.83 亿余元，金门县灾损 5938 万余元。上述损失大部分是由“莫兰蒂”造成的。

“莫兰蒂”为近 21 年影响台湾最强台风，其暴风圈在 9 月 13 日深夜触及恒春半岛后，给台湾东部和南部带来强风暴雨，造成严重影响。14 日，屏东恒春观测站测得 16 级强阵风，刷新该站 120 年来纪录；小琉球和鹅銮鼻分别出现 17.2 米和 17.4 米浪高，各自打破设站以来纪录；台南中西区出现 13 级阵风，百年来排名第三。截至 17 时，屏东县西大武山累计雨量达 718 毫米。高雄市 14 日 12 时 30 分起出现强降雨，最大阵风达 13 级，累计 12 小时雨量约 250 毫米。受狂风暴雨肆虐，高雄港区堆放的数个集装箱(空柜体自重 2.5～3.5 吨)被强风吹起跌落一旁；多艘货轮缆绳被吹断，正在建造的台湾造船史最大的货轮“风明轮”(载重可达 14.6 万吨)38 根固定缆绳全数扯断，巨轮漂移 1 千米后撞上对岸高明码头，导致 4 座桥式起重机受损，损失粗估超过 10 亿元新台币。强风造成高雄市区大批路树倒伏，广告柱、电线杆横倒地面，树木残枝、招牌铁皮等漫空飞舞；多辆行驶中的货车、摩托车被吹倒、吹翻。高铁台南燕巢段因附近菜园防护网吹散后缠绕架空线路，致交通被迫中断。大雨造成花莲、台东多处积水，有些地段淹水齐腰深；台铁花东线铁路东竹至富里间路基遭掏空约 20 米；台东富冈渔港防波堤上灯塔在大浪冲击下倒入水中，不见踪影。“莫兰蒂”重创台湾南部农渔业。据台有关方面截至 17 日中午统计，全台农业损失近 8 亿元新台币。高雄市农林渔牧业产物及民间设施损失共计约 4.81 亿元，占台湾整体损失的 60%；屏东县损失 1.36 亿元，金门县损失 7353 万元，分别名列第二、第三名。台风过境期间台湾农作物受害面积 9072 公顷，损害程度达 27%；受损作物主要为番石榴，受灾面积 1606 公顷，其次分别为枣、香蕉、莲雾及高粱等作物。“莫兰蒂”共造成 1 人死亡，51 人受伤。全台 101 万余户一度停电，72 万多户停水。由于所到之处风强雨骤，包括高雄市、屏东县、花莲县、台东县、澎湖县一度停班停课。“莫兰蒂”使台湾交通受到严重影响。台铁南回线(高雄—台东)、东部干线(台北—台东)、花莲—台东 14 日全天停驶；高铁台南一左营(高雄)段被迫暂停。岛内往来兰屿、绿岛、金门、澎湖的水上交通全部停运。航空方面，除少数航空公司的几个航班外，其余 233 个区内航班均被取消。

台风“马勒卡”9 月 17 日凌晨开始大范围影响台湾，16 日夜到 17 日晚，嘉义县石磐龙累计降雨量237毫米、云林县草岭206毫米，台北市油坑则206.5毫米。各地出现较大阵风，彭佳屿阵风13级，兰屿11级。这也是继15日刚刚离境的超强台风“莫兰蒂”之后，台湾遭遇的第二个强度较大的台风，一度有所恢复的岛内交通再度受阻。受“马勒卡”影响，17日位于岛内东北部的台铁北回线、平溪线、宜兰线等绝大多数时间处于停驶状态；海运停航93航次；航空方面共取消183个航班，另有多个航班延误，绝大多数为往返两岸的航班。

● 9月27日，强台风“鲇鱼”登陆花莲县，登陆时近中心最大风力达14级。在“鲇鱼”肆虐下，花莲对外的铁路、航空及海上交通全部停摆，台8线中横公路、台9线苏花公路陆续预警性封闭，使得花莲除了往台东方向公路畅通外，对外交通全部中断。“鲇鱼”横扫台湾，所到之处风强雨骤，台北市、新北市、台中市、彰化县、云林县、嘉义市、嘉义县、台南市及恒春半岛最大阵风都达12级，基隆13级，宜兰县14级，花莲达16级，东海岸的苏澳、西海岸中部的梧栖达17级。多地测得每小时降雨量超过100毫米；宜兰县太平山测得累计降雨量1040毫米，台湾中部和北部多个县市山区也超过500毫米。受“鲇鱼”影响，台铁、高铁全天全线停驶，仅台铁西线区间车机动加开；离岛与小三通船班共115班次全部停航；航空岛内线全部取消，国际线部分取消或延误；14条省道预警性封闭。全台22县市，基隆到南投以北有15个县市27日全天停班停课；云林、嘉义、台南、高雄等5个县市下午停班停课；金门及连江两县市全天正常上班上课。“鲇鱼”带来的强风豪雨给台湾农业造成很大损失，尤其是新竹柿子、宜兰三星葱、彰化大村葡萄、高雄旗山香蕉和燕巢番石榴以及台南麻豆白柚等知名水果产品受灾相当严重，柿子估计减产4成，麻豆白柚减产3成，最严重的是番石榴落果达8成。据台“农委会”28日统计，全台农业损失达10.2893亿元新台币，农作物受灾面积18570公顷。另据台“灾害应变中心”统计，“鲇鱼”影响期间，云林县、嘉义县、高雄市共有7人死亡；全台共有662人受伤，伤者大多为交通事故或遭掉落物砸伤，以台中市206人最多，其次为台北市52人。“鲇鱼”使电力设备严重受损，电线杆倒断与倾斜超过600根，导线断线或脱落2200余处，变压器与开关毁损逾250具，全台一度停电户数逾395万，创史上第二高值，仅次于2015年“苏迪罗”450万户。

● 10月7日起，受“艾利”台风外围环流及锋面影响，台东地区持续出现强降雨，不少地方3天内累积降雨量逾700毫米，卑南乡利嘉、南鹅甚至突破800毫米。暴雨导致台东市区大学路和青海路交叉口严重淹水，水最深淹到成人胸口，居民苦不堪言。由于大雨不断，南回、南横公路多处坍方，造成交通受阻，部分路段封闭，南回铁路太麻里、知本等路段因铁轨遭土石流掩埋，造成各级列车一度停驶，让台东犹如“孤城”。另外，台湾东北角也遭暴雨袭击，新北市贡寮吉林村吉林小学测站和瑞芳弓桥里大粗坑测站10日0时至7时20分降雨量分别达372毫米、200毫米。强降雨使基隆河上游河川水位急涨，10日1时30分员山子水位超过63米并开始分洪。贡寮净水场原水抽水站也因溪水暴涨，水浊度飙高，取水口堵塞，给供水造成影响。

附录G　2016年国内外十大天气气候事件

国内十大天气气候事件

1. 2016年全国降水量为1951年以来最多
2. 2016年全球最强台风“莫兰蒂”重创厦门
3. 超强厄尔尼诺携暴雨高温闯大江南北
4. “Boss级”寒潮来袭，广州家中赏雪
5. “暴力梅”致长江中下游全线超警
6. 罕见龙卷发威，重创盐城阜宁
7. 汛期44次大范围暴雨致近百城内涝
8. 全球变暖背景下我国夏季气温创新高
9. “7·20”超强暴雨重创华北多地
10. 2016年最强霾过程拉响27城重污染红色预警

国外十大天气气候事件

1. 全球5月送别超强厄尔尼诺，拉尼娜迅速接棒
2. 莫斯科遭遇80年来3月最大暴雪
3. 非洲多国持续高温干旱，粮食严重短缺
4. 北半球多地1月下旬同时遭遇寒流
5. 美国多城遇夺命热浪，创百年最热纪录
6. 全球最严重雾霾笼罩新德里
7. 冬季强风暴袭击英国，泰晤士河决堤
8. 东南亚严重旱灾，湄公河水位创新低
9. 加拿大持续高温干旱，森林大火蔓延
10. 法国洪水泛滥，埃菲尔铁塔“被困”

Summary

Annual mean temperature over China is 10.4℃ in 2016, which is 0.8℃ warmer than the climatic normal as the third warmest since 1961 (Fig. 1), and four seasonal temperatures are all higher than the climatic normal. The annual precipitation over China is 730.0 mm, which is 15.9% more than the normal and 12.5% more than that in 2015 (Fig. 2). Four seasonal precipitations are all more than the climatic normal; especially precipitation in winter obviously exceeds the climatic normal.

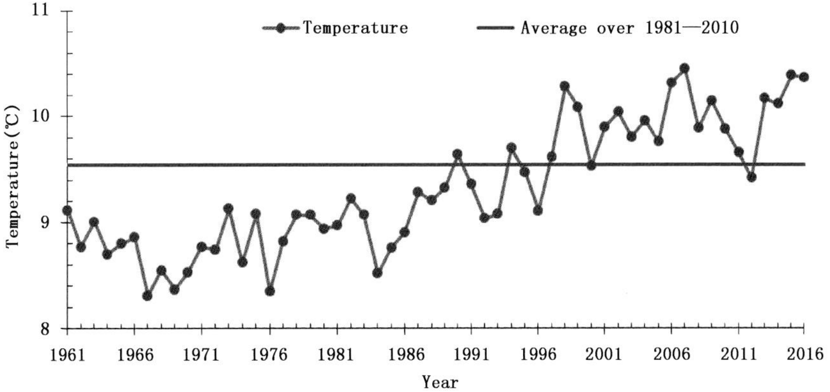

Fig. 1 Annual mean temperature over China during 1961—2016 (unit: ℃)

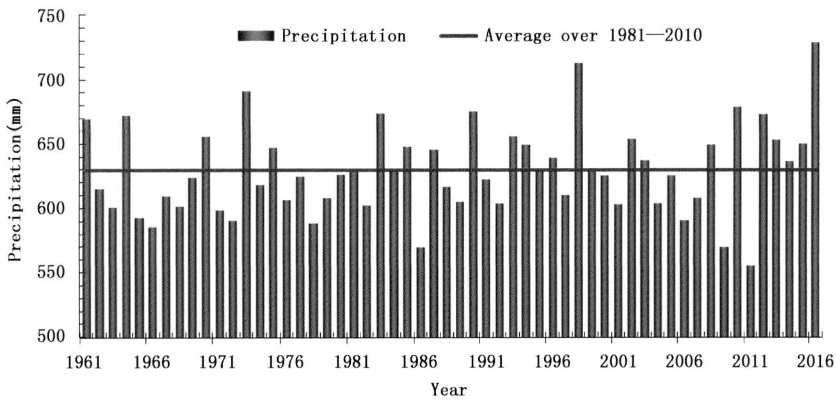

Fig. 2 Annual precipitation over China during 1961—2016 (unit: mm)

In 2016, flood season start earlier than normal and rainstorm processes are frequent and cause floods in both southern and northern China, therefore, the rainstorm and flood disasters are relatively severe. There is no large scale and persistent severe drought in 2016 and drought disasters are relatively slight. Landfall typhoons are more than normal with the average intensity above normal and the proportion of landing severe Typhoon reaches the highest historical record. Strong convection weather events are frequent and cause great losses in certain regions. The impact of low-temperature and freezing weather and snow disaster are relatively slight. Dust weather processes are less in northern China in spring with less related impacts. The fogs and hazes weather are frequent in Beijing-Tianjin-Hebei and surrounding areas with great impacts.

Statistics indicate that meteorological and the related disasters in 2016 affect about 0.19 billion person-times, and cause 1649 death or missing (1396 death). Disasters also strike 26.2 million hectares crop lands, with 2.90 million hectares farmlands without harvest. The direct economic loss (DEL) reached 496.1 billion RMB (Fig. 3). In general, the DEL caused by meteorological disasters in 2016 obviously exceeds the average level of the 1990—2015. While the death toll and disaster affected areas in 2016 are obviously lesser than the average values of 1990—2015. The meteorological disaster in 2016 on the whole belongs to severe.

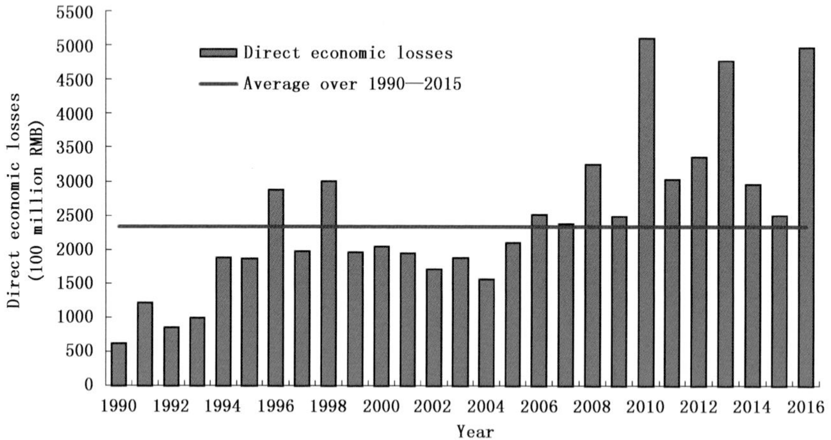

Fig. 3 Direct economic losses (DEL) caused by meteorological disasters over China during 1990—2016

Fig. 4 exhibits the relative proportions of loss indices for five major meteorological disasters over China in 2016. Regarding to the direct economic losses, rainstorm and flood disaster has the

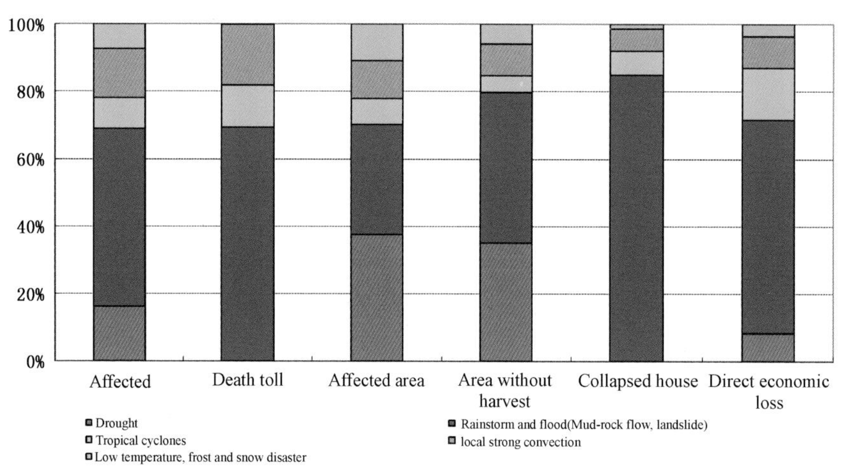

Fig. 4 Relative proportions of loss indices for five major meteorological disasters over China in 2016

highest percentage (63.2%), then comes the tropical cyclones and local strong convections. Regarding to the affected population death toll and collapsed houses, rainstorm and flood disaster still has the highest percentage, reach at 52.8%, 69.3% and 84.8% respectively. Regarding to the crop areas affected the drought has the highest percentage (37.7%), rainstorm and flood disaster follow. In terms of farmlands without harvest, rainstorm and flood disaster is the main cause and accounts for 44.7%, then comes drought disaster.

Overall, affected population, death toll, affected area and affected crop areas without harvest, collapsed houses and direct economic losses by meteorological disasters in 2016 are more than those in 2015. From the viewpoint of disaster type, except drought, other disasters like rainstorm and flood (including mud-rock flow, landslide), tropical cyclone, the local strong convection, low temperature, frost injury and snow disaster cause larger direct economic losses in 2016 than those in 2015 (Fig. 5 left). With regard to the death toll, rainstorm and flood and tropical cyclone cause more death than 2015, while other disasters like the local strong convection, low temperature, frost injury and snow disasters cause less death than those in 2015 (Fig. 5 right).

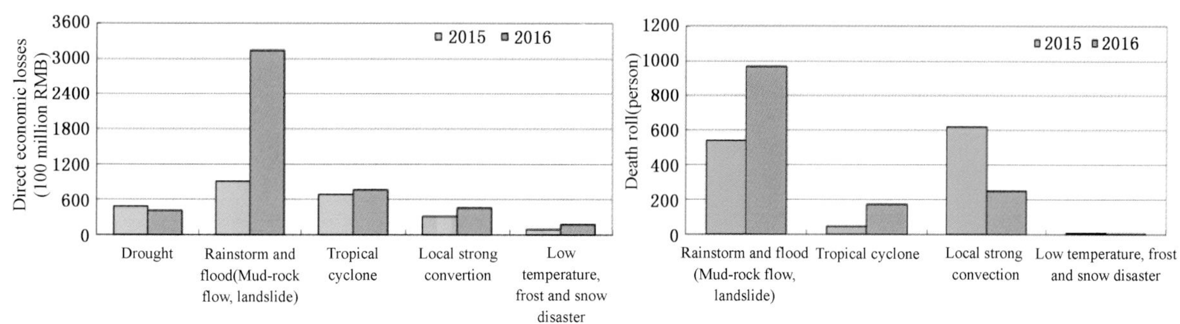

Fig. 5 Direct economic losses (left) and death toll (right) caused by main meteorological disasters over China in 2015 and 2016

General Review of Main Meteorological Disasters in 2016

Droughts In 2016, the affected area by droughts is about 9.87 million hectares, which is obviously less than the average over 1990—2015 and is the second least since 1990, belongs to a relatively slight year in terms of meteorological drought disaster (Fig. 6). However, the regional and periodic drought disasters are frequent in 2016, including the summer drought in Northeast China,

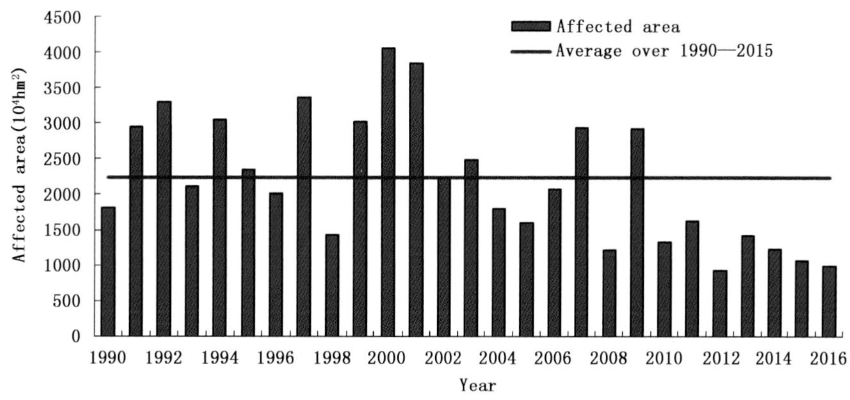

Fig. 6 Histogram of drought-affected areas over China during 1990—2016

Eastern Inner Mongolia; summer-autumn consecutive droughts in the Yellow-Huaihe River basin, the Yangtze-Huaihe River basin and Shaanxi province, autumn droughts in part of Hubei, Hunan, Yunnan and Guangxi etc.

Rainstorm and Associated Flood, Mud-rock Flow and Landslides In 2016, flood season start earlier than normal; rainstorms are frequent and cause floods in both southern and northern China. During the flood season (May to September), there are 46 rainstorm processes which is the fourth highest record since 1961. Rainstorms and floods in the early flood season cause severe damages in part of South China in spring. Frequent rainstorms and floods occur in middle lower reaches of the Yangtze River southern China during the last ten day of June to the first half of July; severe rainstorms and floods cause damages to North China and part of Huanghe-Huaihe area in the late middle July; to Huaihe Rive and Taihu Lake basins in autumn. Rainstorm and floods affect about 8.53 million hectares, and cause death toll of 968 persons, direct economic losses of about 313.4 billion Yuan. The affected areas(Fig. 7), death toll in 2016 are less but direct economic losses obviously more than those of averaged level in 1990—2015. In general, in terms of rainstorm and related disasters 2016 belongs to a relatively severe year.

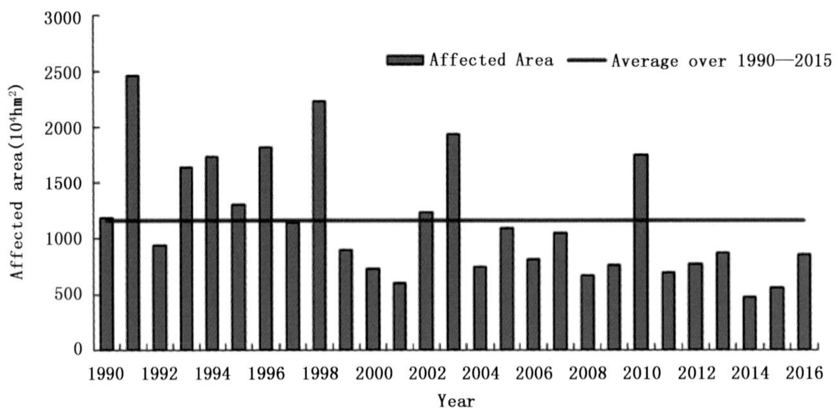

Fig. 7 Histogram of rainstorm and floods affected area over China during 1990—2016

Tropical cyclones (typhoons) In 2016, there are 26 tropical cyclones formed in the northwest Pacific and the South China sea, which is close to the climatic normal (25.5). Eight of them landed in the mainland, which are 0.8 more than the climatic normal (7.2). The landing times of the first and last tropical cyclone are both later than the normal. There is no tropical cyclone generated on the northwest Pacific Ocean in first half year. The intensity of the landing tropical cyclones are stronger than normal and the landing locations are generally more south than the normal. These tropical cyclones cause 198 deaths (or missing) and direct economic losses of 76.6 billion RMB. The death toll is obviously less than the average level of 1990—2015, but the direct economic loss is higher than the average. As a whole, the year 2016 is the relatively severe year in terms of tropical cyclone disasters (Fig. 8).

Local strong convections (gale, hail, tornado, lightning stroke, etc.) In 2016, gale and hail disasters affect crop areas of 2.91 million hectares, and caused 251 death toll and direct economic loss of 46.4 billion RMB. Comparing with the average value of 2006—2015, the affected crop area and death toll are less than normal, however, the direct economic loss is higher than normal.

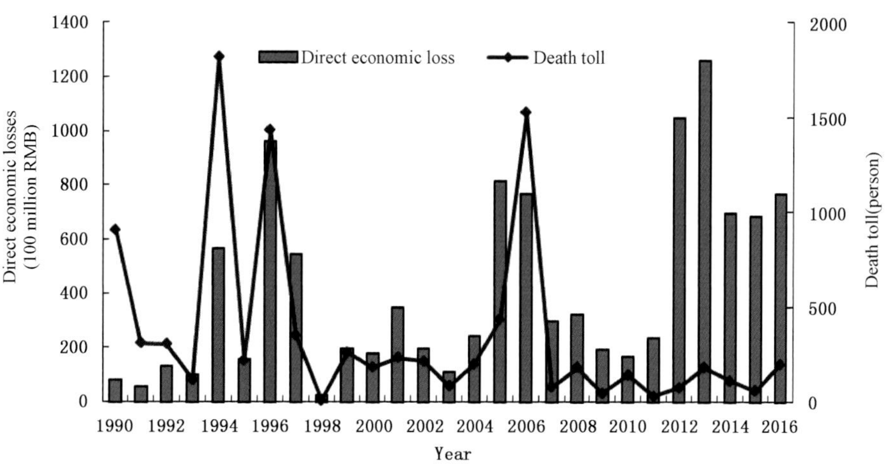

Fig. 8 Histogram of direct economic losses and death toll caused by tropical cyclones over China during 1990—2016

Low Temperature, Frost Injury and Snow Disasters In 2016, the low temperature, frost injury and snow disaster hit a total affected crop area of 2.9 million hectares and caused a direct economic loss of about 17.9 billion RMB. The year 2016 is the relatively slight year in terms of low temperature, frost and snow disaster. Cold wave swept most of China and caused the freezing rain and snow weather in southern China in late January. Cold waves occur in most China and brought adverse effect on the Spring Festival Transport in early February. Part of Sichuan China suffers from snow disaster in late February. Cold wave attack the eastern and central China in early March and cause low temperature, frost injury and snow disasters in local area. North Xinjiang suffers from snow disaster in middle November. Cold wave attack central and eastern China in late November. There are heavy snow weathers in parts of northern China in December.

Sand Storms There are 10 dust weather processes in 2016. The beginning of the first sand storm event is close to the average of 2000—2015 (15th February) and three days earlier than that in 2015 (February21^{st}). The number of sand storm day is obviously less than normal which is the third fewest since 1961. In the spring, there are 8 dust weather processes, much less than the normal (17), close to the average level in 2000—2015 (11.4). Three events belong to dust storm and strong dust storm processes, and the number is less than the normal averaged by 2000—2015 (6.7) and more than the number in 2015 as the fourth fewest since 2000. The sand storm weather process during May 10—11 is the strongest in 2016. The year 2016 is the relatively slight year in terms of sand storm disasters.